生物制药实用技术

The Practical Technology of Biological Pharmacy

张正光　著

科 学 出 版 社

北　京

内 容 简 介

本书共分十章，主要介绍近30多年来生物制药技术在癌症研究、阿尔茨海默病、帕金森病、自身免疫疾病、心脑血管疾病、人体器官移植及组织培养等领域的最新进展。全书较翔实地介绍了原核细胞基因工程制药技术和真核细胞基因工程制药技术及重组基因工程菌的大规模发酵工艺和重组基因工程细胞的大规模培养工艺，同时介绍了基因重组蛋白的大规模纯化工艺技术及基因重组蛋白的去病毒工艺、冷冻干燥工艺和稳定性观察方法。本书还详细说明了基因重组蛋白类药品的结构分析鉴定方法和质量检测技术方法，以及基因重组蛋白药物的药效学试验、临床前安全试验（包括急性毒性试验、长期毒性试验、特殊毒性试验和基因重组蛋白质药物的药物动力学研究等）的技术方法。此外，本书也介绍了基因重组蛋白质药物的注册申报程序和要求，还介绍了生物技术药物的临床试验操作方法步骤和临床试验需要的研究者手册与知情同意书的写作方法等。

本书对高等院校生命科学领域从事生物技术药物的研究者和药学院校的师生具有重要参考价值，本书的出版希望对他们有所帮助。

图书在版编目（CIP）数据

生物制药实用技术/张正光著．—北京：科学出版社，2017.3
ISBN 978-7-03-052114-9

Ⅰ．①生…　Ⅱ．①张…　Ⅲ．①生物制品-生产工艺　Ⅳ．①TQ464

中国版本图书馆CIP数据核字（2017）第050415号

责任编辑：李　悦　赵小林/责任校对：郑金红
责任印制：赵　博/封面设计：刘新新

科学出版社出版
北京东黄城根北街16号
邮政编码：100717
http://www.sciencep.com

北京市金木堂数码科技有限公司印刷

科学出版社发行　各地新华书店经销

*

2017年3月第　一　版　　开本：720×1000　B5
2025年1月第四次印刷　　印张：19 1/2
字数：393 000

定价：118.00元

（如有印装质量问题，我社负责调换）

前　言

生物技术制药是一项非常复杂的系统工程，需要多个学科、多个实验室、几十到几百名各专业技术人员协同配合，而且需要经过多年坚持不懈的努力工作才能完成。发达国家研制一个治疗用新生物药品要用 10～20 年，且要花费 20 多亿美元的巨额资金。完成一个新药的步骤有：发现新药苗头，获取相应的目的基因，进行基因重组（基因表达质粒构建），构建基因工程菌或工程细胞，进行重组蛋白中试工艺研究（包括工程菌大规模发酵或工程细胞大规模培养、目标蛋白产品大规模纯化）、药学研究及药效学、药理学、毒理学（包括急性毒性和长期毒性研究）、药物动力学研究，向国家食品药品监督管理总局（CFDA）申报注册，经评审批准后，完成Ⅰ、Ⅱ、Ⅲ期临床试验，经过国家食品药品监督管理总局再次评审批准后，获得新药证书，之后才能在医院试用，最后还要完成Ⅳ期临床扩大研究（要求治疗该药适应证 2000 名患者），才能最终获准上市并进行大规模生产。如此，才算完成了生物技术药物研究的全过程。

生物技术药物研究（包括化学药物研究）是知识密集型产业，需要许多专业技术人才从事该项研究工作。药物研究必须遵循药物非临床试验管理规范（good laboratory practice，GLP），即所有从事药物研究的试验研究人员都必须遵守 GLP 原则。GLP 作为一种质量管理系统，它包括计划、执行、监测、记录、档案和报告等内容。非临床健康和环境安全研究的过程和条件是其关注焦点。目的是促进开发出优质的测试数据，提供实验研究的进行、报告和归档等方面确切可靠的管理手段。原则是建立一套以质量（quality）、可信性（reliability）和完整性（integrity）为基础的标准，达到结论是可检验的，数据是可追踪的。

新西兰于 1972 年颁布实施了《实验室登记法》，是最早颁布实施 GLP 法规的国家。1973 年，丹麦实行相似制度。但是第一个真正实行 GLP 的国家是美国，1976 年，美国食品药品监督管理局（FDA）制定了药品 GLP 规范草案，1978 年正式实施。1979 年世界经济合作与发展组织（OECD）成立 GLP 专家组，并于 1982 年颁布实施化学品 GLP。1983 年，美国国家环境保护局（EPA）颁布实施《农药 GLP 规范》。1984 年，日本农林水产省（MAFF）颁布 GLP 公告。1987 年，欧盟颁布 GLP 法规和准则；1988～2004 年，欧盟又对 GLP 法规进行了 7 次增补和修订，OECD 进行了 12 次增补和修订，但二者 GLP 的原则一致。

1994 年 1 月 1 日，我国国家科技部颁布 GLP 管理规范。1994 年 11 月 1 日，国家食品药品监督管理总局（CFDA）颁布《药物非临床研究质量管理规范（试行）》。2007 年 4 月 19 日，SFDA 颁布《药物非临床研究质量管理规范认证检查方法（实行）》。

GLP 主要要求药物非临床研究人员要具备一定资历，具有丰富的实验研究经验，对每项研究结果都要负责，每天进行的试验要认真详细记录并签名。研究工作中所使用的仪器，包括天平、光学仪器、液相色谱仪、气相色谱仪等计量仪器每年都要进行质量检定，确保试验数据的可靠性和准确性。

药物的中试生产必须遵循 GMP 原则，基因重组工程菌/工程细胞大量培养和目标蛋白产品纯化都要在 GMP 实验室（车间）进行，工程菌发酵或工程细胞大规模培养和产品纯化必须在 10 000 级实验室进行，目标蛋白产品的分装、冷冻干燥必须在 100 级的车间进行。

药品生产质量管理规范（GMP 标准）是为保证药品在规定的质量下持续生产的体系。它是为了把药品生产过程中不合格的危险降低到最小而制定的。GMP 包含方方面面的要求，从厂房到地面、设备、人员和培训、卫生、空气和水的纯化、生产和文件。“GMP”是英文 good manufacturing practice 的缩写，中文的意思是“产品生产质量管理规范”，或是“优良制造标准”，是一种特别注重在生产过程中实施对产品质量与卫生安全的自主性管理制度。

GMP 标准是一套适用于制药、食品等行业的强制性标准，要求企业从原料、人员、设施设备、生产过程、包装运输、质量控制等方面按国家有关法规达到卫生质量要求，形成一套可操作的作业规范帮助企业改善企业卫生环境，及时发现生产过程中存在的问题，加以改善。简要地说，GMP 要求生产企业具备良好的生产设备，合理的生产过程，完善的质量管理和严格的检测系统，确保最终产品的质量（包括食品安全卫生）符合法规要求。

中国食品药品监督管理部门大力加强药品生产监督管理，实施 GMP 认证已取得阶段性成果。血液制品、粉针剂、大容量注射剂、小容量注射剂生产企业全部按 GMP 标准进行，国家希望通过 GMP 认证来提高药品生产管理总体水平，避免低水平重复建设。已通过 GMP 认证的企业名单可以在药品认证管理中心查询。

制定和实施 GMP 的主要目的是为了保护消费者的利益，保证人们用药安全有效；同时也是为了保护药品生产企业，使企业有法可依、有章可循。另外，实施 GMP 是政府和法律赋予制药行业的责任，并且也是中国加入 WTO 之后，实行药品质量保证制度的需要，因为药品生产企业若未通过 GMP 认证，就可能被拒之于国际贸易的技术壁垒之外。

药物包括基因重组蛋白、多肽。药物临床试验必须遵循药品临床试验管理规范（GCP）。药品临床试验管理规范是临床试验全过程的标准规定，包括方案设计、组织、实施、监察、稽查、记录、分析总结和报告。凡药品进行各期临床试验，包括人体生物利用度或生物等效性试验，均需按本规范执行。

所有以人为对象的研究必须符合《赫尔辛基宣言》和国际医学科学组织委员会颁布的《人体生物医学研究国际道德指南》的道德原则，即公正、尊重人格、力求使受试者最大程度受益和尽可能避免伤害。参加临床试验的各方都必须充分了解和遵循这些原则，并遵守中国有关药品管理的法律法规。

进行药品临床试验必须有充分的科学依据。进行人体试验前，必须周密考虑该试验的目的，要解决的问题，预期的治疗效果及可能产生的危害，预期的受益应超过可能出现的损害。选择临床试验方法必须符合科学和伦理标准。

临床试验用药品由申办者准备和提供。进行临床试验前，申办者必须提供该试验用药品的临床前研究资料，包括处方组成、制造工艺和质量检验结果。所提供的药学、临床前和已有的临床数据资料必须符合开始进行相应各期临床试验的要求，同时还应提供该试验用药品已完成和其他地区正在进行与临床试验有关的疗效和安全性资料，以证明该试验用药品可用于临床研究，为其安全性和临床应用的可能性提供充分依据。

开展临床试验单位的设施与条件必须符合安全有效地进行临床试验的需要。所有研究者都应具备承担该项临床试验的专业特长、资格和能力，并经过药品临床试验管理规范培训。临床试验开始前，研究者和申办者应就试验方案，试验的监察、稽查和标准操作规程及试验中的职责分工等达成书面协议。

在药品临床试验的过程中，必须对受试者的个人权益给予充分的保障，并确保试验的科学性和可靠性。伦理委员会与知情同意书是保障受试者权益的主要措施。

伦理委员会应有从事非医药相关专业的工作者、法律专家及来自其他单位的委员，至少由五人组成，并有不同性别的委员。伦理委员会的组成和工作应相对独立，不受任何参与试验者的影响。

临床试验开始前，试验方案需经伦理委员会审议同意并签署批准意见后方能实施。在试验进行期间，试验方案的任何修改均应经伦理委员会批准后方能执行；试验中发生任何严重不良事件，均应向伦理委员会报告。

伦理委员会对临床试验方案的审查意见应在讨论后以投票的方式作出决定，委员中参与临床试验者不投票。因工作需要可邀请非委员的专家出席会议，但非委员专家不投票。伦理委员会应建立其工作程序，所有会议及其决议均应有书面记录，记录保存至临床试验结束后五年。

此外，GCP 还规定了临床试验研究者和药物申报者的职责。药物申报者要派出临床试验观察员，对参加临床试验的医护人员进行培训，要制定研究者手册并分发给参加临床试验的医护人员。在临床试验阶段，临床试验观察员要经常对临床试验情况进行视察，了解临床试验方案执行情况，患者入组情况。当临床试验出现严重不良事件时，研究者首先要向申报者和伦理委员会报告，国家食品药品监督管理总局要派出稽查员到医院视察并了解出现严重临床事件的情况。

总之，药物开发研究各个环节都制定了法规，包括药品经营销售也制定了 GSP（良好的药品经营管理规范），都是有章可循的。只有遵循这些法规才能研制出质量可靠、安全有效的各类药品。

本人从事药物研究 40 余年，参与了 3 个化学药物研究，先后参加了药物的药效学、药理学、毒理学和药物动力学及临床试验研究，几乎涉及药物研究的全过程。这 3 个化学药分别获得国家技术发明奖一、二、三等奖。最后研究的药物是基因重组蛋白药物，本人负责该蛋白质的纯化工艺研究，参与该药的药学研究，并负责组织实施该药的临床前安全评价研究（包括药效学、药理学、毒理学、药物动力学），以及作为临床试验观察员参与该药的Ⅰ、Ⅱ、Ⅲ期临床试验研究。该药已于 2011 年获得新药证书。

本人在长期从事药物研究工作和学习过程中积累了一些有关药物研究的经验，现在将其总结出来编著成册，供从事药物开发研究的研究者、研究生和学员参考。由于本人水平有限，疏漏之处在所难免，望同行批评指正，我将不胜感激！

张正光

2016 年 7 月于北京

目　　录

第一章　绪　　论

生物科学是21世纪的带头学科，物理学、数学、物理化学等学科都要渗透到生物科学里来，从而解决复杂的生物系统中普遍存在的非平衡过程和非线性过程。各学科在促进生物学发展的同时，也求得自身发展。例如，化学和物理学与生物学相结合产生了两门新的学科——生物化学和生物物理学，进而催生了分子生物学、分子遗传学，使生物技术即生物工程（基因工程、细胞工程、酶工程、蛋白质工程、发酵工程、生化工程、抗体工程等）从20世纪80年代以来得到了飞速发展。现代生物科学的发展，是生物科学与数学、物理学、化学等科学之间相互交叉、渗透和相互促进的结果。其他相关科学推动了生物科学对生命现象本质研究的不断深入和扩大，生物科学的发展也为其他相关科学提出了许多新的研究课题，开辟了许多新的研究领域。可见，生物科学与有关科学高度的双向渗透和综合，已经成为当代生物科学的一个显著特点和发展趋势。

一、生物制药技术突飞猛进，生物制药产业不断涌现

从DNA双螺旋结构的发现（1953年）到FDA批准第一个基因重组生物制品——重组人胰岛素（1982年），人们揭开了生物工程的序幕。20世纪80年代后，生物技术得到了突飞猛进的发展，随着生物技术的发展，生物制药也快速发展起来。进入21世纪以来，世界生物技术异军突起，欧美在开发研制和生产生物药品方面成绩斐然，日本在亚太国家中发展较快，同时，南亚、东南亚范围内生物仿制药企业的发展势头良好，我国科学家也迎头追赶，使我国生物技术得到了长足的进步。基因工程诞生30余年，运用于医药行业研制和开发基因工程药物，已取得长足进步。目前，全球上市的基因工程药物有140多种，还处于临床研究阶段的有1700多种，处于实验室研究阶段的有2600多种。其中促红细胞生成素、重组胰岛素、重组干扰素、乙肝疫苗、葡糖脑苷脂酶、生长激素等每年销售额都在5000万美元以上，仅促红细胞生成素1种药销售额就达到32.7亿美元。

美国在生物制药产业发展方面领先于世界各国。目前美国已有超过1000家的生物技术企业，约占世界总量的2/3；生物技术市场资本总额超过了400亿美元；并已经成功研发出30多种重要的治疗药物，正式投放市场的生物工程药物也达到了40多种。这些药物广泛应用于癌症、糖尿病、肝炎等疾病的治疗，给社会创造了极大的价值。欧洲在生物制药方面整体落后于美国，但是发展迅猛。英国、法

国、德国、俄罗斯等国在开发研制和生产生物药品方面成绩斐然，在生命科学技术与产业的某些领域甚至赶上并超过了美国。例如，俄罗斯科学院分子生物学研究所、莫斯科大学生物系、莫斯科妇产科研究所及俄罗斯医学遗传研究中心等多个科研机构近年来在研究和应用基因治疗方面都取得了重大进展。

在亚洲，日本在基因工程药物研发领域也有一定的建树，目前已有65%的生命科学技术与产业公司从事于基因工程药物研究，某些研究实践已达到世界前列。新加坡、韩国和中国台湾在基因工程药物研制和产业开发等方面也雄心勃勃。其他的亚太国家和地区在生物制药产业方面同样发展较快，尤其是澳大利亚、中国大陆、印度等在政策引导下，不断吸纳世界范围内的投资，在世界范围的市场正不断拓展壮大。

我国生物制药产业起步较晚，经过了将近20年的发展，以基因工程药物为核心的研制、开发和产业化已经颇具规模。目前，全国注册的生物技术公司超过了200 家，主要分布于环渤海、长江三角洲、珠江三角洲等经济发达地带。国内主要的生物制药公司有华北制药、扬子江药业、东北制药、复星医药等。

与发达国家相比，我国生物医药产业还处于比较落后的状态。目前制约我国生物制药产业发展的主要因素有资金短缺、研发力量薄弱、缺乏产业化机制、科研成果转化率低等。其中，作为生物医药领域内重要部分的中成药产业在国际上步履维艰，而我国的生物制药公司大多集中在生物仿制药领域。

生物医药作为新兴产业，有着良好的发展前景和蓬勃的生命力，引起了国家的足够重视，近年来，中央和地方政府都在不断加大对生物医药的投入力度，从政策和资金等各方面扶持生物医药产业。2014 年 3 月《上海市生物医药产业发展行动计划（2014-2017 年）》发布，明确今后将继续推动上海成为亚太地区生物医药高端产品制造中心、商业中心和创新研发中心，到 2017 年年底实现产业经济总量 3500 亿元，并形成一家销售收入超过 1000 亿元的旗舰企业，力争实现生物医药产业新一轮跨越式发展。

现代生物科学的新进展，许多是在采用先进的技术和手段条件下取得的，这些新技术有：DNA 重组技术、DNA 合成技术、快速 DNA 序列测定技术、蛋白质人工合成技术、蛋白质序列测定技术、核酸分子杂交技术、限制性内切酶片段长度多样性技术、反义 RNA 技术、聚合酶链反应扩增技术、单克隆抗体技术、脉冲电泳技术、磁力共振技术、扫描隧道和原子力显微技术、同步辐射技术、电子计算机技术等。可见，研究技术和手段的革新是当代生物科学的一个显著特点和发展趋势。

现代生物技术，是以运用现代生物学、化学等基础科学及多种工程原理和技术，生产生物制品和创造新物种的综合性科学技术。该技术的发展主要经历了 7 个阶段：①创建发酵原理；②发明纯种培养技术；③发现酶及其催化功能；④建立深层通气培养技术；⑤体外基因重组技术；⑥固定化酶和固定化细胞技术；⑦建立细胞和原生质体融合技术。从目前发展来看，它主要包括 4 个分支，即发酵工程、酶工程、基因工程和细胞工程。

2001 年人类基因组计划（HGP）研究为我们提供了 3000 多个可用于制药的基因。人类将从整体上解决肿瘤等疾病的分子遗传学问题，6000 多种单基因遗传病和多种基因疾病的致病基因和相关基因的定位、克隆和功能鉴定是 HGP 的核心部分，它将彻底改变传统新药开发的模式，并赋予基因技术商业价值，进一步深化生物制药的产业结构，引发基因诊断、基因疫苗、基因治疗、基因芯片等新兴产业。从世界各国制药发展看，生物技术将从根本上革新传统药物的开发和生产，从而成为 21 世纪国际商业市场的龙头产业。

生物科学技术拥有众多分支学科技术，现代生物学研究的热点领域有：基因组学、生物信息学、抗体工程技术、组织工程学、干细胞研究、药物分子设计及行为科学、生态学等。

到 21 世纪，生物工程药物研究和产业化蓬勃发展，传统的一些不治之症因基因工程药物的出现也有了新的治疗途径。我国批准上市的生物工程药物有：IFN-α_{1b}、IFN-α_{2a}、IFN-α_{2b}、IL-γ、IL-2、G-CSF、GM-CSF、SK、EPO、EGF、b-FGF、Insulin、GH、乙肝疫苗、痢疾疫苗、重组链激酶、重组葡激酶、重组人尿激酶原，共 18 种。其中 IFN-α_{1b} 是我国自行研制的品种，但在体内治疗性单抗及治疗性疫苗领域还是空白。生物技术药物（biotech drug）或称生物药物（biopharmaceutics），据 *Parexel's Pharmaceutical R & D Statistical Source Book* 中报告，已有 723 种生物技术药物正在进行 FDA 审批（包括Ⅰ～Ⅲ期临床及 FDA 评估），还有 700 种药物处于早期研究阶段（研究与临床前），有 200 种以上产品已到最后批准阶段（Ⅲ期临床与 FDA 评估）。根据咨询资源公司（Consulting Resources Corporation）统计，生物技术药物的销售规模将从 1996 年的 100 亿元扩大到 2006 年的 320 亿美元。治疗药物平均年增长 16%，诊断药物年增长 9%，将达到 40 亿美元。在 284 种开发的生物技术药物中有 2/5 用于多种肿瘤的治疗，如脑瘤、直肠癌和乳腺癌。发展最快的是基因治疗剂，美国 FDA 已批准 100 多个基因治疗方案进入临床试验。基因治疗的主要对象是囊性纤维变性、癌症、艾滋病及 Gaucher's 症（脑苷脂贮积病）。PRMA 主席 Gerald J. M.曾预言（2000 年），再过 10 年，生物技术将使许多老年性疾病得到治疗，是新药“黄金时代”的新开端。开发中的生物技术疫苗迅速增加，年增加品种达 44%（达 77 种），用于癌症、艾滋病、类风湿性关节炎、镰刀形贫血、骨质疏松症、百日咳、多发性硬化症、生殖器疱疹、乙型肝炎及其他感染性疾病。最近生物技术药物还试用于普通感冒、帕金森病、亨廷顿病。

目前，国际大部分知名制药企业，年产值在 400 亿～500 亿美元的大公司如强生、辉瑞、诺华、默沙东、罗氏等在生物制药领域都处于领先地位。2013 年下半年，手握“明星药物”的奥尼克斯生物制药公司，便引来了一大波制药巨头的“争抢”风潮。自 20 世纪 70 年代基因工程诞生，80 年代生物技术在医学领域初步实现产业化，到 90 年代逐渐形成一批庞大的新兴产业，如生物食品、基因食品及饮料、生物饲料、生化药物、生物农药、生物化肥、生物能源、生物环保剂、生物防治剂、基因工程蛋白质、多肽药物、单抗和海洋生物药物用于临床诊断、基因治疗、改良动植物品种、提供化工原料、金属冶炼及宇宙空间探测等，均具有巨大的经济潜力。1996 年，美国现代生物技术销售额为 130 亿美元；日本为 6552 亿日元；我国 114 亿元（452 个单位调查），是 10 年前的 56 倍。

快速基因测序技术的进展，使诊断工具日益专一、快速，检测有关疾病的发病基因使疾病诊断进入一个新阶段。例如，*hMLHI* 基因与 30%继发性肿瘤相关，*p53* 基因涉及近一半的肿瘤。阿尔茨海默病（Alzheimer disease）、高胆固醇症与精神分裂症基因诊断研究也已取得进展。有些疾病，如肿瘤与心脏病是多基因性的疾病，因此一种疾病一种药物的治疗模式已愈来愈行不通，针对个体发病的基因型差异选用特殊治疗手段将会诞生新的医药市场。10 年内基因操作将从占近代疾病检查中的 0.5%扩大到占全部诊断检查的 8%，到 2000 年基因操作已经达到 20 亿美元的市场效益。现在基因检测技术已用于各种疾病的诊断与筛查，Illumina 公司预测基因测序全球总市场容量为 200 亿美元，肿瘤诊断与治疗应用方向为 120 亿美元，占比为 60%，是基因测序最大的应用市场。同时，麦肯锡公司预测基因测序技术在肺癌、肠癌、乳腺癌和前列腺癌等领域的渗透率将高于 20%。

二、癌症研究取得新突破

目前，全世界肿瘤死亡率居首位，美国每年被诊断为肿瘤的患者是 100 万，死于肿瘤者达 54.7 万。用于肿瘤的治疗费用为 1020 亿美元。肿瘤是多机制的复杂疾病，目前仍用早期诊断、放疗、化疗等综合手段治疗。今后 10 年抗肿瘤生物药物会急剧增加。例如，应用基因工程抗体抑制肿瘤。

中国占世界人口的 1/4，是肿瘤的高发地区。近年来，随着人们生活方式的变化，空气、水和环境的污染日益严重，中国及亚洲其余国家的肿瘤发病率有增无减，尽管人们积极努力地寻找新的更加有效的治疗方法，但肿瘤患者的存活率仍没有根本的改善。

生物技术药物研究的主攻方向首先是癌症（cancer）（美国研究的 151 个品种，已批准 14 个），其次是侵袭性疾病如感染及有关 AIDS/HIV（美国研究的 65 个品种中，已批准 17 个），再次是自身免疫性疾病及器官移植免疫排斥（美国研究的 35 个品种中，已批准 8 个），最后是心血管疾病、神经障碍性疾病、呼吸系统疾病、糖尿病及基因缺陷病等，这些都是针对性很强而且难以攻克的疾病。生物技术药物在危及人类健康的前几位杀手面前，表现了强大的实力。这也是生物技术药物强大生命力的所在。

肿瘤的发生与原癌基因的激活、抑癌基因的失活，以及细胞凋亡因子相关基因的变异有关，故我们可以人为地处理这些基因变异造成的后果，使细胞生长恢复正常从而治疗肿瘤。*p53* 基因家族是一个巨大的抑癌基因家族，控制细胞凋亡，在肿瘤细胞中频繁地发现它发生了突变，临床前试验研究表明 *p53* 基因的导入能够调控细胞周期，诱导细胞凋亡，以及抗血管生成，从而有可能成为肿瘤治疗的有用基因。

p53 基因药物自 1995 年开始用于临床试验，直到 2006 年，研究发现 *p53* 基因制品在 20 多种肿瘤的治疗方面有作用，如头颈部癌、肺癌、卵巢癌等。生长因子、受体、自杀基因、细胞因子等也是基因治疗药物的常用治疗基因。

基因药物从抗肿瘤的生物治疗剂量入手，目前集中在研制能特异性杀死肿瘤细胞而不损伤正常细胞的制剂。该制剂是一种与传统化疗药物作用机制完全不同的新型抗肿瘤剂，是理想的治疗药物。

国际上基因药物在肿瘤治疗的应用主要采用以下手段：免疫疗法；自杀型基因疗法；诱导肿瘤细胞的凋亡而导致肿瘤的萎缩，但对正常细胞不产生杀伤作用；突变基因的修饰；抗血管生成因子。

肿瘤的免疫疗法，是通过基因治疗手段，将细胞因子或肿瘤特异性抗原基因导入机体，诱导机体产生特异的抗肿瘤免疫应答，增强效应细胞对肿瘤细胞的识别能力而发挥抗肿瘤作用的技术。

肿瘤细胞免疫治疗是一种新兴的、具有显著疗效的肿瘤治疗模式，是一种自身免疫抗肿瘤的新型治疗方法。它是运用生物技术和生物制剂对患者体内采集的免疫细胞进行体外培养和扩增后回输到患者体内的方法。免疫疗法可增强机体自身免疫功能，从而达到治疗肿瘤的目的。肿瘤细胞免疫疗法是继手术、放疗和化疗之后的第四大肿瘤治疗技术。

免疫系统是人体的防御体系，一方面发挥着清除细菌、病毒、外来异物的功能，另一方面消除体内衰老细胞及发生突变的细胞（有的突变细胞会变成肿瘤细胞）。机体免疫系统和肿瘤细胞相互作用的结果决定了肿瘤的最终演变。对于健康的人来说，其免疫系统的强大足以及时清除突变的肿瘤细胞。但对于肿瘤细胞患者来说，普遍存在免疫系统低下，不能有效地识别、杀灭肿瘤细胞；另外，肿瘤细胞大量增殖，会进一步抑制患者的免疫功能，而且肿瘤细胞有多种机制来逃脱免疫细胞的识别与杀伤。肿瘤细胞免疫治疗就是借助分子生物学技术和细胞工程技术，提高肿瘤的免疫原性，给机体补充足够数量的功能正常的免疫细胞和相关分子，激发和增强机体抗肿瘤免疫应答，提高肿瘤对机体抗肿瘤免疫效应的敏感性。在体内、外诱导肿瘤特异性和非特异性效应细胞和分子，达到最终清除肿瘤的目的。

肿瘤细胞免疫治疗，其作用不是杀死全部肿瘤细胞，而是当肿瘤细胞负荷明显降低时，机体的免疫功能恢复后，通过清除微小的残留病灶或明显地抑制残留肿瘤细胞增殖的方式来达到治疗肿瘤的目的。肿瘤免疫治疗正是通过人为的干预，来调动机体自身的免疫系统对肿瘤细胞进行杀灭和抑制其增殖。

试验及临床均提示，机体的免疫系统具有清除肿瘤的作用，在原发性肿瘤手术切除或经氩氟刀等微创手术消融掉局部肿瘤后，用免疫疗法能杀灭剩余的肿瘤细胞，消除复发、转移的因素，增大治愈的可能性，延长生存时间，提高生活质量。

肿瘤细胞免疫疗法适用于防止多种实体肿瘤，包括恶性黑色素癌、前列腺癌、肾癌、膀胱癌、卵巢癌、结肠癌、直肠癌、乳腺癌、宫颈癌、肺癌、喉癌、鼻咽癌、胰腺癌等手术后复发，也可以用于防止多发性骨髓瘤、B 淋巴瘤和白血病等血液系统恶性肿瘤的复发，还可以用于上述肿瘤的进一步巩固治疗，达到延长生存期、提高生活质量和抑制肿瘤恶化的目的。但肿瘤细胞免疫治疗不适用于 T 细胞淋巴瘤患者、器官移植后长期使用免疫抑制药物和正在使用免疫抑制药物的自身免疫病的患者。

当前肿瘤的治疗中，采用传统化学治疗药物及放射治疗，由于不能区分肿瘤和正常组织而产生严重的毒性作用。在放疗和化疗中最常见的不良反应为 3～4 期中性粒细胞减少症及第 3 期淋巴细胞减少症。因此必须寻找一种更为切实可行的方法。

人们普遍对腺病毒介导的自杀型基因治疗肿瘤给予了较大希望，也取得了令人鼓舞的进展。有人发现一种新型的具有复制能力的、可以分解肿瘤的腺病毒载体，可以将目的治疗基因输送至肿瘤细胞。在加入两个自杀性基因系统（CD/5-FC 和 HSV-1TK/GCV）后，抗癌效果进一步加强，并增加了恶性肿瘤对抗癌药物和放疗的敏感性。

研究发现尿激酶型纤溶酶原激活因子受体（rhPro-UKR）启动子特异性地进入结肠癌细胞，激活自杀基因，抑制结肠癌细胞增殖，并无明显抑制正常结肠细胞的作用。

Survinin 基因选择性地表达于肿瘤组织，在正常分化的细胞组织中无表达，该基因有抗细胞凋亡，促进细胞增殖的作用，并发现其与细胞分化与关，还有它的高表达与肿瘤的多药耐药呈正相关，可以作为基因治疗很好的靶点。

我国已有利用腺病毒载体治疗头颈癌的案例，有人进行了腺病毒 p53 载体（商品名为今又生）结合放疗对鼻咽癌患者进行治疗的研究。24 位患者采用腺病毒 p53 载体结合放疗，其疗效 4 周后增加 1.9 倍，在给药后 2 个月其效果为 2.1 倍，给药组 3 年的存活率仅比放疗组高出 14.4%，注射今又生除了有短暂的发热外，没有出现剂量限制毒性或负结果。

攻克癌症是世界性医学的主题之一，探索肿瘤基因治疗的理论与实践问题，将获得具有国际先进水平的研究成果和良好的临床应用前景。重组基因治疗是在动物试验已取得肯定的研究结果的基础上进行的，将有可能开发成为与传统肿瘤化疗药物完全不同的、安全的、有效的、特异的抗癌新药。因此，获得预期研究结果，将其转化为新型的抗肿瘤制剂并用于临床的前景良好，将有可能为广大肿瘤患者带来福音，同时具有重大的经济和社会效益。

三、阿尔茨海默病、帕金森病、脑卒中及脊椎外伤研究取得新进展

对阿尔茨海默病、帕金森病、脑卒中及脊椎外伤的生物技术药物治疗，胰岛素样生长因子 rhIGF-1 在日本已批准生产，美国已进入III期临床试验。它是一种神经促进因子，有助于帕金森病患者保持脑功能和延长寿命。目前，科学家正在加紧研究促进神经生长因子分泌的小分子作为这类疾病的有效治疗剂。GDNF（胶质细胞源神经营养因子）是由胶质源细胞株（glial-cell-line）产生的促神经生长因子，正在进行临床试验，结果表明 GDNF 能保持帕金森病患者的脑细胞活性。

神经生长因子（NGF）和脑源神经营养因子（BDNF）用于治疗末梢神经炎，肌萎缩侧索硬化（amyotrophic lateral sclerosis，ALS），均已进入III期临床。在南美和欧洲一种中枢神经性疾病多发性硬化病（multiple sclerosis，MS）患者约有30 万人，INF-β_{1b} 可抑制神经纤维鞘磷脂的破坏，用于复发性 MS；口服 INF-β_{1a} 除用于 MS 外，还用于 ALS。

四、自身免疫性疾病有了新的治疗途径

许多炎症由自身免疫缺陷引起，如哮喘、风湿性关节炎、红斑狼疮等。风湿性关节炎患者多于 4000 万，每年医疗费达上千亿美元，一些制药公司正在积极攻克这类疾病。例如，Genentech 公司研究一种人源化单克隆抗体免疫球蛋白 E 用于治疗哮喘，已进入II期临床；Centocor's 公司研制一种 TNF-α抗体用于治疗风湿性关节炎，有效率达 80%。Enbrel 是一种重组后可与 TNF 结合的偶联可溶性受体，用于治疗风湿性关节炎。在美国市场估计将超过 10 亿美元。Remicade 是一种嵌合抗 TNF 单抗，这是第一个免疫学基础性细胞介导 TNF 下调的细胞因子调节剂，目前集中于对类风湿性关节炎的试验治疗，而类风湿性关节炎全世界有 500 万人患此症。Remicade 还对一种导致衰弱和疼痛并发症的节段性回肠炎有靶向治疗作用，治疗中的患者应答率 65%，缓解率 33%。La Jolla 公司研制的 LJP394 用于治疗红斑狼疮，已进入II、III期临床试验。

五、人体器官移植进展迅速

人体器官的更换是生物医学发展最快的领域之一，美国估计每年用于器官移植的费用为 3.5 亿美元，美国 FDA 批准了两个单抗药物用于临床，即 Ortho OKT-3 和 Zenapex。Ortho OKT-3 为鼠单抗，用于逆转肾移植的免疫排斥反应，现已扩大到肝、心的移植。Zenapex，是一种人源单抗，能与 T 细胞特异性受体结合，激活 T 细胞，具有抗肾移植免疫排斥反应的作用，但不抑制抗体内在的免疫系统，在有其他抗免疫排斥药物作用时，不仅可增效，而且不增加毒性。还可用于其他自身免疫性疾病如牛皮癣、眼色素层炎、MS、青少年糖尿病等。LJP394 是一种具有抗原决定簇基因的 DNA 片段，能与 β 细胞表面抗体结合。还有的公司在应用基因疗法治疗糖尿病。例如，将胰岛素基因导入患者的皮肤细胞，再将细胞注入人体，使工程细胞提供全程胰岛素供应。

六、预防和治疗心脑血管疾病有了新手段

心脑血管疾病是威胁人类健康的另一种严重疾病。美国每年有 100 万人死于冠心病，治疗费用高于 1170 亿美元。今后 10 年，防治冠心病的药物将是制药工业的重要增长点。Centocor's 公司应用单克隆抗体治疗冠心病的心绞痛和恢复心脏功能取得成功，这标志着一种新型冠心病治疗药物的诞生。美国每年有脑卒中患者 60 万，死亡人数达 15 万。脑卒中的有效防治药物不多，尤其是治疗不可逆脑损伤的药物更少，Cerestal 已被证明对脑卒中患者的大脑功能有明显改善和稳定作用，现已进入Ⅲ期临床试验。Genentech 的溶栓活性酶（Activase，重组 t-PA）用于脑卒中患者治疗，可以消除症状的 30%。1997 年，Activase 市场销售占溶栓药的 71%。第二代 t-PA，Retavase 也将于近年被批准在美国上市。目前已成为美国 FDA 批准用于心血管的药物还有如下几种。Reo-Pro，血小板糖蛋白（GPⅡb/Ⅲa）受体阻滞单抗片段，是第一个用免疫学方法下调血小板功能的单抗，用于预防血栓，在欧美用于血管成形术；1998 年 2 季度销售额超过 1 亿美元；Reo-Pro 将扩大用于心脏病发作，不稳定心绞痛及脑卒中。GPⅡb/Ⅲa 小分子拮抗剂 Aggrastat，用于不稳定心绞痛和血管成形术。Integrilin 为环 7 肽，是从 70 种蛇毒中筛选出仅能抑制 GPⅡb/Ⅲa 的单一成分，而无其他细胞黏附作用。IL-11 是 FDA 批准的第一个促进血小板产生的细胞因子，治疗血小板减少症。BNP，人 b 型促尿钠排泄肽，用于充血性心力衰竭，现已向 FDA 申报批准。Stemgen（SCFG）干细胞生长因子，用于乳腺癌患者换血后的治疗；SCFG 在骨髓移植、造血功能障碍及干细胞基因治疗中有潜在的应用价值。CH925 是 IL-6/IL-2 的融合蛋白，除具有 IL-6 与 IL-2 的活性外，还具有促红系细胞形成活性。国内在这方面的研究也颇具特点。

七、预防和治疗病毒感染有了新希望

病毒感染性疾病也是威胁人类健康的疾患，每年全世界有300万人感染流感病毒，其中25万～50万人死于流感及其引起的并发症，各国都在研究流感疫苗。FluMist是一种鼻内用流感疫苗，对流感的有效率为93%，对减少有关流感引起的初期感染有效率为98%；CytoGam，一种免疫球蛋白，用于预防巨细胞病毒（CMV）感染，这也是一种肾移植患者发生的机会致病原感染的疾病；RespiGam，免疫球蛋白复合抗体，靶向治疗儿童呼吸道合胞病毒（RSV）感染，年销售额0.7亿美元；Symagis是第一个人源化针对感染性疾病的单抗，能与RSV感染细胞蛋白表面结合，及早给药疗效是RespiGam的50～100倍，因此有可能取代RespiGam。

抗病毒感染的反义核酸药物有Vitravene（福米韦生钠，一种反义寡核苷酸），由21个硫代磷酸酯寡核苷酸组成，可阻断CMV基因组和mRNA，抑制病毒的复制。AIDS患者机会致病原引起的CMV视网膜炎可引起失明，Virtavene临床应用预计销售额1亿美元。其他反义核酸药物还有Vistide。Preveon是一种口服反转录酶抑制剂，其作用超过一般抗HIV药物。

治疗性疫苗（vaccine）是目前美国新药研究的热点，它们主要针对甲、乙、丙肝，Lyme病，巨细胞病毒，脓毒症，流感，EB病毒，呼吸道合胞病毒及各种性传染病等，研究中的品种数是生物技术药物研究的首位，占77种。而单抗虽然研究品种数有72种，略低于治疗性疫苗，但已批准数有12种，远高于疫苗，另外，细胞因子研究品种数有48种，而已批准数有14种，前景很好。其他重组细胞因子（包括t-pA、凝血因子、生长激素、rhPro-UK等）已批准了19种，居批准数的首位，而在研究中的只有15种，这反映其命中率是较高的。

展望未来，下一批生物技术重磅炸弹药品基本上由5个类别组成：单克隆抗体、反义药物、基因治疗（gene therapy）药物、可溶性蛋白类药物和疫苗。其中单克隆抗体的医药需求最令人注目。当前处于临床试验阶段的各类单克隆抗体（包括鼠源抗体、嵌合抗体和人源化抗体）约100种，大致占所有正在研制的生物技术药品数目的25%。2000年世界单克隆抗体市场销售额已超过17亿美元，到2015年已经达到980亿美元，中国到2020年将达到200亿美元。

可以预计，在发展和危机并存的21世纪，生命科学将成为自然科学的带头学科。分子生物学将在生命科学中保持主导地位；细胞生物学还将作为生命科学的基础科学继续发展；脑科学将代表生命科学发展的一个高峰；基因组计划、基因工程、细胞工程、酶工程、蛋白质工程将带来农业、食品、医药和化工等领域的革命，产生难以估量的社会效益和经济效益。生物技术的飞速发展及其广泛的应用前景，将使生物产业成为全社会的产业支柱。

在所有的科研突破中，基因科学及其在疾病的诊断和治疗中的应用给人们带来的希望最大。科研人员研究的关键是弄清楚细胞的运转机制。始于 1990 年的绘制人类基因组图谱工程，动用了美、欧、亚多国的数百名科学家，总计耗资 30 亿美元，最终目标是要在 2003 年之前绘制出人体 10 万个基因的图谱，揭开 30 亿个碱基对的密码，弄清全部基因的位置、结构和功能。这项工程可以揭开有关人体生长、发育、衰老、患病和死亡的秘密，最终将帮助人类攻克诸如癌症、艾滋病、肝炎、肺结核、阿尔茨海默病等许多疑难病症。

生物技术还有可能为计算机领域的研究带来突破。目前采用的硅芯片上集成的电子器件数量已逐渐接近极限，因此计算机的计算处理能力也就接近极限。以 DNA 计算机为首的生物计算机也许将会成为传统计算机制想的终结者。各种生物计算机可彻底实现现有计算机所无法真正实现的模糊推理功能和神经网络运算功能，是模拟人工智能的一个突破口。

可以预料，生物学及生物技术的应用必将对 21 世纪产生重要的影响，它不仅能促进人类社会的文明与进步，而且它也会带来一系列环境问题和严重的伦理问题，因而在各国纷纷加大对生物产业投入的 21 世纪，科学家还应树立起保护自然资源、生物多样化和人类生存系统的责任心，维护人类的尊严和人类生存的基本权利。

总之，生物科学作为 21 世纪的带头科学将带动其他学科重大发展，生物技术将引起国民经济新的产业革命。生物技术在医疗卫生、农业、环保、轻化工、食品保健等重要领域对改善人类健康状况及生存环境、提高农牧业及工业的产量与质量发挥着越来越重要的作用。涉及人类面临的大多数医学难题，如心血管疾病、自身免疫性疾病、糖尿病、骨质疏松、恶性肿瘤、阿尔茨海默病、帕金森病、严重烧伤、外伤造成的肌肉和骨骼及软骨缺损、脊髓损伤和遗传性缺陷等疾病的治疗也将随着生物技术的不断发展找到解决的途径。组织工程技术培养干细胞，通过诱导可以培养出人工心脏、人工肝脏、人工耳及肌肉、骨骼等组织器官，一些严重疾患的治疗有了新的希望。

第二章　原核细胞基因工程制药技术

20 世纪 50～60 年代，人们从动物组织器官里和植物中提取某些酶、氨基酸、激素等，生产一些用于临床的药物，而且当时各地都有一些生化工厂生产一些生物药品如胃蛋白酶、胰蛋白酶、牛胰岛素、淀粉酶等供临床应用。同时建立了一些酵母菌发酵车间，大规模发酵培养酵母菌，从酵母菌提取淀粉酶。但自从基因工程药物得到发展后，传统生物制药产业都让位于基因工程产业而纷纷关门了。以基因工程、细胞工程、酶工程、发酵工程、蛋白质工程为代表的现代生物技术近 20 年来发展迅猛，并日益影响和改变着人们的生产和生活方式。目前，60%以上的生物技术成果集中应用于医药工业，用以不断开发特色新药或对传统医药进行改进，由此引起了医药工业的重大变革。生物制药作为生物工程研究开发和应用中最活跃、进展最快的领域，被公认为是 21 世纪最有前途的产业之一。

第一节　原核细胞基因工程药物研制技术简述

一、基因工程药物

基因工程是指按照人们的愿望，进行严格的设计，通过体外 DNA 重组和转基因技术，赋予生物以新的遗传特性，创造出更符合人们需要的新的生物类型和生物产品。基因工程是在 DNA 分子水平上进行设计和施工的，又称为 DNA 重组技术。基因工程药物又称生物技术药物，是根据人们的愿望设计的基因，在体外剪切组合，并和载体 DNA 连接，然后将载体导入微生物细胞，使目的基因在靶细胞中得到表达，最后将表达的目的蛋白纯化并做成制剂，从而成为蛋白质类药或疫苗。原核细胞主要是指细菌，用得最多的是大肠杆菌。因为细菌培养、发酵的培养基比较简单，细菌生长繁殖很快，用细菌发酵生产基因工程产品产量很高。但是细菌也有缺点，主要是缺乏蛋白质修饰功能，在菌体内合成的蛋白质类产物大多在包含体内，而且没有生物活性，要经过包含体溶解、复性等过程才能获得有活性的生物药品。

研究基因工程药物首先要确定研究的药物，基因工程药物大多是一些小分子蛋白质、多肽、细胞因子等多肽类物质。所要研究的药物必须是临床上需要的，即能治疗一些用传统的医疗体系不能解决的疑难杂症。其次，所研究的药物应具有较好的市场前景，即国内外市场上还没有的药物，所生产出来的药物在市场上销售没有问题。基因工程药物的研发分为上游和下游两个阶段。

（一）获取目的基因

确定了所要研究的蛋白质类药物，就要寻找该蛋白质的基因，即目的基因。然后是分离目的基因、构建工程菌（细胞）。目的基因获得后，要考虑目的基因的表达。选择基因表达系统是保证蛋白质能够高效表达，即表达量要尽可能高和分离纯化要比较容易。此阶段的工作主要在实验室内完成。

获取目的基因的方法主要有两种：一种是从供体细胞的 DNA 中直接分离基因，最常用的方法是"鸟枪法"，又称"散弹射击法"。另一种是人工合成基因，这种方法有两条途径：一条是以目的基因转录的信使 RNA（mRNA）为模板，反转录成互补的单链 DNA，再在酶的作用下合成双链 DNA，即目的基因，另一条途径是通过蛋白质的氨基酸序列，推测出 mRNA 序列，再推测出结构基因的核苷酸序列，然后用化学的方法以单核苷酸为原料合成。PCR 技术是扩增目的基因的方法，不应该算作获取目的基因的途径。

所谓目的基因就是人们在基因工程操作过程中所需要转移或改造的基因。获取目的基因的方法很多，可以归纳为以下几种。

1. 鸟枪法

这种方法类似于鸟枪发射散弹。具体的做法是：用若干个合适的限制酶处理一个 DNA 分子，将它切成若干个 DNA 片段。这些片段的长度相当于或略大于一个基因。然后，将这些不同的 DNA 片段分别与适当的载体结合，形成重组 DNA，再将它导入相应的营养缺陷型细菌中。这种方法的缺点是专一性较差，有时分离出来的并非一个基因，但由于这种方法操作简便，因此现在仍然广泛采用。

2. 反转录法

这种方法是在核糖体合成多肽的旺盛时期，首先把含有目的基因的 mRNA 的多聚核糖体提取出来，分离出 mRNA，然后以 mRNA 为模板，用反转录酶合成一个互补的 DNA，即 cDNA 单链，再以此单链为模板合成出互补链，就成为双链 DNA 分子。这种方法专一性强，但是操作过程比较麻烦，特别是 mRNA 很不稳定、生存时间短，所以要求的技术条件较高。

3. 氨基酸序列合成法

这种方法是建立在 DNA 序列分析基础上的。当把一个基因的核苷酸序列搞清楚后，可以按图纸先合成一个含少量（10～15 个）核苷酸的 DNA 片段，再利用碱基对互补的关系使它们形成双链片段，然后用连接酶把双链片段逐个按顺序连接起来，使双链逐渐加长，最后得到一个完整的基因。这种方法专一性最强，现在用计算机自动控制的 DNA 合成仪，进行基因合成，使基因合成的效率大大提高。但是这种方法目前仅限于合成核苷酸对较少的一些简单基因，而且必须事先把它们的核苷酸序列搞清楚。对于许多复杂的、目前尚不知道核苷酸序列的基因就不能用这种方法合成，只能用前两种方法或其他方法分离或合成。这种合成基因的方法还有一个很大的优点，就是可以人工合成自然界不存在的新基因，使生物产生新的性状以满足人类需求。因此，这一方法今后将随着技术的不断改进而得到越来越广泛的应用。

4. 从基因文库中获取目的基因

将含有某种生物的许多 DNA 片段，导入受体菌的群体中储存，各个受体菌分别含有这种生物不同的基因，称为基因文库。当需要某一片段时，根据目的基因的有关信息，如根据基因的核苷酸序列、基因的功能、基因在染色体上的位置、基因的转录产物 mRNA，以及基因的表达产物蛋白质等特性来获取目的基因。

（二）人工合成法

1. 化学合成法

化学合成法是指在体外人工合成双链 DNA 分子的技术，与寡核苷酸合成有所不同：寡核苷酸是单链的，所能合成的最长片段仅为 100nt 左右，而基因合成则为双链 DNA 分子合成，所能合成的长度为 50bp～12kb。已知目的基因的核苷酸序列，也可用 DNA 合成仪直接合成。

2. 用 PCR 技术和扩增技术

PCR 是聚合酶链反应的简称，是指在引物指导下由酶催化的对特定模板（克隆或基因组 DNA）的扩增反应，是模拟体内 DNA 复制过程，在体外特异性扩增 DNA 片段的一种技术，在分子生物学中有广泛的应用，包括用于 DNA 作图、DNA 测序、分子系统遗传学等。

参与 PCR 反应的物质主要为 5 种：引物、酶、dNTP、模板和 Mg^{2+}。

PCR 基本原理是以单链 DNA 为模板，4 种脱氧核糖苷三磷酸（dNTP）为底物，在模板 3'端有引物存在的情况下，用酶进行互补链的延伸，多次反复的循环能使微量的模板 DNA 得到极大程度的扩增。在微量离心管中，加入与待扩增的 DNA 片段两端已知序列分别互补的两个引物、适量的缓冲液、微量的 DNA 膜板、4 种 dNTP 溶液、耐热 *Taq* DNA 聚合酶、Mg^{2+}等。反应时先将上述溶液加热，使模板 DNA 在高温下变性，双链解开为单链状态；然后降低溶液温度，使合成引物在低温下与其靶序列配对，形成部分双链，称为引物退火；再将温度升至合适温度，在 *Taq* DNA 聚合酶的催化下，以 dNTP 为原料，引物沿 5'→3'方向延伸，形成新的 DNA 片段，该片段又可作为下一轮反应的模板，如此重复改变温度，由高温变性、低温复性和适温延伸组成一个周期，反复循环，使目的基因得以迅速扩增。因此 PCR 循环过程由 3 部分构成：模板 DNA 变性、引物退火、热稳定 DNA 聚合酶在适当温度下催化 DNA 链延伸合成（称为引物延伸）。

1）模板 DNA 的变性

模板 DNA 加热到 90～95℃时，双螺旋结构的氢键断裂，双链解开成为单链，称为 DNA 的变性，以便它与引物结合，为下轮反应做准备。变性温度与 DNA 中 G-C 含量有关，G-C 间由 3 个氢键连接，而 A-T 间只有两个氢键相连，所以 G-C 含量较高的模板，其解链温度相对要高些。故 PCR 中 DNA 变性需要的温度和时间与模板 DNA 的二级结构的复杂性、G-C 含量高低等有关。对于高 G-C 含量的模板 DNA，在实验中需添加一定量二甲基亚砜（DMSO），并且在 PCR 循环中起始阶段热变性温度可以采用 97℃，时间适当延长，即所谓的热启动。

2）模板 DNA 与引物的退火

将反应混合物温度降低至 37～65℃时，寡核苷酸引物与单链模板杂交，形成 DNA 模板-引物复合物。退火所需要的温度和时间取决于引物与靶序列的同源性程度及寡核苷酸的碱基组成。一般要求引物的浓度大大高于模板 DNA 的浓度，并由于引物的长度显著短于模板的长度，因此在退火时，引物与模板中的互补序列的配对速度比模板之间重新配对成双链的速度要快得多，退火时间一般为 1～2min。引物的长度一般为 15～30bp，常用的是 18～27bp。

3）引物的延伸

DNA 模板-引物复合物在 *Taq* DNA 聚合酶的作用下，以 dNTP 为反应原料，靶序列为模板，按碱基配对与半保留复制原理，合成一条与模板 DNA 链互补的新链。重复循环变性、退火、延伸三过程，就可获得更多的“半保留复制链”，而且这种新链又可成为下次循环的模板。延伸所需要的时间取决于模板 DNA 的长度。在 72℃条件下，*Taq* DNA 聚合酶催化的合成速度为 40～60 个碱基/s。经过一轮“变性、退火、延伸”循环，模板拷贝数增加了一倍。在以后的循环中，新合成的 DNA 都可以起模板作用，因此每一轮循环以后，DNA 拷贝数就增加一倍。每完成一个循环需 2～4min，一次 PCR 经过 30～40 次循环，2～3h。扩增初期，扩增的量呈直线上升，但是当引物、模板、聚合酶达到一定比值时，酶的催化反应趋于饱和，便出现所谓的“平台效应”，即靶 DNA 产物的浓度不再增加。

PCR 的 3 个反应步骤反复进行，使 DNA 扩增量呈指数上升。反应最终的 DNA 扩增量可用 $Y=(1+X)^n$ 计算。*Y* 代表 DNA 片段扩增后的拷贝数，*X* 表示每次的平均扩增效率，*n* 代表循环次数，一般扩增的 PCR 产物长度可达 2.0kb，且特异性也较高。平均扩增效率的理论值为 100%，但在实际反应中平均效率达不到理论值。反应初期，靶序列 DNA 片段的增加呈指数形式，随着 PCR 产物的逐渐积累，被扩增的 DNA 片段不再呈指数增加，而进入线性增长期或静止期，即出现“停滞效应”，这种效应称平台期，这与 PCR 扩增效率、DNA 聚合酶 PCR 的种类和活性及非特异性产物的竞争等因素有关。大多数情况下，平台期的到来是不可避免的。

引物的 G-C 含量以 40%～60%为宜，过高或过低都不利于引发反应，上下游引物的 G-C 含量不能相差太大。其 Tm 值是寡核苷酸的解链温度，即在一定盐浓度条件下，50%寡核苷酸双链解链的温度。有效启动温度，一般高于 Tm 值 5～10℃。若按公式 Tm=4（G+C）+2（A+T）估计引物的 Tm 值，则有效引物的 Tm 值为 55～80℃，其 Tm 值接近 72℃，可使复性条件最佳。

PCR 扩增产物可分为长产物片段和短产物片段两部分。短产物片段的长度严格地限定在两个引物链 5'端之间，是需要扩增的特定片段。短产物片段和长产物片段是由于引物所结合的模板不一样而形成的。以一个原始模板为例，在第一个反应周期中，以两条互补的 DNA 为模板，引物是从 3'端开始延伸，其 5'端是固定的，3'端则没有固定的止点，长短不一，这就是“长产物片段”。进入第二周期后，引物除与原始模板结合外，还要同新合成的链（即“长产物片段”）结合。引物在与新链结合时，由于新链模板的 5'端序列是固定的，这就等于这次延伸的片段 3'端被固定了止点，保证了新片段的起点和止点都限定于引物扩增序列以内，形成长短一致的“短产物片段”。不难看出“短产物片段”是按指数倍数增加，而“长产物片段”则以算术倍数增加，几乎可以忽略不计，这使得 PCR 的反应产物不需要再纯化，就能保证足够纯 DNA 片段以供分析与检测。

也可以用核酸合成仪自动合成。将目的基因引物序列的整个 DNA 放入合成仪，进行自动合成。因为只有当引物与模板结合后 DNA 热聚合酶才能行使聚合功能，PCR 技术可以将几个或几十个拷贝数 DNA 片段扩增至上百万份拷贝，所以只有引物中间的目的基因被大量扩增，才能被提取出来。

二、原核细胞基因质粒表达载体的构建

基因质粒的构建又称基因拼接技术和 DNA 重组技术，是以分子遗传学为理论基础，以分子生物学和微生物学的现代方法为手段，将不同来源的基因按预先设计的蓝图，在体外构建杂种 DNA 分子，然后导入活细胞，以改变生物原有的遗传特性，获得新品种，生产新产品。基因工程技术为基因的结构和功能的研究提供了有力的手段。将目的基因与运载体（质粒）结合的过程，实际上是不同来源的 DNA 重新组合的过程。如果以质粒作为运载体，首先要用一定的限制酶切割质粒，使质粒出现一个缺口，露出黏性末端。然后用同一种限制酶切断目的基

因，使其产生相同的黏性末端（部分限制性内切酶可切割出平末端，拥有相同效果）。将切下的目的基因的片段插入质粒的切口处，首先碱基互补配对结合，两个黏性末端吻合在一起，碱基之间形成氢键，再加入适量 DNA 连接酶，催化两条 DNA 链之间形成磷酸二酯键，从而将相邻的脱氧核糖核酸连接起来，形成一个重组 DNA 分子。例如，人的胰岛素基因就是通过这种方法与大肠杆菌中的质粒 DNA 分子结合，形成重组 DNA 分子（也称重组质粒）的。

（一）基因表达载体的基本组成

①结构基因——即提取的目的基因核苷酸序列，负责编码目标蛋白。②启动子——位于编码蛋白质结构基因之首一段特殊结构的 DNA 片段，RNA 聚合酶的识别部位和结合部位。③终止子——位于编码蛋白质结构基因末端一段特殊结构的 DNA 片段，具有终止基因转录过程的作用。④复制原点——能够自我复制保证目的基因在受体细胞中复制遗传和表达。⑤遗传标记基因——检测受体细胞中是否含有目的基因，从而将含有目的基因的细胞筛选出来。

原核表达载体是指能携带插入的外源核酸序列进入原核细胞中进行表达的载体，包括以下元件。

1. 启动子

启动子是 DNA 链上一段能与 RNA 聚合酶结合并启动 RNA 合成的序列，它是基因表达不可缺少的重要调控序列。没有启动子，基因就不能转录。由于细菌 RNA 聚合酶不能识别真核基因的启动子，因此原核表达载体所用的启动子必须是原核启动子。原核启动子是由两段彼此分开且又高度保守的核苷酸序列组成，对 mRNA 的合成极为重要。在转录起始点上游 5～10bp 处，有一段由 6～8 个碱基组成，富含 A 和 T 的区域，称为 Pribnow 盒，又名 TATA 盒或–10 区。来源不同的启动子，Pribnow 盒的碱基顺序稍有变化。在距转录起始位点上游 35bp 处，有一段由 10bp 组成的区域，称为–35 区。转录时大肠杆菌 RNA 聚合酶识别并结合启动子。–35 区与 RNA 聚合酶 s 亚基结合，–10 区与 RNA 聚合酶的核心酶结合，在转录起始位点附近 DNA 被解旋形成单链，RNA 聚合酶使第一和第二核苷酸形成磷酸二酯键，以后在 RNA 聚合酶作用下向前推进，形成新生的 RNA 链。原核表达系统中通常使用的可调控的启动子有 *Lac*（乳糖启动子）、*Trp*（色氨酸启动子）、*Tac*（乳糖和色氨酸的杂合启动子）、*1PL*（1 噬菌体的左向启动子）、*T7* 噬菌体启动子等。

2. SD 序列

1974 年，Shine 和 Dalgarno 首先发现，在 mRNA 上有核糖体的结合位点，它们是起始密码子AUG和一段位于AUG上游3～10bp处的由3～9bp组成的序列。这段序列富含嘌呤核苷酸，刚好与16S rRNA末端的富含嘧啶的序列互补，是核糖体RNA的识别与结合位点。以后将此序列命名为Shine-Dalgarno序列，简称SD序列。它与起始密码子AUG之间的距离是影响mRNA转录、翻译成蛋白质的重要因素之一，某些蛋白质与SD序列结合也会影响mRNA与核糖体的结合，从而影响蛋白质的翻译。另外，真核基因的第二个密码子必须紧接在ATG之后，才能产生一个完整的蛋白质。

3. 终止子

在一个基因的末端或是一个操纵子的3'端往往有特定的核苷酸序列，且具有终止转录功能，这一序列称为转录终止子，简称终止子（terminator）。转录终止过程包括：RNA聚合酶停在DNA模板上不再前进，RNA的延伸也停止在终止信号上，完成转录的RNA从RNA聚合酶上释放出来。对RNA聚合酶起强终止作用的终止子在结构上有一些共同的特点，即有一段富含 A-T 的区域和一段富含G-C的区域，G-C富含区域又具有回文对称结构。这段终止子转录后形成的RNA具有茎环结构，并且有与A-T富含区对应的一串U。转录终止的机制较为复杂，并且结论尚不统一。但在构建表达载体时，为了稳定载体系统，防止克隆的外源基因表达干扰载体的稳定性，一般都在多克隆位点的下游插入一段很强的rrB核糖体RNA的转录终止子。

4. 原核细胞表达载体构建

1）获得目的基因

通过PCR方法：以含目的基因的克隆质粒为模板，按基因序列设计一对引物（在上游和下游引物分别引入不同的酶切位点），PCR循环获得所需基因片段。

通过RT-PCR方法：提取总RNA，以mRNA为模板，反转录形成cDNA第一链，以反转录产物为模板进行PCR循环获得产物。

2）构建重组表达载体

载体酶切：将表达质粒用限制性内切酶（同引物的酶切位点）进行双酶切，酶切产物行琼脂糖电泳后，用Kit胶回收法或冻融法回收载体大片段。

PCR产物双酶切后回收，在T4 DNA连接酶作用下连接入载体。

3）获得含重组表达质粒的表达菌种

将连接产物转化大肠杆菌DH5α，根据重组载体的标志（抗Amp或蓝白斑）作筛选，挑取单斑，碱裂解法小量抽提质粒，双酶切初步鉴定。

测序验证目的基因的插入方向及阅读框架均正确，进入下步操作。否则应筛选更多克隆，重复亚克隆或亚克隆至不同酶切位点。以此重组质粒 DNA 转化表达宿主菌的感受态细胞。

（二）重组水蛭素Ⅲ大肠杆菌分泌表达载体的构建

以重组水蛭素Ⅲ大肠杆菌分泌表达载体的构建说明重组基因质粒。

黄翠翠、吕静、吴梧桐等报道了大肠杆菌分泌表达重组水蛭素Ⅲ的新研究方法。

1. 表达载体 pTASH 中表达盒基因的扩增

依据模板质粒 pTASH 基因序列设计合成引物。正向引物 pkk223-3TAC-f：5'GGATCCAAGCTGTGGTATGGCTGTGCAGGTCGTAAATC-3'（下划线指示 *Bam*HⅠ酶切位点）；反向引物 pkk223-3rrnBT2-γ：5'GGATCCAGCGTTTCTGG-GTGAGCAAAAACAGGAAG-3'（下划线指示 *Bam*HⅠ酶切位点）。以质粒 pTASH 为模板，在 *Pfu* DNA 聚合酶的作用下进行 PCR 反应。50μl PCR 反应体系为：正向引物及反向引物各 20pmol，*Pfu* DNA 聚合酶 5U，10 倍反应缓冲液 5μl，dNTP（10mmol/L）1μl，$MgCl_2$（25mmol/L）3μl，质粒 DNA 0.3μg，用无菌水补足到 50μl。反应条件如下：95℃变性 5min，进入循环反应（95℃ 30s，55℃ 30s，72℃ 2min，反应 30 个循环），最后在 72℃延伸 10min。用乙醇沉淀 PCR 产物，待乙醇挥发后，用 *Taq* DNA 聚合酶在 PCR 产物两端加 poly（A）尾。加完 poly（A）尾的 PCR 产物，经琼脂糖凝胶电泳分离，并以 DL2000™DNA Marker 作为对照，检测基因片段大小正确后回收目的片段。目的片段与 T 载体在 T4 DNA 连接酶的作用下连接，连接产物转化大肠杆菌宿主菌。采用菌落 PCR 法筛选阳性克隆，从阳性克隆中提取质粒进行测序，测序反应由 Invitrogen 公司完成。经测序验证序列正确的质粒，命名为 pMD19-TpTASH（图 2-1）。

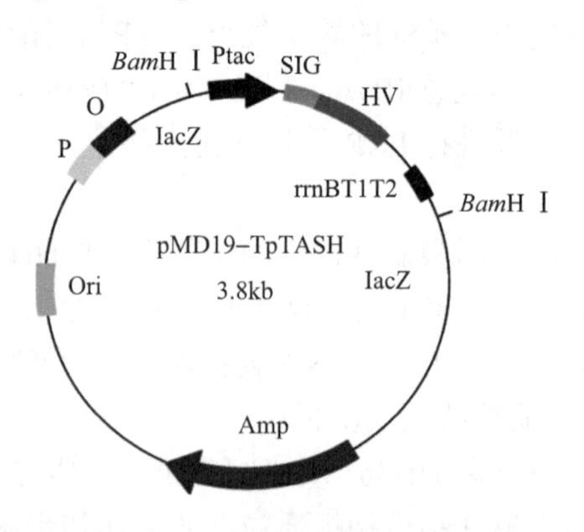

图 2-1　pMD19-TpTASH 质粒图

2. 双表达盒重组水蛭素质粒的构建

1）双表达盒菌种的构建

用碱裂解法提取质粒 pMD19-TpTASH，*Bam*H Ⅰ 酶切，以 DL2000™ DNAMarker 作为对照，经 1.5%琼脂糖凝胶电泳分离，并回收酶切片段，得到大小约 1.1kb 的表达盒片段。抽提模板质粒 pTASH，用 *Bam*H Ⅰ 酶切，以得到具有与表达盒片段相同的黏性末端的线性化 pTASH。为防止线性化的 pTASH 在连接反应中发生自身环化，需要使用去磷酸酶 CIAP 将其 5'磷酸基团转变为羟基。线性化的 pTASH 在 40μl 反应体系（10 倍反应缓冲液 4μl，CIAP 2μl）中于 37℃反应 4h，65℃ 30min 灭活处理终止反应，然后用乙醇沉淀得到较纯的去磷酸化的线性 pTASH。将表达盒片段与去磷酸化的线性 pTASH 在 T4 DNA 连接酶的作用下于 16℃连接过夜，连接产物直接转化大肠杆菌宿主细胞。

2）菌种的筛选

筛选双表达盒质粒采用 *Bam*H Ⅰ 酶切方法。此外，新插入的表达盒片段可以正向和反向两种方式插入原始质粒 pTASH 中（图 2-2，图 2-3）。为了检测新插入表达盒的插入方向，选用 *Eco*R Ⅰ 酶切进行验证。

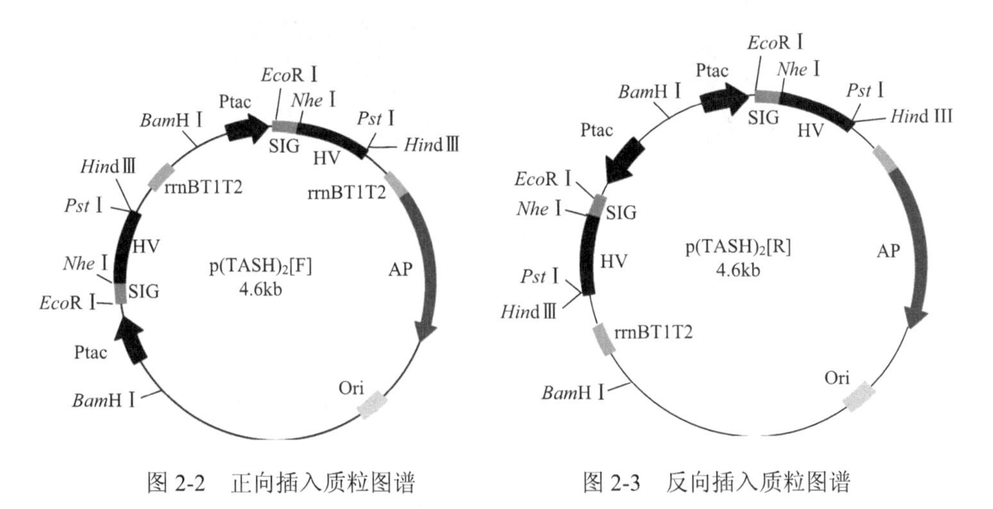

图 2-2　正向插入质粒图谱　　　图 2-3　反向插入质粒图谱

3）重组水蛭素Ⅲ的高效分泌表达

挑选菌种筛选为阳性的重组水蛭素Ⅲ双表达盒克隆 p（TASH）$_2$，接入 30ml LBA 液体培养基中进行种液培养，37℃、220r/min 振荡培养 14h。然后以 2%接种量转接至发酵培养基（胰蛋白胨 1%，酵母粉 0.5%，谷氨酸钠 4%，麦芽粉 1.0%，Amp 100μg/ml，KH_2PO_4 0.374%，$Na_2HPO_4·12H_2O$ 1.75%，pH 7.0）中，37℃、220r/min 振荡培养 24h，测定发酵液上清中的抗凝血酶活力。水蛭素生物活性测定参照

Markwardt 的凝血酶滴定方法进行：于酶标板小孔中加 200μl 0.5%牛血纤维蛋白原（50mmol/L，pH 7.4 的 Tris-HCl 配制），再加入 10～100μl 水蛭素溶液，充分混匀。用微量进样器吸取标准的凝血酶溶液（生理盐水配制成 100IU/ml）进行滴定，每次滴定量为 5μl（0.5IU），时间间隔为 1min，若在 1min 内纤维蛋白原发生凝固，说明已达到终点。由于水蛭素与凝血酶是 1∶1 结合，故每消耗一个凝血酶单位（IU）相当于一个抗凝血酶单位（ATU）。因此，可由凝血酶的消耗量换算出水蛭素的单位数。

（三）表达盒基因的扩增

菌落 PCR 筛选以阳性转化子为模板，在 25μl 反应体系中进行 PCR 反应：95℃ 5min，进入循环反应（95℃ 30s，55℃ 30s，72℃ 2min，反应 30 个循环），72℃延伸 10min。反应产物进行琼脂糖凝胶电泳检测（图 2-4），可见大小约 1.1kb 的片段，与目的基因大小相同。

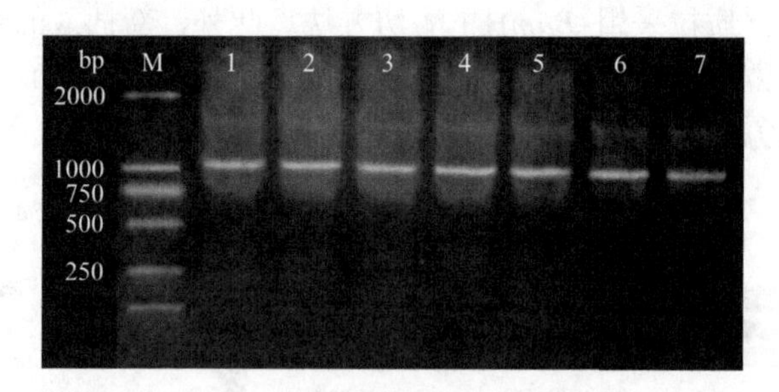

图 2-4 菌落 PCR 筛选阳性克隆

M. DL2000™DNA Marker；1～7. 阳性克隆条带

1. 目的基因片段测序

从菌落 PCR 反应为阳性的克隆中挑选一个测序，测序反应由 Invitrogen 公司完成。双向测序验证显示序列正确。

2. 双表达盒菌种的构建

1）*Bam*HⅠ酶切筛选含有双表达盒的阳性克隆

由于在新插入的表达盒两端均为 *Bam*HⅠ酶切位点，因此酶切后有 1.1kb 大小的片段的克隆即为双表达盒阳性克隆。所筛选的 7 号、17 号、18 号及 20 号菌均为含有双表达盒的阳性克隆。

2）*Eco*RⅠ酶切检验插入方向

用 *Eco*RⅠ酶切法验证新插入的表达盒片段的插入方向。若为正向插入，可切出大小为1162bp的片段，若为反向插入，则可切出大小为462bp的片段。在*Bam*HⅠ酶切验证为阳性的4个克隆中，7号、17号、18号菌都为正向插入，而20号菌则为反向插入。

3. 重组水蛭素Ⅲ的高效分泌表达

挑选双表达盒菌种p（TASH）$_2$连续进行3批培养，同时以单表达盒菌种pTASH为对照，在同样条件下进行培养，分别检测重组水蛭素Ⅲ的表达水平。用Markwardt的凝血酶滴定方法测得活性数据。

将单表达盒菌种pTASH及双表达盒菌种p（TASH）$_2$表达重组水蛭素的活性数据用Graph padprism软件作图分析比较，结果显示双表达盒菌种分泌表达重组水蛭素的抗凝血酶活性平均水平可达3500ATU/ml，而单表达盒菌种表达重组水蛭素的抗凝血酶活性平均为2000ATU/ml。因此，双表达盒菌种p（TASH）$_2$的表达水平整体高于单表达盒菌种pTASH。

三、基因工程菌株的构建

（1）用某种限制酶如*Eco*RⅠ限制酶，在基因插入位点切割质粒，使质粒出现一个切口，露出两个黏性末端。

（2）用同种限制酶切割目标DNA分子，截取目的基因，使其产生与质粒相同的末端。

（3）依据目的基因表达的特点和位置，用限制酶切割受体细胞相应的控制元件——启动子和终止子。

（4）用限制酶将启动子和终止子与目的基因连接起来，成为一个整体。

（5）将目的基因插入质粒切口处，用*E. coli* DNA连接酶把基因与质粒缝合起来，成功创建一个重组DNA分子。

四、转化大肠杆菌（构建基因工程菌）

（一）大肠杆菌感受态细胞的制备

大肠杆菌感受态细胞的制备与转化是分子生物学实验中最基本、最常用的操作技术之一，可用于重组质粒的转化、基因克隆及基因文库构建等研究，所制备的感受态细胞状态是否良好至关重要。一般而言，大肠杆菌（*Escherichia coli*）在氨苄青霉素的环境不能生长，通过转化实验，用质粒作为载体把质粒中携有能抵抗氨苄青霉素的基因带到大肠杆菌细胞中，此基因能通过复制、表达从而实现遗传信息的转移，使大肠杆菌细胞出现抗氨苄青霉素的遗传性状，最终可以在含氨苄青霉素的培养基中生长。在大肠杆菌感受态制备和转化过程中，Ca^{2+}使得细菌细胞膜发生了一系列变化，从而极大增加了外源质粒进入细胞内部的概率。处于这样一种状态的细菌细胞，我们就称为“感受态”细胞。通过 $CaCl_2$ 处理受体菌，就可以使大肠杆菌细胞具备接受外援 DNA 的能力。因此，$CaCl_2$ 法也是目前使用较多的大肠杆菌制备方法。Ca^{2+}的作用，就是与细菌细胞膜上的多聚无机磷酸和多聚羟基丁酸化合物形成复合物，并破坏细菌细胞膜上的脂质阵列，从而方便外源 DNA 的渗入。$CaCl_2$ 法制备大肠杆菌感受态细胞，操作简便，同时转化率也比较高，可以达到 $5×10^5$～$2×10^7$ 转化子/μg 质粒 DNA。然而，$CaCl_2$ 法所制备的大肠杆菌感受态细胞，往往对于温度和保存时间有较高的要求，转化率也受到诸多因素影响。因此，在实际实验中，需要对新鲜处理的感受态细胞进行复杂的甘油、液氮处理及超低温保存。这样，不仅需要购置昂贵的超低温设备，增加实验成本，而且也会延长增加转化污染的机会。

1. 制备感受态细胞需要的仪器设备和试剂

1）仪器设备

超净工作台、低温离心机、离心管、–70℃冰箱、普通冰箱、恒温摇床或水浴恒温振荡器、恒温水浴箱/锅、高压灭菌锅、恒温培养箱、移液枪/移液器、枪头、冰盒、培养皿、涂布棒、三角瓶、接种环、分光光度计、微波炉等。

2）试剂

胰蛋白胨、酵母提取物、氨苄青霉素、pUC19 质粒、大肠杆菌（具有 α 互补能力的菌株）、琼脂、10%甘油（用于分子生物学级别的甘油）等。

2. 主要培养基配方

LB 培养基：胰蛋白胨 1%（*m*/*V*）、酵母浸出粉 0.5%（*m*/*V*）、NaCl 1%（*m*/*V*），用 NaOH 调 pH 至 7.0，103kPa 高压下蒸汽灭菌 20min。配制固体培养基时需加入琼脂 2%（*m*/*V*）。

SOB 培养基：胰蛋白胨 2%（*m*/*V*）、酵母浸出粉 0.5%（*m*/*V*）、NaCl 0.05%（*m*/*V*）。待以上溶质溶解后，加入 250mmol/L KCl 溶液（1L SOB 培养基加入 250mmol/L KCl 溶液 10ml）。用 NaOH 调 pH 至 7.0 后，103kPa 高压下蒸汽灭菌 20min。该培养基使用前加入经过滤灭菌的 2mol/L $MgCl_2$ 溶液和 1mol/L $MgSO_4$ 溶液（1L SOB 培养基加入 2mol/L $MgCl_2$ 溶 5ml，1mol/L $MgSO_4$ 溶液 20ml）。该培养基在倒皿前使其温度降至 60℃，加入经过滤灭菌的氨苄青霉素溶液（1L SOB 培养基加入 100mg/ml 氨苄青霉素溶液 0.6ml）。从 37℃培养过夜的新鲜平板中挑 DH5α单菌落，接种到 5ml LB 培养基中，37℃条件下 270r/min 振荡培养过夜；取 2ml 过夜培养菌液注入 100ml LB 培养基中，37℃条件下激烈振荡培养至 A_{600}=0.4～0.6（约 2h）；将培养液转移到灭过菌的 50ml 离心管中，在冰上放置

10min；4℃条件下 4000r/min 离心 10min，弃上清，回收菌体；倒置离心管并用无菌滤纸尽可能吸干上清培养液，用 50ml 预冷的无菌 0.1mol/L $CaCl_2$ 溶液重新悬浮每份细菌沉淀，冰浴 30～60min；再次于 4℃条件下 4000r/min 离心 10min，弃上清并用无菌滤纸尽可能吸干上清液；用 10ml 预冷的无菌 $CaCl_2$ 溶液（0.1mol/L）再次悬浮每份细菌沉淀，每份 100μl 分装。新鲜制备的感受态细胞，分别直接置于–70℃、–20℃及 4℃条件下保存，并定时取样，检测转化率。另外，将刚制备的新鲜大肠杆菌感受态细胞转化率定为 100%。每个处理，均设置 3 次重复实验。

3. 感受态细胞的制备操作程序

质粒在进入细胞时，大肠杆菌细胞必须处于最易接受外源 DNA 片段的生理状态，即感受态。因此在转化实验之前，还要进行大肠杆菌感受态细胞的制备。从新鲜活化 LB 平板上挑取单菌落，接种于 50ml LB 培养基中，37℃，220r/min 振荡培养过夜，制备种子液。种子液按 1%转接到一定装液量的 LB 培养基中，37℃，220r/min 振荡培养。培养一定时间，测定菌液浓度 OD_{600} 达到一定值后，取出培养三角瓶，冰浴冷却 20min，4℃，5000r/min 离心 15min，倾去上清液；将细胞重悬于预冷的去离子水中，4℃，5000r/min 离心 10min，重复清洗 3 次。再将细胞重悬于预冷的 10%（*V*/*V*）甘油溶液中，4℃，8000r/min 离心 10min，重复清洗 3 次。最后细胞用 1/1000 初始菌液体积预冷的 10%（*V*/*V*）甘油溶液重悬，100μl 分装至 1.5ml 离心管中，保存于–85℃备用。

（二）大肠杆菌转化操作方法

取经适当处理的感受态细胞置于冰上。每 100μl 感受态细胞中，加入 10μl 已连接质粒（实验室先期构建，总长 4255bp），轻弹混匀，冰上静置 30min。42℃热激 1.5min，取出，冰上放置 1～2min。加入 1ml LB 培养基，混匀后置于 37℃环境中复苏 0.5～1h。室温 4000r/min 离心 5min。再用双蒸水洗一次，弃上清。留取 200μl 左右的培养基，混匀，涂抗性平板。37℃培养 10～12h 后，观察平板。利用菌落计数器检测不同处理条件下感受态细胞的转化子数目，并计算转化率。转化率=不同处理的感受态细胞转化后形成的菌落数/新鲜大肠杆菌感受态细胞转化后形成的菌落数×100%。将质粒转化菌株涂布于含卡那霉素的平板上，挑取单菌落振摇培养，用 15% SDS-PAGE 进行电容分析并用电泳凝胶扫描分析仪分析，取表达量最高的菌株扩大培养，取新鲜饱和的培养液培养至对数生长期，按 7∶3 比例与甘油混合，–70℃保存菌种，每批发酵取 1 支。

（三）重组变构人白介素-2（IL-2）基因克隆构建

以郑长青等构建变构人白介素-2（IL-2）基因克隆为例，说明基因克隆过程。

1. 材料

菌株：*E. coli* JM109，*E. coli* DH5α实验室自己保存，质粒 pGEM-T，Easy 载体，PCR 试剂，T4 DNA 连接酶，PCR 产物纯化试剂盒，购自 Promega 公司，Trizol 从上海的生物技术公司购买。用 DNASTAR 软件设计的克隆引物请生工生物工程（上海）股份有限公司合成。

2. cDNA 文库的建立

将一健康男性的扁桃体细胞筛选出单细胞后，用 PHA 刺激培养 48h，收集细胞，用 Trizol 法提取总 RNA，然后反转录构建 cDNA 文库，置于–20℃保存。Trizol 法提取总 RNA 的操作程序如下。

（1）试剂：氯仿，异丙醇，75%乙醇（用 DEPC·H_2O 水配制）（DEPC·H_2O 水为 RNA 提取常用试剂，一般配成 1‰ DEPC·H_2O 水溶液）。

（2）操作步骤：将悬浮培养细胞连同培养液一起倒入离心管中，8000*g* 4℃离心 2min，弃上清。向每 5×10^6 个细胞中加入 1ml Trizol 充分匀浆，室温静置 5min。加入 0.2ml 氯仿，振荡 15s，静置 2min。4℃ 12 000*g* 离心 15min，取上清。加入 0.5ml 异丙醇，将管中液体轻轻混匀，室温静置 10min。4℃ 12 000*g* 离心 10min，弃上清。加入 1ml 75%乙醇，轻轻洗涤沉淀。4℃，7500*g* 离心 5min，弃上清。晾干，加入适量的 DEPC·H_2O 溶解（65℃促溶 10～15min）。

3. IL-2 编码基因克隆构建

（1）用 cDNA 为模板进行套式 PCR。

外套上游引物（P1）：5'-ATTACCTCAACTCCTGCCACAATG-3'

下游引物（P2）：5'-TTTGGGATAAATAAGGTAAACCA-3'

内套上游引物（P3）：5'-ACAATGTACAGGATGCAAGT-3'

下游引物（P4）：5'-TAATTATCAAGTTAGTGTTGA-3'

（2）反应条件：94℃ 30s，55℃ 30s，72℃ 45s。35 个循环。PCR 扩增产物用琼脂糖凝胶电泳鉴定。产物纯化后与 T-Easy Vector 连接，然后转入 *E. coli* JM109。蓝白斑鉴定选择阳性克隆并进行 PCR，酶切鉴定。将 IL-2 编码的阳性基因克隆送生工生物工程（上海）股份有限公司鉴定。

4. IL-2 变构基因的克隆构建

设计含突变位点的引物（P5、P6）。

P5：5'-GACTTAATCAGCCGTATCAACGTAAGTC-3'

P6：5'-TATTACGTTGATACGGCTGATTAAGTC-3'

经 PCR 定点诱变技术得到变构基因片段 P3/P6、P5/P4，将两片段纯化后，将 P3、P4 扩增获得变构基因，经纯化后与 T-Easy Vector 连接。重组质粒标记为 T-Easy/IL-2（Sa），转化 *E. coli* JM109，蓝白斑鉴定选择阳性克隆，并用 PCR、酶切鉴定。将上述两个阳性克隆送生工生物工程（上海）股份有限公司鉴定。

5. 原核表达质粒的构建

将鉴定为阳性的变构基因质粒 DNA 作为表达引物 PI-1：GTCAGAATTCC-CGCA-CCTACTTCAAGTTCGACA；PI-2：CACTGTCGACTCAAGTTAGTGT-TGAGATGATG 进行 PCR 扩增，产物纯化后与表达载体 pGEX-4T-2 连接，分别用 *Eco*R Ⅰ和 *Sal* Ⅰ双酶切，之后回收。再用 T4 DNA 连接酶连接后，转化大肠杆菌 DH5α。

6. 变构 IL-2 基因的诱导表达鉴定

转化的大肠杆菌 DH5α经 IPTG 诱导后，表达产物进行 SDS-PAGE 分析鉴定，在 43kDa 处有一强蛋白质带，分子质量为 14kDa，与理论估算值一致。

（四）His-AWPI 融合蛋白表达载体的构建及其在原核生物的表达

莫永炎、曹永宽、刘亚伟等报道了人 His-AWPI 融合蛋白表达载体的构建及其在原核生物的表达。作者应用反转录聚合酶链反应（RT-PCR）法从人 ECV-304 内皮细胞系中克隆 AWPI cDNA，并将其重组于能表达 6 个组氨酸残基的原核表达质粒 pET-14b 中。经酶切、序列鉴定，选择正确重组克隆，将其质粒转化大肠杆菌 BL21（DE3），IPTG 诱导表达，用 Ni^{2+}-NTAHis 柱纯化和 SDS-PAGE 分离蛋白质。克隆到一个 627bp 的 AWPI cDNA 片段，重组质粒目的 DNA 测序正确，纯化出了一个分子质量约为 38kDa 的融合蛋白，用基因工程方法纯克隆表达出 His-AWPI 融合蛋白。

1. AWPI 的 RT-PCR 克隆

取约 10^7 个 ECV-304 细胞，按 RT-PCR 试剂盒说明书进行 AWPI cDNA 扩增。PCR 扩增的上游引物为 5'-AAAGTCCATATGGCTCAAGAAACTAATCACA-GCCA-3'（含 *Nde* Ⅰ位点），下游物为 5'-CTGGATCCTCAAATCTTTTGGATCTTT-TCACCAAC-3'（含 *Bam*H Ⅰ位点及终止密码子 TGA）[宝生物工程（大连）有限公司合成]。PCR 反应体积为 50μl，引物浓度为 25pmol/μl，扩增参数为 94℃ 5min、94℃ 20s、57℃ 20s、72℃ 60s，35 个循环后，72℃延伸 10min。扩增产物进行 1.0%琼脂糖凝胶电泳分析。

2. AWPI/pET-14b 重组质粒的构建

获得相应的 AWPI cDNA 片段后，将该片段分别用 *Nde* Ⅰ和 *Bam*HⅠ消化，3/10 体积 10mol/L NH_4Ac 与 2.5 倍体积无水乙醇沉淀回收，将其克隆在经酶切（*Nde*Ⅰ/*Bam*HⅠ）的 pET-14b 表达质粒中，用 Sigma 公司的 Glassmilk 试剂盒对酶切载体片段进行纯化。

3. 感受态细胞制备及重组质粒的转化

将 100μl 冻存于–70℃的 DHS 感受态菌解冻后，将 50ng AWPI/pET-14b 连接产物与之充分混合，置冰上 30min，转入 42℃水浴 90s，加入 37℃预温的 LB 0.8ml，37℃轻摇 45min，接种含有氨苄青霉素（Amp^+）的 LB 培养皿中，37℃过夜。

4. 阳性重组克隆的筛选

分别挑取克隆于 5ml LB（Amp^+）液中培养过夜，用 35plasmidMiniprepKit（Version3.1）小量制备质粒，AWPI/pET-14b 重组质粒用 *Nde*Ⅰ/*Bam*HⅠ双酶切鉴定。正确克隆的酶切片段大小为 640bp 左右。利用 pET-14b 载体多克隆位点的上游 T7 序列引物测序，用 ABI 公司的自动测序仪（ABI310）对克隆的片段进行测序分析（图 2-5）。

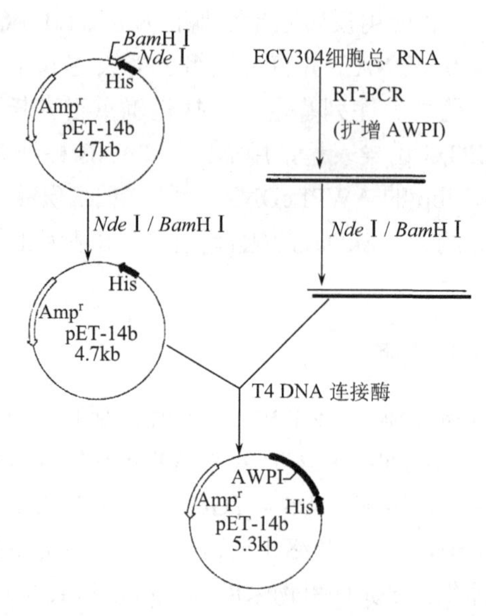

图 2-5　AWPI cDNA 片段的 RT-PCR 扩增及克隆 pET-14b 启动子示意图

5. His 融合蛋白的原核表达及纯化

从 DHS 菌中提取阳性重组质粒克隆，转化至表达大肠杆菌 BL21（DE3）。挑取几个菌落分别置于 2ml LB/Amp^+培养液中，37℃振摇培养至 OD_{600} 约 0.6，加入终浓度为 1mmol/L IPTG 诱导，不加入 IPTG 者为阴性对照，继续振摇 3h。经 10% SDS-PAGE 鉴定表达融合蛋白的菌落。

对经 SDS-PAGE 鉴定有 His-AWPI 融合蛋白表达的菌落进行大量（100～150ml）扩增诱导，5000r/min、4℃离心 5min，将细菌沉淀重悬于 10ml 细菌裂解缓冲液（含 5mmol/L 咪唑，0.5mol/L NaCl，20mmol/L Tris-HCl，pH 7.9）中，超声破碎，18 000*g*、4℃离心 20min，取上清过 Ni^{2+}-NTA His·Bind 层析柱，1ml 洗涤缓冲液（含 12mmol/L 咪唑，0.5mol/L NaCl，20mmol/L Tris-HCl，pH 7.9）洗 His 层析柱后，加 2～4ml 洗脱缓冲液（含 500mmol/L 咪唑，0.25mol/L NaCl，10mmol/L Tris-HCl，pH 7.9），10% SDS-PAGE 电泳鉴定。

6. 大肠杆菌的 AWPI 蛋白表达及纯化结果

SDS-PAGE 电泳显示在细菌裂解液中有 1 条 38kDa 的较粗的蛋白质条带，经 IPTG 诱导后表达有所增加，克隆融合蛋白表达量为细胞可溶性蛋白的 20%以上，经 His 亲和柱层析后，目标蛋白分子质量也是 38kDa，蛋白质纯度在 95%以上。

第二节　工程菌高密度发酵

一、发酵罐的消毒灭菌

发酵罐的结构比较复杂（图 2-6），对于内部的边边角角不容易消毒，一般的发酵罐有自动清洗装置，清洗完之后彻底灭菌。发酵罐消毒灭菌的方法属于消毒灭菌技术领域，是在发酵液连续灭菌的情况下，改变过去发酵罐每批碱液循环清洗（95～105℃、20～30min）与蒸汽消毒（120～125℃、0.18～0.22MPa、35～45min）并用的做法，每批次只进行碱液循环清洗，每隔 3～5 个批次后进行一次蒸汽消毒（120～125℃、0.18～0.22MPa、35～45min）的新方式。本发明的发酵罐消毒灭菌方法与现有技术相比，具有节约蒸汽、缩短非发酵时间等优点，且同样达到原来每批次发酵罐消毒灭菌的效果。

在培养基灭菌之前，通常应先将与罐相连的空气过滤器用蒸汽灭菌并用空气吹干。实罐灭菌时，先将输料管路内的污水放掉冲净，然后将配制好的培养基泵送至发酵罐（种子罐或料罐）内，同时开动搅拌器进行灭菌。灭菌前先将各排气阀打开，将蒸汽引入夹套或蛇管进行预热，待罐温升至 80～90℃，将排气阀逐渐关小。接着将蒸汽从进气口、排料口、取样口直接通入罐中（如有视镜口也同时

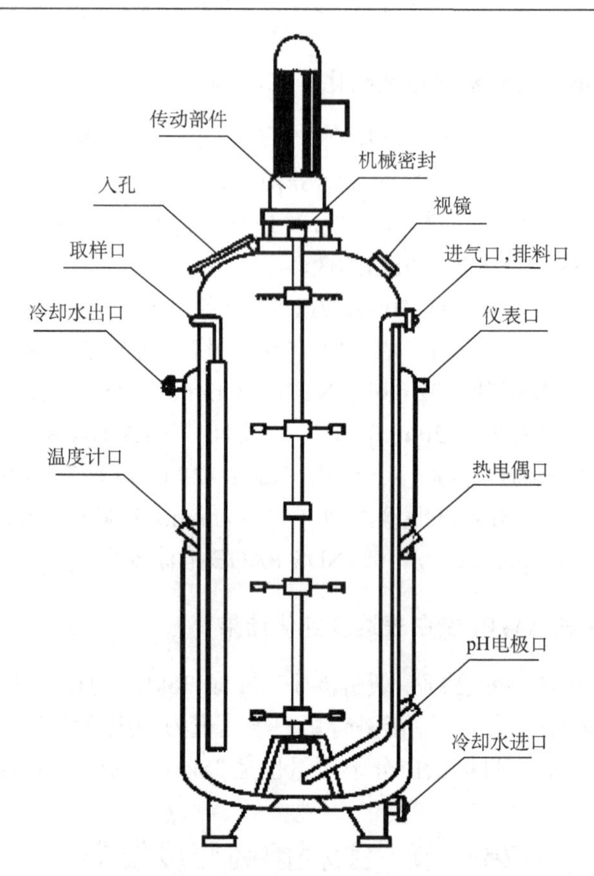

图 2-6　发酵罐构造示意图

进气），使罐温上升到 118～120℃，罐压维持在 0.09～0.1MPa（表压），并保持 30min 左右。各路进气要畅通，防止短路逆流，罐内液体翻动要激烈；各路排气也要畅通，但排气量不宜过大，以节约用气量。在保温阶段，凡进口在培养基液面以下的各管道及视镜口都应进气；凡开口在液面之上者均应排气。无论与罐连通的管路如何配置，在实罐消毒时均应遵循“不进则出”的原则。这样才能保证灭菌彻底，不留死角。保温结束后，依次关闭各排气、进气阀门，待罐内压力低于空气压力后，向罐内通入无菌空气，在夹套或蛇形管中通冷却水降温，使培养基的温度降到所需的温度，进行下一步的发酵和培养。在引入无菌空气前，应注意罐压必须低于过滤器压力，否则物料将倒流入过滤器内，后果严重。灭菌时，总蒸汽管道压力要求不低于 0.3～0.35MPa，使用压力不低于 0.2MPa。

空罐灭菌（空消）即发酵罐罐体的灭菌。空消时一般维持罐压 0.15～0.2MPa，罐温 125～130℃，保持 30～45min；要求总蒸汽压力不低于 0.3～0.35MPa，使用蒸汽压不低于 0.25～0.3MPa。

二、接种培养发酵

取工程菌接种于盛有 150ml LB 的几个三角瓶中，37℃培养 4h 后作为二级种子，以 10%的量接种于 500ml 摇瓶中培养后作为三级种子，以 10%的量接种于 5L 发酵罐中培养［先加有 LB 和 M9 复合培养基，碳源为葡萄糖，氮源为蛋白胨、酵母粉和$(NH_4)_2SO_4$］，在发酵过程中通过加氨水和盐酸调节罐内 pH 为 7.0，通过调节通气量和搅拌速度保持溶氧为 30%。在工程菌活化至不同 OD_{600} 值时诱导，分别以葡萄糖和甘油为碳源连续流加补料，补料速度控制在 20%～40%。除需要碳源和氮源外还需要 Ca^{2+}、Mg^{2+}、K^+、Na^+等营养元素及 Fe^{2+}、Mn^{2+}、Pb^{2+}、Co^{2+}、Ni^{2+}、Zn^{2+}等微量元素，在培养基中需要加 $MgSO_4$、Mn_2SO_4、$FeSO_4$、K_2SO_4、KH_2PO_4、K_2HPO_4、NaH_2PO_4、$CaCl_2$、NaCl、NH_4Cl、KCl 等。不同诱导时间取样，检测工程菌生长密度及目的蛋白表达量。等到菌株达到密度为 10^9 个/ml（OD_{600} 为 2.5）时，转到 50L 罐中继续培养，依次再转到 500L、1000L 甚至更大的发酵罐。如果要生产重组蛋白产品供临床应用，工程菌的培养发酵都必须在 GMP 车间进行。

三、菌体收集

小规模基因工程菌发酵液一般采用高速离心分离收集发酵菌体，离心力一般控制在 4000～6000*g*，离心 30～40min，弃去上清收集菌体。较大规模的发酵液可以用工业化自动连续离心机离心收集菌体，更大规模生产发酵液可用中空纤维过滤系统先浓缩，然后用自动连续离心机离心收集。收集的菌体要用磷酸缓冲液（0.01mol/L，pH 7.2～7.4）洗涤一次，然后悬浮于磷酸缓冲液中备用。

四、菌体破碎

细胞破碎技术是指利用外力破坏细胞膜和细胞壁，使细胞内容物包括目的产物成分释放出来的技术，是分离纯化细胞内合成的非分泌型生化物质（产品）的基础。结合重组 DNA 技术和组织培养技术上的重大进展，以前认为很难获得的蛋白质现在可以大规模生产。一般小规模培养选用超声波破碎比较方便，大规模发酵生产常用高压匀浆法破碎，尤其破碎大量大肠杆菌常用此法。溶菌酶与高压匀浆相结合破碎细胞效率更高，还能保护表达产物。细胞破碎的方法主要分为化学法和机械法两大类。具体如下。

（一）化学法

1. 渗透冲击破碎法

渗透压冲击是较温和的一种破碎方法，将细胞放在高渗透压的溶液中（如一定浓度的甘油或蔗糖溶液），由于渗透压的作用，细胞内水分便向外渗出，细胞发生收缩，当达到平衡后，将介质快速稀释，或将细胞转入水或缓冲液中，由于渗透压的突然变化，胞外的水迅速渗入胞内，引起细胞快速膨胀而破裂。

2. 反复冻融法

反复冻融法是将细胞放在低温下冷冻（−15℃），然后在室温中融化，反复多次而达到破壁作用。由于冷冻，一方面能使细胞膜的疏水键结构破裂，从而增加细胞的亲水性能，另一方面胞内水结晶，形成冰晶粒，引起细胞膨胀而破裂。对于细胞壁较脆弱的菌体，可采用此法。

3. 酶溶破碎法

酶溶破碎法是利用各种水解酶，如溶菌酶、纤维素酶、蜗牛酶、半纤维素酶、脂酶等，将细胞壁分解，使细胞内含物释放出来。有些细菌对溶菌酶不敏感，加入少量巯基试剂或 8mol 尿素处理后，使之转为对溶菌酶敏感而溶解。

特点：此法适用于多种微生物，具有作用条件温和，内含物成分不易受到破坏，细胞壁损坏的程度可以控制等优点。

存在的问题：易造成产物抑制作用，溶酶价格高，酶溶法通用性差。

4. 化学试剂法

某些有机溶剂（如苯、甲苯）、抗生素、表面活性剂、金属螯合剂、变性剂等化学药品都可以改变细胞壁或膜的通透性从而使内含物有选择地渗透出来。SDS（十二烷基磺酸钠）是典型的阴离子表面活性剂。

特点：提取核酸时，常用此法破碎细胞。

存在的问题：时间长，效率低；化学试剂毒性较强，同时对产物也有毒害作用。

（二）机械法

1. 组织捣碎机破碎法

组织捣碎机破碎法是将材料配成稀糊状液，放置于筒内约 1/3 体积，盖紧筒盖，将调速器先拨至最慢处，开动开关后，逐步加速至所需速度。

特点：一般用于动物组织、植物肉质种子、柔嫩的叶芽等，转速可高达 10 000r/min 以上。由于旋转刀片的机械切力很大，制备一些较大分子如核酸则很少使用。

2. 匀浆器破碎法

方法：先将剪碎的组织置于管中，再套入研杆来回研磨，上下移动，即可将细胞研碎。匀浆器的研钵磨球和玻璃管内壁之间间隙保持在零点几毫米距离。制作匀浆器的材料，除玻璃外，还可以用硬质塑料、不锈钢、人造荧光树脂等。

特点：此法细胞破碎程度比高速组织捣碎机高，适用于量少的动物脏器组织。

存在的问题：较易造成堵塞的团状或丝状真菌，较小的革兰氏阳性菌及有些亚细胞器，质地坚硬，易损伤匀浆阀者，不适合用该法处理。

3. 超声波破碎法

原理：用一定功率的超声波处理细胞悬液，使细胞急剧振荡破裂，超声对细胞的作用主要有热效应、空化效应和机械效应。

特点：处理少量样本，操作简单，重复性较好，节省时间；多用于微生物和组织细胞的破碎，如用大肠杆菌制备各种酶。

存在问题：超声波产生的化学自由基团能使某些敏感性活性物质变性失活。大容量装置超声波能量传递、散热均有困难，应采取相应降温措施。对超声波敏感的核酸应慎用。

4. 高压匀浆破碎法

高压匀浆器是常用的设备，它由可产生高压的正向排代泵（positive displacenemt pump）和排出阀（discharge valve）组成，排出阀具有狭窄的小孔，其大小可以调节。细胞浆液通过止逆阀进入泵体内，在高压下迫使其在排出阀的小孔中高速冲出，并射向撞击环上，由于突然减压和高速冲击，细胞受到高的液相剪切力而破碎。在操作方式上，可以采用单次通过匀浆器或多次循环通过等方式，也可连续操作。为了控制温度的升高，可在进口处用干冰调节温度。在工业规模的细胞破碎中，对于酵母等难破碎的及浓度高或处于生长静止期的细胞，常采用多次循环的操作方法。利用超高压能量使样品通过狭缝瞬间释放，在剪切效应、空穴效应、碰撞效应的作用下，使细胞破碎。全过程在4～6℃低温循环水浴中进行，保持原有物质活性。

特点：可连续操作，适合于处理大量样本，主要用于从微生物样本中提取蛋白质等胞内产物。

无论用哪一种方法破碎组织细胞，都会使细胞内蛋白质或核酸水解酶释放到溶液中，使大分子生物降解，导致天然物质量的减少，加入二异丙基氟磷酸（DFP）可以抑制或减慢自溶作用；加入碘乙酸可以抑制那些活性中心需要有巯基的蛋白水解酶的活性，加入苯甲基磺酰氟化物（PMSF）也能抑制蛋白水解酶活力，但不是全部，而且应该在破碎的同时多加几次；另外，还可通过选择 pH、温度或离子强度等，使这些条件适合于目的物质的提取。

具体操作：将收集的菌体悬浮于 10 倍磷酸缓冲液或 LB 培养基中，用高压匀浆法进行细胞破碎，可反复破碎多次，使菌体彻底破碎。操作温度保持在 4℃。

（三）包含体的收集

包含体收集常用高速离心法，细胞破碎液于 10 000～14 000r/min 在 4℃离心 15min，弃去上清，收集包含体。再用 2mol/L 尿素在 50mmol Tris，pH 7.0～8.5，1mmol EDTA 中洗涤，可以除去包含体上黏附的杂质，如膜蛋白或核酸，应用洗涤液洗涤包含体，通常用低浓度的变性剂，过高浓度的尿素或盐酸胍会使包含体溶解。此外可以用温和去垢剂 Triton X-100 洗涤去除膜碎片和膜蛋白。

（四）包含体的洗涤

包含体收集完成后，要用缓冲液洗涤 3 次。粗包含体加入 20 倍体积 20mmol Tris-HCl 缓冲液（含 1mmol EDTA，1% Triton X-100，pH 8.5），洗涤 3 次后，8000r/min 离心，弃去上清。

（五）包含体溶解

一般用强的变性剂如尿素（6～8mol）、盐酸胍（GdnHCl 6mol），通过离子间的相互作用，打断包含体蛋白质分子内和分子间的各种化学键，使多肽伸展。一般来讲，盐酸胍优于尿素，因为盐酸胍是较尿素强的变性剂，它能使尿素不能溶解的包含体溶解，而且尿素分解的异氰酸盐能导致多肽链的自由氨基甲酰化，特别是在碱性 pH 条件下长期保温时。或用去垢剂，如 SDS、正十六烷基三甲基铵氯化物、Sarkosyl 等，可以破坏蛋白质内的疏水键，也可溶解一些包含体蛋白质。Kandula Suntha 等用 Triton X-100 来溶解 *Zymononas mobilis* levansucrase 包含体蛋白。另外，对于含有半胱氨酸的蛋白质，分离的包含体中通常含有一些链间形成的二硫键和链内的非活性二硫键。还需加入还原剂，如巯基乙醇、二硫基苏糖醇（DTT）、二硫赤藓糖醇、半胱氨酸。还原剂的使用浓度一般是 50～100mmol/L 2-BME 或 DTT，也有文献使用 5mmol/L 浓度。在较粗放的条件下，可以使用 5mol/L 的浓度。还原剂的使用浓度与蛋白质二硫键的数目无关，而有些没有二硫键的蛋白质加不加还原剂无影响，但是对于某些没有二硫键的包含体目标蛋白的增溶，例如，牛生长激素包含体的增溶，有时还原剂的使用也是必要的，可能由于含二硫键的杂蛋白影响了包含体的溶解。

再用 20 倍体积 A 液（10mmol/L Tris-HCl，1mmol/L EDTA，pH 8.0）和 B 液（100mmol/L NaCl，10mmol/L Tris-HCl，1mmol/L EDTA，pH 8.0），将已洗涤后

的包含体，加到含 8mol/L 尿素、10mmol/L DTT 的溶液中，37℃水浴溶解 90min 后，于 10 000r/min 离心 20min 后，取上清，并将上清用 A 液（10mmol/L Tris-HCl，1mmol/L EDTA，pH 8.0）稀释到 20 倍体积备用。

第三节　包含体复性

由于包含体中的重组蛋白缺乏生物学活性，加上剧烈的处理条件，蛋白质的高级结构破坏，因此重组蛋白的复性特别必要。通过缓慢去除变性剂使目标蛋白从变性的完全伸展状态恢复到正常的折叠结构，同时去除还原剂使二硫键正常形成。一般在尿素浓度 4mol/L 左右时复性过程开始，到 2mol/L 左右时结束。对于盐酸胍而言，可以从 4mol/L 开始，到 1.5mol/L 时复性过程已经结束。

一、包含体蛋白复性方法

（一）稀释复性

直接加入水或缓冲液，放置过夜，缺点是体积增加较大，变性剂稀释速度太快，不易控制。目前稀释法主要有一次稀释、分段稀释和连续稀释 3 种方式。

（二）透析复性

优点是不增加体积，通过逐渐降低外透液浓度来控制变性剂去除速度，有人称其易形成无活性蛋白质聚体，且不适合大规模操作，无法应用到大规模生产中。

（三）超滤复性

在生产中使用较多，规模较大，易于对透析速度进行控制，缺点是不适合样品量较少的情况，且有些蛋白质可能在超滤过程中不可逆地变性。

（四）柱上复性

该法是最近研究较多并成功地在生产中应用的一种复性方法，包含体蛋白变性后，在色谱柱上复性，大致可分成疏水柱复性及凝胶柱复性两类。其中的凝胶柱复性均是用 Sephacryl S-100 或 Superdex 75 等分子筛填料，柱较长(40～100cm)。相比稀释和透析两种方法，色谱柱复性回收率高（高达 90%以上）、快速、易放大，样品稀释倍数小（一般 5 倍左右）。

高蛋白质浓度下的复性，通常有两种方法：一是缓慢地连续或不连续地将变性蛋白加入复性缓冲液中，使得蛋白质在加入过程中或加入阶段之间有足够的时间进行折叠复性；二是采用温度跳跃式复性，即让蛋白质先在低温下折叠复性以减少蛋白质聚集的形成，当形成聚集体的中间体已经减少时，迅速提高温度以促进蛋白质折叠复性。

此外，吸附法、反胶束法和双水相萃取法等都可用于蛋白质的复性。

二、提高包含体蛋白的复性产率

（一）氧化还原转换系统

对于含有二硫键的蛋白质，复性过程应能够促使二硫键形成。常用的方法有：空气氧化法、使用氧化交换系统、混合硫化物法、谷胱甘肽再氧化法及 DTT 再氧化法。

最常用的氧化交换系统是 GSH/GSSG，而 cysteine/cystine、cysteamine/cystamine、DTT/GSSG、DTE/GSSG 等也都有应用。氧化交换系统通过促使不正确形成的二硫键的快速交换反应提高了正确配对的二硫键的产率。通常使用 1～3mmol/L 还原型巯基试剂，还原型和氧化型巯基试剂的比例通常为（5∶1）～（10∶1）。

（二）添加低分子化合物

低分子化合物自身并不能加速蛋白质的折叠，但可能通过破坏错误折叠中间体的稳定性，或增加折叠中间体和未折叠分子的可溶性来提高复性产率。例如，盐酸胍、脲、烷基脲，以及碳酸酰胺类等，在非变性浓度下是很有效的促进剂。蛋白质的辅因子、配基或底物亦可起到很好的促折叠作用，如蛋白质的辅因子 Zn^{2+} 或 Cu^{2+} 可以稳定蛋白质的折叠中间体，从而防止了蛋白质的聚集，加入浓度大于 0.4mol/L Tris 缓冲液可提高包含体蛋白的折叠效率。浓度为 0.4～0.6mol/L Arg 有助于增加复性中间产物的溶解度。蛋白质的辅因子、配基或底物成功地应用于很多蛋白质如 t-PA 的复性中，可以抑制二聚体的形成。

（三）PEG-$NaSO_4$ 两相法

用 PEG 和 $NaSO_4$ 作为成相剂，然后加入盐酸胍，再把变性的还原的蛋白质溶液加入其中进行复性，但这种方法需复性的变性蛋白浓度低。

（四）分子伴侣和折叠酶

这类蛋白质主要包括硫氧还蛋白二硫键异构酶、肽酰-辅氨酰顺反异构酶、分子伴侣、FK506 结合蛋白、Cyclophilin 等。分子伴侣和折叠酶等不仅可在细胞内调节蛋白质的折叠和聚集过程的平衡，而且可在体外促进蛋白质的折叠复性。用分子伴侣结合传统的复性方法使一些体系的复性率达到 80%～90%，甚至以上。分子伴侣属于热休克蛋白，能在蛋白质的形成过程中帮助蛋白质进行正确折叠，这一特性被用到蛋白质体内复性和体外复性的研究中。在体外复性中所用的分子伴侣可分为分子内分子伴侣和分子外分子伴侣，分子内分子伴侣可以是某蛋白质的前导序列，也可以是该蛋白质的前体，这种分子伴侣特异性较弱，目前应用得比较多的是分子外分子伴侣。GroEL是目前应用最广泛的分子伴侣体系，它包括两种分子质量不同但氨基酸顺序相关的蛋白质，GroEL和GroES。

分子伴侣GroEL是一晶状圆柱形复合物，高1450nm，直径1350nm，它是由两个背对背的七元环组成的十四聚合体，在两端各形成一个内径为450nm的空腔。GroEL的表观结构为多聚体，其中的每个七元环（以后简称两环）内部都含有7个亚基分子，质量为57kDa，由548个氨基酸组成。各环中的7个亚基折叠成三部分，即顶端区、赤道区、中间区。顶端区内表面含有丰富的疏水基团，可为无活性蛋白质提供较大的结合表面，从而阻止其聚集体形成。赤道区：由接近平行的α-螺旋组成的GroEL的两环在赤道区相结合，此区内还具有可与腺苷三磷酸（ATP）相结合的位点，分子伴侣可通过Mg^{2+}与ATP的磷酸根相结合于较小的中间区，并通过共价键连接顶端区与赤道区，对GroEL的特性影响较大。

GroES由7个10kDa的亚基组成是在ATP存在时，GroES可与GroEL的一端或两端连接形成一个突起结构，从而可使GroEL的内腔扩大近1倍，GroES与GroEL顶端区的结合可导致原来与顶端相结合的肽链释放到GroEL空腔中，同时引发肽链的初步折叠。由于GroES对分子伴侣和复性有这样的协同作用，故称GroES为协同分子伴侣。GroEL与GroES端相结合的结构称为不对称GroEL-GroES复合物，这一复合物的结构是GroEL GroES ATP变性蛋白之间的相互作用过程。例如，将GroE与甲酰基纤维素凝胶连接，得到固定化的GroE，对变性溶菌酶进行复性，在37℃ pH 6～8条件下，溶菌酶的复性率在85%以上，而且固定化GroE可反复利用5次，每次的复性率无明显变化，保持在82%～88%。分子伴侣的重复利用，固定化GroEL有可能在实际生物下游工程中得到利用。

近几年来利用固定化小分子伴侣来辅助蛋白质复性的研究越来越多。小分子蛋白质辅助蛋白复性的优点在于分子质量较小易于表达，且不需要ATP的辅助作用，更多适用于固定化。Altamirano等将它和PDE（蛋白质二硫键异构酶）、PPI（肽基脯氨酰顺式异构酶）2种酶联合利用，使其他方法很难复性的蝎毒Cn5的复性率达到98%。亲环蛋白A（cyclophilin A）和吲哚3-甘油磷酸合成酶（IGPS）在GroEL 191-345的辅助下复性率分别达到87%和92%。Yrianm M.等成功将小分子伴侣固定在琼脂糖上，对几种难以复性的蛋白质实现了高效复性，并利用固定化小分子伴侣在色谱柱上对包含体中的不溶性蛋白质及储存中失活的蛋白质实现了高效复性。

例如，在重组人C-干扰素(rhIFN-C)体外复性中，初始蛋白质浓度为100mg/L，加入GroEL 191-345，复性后蛋白回收率提高了2.2倍，活性提高了近3倍。将

GroEL 191-345 固定在 NH S-activated Sepharose Fast Flow 凝胶后，不但能重复利用，而且进一步提高了 rhIFN-C 复性的效率。

近年来用小分子去污剂和 B-环糊精（B-CD）合成人工分子伴侣来辅助蛋白质复性也得到了广泛的研究应用。人工分子伴侣具有成本低廉、性质稳定等优点。人工分子伴侣主要模拟天然分子伴侣 GroES/GroEL 的功能，小分子去污剂能与变性蛋白结合形成复合物，掩蔽其暴露的疏水基，从而阻止蛋白质的凝聚，去污剂的作用类似于 GroEL，当加入 B-环糊精后使去污剂从蛋白质上剥离，蛋白质就逐渐复性，B-环糊精的作用类似于 ATP 和 GroES。

例如，用人工分子伴侣十六烷基三甲基溴化铵（CTAB）和 B-CD 与凝胶过滤色谱耦合来进行溶菌酶复性，结果表明在连续复性操作条件下可使进料浓度为 1mg/ml 的变性酶获得 89%的复性率，相比于单纯凝胶过滤色谱的复性率 48%提高到 80%。又如，在重组内抑素复性中加入 SDS 和 B-CD，比例为 1∶4，在 pH 8.0，Tris-HCl 100mmol/L 条件下，复性回收率达到 89%。

（五）二硫键异构酶

二硫键异构酶包括线粒体体系中的 DsbA、DsbB、DsbC 和真核体系中的 PDI。在体外复性中含有二硫键的蛋白质折叠起来总是非常慢，因为半胱氨酸残基的氧化和纠正的速度很慢，是速率限制步骤。例如，牛胰腺胰岛素抑制剂重新折叠的半衰期（half-life）将近 8h，且二硫键在形成过程中易发生错配。许多蛋白质，特别是由真核细胞分泌的蛋白质，二硫键起稳定作用。这些蛋白质包括那些用作医疗和生物技术的蛋白质，如白介素、干扰素、抗体和它们的片段、胰岛素变性生长因子（transforming growth factor）、某些毒素和蛋白酶等。

（六）其他

提高复性率的策略还有许多，例如，非离子型去垢剂，尤其是离子型或两性离子去垢剂或表面活性剂 CHAPs[3-[3-(胆酰胺丙基)二甲酰氨基]丙磺酸内酯（盐）]、Triton X-100（聚乙二醇辛基苯基醚）、磷脂、十二烷基麦芽糖苷（lauryl maltosid）、Sarkosyl（十二烷基肌氨酸）等对蛋白质复性有促进作用；待折叠复性的蛋白质的抗体可有效协助其复性；多聚离子化合物如肝素不仅可以促进蛋白质的作用，而且具有稳定天然蛋白质的作用。

（七）包含体蛋白复性效率

复性是一个非常复杂的过程，除与蛋白质复性的过程控制相关外，很大程度上还与蛋白质本身的性质有关，有些蛋白质非常容易复性，例如，牛胰 RNA 酶有 12 对二硫键，在较宽松的条件下复性效率可以达到 95%以上，而有一些蛋白质至今没有发现能够对其进行复性的方法如 IL-11，很多蛋白质的复性效率只有百分之零点几。例如，在纯化 IL-2 时以十二烷基硫酸钠溶液中加入铜离子（0.05% SDS，7.5～30μmol/L $CuCl_2$）的方法，25～37℃条件下反应 3h，再用 EDTA（1mmol/L）终止反应，复性后的二聚体低于 1%。一般说来，蛋白质的复性效率在 20%左右。

（八）影响复性效率的因素

蛋白质的复性浓度：正确折叠的蛋白质的得率低通常是由于多肽链之间的聚集作用，蛋白质的浓度是使蛋白质聚集的主要因素，因而，一般浓度控制在 0.1～1mg/ml；如果变性蛋白加入复性液中速度过快，容易形成絮状沉淀，可能是蛋白质重新凝聚的缘故。所以我们采用在水浴和磁力搅拌下，逐滴加入变性蛋白，使变性蛋白在复性液中始终处于低浓度状态。

pH 和温度：复性缓冲液的 pH 必须在 7.0 以上，这样可以防止自由硫醇的质子化作用影响正确配对的二硫键的形成，过高或过低均会降低复性效率，最适宜的复性 pH 一般是 8.0～9.0。

此外，影响复性效率的因素还有变性剂的起始浓度和去除速度、氧化还原电势、离子强度、共溶剂和其他添加剂的存在与否等。

（九）包含体蛋白复性率的检测

根据具体的蛋白质性质和需要，可以从生化、免疫、物理性质等方面对蛋白质的复性效率进行检测。

1. 凝胶电泳

一般可以用非变性的聚丙烯酰胺凝胶电泳检测变性态和天然状态的蛋白质，或用非还原的聚丙烯酰胺电泳检测有二硫键的蛋白质复性后二硫键的配对情况。

2. 光谱学方法

可以用紫外差光谱（两种不同波长的光谱）、荧光光谱、圆二色性光谱（CD）等，利用两种状态下的光谱学特征进行复性情况的检测，但一般只用于复性研究中的过程检测。

3. 色谱方法

如 IEX、RP-HPLC、CE 等，由于两种状态的蛋白色谱行为不同，可以用色谱法对复性蛋白与天然态蛋白进行比较分析。近年来色谱学方法已被用于分析蛋白质复性过程中的表征手段。例如，变性蛋白、折叠中间态、复性蛋白和天然态蛋白在色谱柱上的保留体积上的差异，通过反相高效液相色谱（RP-HPLC）检测蛋白质的活性和复性的动态过程，以及用疏水色谱分析复性蛋白与天然态蛋白之间的疏水性差异等。

4. 生物学活性及比活测定

一般用细胞方法或生化方法进行测定，较好地反映了复性蛋白的活性，值得注意的是，不同的测活方法测得的结果不同，而且常常不能完全反映体内活性。

以重组人白介素-2 为例，在无菌条件下，取 C57BL/6 小鼠胸腺细胞培养后作为效应细胞，培养基为 1640 培养基，以白介素-2 标准品和样品用 10% FBS 1640 培养液连续作 2 倍、5 倍稀释后，在 96 孔细胞培养板上进行细胞培养，另设两组阴性对照，细胞对照组和细胞有丝分裂原对照组（ConA），置于 37℃ 5% CO_2 培养箱中进行。培养完成后用 MTT 染色，用酶联免疫检测仪于 570nm 测 OD 值，并计算活力。蛋白活性（单位/ml）除以蛋白质浓度（mg/ml），即为比活性。

5. 黏度和浊度测定

复性后的蛋白质溶解度增加，变性状态时由于疏水残基暴露，一般水溶性很差，大多形成可见的沉淀析出。

6. 免疫学方法

如酶联免疫吸附试验（ELISA）、蛋白质印迹法（Western blotting）等，特别是对结构决定簇的抗体检验，比较真实地反映了蛋白质的折叠状态。

在正常的生理条件下，组成蛋白质的多肽链都能以独特的方式进行折叠，形成自己特有的空间结构，以执行某一些生命活动。当外界环境改变时，可能造成基因突变和蛋白质序列改变，错误剪接和运输，错误折叠和异常聚积，形成对机体有害的反应，引起构象病的发生和无生物活性、不可溶的包含体形成。目前对包含体形成和复性过程中发生聚集的机制尚不清楚，许多已建立的高效复性方法是在反复实验和优化的基础上建立的，且没有普遍性，但从这许许多多的个例中发现了一些规律：例如，聚集的发生是由链间的疏水相互作用介导、聚集具有相对特异性、折叠中间体可能具有不同的作用等，并利用这些知识建立了一些重组蛋白高效复性的方法。相信随着结构生物学、生物信息学、蛋白质工程学及相关新技术和新设备的发展和完善，在不久的将来，预测和设计最佳复性方案将成为可能。

（十）包含体复性后产物纯度的检测

1. 还原性 SDS-PAGE 和质谱检测

SDS-PAGE 电泳、质谱方法测定分子质量。

2. RP-HPLC

C-18 柱，流动体系：水-三氟乙酸-乙腈，乙腈梯度为 0～70%。流速为 1ml/min。

3. Western blotting 分析

将包含体复性纯化后所得到的蛋白质纯品，以及 Amgen 的 IL-1ra 标准品进行 SDS-PAGE 电泳后，电转移至硝酸纤维膜上，以羊抗 IL-1ra 为第一抗，辣根过氧化酶标记的驴抗羊为二抗进行 Western blotting 分析。

第三章　真核细胞表达蛋白药物研制

第一节　目的基因的获得

DNA 克隆的第一步是获得包含目的基因在内的一群 DNA 分子，这些 DNA 分子或来自于目的生物基因组 DNA 或来自目的细胞 mRNA 反转录合成的双链 cDNA 分子。由于基因组 DNA 较大，不利于克隆，因此有必要将其处理成适合克隆的 DNA 小片段，常用的方法有机械切割和核酸限制性内切酶消化。若是基因序列已知而且比较小就可用人工化学直接合成。如果基因的两端部分序列已知，根据已知序列设计引物，从基因组 DNA 或 cDNA 中通过 PCR 技术可以获得目的基因。

一、目的基因获得的途径

（一）调取基因

根据目的基因的序列，设计引物从含有目的基因的 cDNA 中通过 PCR 的方法调取目的基因，链接到克隆载体，挑取单克隆进行测序，以获得想要的基因片段，这种方法相对成本较低，但是调取到的基因往往含有突变，还有不同基因的表达丰度不同，转录比较复杂，或是基因片段很长，这些情况都很难调取到目的基因。

（二）反转录法

这种方法是在核糖体合成多肽的旺盛时期，首先把含有目的基因的 mRNA 的多聚核糖体提取出来，分离出 mRNA，然后以 mRNA 为模板，用反转录酶合成一个互补的 DNA，即 cDNA 单链，再以此单链为模板合成互补链，就成为双链 DNA 分子。这种方法专一性强，但是操作过程比较麻烦，特别是 mRNA 很不稳定、生存时间短，所以要求的技术条件较高。

（三）全基因合成

根据目的基因的 DNA 序列，直接设计合成目的基因。此方法准确性高，相对成本会高一些，个人操作比较困难，需要专业的合成公司完成。优点是可以合成难调取及人工改造的任何基因序列，同时可以进行密码子优化，提高目的基因在宿主内的表达量。

（四）氨基酸序列合成法

这种方法是建立在 DNA 序列分析基础上的。当把一个基因的核苷酸序列搞清楚后，可以按图纸先合成一个含少量（10～15 个）核苷酸的 DNA 片段，再利用碱基对互补的关系使它们形成双链片段，然后用连接酶把双链片段逐个按顺序连接起来，使双链逐渐加长，最后得到一个完整的基因。这种方法专一性最强，现在用计算机自动控制的 DNA 合成仪进行基因合成，使基因合成的效率大大提高。但是这种方法目前仅限于合成核苷酸对较少的一些简单基因，而且必须事先把它们的核苷酸序列搞清楚。对于许多复杂的、目前尚不知道核苷酸序列的基因就不能用这种方法合成，只能用前两种方法或其他方法分离或合成。这种合成基因的方法还有一个很大的优点，就是可以人工合成自然界不存在的新基因，使生物产生新的性状以满足人类需求。因此，这一方法今后将随着技术的不断改进而得到越来越广泛的应用。

（五）鸟枪法

这种方法类似于鸟枪发射散弹。具体的做法是：用若干个合适的限制酶处理一个 DNA 分子，将它切成若干个 DNA 片段。这些片段的长度相当于或略大于一个基因。然后，将这些不同的 DNA 片段分别与适当的载体结合，形成重组 DNA，再将它导入到相应的营养缺陷型细菌中。例如，当我们要提取维生素 B_1 合成酶基因时，就要采用维生素 B_1 的营养缺陷型细菌（它在不含维生素 B_1 的培养基上不能生长）。把整合了不同 DNA 片段的营养缺陷型细菌分别接种到不含维生素 B_1 的培养基上进行培养，只有那些整合了含有维生素 B_1 合成酶基因的 DNA 片段的细菌才能正常生长。最后，把这些细菌中的这段 DNA 分离出来，再进行一系列的操作，就可以获得维生素 B_1 合成酶基因。这种方法的缺点是专一性较差，分离出来的 DNA 片段有时并非一个基因，但由于这种方法操作简便，因此现在仍然广泛采用。

二、基因扩增——PCR 技术

聚合酶链反应的原理类似于 DNA 的天然复制过程。在待扩增的 DNA 片段两侧和与其两侧互补的两个寡核苷酸引物，经变性、退火和延伸若干个循环后，DNA 扩增 $2n$ 倍。

1. 变性

加热使模板 DNA 在高温下（94℃）变性，双链间的氢键断裂而形成两条单链，即变性阶段。

2. 退火

使溶液温度降至 50～60℃，模板 DNA 与引物按碱基配对原则互补结合，即退火阶段。

3. 延伸

溶液反应温度升至 72℃，耐热 DNA 聚合酶以单链 DNA 为模板，在引物的引导下，利用反应混合物中的 4 种脱氧核苷三磷酸（dNTP），按 5'→3'方向复制出互补 DNA，即引物的延伸阶段。

上述 3 步为一个循环，即高温变性、低温退火、中温延伸 3 个阶段。从理论上讲，每经过一个循环，样本中的 DNA 量应该增加一倍，新形成的链又可成为新一轮循环的模板，经过 25～30 个循环后 DNA 可扩增 10^6～10^9 倍。典型的 PCR 反应体系由如下组分组成：DNA 模板、反应缓冲液、dNTP、两个合成的 DNA 引物、耐热 *Taq* 聚合酶。

第二节　真核细胞常用表达载体

真核细胞表达载体简称 pEGFP-N1 载体，具有多方面的优点。pEGFP-N1 载体上携带有 EGFP 蛋白表达基因。

一、pEGFP-N1 载体的特点

（1）从结构上看，该质粒具有很强的复制能力，可以满足宿主细胞分裂时跟随细胞质遗传给新生的子细胞，这是真核细胞表达载体保证目的基因稳定表达的因素之一。

（2）含有高效的功能强大的启动子 SV40 和 PCMV，可以使目的基因在增殖的细胞中稳定表达。

（3）具有多克隆位点，便于目的基因的插入。

（4）该载体具有 *neo* 基因（新霉素抗性基因），可以采用 G418 来筛选已成功转染了该载体的靶细胞。这些特殊的结构可以实现目的基因在靶细胞内的稳定表达。

二、GFP

GFP 是绿色荧光蛋白（green fluorescent protein），基因来源于水母 *Aequorea victoria*，是 Shimomura 等于 1962 年发现的蛋白质，由 238 个氨基酸组成，分子质量约为 27kDa。GFP 在包括热、极端 pH 和化学变性剂等苛刻的条件下都很稳定，用甲醛固定后会持续发出荧光，但在还原环境下荧光会很快熄灭。与以往常用的报道基因相比，GFP 具有以下优点。

（1）在荧光显微镜下，用波长约 490nm 的紫外线激发后，即可观察到绿色荧光，直接、简捷、便于检测。

（2）无需任何的作用底物或共作用物，检测的灵敏度不受反应效率的影响，保证了极高的检出率。

（3）蛋白质本身性质稳定。

（4）可在多种异源生物中表达且无细胞毒性。

（5）其基因片段长度较小（约 717bp），易于构建融合蛋白，且融合蛋白仍能保持荧光激发活性，为研究其他基因表达产物的分布提供了方便。

EGFP 是一种优化的突变型 GFP，使其产生的荧光较普通 GFP 强 35 倍，大大增强了其报道基因的敏感度。EGFP 与其他蛋白质的融合表达已有很多成功的例子，而且其 N 端及 C 端均可融合，并不影响其发光。

重组基因可以在真核细胞中表达 DNA 转录成 mRNA，这些都是在细胞核中进行的。重组基因载体是转入细胞质中，而真核细胞的 DNA 转录系统在细胞核中，外源（重组）基因都是要先整合到真核细胞的染色体上，然后才会转录成 mRNA，再以 mRNA 为模板翻译表达蛋白，而翻译成蛋白质是在细胞质的内质网核糖体上完成的。也就是说，外源基因的转录过程是在细胞核中完成的，翻译蛋白质是在细胞质中完成的。

例如，最常用的酵母表达系统，导入酵母体内的重组表达载体只有和酵母染色体上的同源区发生重组（同源区等都是载体上预先设计好的），整合到染色体上，外源基因才能够稳定存在，外源蛋白才能得到稳定表达，这种整合的转化子一旦形成就非常稳定。如果转化后的重组表达载体未能整合到染色体上，而是以游离的附加体形式存在，这种转化子就不稳定，重组表达载体极易丢失。所以，载体必须整合入酵母基因组中才能实现异源蛋白的稳定表达。

三、克隆化的真核基因在哺乳动物细胞中的表达

利用克隆化的真核基因在哺乳动物细胞中表达蛋白，具有以下多种不同用途。

（1）通过对所编码的蛋白质进行免疫学检测或生物活性测定，确证所克隆的基因。

（2）对所编码的蛋白质需进行糖基化或蛋白酶水解等翻译后加工的基因进行表达。

（3）通过分析正常蛋白质及其突变体的特性，阐明蛋白质结构与功能的关系。

（4）揭示某些与基因表达调控有关的 DNA 序列元件。

DNA 转染技术现已变成研究基因功能和组分的重要工具，已发展了很多转染

方法，并成功应用于转染各种细胞。目前广泛应用的方法有磷酸钙共沉淀法、电穿孔法、病毒载体，以及阳离子脂质体介导转染法。

第三节　真核细胞转染的一般程序

克隆目的基因（经测序验证）、准备真核表达载体、将目的基因插入表达载体中、转染、筛选、鉴定。

下面以 $pcDNA_3$ 为载体，*p16* 为目的基因为例，介绍真核转染的实验操作。

一、试剂准备

（1）HBS（Hepes-buffered saline）：876mg NaCl 溶于 90ml ddH_2O，加入 1mol/L Hepes，调 pH 到 7.4，补 ddH_2O 至 100ml，pH 7.4，滤过除菌。

（2）核酸储存液，过滤除菌。

（3）培养基：含血清或不含血清的，用于转染细胞的正常培养。

二、操作步骤

（一）克隆目的基因

（1）根据 GenBank 检索的目的基因序列，设计扩增引物，并在上、下游引物的 5'端分别引入酶切位点 *Bam*HⅠ和 *Xho*Ⅰ，用 RT-PCR 操作。

（2）回收特异性扩增片段，连入 T 载体。

（3）转化 DH5α，质粒制备。

（4）酶切初步鉴定，测序证实。

（二）真核重组表达载体的构建

（1）$pcDNA_3$ 载体带有在大肠杆菌中复制的原核序列，便于挑选带重组质粒细菌的抗生素抗性基因，以及表达外源 DNA 序列所必需的所有真核表达组件。

（2）重组质粒与 $pcDNA_3$ 分别用 *Bam*HⅠ和 *Xho*Ⅰ双酶切。

（3）回收插入片段和 $pcDNA_3$ 线性片段。

（4）T4 DNA 连接酶连接。

（5）转化 DH5α。

（6）质粒制备：*Bam*HⅠ和 *Xho*Ⅰ双酶切鉴定。

（三）重组 $pcDNA_3$ 转染 SHG-44 细胞

（1）G418 筛选浓度测定：SHG-44 培养于 24 孔细胞培养板→G418 分别用

100mg/L、200mg/L、300mg/L、400mg/L、500mg/L、600mg/L 各浓度加入 3 复孔，设正常对照 3 复孔。以 10～14d 细胞全部死亡的浓度为筛选浓度，结果为 200mg/L。

（2）在转染实验前一天接种细胞，各种细胞的平板密度依据各种细胞的生长率和细胞形状而定。进行转染当天细胞应达到 60%～80%覆盖。一般要求，6 孔培养皿（35mm），每孔 1～2ml 培养基 3×10^5 个细胞。依据不同大小培养板调整每平方厘米的细胞数量。

三、SHG-44 细胞的转染

（1）转染当天，加入脂质体/DNA 混合物之前的短时间内，更换 1ml 新鲜的有血清或无血清培养基。

（2）准备不同比例的 DOSPER/DNA 混合物，以确定每个细胞系的最佳比例。

溶液 A：用 HBS 稀释 DNA（$pcDNA_3$、重组 $pcDNA_3$）各 1.5μg 到总体积 50μl（30μg/ml）。

溶液 B：用 HBS 稀释 6μl 脂质体到终容积 50μl（120μg/ml）。

混合溶液 A 和 B，轻柔混合（不要振荡），室温孵育 15min，以便脂质体/DNA 混合物形成。

（3）不要移去培养基，逐滴加入 100μl 脂质体/DNA 混合物（从培养孔一边到另一边），边加边轻摇培养板。

（4）37℃孵育 6h。

（5）6h 后更换转染培养基，加入 2～3ml 新鲜生长培养基。

（6）转染 24h 后施加筛选压力，改用含 G418 的培养基培养。贴壁细胞培养密度见表 3-1。

表 3-1　典型的贴壁细胞平板密度

培养板大小	生长面积/cm^2	大约细胞数/个	培养基容积/ml
组织培养皿（φ60mm）	28	6.6×10^5	5～6
6 孔细胞培养板（φ35mm）	9.5	3×10^5	1～2
12 孔细胞培养板（φ22.6mm）	4	1.3×10^5	0.5～1
24 孔细胞培养板（φ8mm）	0.5	0.6×10^5	0.25～0.5

四、G418 筛选

在 G418 筛选浓度下持续培养 14d 后，挑出单克隆，扩大培养，同时转染 $pcDNA_3$，即 SHG-44-vect，并设对照组细胞，即 SHG-44。

（一）筛选结果鉴定

（1）基因组 DNA 提取→PCR 鉴定外源基因。

（2）SHG-44-重组 $pcDNA_3$ 阳性细胞、SHG-44-vect 裂解→聚丙烯酰胺凝胶电泳→免疫印迹鉴定 P16 蛋白表达（Western blotting）。

（二）测定外源性基因对 SHG-44 细胞增殖的影响

（1）流式细胞仪分析：SHG-44、SHG-44-vect、SHG-44-重组 $pcDNA_3$→单细胞悬液→70%乙醇固定→裂解细胞→核糖核酸酶消化→碘化丙啶染色→上机分析 G_1 期和 G_2/M、S 期比例。

（2）细胞生长曲线测定：SHG-44、SHG-44-vect、SHG-44-重组 $pcDNA_3$→ 5×10^4 个细胞/孔接种 24 孔细胞培养板→24h 后各自用台盼蓝染色计数细胞→计算细胞生长抑制百分率。

（3）软琼脂克隆形成率分析：SHG-44、SHG-44-vect、SHG-44-重组 $pcDNA_3$→10^4 个细胞→0.3%低熔点琼脂糖培养→1～2 周后计数不少于 50 个细胞的克隆数→计算克隆形成率。

（三）注意事项

（1）优化转染条件（脂质体的用量、DNA 密度、细胞密度、脂质体和 DNA 混合孵育时间）：每种细胞和质粒均需进行。用于转染的核酸应高度纯化。为避免微生物污染，所用溶液滤过灭菌，以及随后的使用应在无菌条件下，这是细胞惯常的做法。但是，脂质体及脂质体/DNA 混合物无需滤过除菌。

（2）预备脂质体/DNA 混合物必须在无血清条件下进行。但是在随后的脂质体/DNA 与被转染细胞共孵育的过程中，血清又是培养基的一部分。

（3）在转染之前更换培养基，可提高转染效率，但所用培养基必须 37℃预温。脂质体/DNA 混合物应当逐滴加入，尽可能保持一致，从培养皿一边到另一边，边加入边轻摇培养皿，以确保均匀分布和避免局部高浓度。

综上所述，选用质粒（最常用）作载体的 5 点要求如下。

（1）选分子质量小的质粒，即小载体（1～1.5kb）——不易损坏，在细菌里面拷贝数也多（也有大载体）。

（2）一般使用松弛型质粒在细菌里扩增不受约束，一般 10 个以上的拷贝，而严谨型质粒＜10 个。

（3）必须具备一个以上的酶切位点，有选择的余地。

（4）必须有易检测的标记，多是抗生素的抗性基因，不特指的话，多为 Amp^r。

（5）满足自己的实验需求，是否需要包装病毒，是否需要加入荧光标记，是否需要加入标签蛋白，是否需要真核抗性（如 Puro、G418）等。

无论选用哪种载体，首先都要获得载体分子，然后采用适当的限制酶将载体 DNA 进行切割，获得线性载体分子，以便于与目的基因片段进行连接。

第一步：首先看 Ori 的位置，了解质粒的类型（原核/真核/穿梭质粒）。

第二步：再看筛选标记，如抗性，决定使用什么筛选标记。

（1）Amp^r 水解 β-内酰胺环，解除氨苄的毒性。

（2）tet^r 可以阻止四环素进入细胞。

（3）cam^r 生成氯霉素羟乙酰基衍生物，使之失去毒性。

（4）neo^r（kan^r）氨基糖苷磷酸转移酶使 G418（卡那霉素衍生物）失活。

（5）hyg^r 使潮霉素 β 失活。

第三步：看多克隆位点（MCS）。它具有多个限制酶的单一切点，便于外源基因的插入。如果在这些酶切位点以外有外源基因的插入，会导致某种标志基因的失活，从而便于筛选。其决定能不能放目的基因及如何放置目的基因。

第四步：再看外源 DNA 插入片段大小。质粒一般只能容纳小于 10kb 的外源 DNA 片段。一般来说，外源 DNA 片段越长，越难插入，越不稳定，转化效率越低。

第五步：是否含有表达系统元件，即启动子、核糖体结合位点、克隆位点、转录终止信号。这是用来区别克隆载体与表达载体。克隆载体中加入一些与表达调控有关的元件即成为表达载体。选用哪种载体，还是要以实验目的为准绳。

第六步：启动子、核糖体结合位点、克隆位点、转录终止信号。

（1）启动子——促进 DNA 转录的 DNA 序列，这个 DNA 区域常在基因或操纵子编码序列的上游，是 DNA 分子上可以与 RNApol 特异性结合并使之开始转录的部位，但启动子本身不被转录。

（2）增强子/沉默子——为真核基因组（包括真核病毒基因组）中的一种具有增强邻近基因转录过程的调控序列。其作用与增强子所在的位置或方向无关。即在所调控基因上游或下游均可发挥作用。沉默子——负增强子、负调控序列。

（3）核糖体结合位点/起始密码/SD 序列（Rbs/AGU/SDs）：mRNA 有核糖体的两个结合位点，对于原核而言是 AUG（起始密码）和 SD 序列。

（4）转录终止序列（终止子）/翻译终止密码子：结构基因的最后一个外显子中有一个 AATAAA 的保守序列，此位点 down-stream 有一段 GT 或 T 丰富区，这两部分共同构成 poly（A）加尾信号。

质粒图谱上有的箭头顺时针，有的箭头逆时针，那其实是代表两条 DNA 链，即质粒是环状双链 DNA，它的启动子等在其中一条链上，而它的抗性基因在另一条链上。根据表达宿主不同，构建时所选择的载体也会不同。

第四节　载体构建步骤

一、克隆构建

目前，克隆构建的方法多种多样，除了应用广泛的酶切链接以外，现在还有很多不依赖酶切位点的克隆构建方式。下面具体说一下双酶切方法构建载体的步骤。

以人碱性成纤维细胞生长因子（bFGF）真核表达载体为例说明双酶切方法构建载体的步骤。

（一）PCR 引物构建

PCR 引物的设计及 pGEM-T-bFGF 的构建参考 GenBank 的 bFGF cDNA 序列（J04513）进行设计，由生工生物工程（上海）股份有限公司合成，引物浓度稀释至 10μmol/L 备用。其序列如下：上游引物（P1）：5'GAATTCATGGCAGCCGGGA-GCATCA-3'，下游引物（P2）：5'GGATTCTCGCTCTTAGCAGACATTGG-3'，其 5'端下划线序列分别为 *Eco*R Ⅰ 和 *Bam*H Ⅰ 的酶切位点。以骨髓基质干细胞总 RNA 为模板，进行 RT-PCR 扩增，循环参数为：95℃变性 5min；95℃变性 45s，60℃退火 30s，72℃延伸 2min，共 35 个循环；72℃充分延伸 10min。取 RT-PCR 产物，用 15g/L 琼脂糖凝胶电泳分析，将新鲜扩增产物插入 TA 中介载体（pGEM-T-Easy），连接产物转化 JM109 感受态细胞，小量提取质粒 DNA 进行酶切鉴定和 DNA 序列分析。

（二）pVAX1-bFGF 真核表达载体的构建

限制性内切酶 *Bam*H Ⅰ、*Eco*R Ⅰ 双酶切质粒 pGEM-T-bFGF，将酶切产物 480bp 左右大小的电泳凝胶片段回收纯化，同时将 *Bam*H Ⅰ/*Eco*R Ⅰ 双酶切的 pVAX1 真核表达载体电泳回收纯化，通过 T4 DNA 连接酶将上述两种胶回收产物进行连接后，其产物转化 *E. coli* JM109 感受态细胞，小量提取质粒 DNA（pVAX1-bFGF）。这样将 pGEM-T-bFGF 中的 bFGF 重组到同样酶切处理的真核表达载体 pVAX1 中，得到含有人 bFGF 基因的真核表达载体（pVAX1-bFGF）。

（三）重组质粒的酶切、PCR 及测序鉴定

使用限制性内切酶 *Bam*H Ⅰ、*Eco*R Ⅰ 双酶切重组质粒 pVAX1-bFGF 鉴定，并以所设计的引物对 pVAX1-bFGF 鉴定。将正确的重组质粒送生工生物工程（上海）股份有限公司进行测序。pVAX1-bFGF 用 *Bam*H Ⅰ、*Eco*R Ⅰ 双酶切后，可切出 480bp

左右的目的基因带，表明载体构建正确。

二、载体的选择

基因工程的载体应具有一些基本的性质：①在宿主细胞中有独立的复制和表达的能力，这样才能使外源重组的 DNA 片段得以扩增；②分子质量尽可能小，以利于在宿主细胞中有较多的拷贝，便于结合更大的外源 DNA 片段。同时在实验操作中也不易被机械剪切而破坏；③载体分子中最好具有两个以上的容易检测的遗传标记（如抗药性标记基因），以赋予宿主细胞的不同表型特征（如对抗生素的抗性）；④载体本身最好具有尽可能多的限制酶单一切点，为避开外源 DNA 片段中限制酶位点的干扰，应提供更大的选择范围。若载体上的单一酶切位点是位于检测表型的标记基因之内，可造成插入失活效应，则更有利于重组子的筛选。

DNA 克隆常用的载体有：质粒载体（plasmid）、噬菌体载体（phage）、柯斯质粒载体（cosmid）、单链 DNA 噬菌体载体（ssDNA phage）、噬粒载体（phagemid）及酵母人工染色体（YAC）等。总体上讲，根据载体的使用目的，载体可以分为克隆载体、表达载体、测序载体、穿梭载体等。用于哺乳动物细胞表达的载体最好是 pEGFP-N1 载体。

三、体外重组

体外重组即体外将目的片段和载体分子连接的过程。大多数核酸限制性内切酶能够切割 DNA 分子形成黏性末端，用同一种酶或同位酶切割适当载体的多克隆位点便可获得相同的黏性末端，黏性末端彼此退火，通过 T4 DNA 连接酶的作用便可形成重组体，此为黏性末端连接。当目的 DNA 片段为平端，可以直接与带有平端载体相连，此为平末端连接，但连接效率比黏性末端相连差些。有时为了不同的克隆目的，例如，将平端 DNA 分子插入到带有黏性末端的表达载体实现表达时，则要将平端 DNA 分子通过一些修饰，如同聚物加尾，加衔接物或人工接头，PCR 法引入酶切位点等，获得相应的黏性末端，然后进行连接，此为修饰黏性末端连接。

四、重组子的筛选

从不同的重组 DNA 分子获得的转化子中鉴定出含有目的基因的转化子即阳性克隆的过程就是筛选。发展起来的成熟筛选方法如下。

（一）插入失活法

外源 DNA 片段插入到位于筛选标记基因（抗生素基因或 β-半乳糖苷酶基因）的多克隆位点后，会造成标记基因失活，表现出转化子相应的抗生素抗性消失或转化子颜色改变，通过这些可以初步鉴定出转化子是重组子或非重组子。常用的是β-半乳糖苷酶显色法即蓝白斑筛选法（白色菌落是重组质粒）。

（二）PCR 筛选和限制酶酶切法

提取转化子中的重组 DNA 分子作模板，根据目的基因已知的两端序列设计特异引物，通过 PCR 技术筛选阳性克隆。PCR 法筛选出的阳性克隆，用限制性内切酶酶切法进一步鉴定插入片段的大小。

（三）核酸分子杂交法

制备目的基因特异的核酸探针，通过核酸分子杂交法从众多的转化子中筛选目的克隆。目的基因特异的核酸探针可以是已获得的部分目的基因片段，或目的基因表达蛋白的部分序列反推得到的一群寡聚核苷酸，或其他物种的同源基因。

（四）免疫学筛选法

获得目的基因表达的蛋白抗体，就可以采用免疫学筛选法获得目的基因克隆。这些抗体既可从生物本身纯化出目的基因表达蛋白抗体，又可从目的基因部分 ORF 片段克隆在表达载体中获得表达蛋白的抗体。上述方法获得的阳性克隆最后要进行测序分析，以最终确认目的基因。

（五）以人尿激酶原全长 cDNA 基因克隆为例说明基因克隆过程

尿激酶原是尿激酶的前体，是一种特异性的纤溶酶原激活剂，由 411 个氨基酸残基组成单链多肽，分子内有 12 对二硫键。从人尿中分离出的尿激酶原分子质量为 54kDa，在 158～159 位可被纤溶酶、激肽释放酶、胰蛋白酶、嗜热杆菌金属蛋白酶等水解变成双链尿激酶。尿激酶原在血浆中几乎没有活性，到达血栓表面时被少量纤溶酶激活部分成尿激酶，后者激活富集在血栓表面的纤溶酶原变成纤溶酶，纤溶酶再溶解血栓中的纤维蛋白，当血栓部分降解暴露出其 E-片段后，尿激酶原可直接激活与血栓结合的纤溶酶原变成纤溶酶，而且其激活速度增加 500 倍，产生大量纤溶酶，从而使血栓迅速溶解。因此，尿激酶原具有酶原和酶的双重性质。

方继明等将分泌尿激酶原的 Detroit 562 细胞（人咽癌传代细胞）经放线菌酮和肉豆蔻酯处理后，用酸性硫氰胍-酚-氯仿法提取总 RNA，用 olig（dt）-cellulose 亲和层析分离 poly（A）+RNA，用与尿激酶 RNA 3'端非翻译区互补的人工合成的 18 寡核苷酸作引物，以 Detroit 562 细胞 poly（A）+RNA 作为模板进行反转录，通过 dG:dC 接尾重组，构建 Detroit 562 细胞 cDNA 文库。然后用 DNA 探针菌落原位杂交，筛选并从 UK-1 克隆菌中切出编码尿激酶原 102～218 位氨基酸的 DNA

片段，又从 pHUK-8 重组质粒酶切中回收含有编码尿激酶原 219～411 位氨基酸和 3'端非翻译区 272bp DNA 片段，又获得了一段相当于编码部分信号肽至 102 位氨基酸的片段，再人工合成一段寡核苷酸序列补全所缺的部分信号肽序列。最后，通过多次酶切重组，将上述 4 种片段连接起来，获得了人尿激酶原全长 cDNA。该基因结构是：5'端的 *Hind*Ⅲ及 *Eco*RⅤ单一酶切位点—60bp（20 个氨基酸）信号肽序列—1233bp（1～411 位氨基酸）编码序列—3'端非编码区 272bp—3'端 *Sal*Ⅰ、*Xba*Ⅰ、*Sma*Ⅰ、*Kpn*Ⅰ、*Sac*Ⅰ五个单一酶切位点。序列测定表明，该序列与文献报道的来自人肝的尿激酶原基因组 DNA 序列一致。

李凤知等将方继明等获得的人尿激酶原 cDNA 克隆在含金属硫蛋白（MT）和 SV40 双重启动子的 pMYSVT-dhfr 载体上，构建成含人尿激酶原全长 cDNA 的重组表达质粒 pMTSVY-du（图 3-1）。pMTSVY-du 表达载体有如下特点：①金属硫蛋白（MT）基因的启动子控制尿激酶原 cDNA 的表达，早期启动子 SV40 控制二氢叶酸还原酶 cDNA 的表达，两者的转录方向相反；②SV40 增强子位于两个启动子之间，其增强子为两个启动子共用，十分方便；③尿激酶原 cDNA 3'端放置两个 SV40 poly（A）终止信号序列；④使 *Sal*Ⅰ保持单一切点，可方便地进行重组载体线性化，有利于用电击介导法高拷贝转化细胞；⑤具有基因扩增和诱导双重放大效应，有利于高效表达外源基因。

pMTSVY-du 质粒经酶切鉴定正确后，采用磷酸钙沉淀法将其转染 CHO 细胞，10d 后用含 2×10^{-8}mol/L MTX 的选择性培养基进行扩增筛选，2 周后可观察到细胞克隆，4 周后共挑选出 220 个 dhfr 阳性克隆株，其中 33 个克隆表达 Pro-UK 水平较高。再经不断提高 MTX 浓度加压后，最终挑选到表达水平最高的 CL-11G 工程细胞株，表达水平达到 500～1000IU/10^6 个细胞/d，与当时国际水平相当。最后经过 104 代传代培养去除 MTX，其表达量稳定在 500～700IU/10^6 个细胞/d。

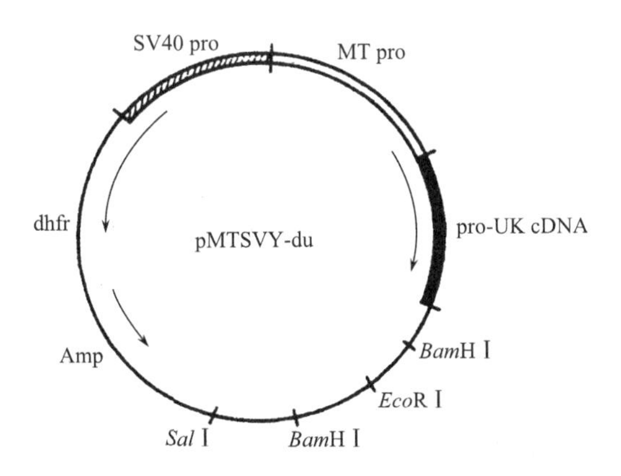

图 3-1　人尿激酶原全长 cDNA 的重组表达质粒 pMTSVY-du

（六）重组人尿激酶原在 CHO 细胞中的高效表达

李世崇等将李凤知等构建的人尿激酶原基因质粒 pMTSVY-du 以 $pcDNA_{3.1}$ 载体作为骨架，利用分子生物学方法将其中的 CMV 启动子及 BGH poly（A）置换为人持家基因延伸因子 1α（human elongation factor1 alpha promoter，hEF-1α）的调控序列，将 *rhPro-UK* 基因连入 *hEF-1α*的调控序列之间，旱獭肝炎病毒转录后调控元件（wood-chuck hepatitis virus post-transcriptional regu-latory element，WPRE）连接在 *rhPro-UK* 基因之后，人珠蛋白的基质附着区（beta-globin matrix attachment region，β-globin MAR）序列连在 *hEF-1α*的调控序列前面，构建 *rhPro-UK* 基因表达载体，构建成功的载体命名为 MAR HEF53UTRproUKRESE。将其转染 CHO 细胞，CHO-K1 细胞以 7.5×10^5 的密度接种 6 孔细胞培养板，37℃、5% CO_2 中培养 24h。用 Lipofectamine^{TM}2000 转染试剂将 *rhPro-UK* 基因表达载体 MARHEF- 53UTRproUKRESE 转染进 CHO-K1 中。转染后 24h，用胰酶消化细胞并接种至 24 孔细胞培养板中，4～5h 后将培养基换为含 10%（体积分数）胎牛血清和 0.5mg/ml G418 的 DMEM/F12 筛选培养基，37℃、5% CO_2 中培养。每隔 3～4d 更换新鲜的筛选培养基，直到 2 周后形成明显的阳性细胞克隆。胰酶消化稳定转染的阳性混合克隆细胞，用含 10%（体积分数）胎牛血清的 DMEM/F12 培养基悬浮细胞并计数，通过逐步的梯度稀释调整细胞密度至 1ml 10 个细胞，将此细胞悬液按 200μl/孔接种于 96 孔细胞培养板，置于 37℃、5% CO_2 中培养。10d 后，在倒置显微镜下观察并标记只含 1 个细胞集落的孔；14d 后将单细胞形成的克隆消化传代至 24 孔或 6 孔细胞培养板。待细胞形成融合单层后，计数细胞并取上清液检测 rhPro-UK 的表达水平。选取表达 rhPro-UK 阳性克隆细胞系接种 T_{25} 方瓶，用含 1%（体积分数）新生牛血清的 DMEM/F12 培养基培养，每 4～5d 用胰酶消化传代，连续传 11 代，传代前更换新鲜培养基，经检测 rhPro-UK 的表达水平稳定在 1299IU/10^6 个细胞/d。

五、克隆载体导入受体细胞

载体 DNA 分子上具有能被原核宿主细胞识别的复制起始位点，因此可以在原核细胞如大肠杆菌中复制，重组载体中的目的基因随同载体一起被扩增，最终获得大量同一的重组 DNA 分子。

将外源重组 DNA 分子导入原核宿主细胞的方法有转化（transformation）、转染（transfection）、转导（transduction）。重组质粒通过转化技术可以导入宿主细胞中，同样重组噬菌体 DNA 可以通过转染技术导入。转染效率不高，因此将重组噬菌体 DNA 或柯斯质粒体外包装成有浸染性的噬菌体颗粒，借助这些噬菌体颗粒将重组 DNA 分子导入宿主细胞，这种转导技术的导入效率要比转染的导入效率高。

第五节　克隆载体转染哺乳动物细胞

转染是指真核细胞由于外源 DNA 掺入而获得新的遗传标志的过程。常规转染技术可分为瞬时转染和稳定转染（永久转染）两大类。前者外源 DNA/RNA 不整合到宿主染色体中，因此一个宿主细胞中可存在多个拷贝数，产生高水平的表达，但通常只持续几天，多用于启动子和其他调控元件的分析。一般来说，超螺旋质粒 DNA 转染效率较高，在转染后 24～72h（依赖于各种不同的构建）分析结果，常常用到一些报告系统如荧光蛋白、β-半乳糖苷酶等来帮助检测。后者也称稳定转染，外源 DNA 既可以整合到宿主染色体中，也可能作为一种游离体（episome）存在。尽管线性 DNA 比超螺旋 DNA 转入量低但整合率高。外源 DNA 整合到染色体中概率很小，大约 $1/10^4$ 转染细胞能整合，通常需要通过一些选择性标记，如氨基糖苷磷酸转移酶（APH；新霉素抗性），潮霉素 B 磷酸转移酶（HPH），胸苷激酶（TK）等反复筛选，得到稳定转染的同源细胞系。

转染技术的选择对转染结果影响也很大，许多转染方法需要优化 DNA 与转染试剂比例、细胞数量、培养及检测时间等。转染的种类包括化学转染和物理转染。

一、化学转染

（一）DEAE-葡聚糖法

DEAE-葡聚糖是最早应用哺乳动物细胞转染的试剂之一，DEAE-葡聚糖是阳离子多聚物，它与带负电的核酸结合后接近细胞膜而被摄取，DEAE-葡聚糖转染已成功地应用于瞬时表达的研究，但用于稳定转染不是十分可靠。

（二）磷酸钙法

磷酸钙法是磷酸钙共沉淀转染法，因为试剂易取得，价格便宜而被广泛用于瞬时转染和稳定转染的研究，先将 DNA 和氯化钙混合，然后加入到 PBS 中慢慢形成 DNA 磷酸钙沉淀，最后把含有沉淀的混悬液加到培养的细胞上，通过细胞膜的内吞作用摄入 DNA。磷酸钙似乎还通过抑制血清中和细胞内的核酸酶活性而保护外源 DNA 免受降解。

（三）磷酸钙-DNA 沉淀物的制备（以 COS_7 细胞为例）

1. $CaCl_2$ 沉淀

用所制备的 DNA 10～50μg 溶于 220μl 0.1mol/L TE（pH8.0）中，加入 2×HBS 250μl，缓慢加入 31μl 2mol/L $CaCl_2$，于室温温育 20～30min，其间将形成细小沉淀。

2. 人工脂质体法

人工脂质体法采用阳离子脂质体，具有较高的转染效率，不但可以转染其他化学方法不易转染的细胞系，而且能转染从寡核苷酸到人工酵母染色体不同长度的 DNA，以及 RNA 和蛋白质。此外，脂质体体外转染同时适用于瞬时表达和稳定表达，与以往不同的是脂质体还可以介导 DNA 和 RNA 转入动物和人的体内用于基因治疗。LipoFiter^{TM} 脂质体转染试剂（LipoFiterliposomal transfection reagent）是一种适合于把质粒或其他形式的核酸，以及核酸蛋白复合物转染到培养的真核细胞中的高效阳离子脂质体转染试剂。它可以和带负电荷的核酸结合后形成复合物，当复合物接近细胞膜时被内吞成为内体进入细胞质，随后 DNA 复合物被释放进入细胞核内，至于 DNA 是如何穿过核膜的，其机制目前还不十分清楚。

二、物理转染

物理转染包括显微注射、电穿孔、基因枪等。显微注射虽然费力，却是非常有效地将核酸导入细胞或细胞核的方法。这种方法常用来制备转基因动物，但不适用于需要大量转染细胞的研究。电穿孔法常用来转染如植物原生质体这样的常规方法不容易转染的细胞。电穿孔靠脉冲电流在细胞膜上打孔而将核酸导入细胞内。导入的效率与脉冲的强度和持续时间有关系。基因枪法（gene gun）又称粒子轰击、高速粒子喷射技术或基因枪轰击技术，是由美国 Comel 大学生物化学系 John. C. S.等于 1983 年研究成功的。首先在植物中获得成功应用。通过动力系统用带有基因的金属颗粒（金粒或钨粒），将 DNA 吸附在表面，以一定的速度射进靶细胞，实现稳定转化的目的。小颗粒穿透力强，不需对靶细胞进行修饰。基因枪具有应用面广、方法简单、对治疗基因的大小要求不严格、转化时间短、瞬时表达持续时间长、一次处理多个细胞、安全性高等优点。用比普通的注射法低 2～3 个数量级的 DNA 即可产生较高的保护作用，但转化效率相对较低，是目前广泛应用且十分高效的免疫方法。

三、重组表达质粒的细胞转染

在 60mm 的培养皿中，用 DMEM 培养 COS_7 细胞，待细胞长到 60%～100%，倒掉营养液，将磷酸钙-DNA 悬液转移至细胞单层上，将细胞置于室温下温育 30min，然后将培养液加回到培养皿中，放入培养箱中培养 4h 后，吸出培养液和沉淀物，用磷酸缓冲液（PBS）将单层细胞洗 1 次。加入预加温的完全培养基，放入培养箱中继续培养 24～48h。

1. 培养细胞的 X-Gal 染色

质粒 $pcDNA_3$-lacZ 转染 COS_7 细胞 24h 后，弃去培养上清并加 0.05%戊二醛固定液，固定 5～15min，弃去固定液，室温下用 PBS 充分洗涤细胞 3 次，加入能覆盖细胞的最小 X-Gal 溶液，37℃温育过夜，肉眼和普通显微镜下观察。

2. 培养细胞的间接荧光染色

质粒 $pcDNA_3$-gB 转染 COS_7 细胞 24～48h 后，弃去培养上清，加丙酮∶乙醇（4∶6）固定液，固定 2～3min，弃去固定液，滴加 MDV 阳性血清，37℃温育 1h，PBS 洗涤 3 次，滴加荧光二抗，37℃温育 1h，PBS 洗涤 3 次，加入甘油∶PBS（9∶1），荧光显微镜下观察。

3. 第二次细胞传代

（1）在转染后 24h，观察实验结果并记录绿色荧光蛋白表达情况。

（2）再次进行细胞传代，按照免疫染色合适的密度（0.8×10^5 个细胞/35mm 培养皿）将细胞重新放入培养皿中。

（3）在正常条件下培养 24h 后按照染色要求条件固定。

4. 筛选（转染细胞筛选）

（1）确定抗生素作用的最佳浓度：不同的细胞株对各种抗生素有不同的敏感性，因此在筛选前要做预试验，确定抗生素对所选择细胞的最低作用浓度。

（2）提前 24h 在 96 孔细胞培养板或 24 孔细胞培养板中接种细胞 8 孔，接种量以第 2 天长成 25%单层为宜，置 CO_2 孵箱中 37℃培养过夜。

（3）将培养液换成含抗生素的培养基，抗生素浓度按梯度递增（0μg/ml、50μg/ml、100μg/ml、200μg/ml、400μg/ml、600μg/ml、800μg/ml 和 1000μg/ml）。

（4）培养 10～14d，以绝大部分细胞死亡浓度为准，一般为 400～800μg/ml，筛选稳定表达克隆时要比该浓度适当提高一个级别，以维持其浓度为筛选浓度的一半。

（5）转染按前面的步骤进行。

5. 挑选单克隆

转染 72h 后按 1∶10 的比例将转染细胞在 6 孔细胞培养板中传代，换为含预试验中确定的抗生素浓度的选择培养基。在 6 孔细胞培养板内可见单个细胞，继续培养可见单个细胞分裂繁殖形成单个抗性集落，此时可用两种方法挑选单克隆。

（1）滤纸片法：用消毒的 5mm×5mm 滤纸片浸过胰酶，将滤纸片贴在单细胞集落上 10～15s，取出黏附有细胞的滤纸片放于 24 孔细胞培养板中继续加压培养。细胞在 24 孔细胞培养板中长满后转入 25cm 培养瓶中，长满后再转入 75cm 培养瓶中培养。

（2）有限稀释法：将细胞消化下来后作连续的 10 倍稀释（10^{-10}～10^{-2}），将每一稀释度的细胞滴加到 96 孔细胞培养板中培养，7～10d 后，选择单个克隆生长的孔再一次进行克隆。

6. ELISA 或 Western blotting 检测

ELISA 或 Western blotting 检测单克隆细胞中外源蛋白的表达情况，由于不同克隆的表达水平存在差异，因此可同时挑选多个克隆，选择表达量最高的克隆传代并保种。

7. 血管内皮生长因子受体 1 基因克隆及真核表达载体的构建

以人可溶性血管内皮生长因子受体 1 基因克隆及真核表达载体的构建为例，说明真核细胞表达载体的构建。

1）材料

脐静脉血来自医院产科健康产妇足月分娩胎儿的脐带。Trizol 及 $pcDNA_3$ Vector、反转录试剂盒 pMD-18T Vector、限制性内切酶 *Eco*RⅠ、*Bam*HⅠ、T4 DNA 连接酶、dNTP、*Taq* 酶、质粒提取试剂盒、胶回收试剂盒、RPMI 1640 培养液、胎牛血清、DNA 分子质量标准物、大肠杆菌感受态 DH5α等都从公司购买。

2）方法

人脐静脉内皮细胞的分离与总 RNA 的提取：Trizol 法提取脐静脉内皮细胞总 RNA，细胞直接收集、裂解，每 1ml Trizol 可裂解 5×10^6 个细胞。

3）操作步骤

（1）细胞或组织加 Trizol 后，室温放置 5min，使其充分裂解。注：此时可放入–70℃长期保持。

12 000r/min 离心 5min，弃沉淀。

（2）按 200μl 氯仿/ml Trizol 加入氯仿，振荡混匀后室温放置 15min。注：禁用漩涡振荡器，以免基因组 DNA 断裂。4℃、12 000*g* 离心 15min。吸取上层水相，至另一离心管中。注：千万不要吸取中间界面；若同时提取 DNA 和蛋白质，则保留下层酚相存于 4℃冰箱，若只提 RNA，则弃下层酚相。按 0.5ml 异丙醇/ml Trizol 加入异丙醇混匀，室温放置 5～10min。4℃、12 000*g* 离心 10min，弃上清，RNA 沉于管底。按 1ml 75%乙醇/ml Trizol 加入 75%乙醇，温和振荡离心管，悬浮沉淀。4℃、8000*g* 离心 5min，尽量弃上清。室温晾干或真空干燥 5～10min。分离得到人脐静脉内皮细胞后，应用 1%琼脂糖凝胶电泳鉴定 RNA 的完整性，并使用分光光度计检测其浓度及纯度。经人脐静脉内皮细胞中提取的总 RNA 经分光光度计测试 A 值，A_{260}/A_{280}=1.92，总量为 28μg。

（3）反转录-聚合酶链反应扩增 *sFlt-1* 基因的第 1～3 个 Ig 样区域：根据 GenBank 中公布的人 *sFlt-1* 基因序列（GenBank 登录号为 X51602.1）设计引物，扩增 s*Flt-1* 基因的第 1～3 个 Ig 样区域，引物由生工生物工程（上海）股份有限公司合成。

上游引物：5'-CGCGGATCCGTCAGCTACTGGGACACC-3'，*Bam*H Ⅰ

下游引物：5'-GGCGAATTCGTTTCACAGTGATGAATGC-3'，*Eco*R Ⅰ

注：RNA 样品不要过于干燥，否则很难溶解。

可用 50μl H_2O，TE buffer 或 0.5% SDS 溶解 RNA 样品，55～60℃，5～10min。

注：H_2O、TE 或 0.5% SDS 均需用 DEPC 处理并高压。

测 OD 值定量 RNA 浓度。注：此方法提取 RNA，A_{260}/A_{280} 值在 1.6～1.8。产率估计：培养细胞（μg RNA/10^6 个细胞）为 5～15μg。

（4）聚合酶链反应扩增 *sFlt-1* 基因：冰上按下列顺序加样于 200μl 聚合酶链反应管中：10×缓冲液 5μl、2.5mmol/L Dntp 4μl、pMD-18T-sFlt-1 质粒 4μl、10μmol/L 上游及下游引物各 2μl、*Taq* 酶 1μl，加入去离子水补足体积至 50μl，混匀后置于聚合酶链反应仪中，94℃预变性 5min，然后 94℃变性 30s，59℃退火 30s，72℃延伸 30s，35 个循环，72℃再延伸 10min，终止反应。1%琼脂糖凝胶电泳观察扩增结果，割胶回收纯化扩增片段。

（5）*sFlt-1* 基因的 T-A 克隆与鉴定：聚合酶链反应扩增片段经琼脂糖凝胶电泳，通过割胶回收，将纯化的片段与 pMD-18T 载体各 2μl 混合，加入 T4 DNA 连接酶及连接缓冲液，16℃反应 2h，连接产物转化大肠杆菌 DH5α感受态细菌，37℃培养 14h，挑取单个白色菌落置于 LB 液体培养基中，扩大培养后提取质粒，进行 *Bam*H Ⅰ 和 *Eco*R Ⅰ 双酶切及聚合酶链反应鉴定，并送生工生物工程（上海）股份有限公司进行测序鉴定。克隆质粒命名为 pMD-18T-sFlt-1。

（6）*sFlt-1* 基因的克隆与鉴定：重组质粒（pMD-18T-sFlt-1）经 *Bam*H Ⅰ/*Eco*R Ⅰ 双酶切，琼脂糖凝胶电泳上可显示出一条大小约为 940bp 的条带；应用前述 *sFlt-1* 基因的特异性引物对质粒进行聚合酶链反应，也可得一条大小约 940bp 的条带。

重组质粒的测序结果与 GenBank 上公布的 *sFlt-1* 基因序列进行比对，序列吻合。以上结果表明，*sFlt-1* 基因已成功克隆至 PMD-18T 载体中。

4）$pcDNA_3$-sFlt 真核重组体的构建与鉴定

对重组质粒（$pcDNA_3$-sFlt-1）进行 *Bam*HⅠ/*Eco*RⅠ双酶切，电泳可显示出一条大小约为 940bp 的条带；应用 *sFlt-1* 基因的特异性引物对质粒进行聚合酶链反应，也可得到一条大小约 940bp 的阳性扩增条带。测序结果与 GenBank 上公布的 *sFlt-1* 基因序列进行比对，序列完全吻合，表明 *sFlt-1* 基因已成功克隆至真核载体 $pcDNA_3$ 中。

5）*sFlt-1* 真核表达载体的构建及鉴定

限制性核酸内切酶 *Eco*RⅠ/*Bam*HⅠ双酶切真核表达载体 $pcDNA_3$，然后利用琼脂糖凝胶电泳纯化回收。双酶切产物与聚合酶链反应胶回收产物以 1∶2 的体积比混合，加入 T4 DNA 连接酶及连接缓冲液，16℃连接过夜。连接产物转化大肠杆菌感受态 DH5α，铺板培养后挑取阳性菌落提取质粒，进行 *Bam*HⅠ和 *Eco*RⅠ双酶切及聚合酶链反应鉴定，并送生工生物工程（上海）股份有限公司进行测序鉴定，测序结果与 GenBank 中已知序列进行 BLAST 分析。真核表达质粒命名为 $pcDNA_3$-sFlt-1。

6）$pcDNA_3$-sFlt-1 真核表达质粒转染哺乳动物细胞

中国仓鼠卵巢瘤细胞（CHO 细胞）培养于含 10%小牛血清的 DMEM 培养基。在转染前一天，细胞被转至 6 孔细胞培养板中，浓度为 1×10^5 个细胞/ml。用 FuGENETM6 转染试剂盒，将 $pcDNA_3$-sFlt-1 导入 CHO 细胞。质粒 DNA 量为 6μg。转染后 36h 以 1mg/ml G418 进行阳性克隆筛选。在加入 G418 第 10 天后，正常 CHO 细胞 100%死亡；$pcDNA_3$-sFlt-1 转基因阳性的 CHO 细胞和转空质粒 $pcDNA_3$-sFlt-1 的 CHO 细胞均显示明显抗性，生长良好。取出抗性阳性细胞，继续在含 0.1mg/ml G418 和 10%小牛血清的 DMEM 培养基中培养增殖。分别用 RT-PCR 法和 Western blotting 在 mRNA 和蛋白质水平检测可溶性血管内皮生长因子受体 1 的表达。

7）种子库的建立

转基因阳性的 CHO 细胞培养增殖后转入方瓶继续在含 0.1mg/ml G418 和 10%小牛血清的 DMEM 培养基中培养，每天换液培养并不断转入新培养瓶培养，培养 10 瓶以上后将细胞转入 1.5ml 无菌塑料管（至少 100 只），冻于液氮管内，每周补充液氮，需要再培养时可取出 1 支复苏培养。

8）工程细胞株的鉴定与检测

按照“生物制品生产用动物细胞制备及鉴定规程”，需要对工程细胞株的种属和各种外源因子，包括细菌、病毒、支原体等进行鉴定和检测，符合要求才能用于产品生产。鉴定和检测内容包括：形态观察、生长特点、用同工酶鉴定种属特性、遗传特性（经 100 多代培养，观察染色体数目、DNA 有无畸变、表达目标蛋白基因的拷贝数等）、表达目标蛋白的稳定性（经过 100 多代培养，检测目标蛋白表达水平是否有变化）、致瘤性（用 10^7 个细胞/0.15ml 皮下接种裸鼠，至少观察 2 个月有无肿瘤发生）、微生物检查[细菌检查（用标准细菌培养基培养细胞观察有无细菌生长），支原体检查（用液体培养基、固体培养基、单克隆抗体免疫荧光法及 DNA 荧光染色法检查有无支原体污染），病毒检查（用乳鼠、成鼠、豚鼠、家兔及鸡胚等 5 种动物接种，观察有无感染病毒）]。

第六节 重组基因工程细胞的大规模培养

用哺乳动物细胞和酵母菌等真核生物细胞表达蛋白要比用原核生物细胞具有显著的优点。因为真核生物细胞中有线粒体、内质网、高尔基体、溶酶体等复杂结构，有完整蛋白质的所有修饰功能，包括蛋白质的折叠、二硫键配对、糖基化等功能，所表达的蛋白质不需要复性就具有完全的生物活性。现在大多数药用蛋白、多肽都用哺乳动物细胞表达，只是一些小分子肽类采用原核生物细胞表达。因此，哺乳动物细胞表达已成为生物药物生产的重要技术。在 2008 年 1 月到 2011 年 6 月美国 FDA 批准的 27 个生物药物中，18 个是重组蛋白，其中 12 个是采用哺乳动物细胞表达技术生产的。哺乳动物细胞表达技术的瓶颈和核心问题是实现重组蛋白的高表达。20 世纪 80 年代的批次培养方式只能连续培养 7d，细胞密度为 1×10^6～2×10^6 个细胞/ml，单位产量和体积产量分别为每天 10～20pg/细胞和 50～100mg/L；而当前的流加培养方式可连续培养 21d，细胞密度达 1×10^7～15×10^7 个细胞/ml，单位产量和体积产量可分别达每天 50～90pg/细胞和 1～5g/L，产量获得了巨大的提升。生产临床应用产品细胞培养必须在 GMP 车间进行。

一、重组基因工程细胞的大规模培养操作程序

（一）基因工程细胞复苏

基因工程细胞一般都是保存于液氮罐内（温度–196℃），复苏基因工程细胞先要将细胞株从液氮罐中取出，在 37℃水浴中迅速解冻，然后才能培养。

（二）基因工程细胞复苏的步骤

（1）先将水浴锅预热至 37℃。
（2）用 75％乙醇擦拭紫外线照射 30min 的超净工作台台面。
（3）在超净工作台中按次序摆放好消过毒的离心管、吸管、培养瓶等。
（4）迅速将冻存管投入到已经预热的水浴锅中于 37℃迅速解冻，并要不断

地摇动，使管中的液体迅速融化。1～2min 后冻存管内液体完全溶解，取出用酒精棉球擦拭冻存管的外壁，再拿入超净台内，加到含 10ml/L 胎牛血清的 DMEM 培养基，然后放入离心机中 1000r/min 离心 3min，弃上清液，向离心管内加入 10ml 培养液，吹打制成细胞悬液，细胞浓度以 $5×10^5$/ml 为宜，在 75cm^2 细胞培养瓶中培养，4h 换液。

（5）待长成单层后 PBS 清洗 1 次，胰酶消化后以（1∶5）～（1∶4）的比率传代扩增，采用间歇换液法培养，48h 后每 12h 半数换液。

（6）在胰酶消化后将细胞悬液分别吸入多个方瓶内，将方瓶放入恒温培养箱内（方瓶事先加有 10ml 培养基），于 37℃培养 2～4h（或者 24～48h），每天换液继续培养，并在显微镜下观察细胞生长状态。细胞密度达到（1～2）$×10^6$ 个细胞/ml，多培养几瓶作为进一步在转瓶中培养的种子，并分装一些于小试管中，加 10%甘油或二甲基亚砜冻存于液氮罐中作为一级种子。

（三）细胞培养支原体感染的控制

细胞培养（特别是传代细胞）被支原体污染是个世界性问题。国内外研究表明，95%以上是以下 4 种支原体：口腔支原体（*Mycoplasma orale*）、精氨酸支原体（*Mycoplasma arginini*）、猪鼻支原体（*Mycoplasma hyorhinis*）和莱氏无胆甾原体（*Acholeplasma laidlawii*，为牛源性衣原体）。以上是最常见的污染细胞培养的支原体菌群，但能够污染细胞的支原体种类是很多的，国外调查证明，大约有 20 种支原体能污染细胞，有的细胞株可以同时被两种以上的支原体污染。

支原体污染的来源包括工作环境的污染、操作者本身的污染（一些支原体在人体是正常菌群）、培养基的污染、污染支原体的细胞造成的交叉污染、实验器材带来的污染和用来制备细胞的原始组织或器官的污染。构建细胞株和细胞复苏的方瓶培养阶段就要严格控制支原体污染。

组织细胞培养工作中，主要从以下几个方面来预防支原体的污染：控制环境污染；严格实验操作；细胞培养基和器材要保证无菌；在细胞培养基中加入适量的抗生素。支原体污染细胞后，特别是重要的细胞株，有必要清除支原体，常用方法有抗生素处理、抗血清处理、抗生素加抗血清和补体联合处理。支原体最突出的结构特征是没有细胞壁。一般来讲，对作用于细胞壁生物合成的抗生素，如β-内酰胺类、万古霉素等完全不敏感；对多黏菌素（polymycin）、利福平、磺胺药物普遍耐药。对支原体最有抑制活性及常用于支原体感染治疗的抗生素是四环素类、大环内酯类及一些氟喹诺酮；其他类抗生素如氨基糖苷类、氯霉素对支原体有较小抑制作用，所以常不用来作为支原体感染的化学治疗剂。InvivoGen 公司研究开发的新一代支原体抗生素 M-Plasmocin 能有效地杀灭支原体，不影响细胞本身的代谢，并且用 M-Plasmocin 处理过的培养细胞，不会重新感染支原体。

（四）基因工程细胞转瓶培养

经方瓶培养的细胞悬液转入事先装有培养基的转瓶中，接种浓度为（1～2）$\times10^6$个细胞/ml，接种量10%（*V*/*V*），开启转瓶机7～8r/min，37℃继续培养，待细胞密度达到1×10^6个细胞/ml后，可转入生物反应器中培养。

（五）基因工程细胞大规模培养

经转瓶培养的工程细胞株密度达到1×10^6个细胞/ml即可转入培养罐培养。先用7.5L罐（生物反应器），经在线高压蒸汽消毒后，灌入5L培养基后接种。控制培养罐温度、调节pH至7.0～7.4。每天从取样口取出细胞培养液检测细胞密度、细胞活性、葡萄糖消耗量。当细胞密度达到1×10^6个以上后即可转入50L生物反应器继续培养（工作体积30L）。以同样方法逐级放大培养，直到10 000L甚至更大。国外最大的动物细胞生物反应器达到25 000L，根据经验每一级放大5～10倍是容易取得成功的。

用于动物细胞培养的生物反应器通常包括两大类：机械搅拌式生物反应器和气升式生物反应器。前者是开发较早、应用较广的一类生物反应器，培养物的混匀由马达带动的不锈钢搅拌系统来实现。这类反应器的最大优点是能培养各种类型的动物细胞，培养工艺容易放大，产品质量稳定，非常适合工厂化生产，但不足之处是机械搅拌所产生的剪切力对细胞有一定的损伤。但是，搅拌式生物反应器目前在生物制品大规模生产中的应用水平是其他同类产品无可比拟的。现在，全球10 000L及以上体积的反应器达一百多台，最大的为25 000L，这些反应器几乎都是机械搅拌式反应器，主要为Genetech、Amgen、Boehringer Ingelheim和Lonza等制药公司所拥有。气升式生物反应器则是通过气体混合物从底部的喷射管进入反应器的中央导流管，使中央导流管侧的液体密度低于外部区域从而形成循环。与搅拌式生物反应器相比，这种反应器虽没有机械搅拌产生的剪切力，但由于在运行中气泡的聚并和在液体表面的破裂等过程产生的剪切力对动物细胞有极大的伤害作用，因此其在工业化生产中的应用受到了一定的限制。目前，瑞士的Lonza公司有2台5000L气升式生物反应器，而其他公司则很少采用这种反应器。另外，一些中小型细胞培养生物反应器，如中空纤维管生物反应器、回转式生物反应器、填充床生物反应器、流化床式生物反应器、摇床式生物反应器等，在科研和生产应用中也取得了很好的效果。还有一些厂家，如Wave、NBS、Applikon等在原有的技术基础上，推出了各种类型的一次性生物反应器，既简便了操作过程，又方便了用户，体积很小，也取得了较好的应用效果。尽管这些反应器应用并不普遍，生产规模较小，但它们能很好地满足一些新产品及新型工艺的需要，在产品前期开发和工艺研究上发挥着不可替代的作用。

用于哺乳动物细胞培养的培养基与培养细菌的培养基是不一样的。动物细胞的培养基非常复杂，营养成分多达几十种。表 3-2 是动物细胞培养基 DMEM 等的营养成分。

表 3-2　BME、MEM、DMEM 和 RPMI 1640 培养基营养成分一览表（mg/L）

培养基成分	DME	MEM	DMEM	RPMI 1640
精氨酸（L-arginine）	17.4			200.0
精氨酸（L-arginine · HCl）		126.0	84.0	
天冬酰胺（L-asparagine）				50.0
天冬氨酸（L-aspartic acid）				20.0
胱氨酸（L-cysteine）	12.0		48.0	50.0
胱氨酸（L-cysteine · HCl）		31.0		
谷氨酸（L-glutamine acid）				20.0
谷氨酰胺（L-glutamine）	292.0	292.0	584.0	300.0
甘氨酸（L-glycine）			30.0	10.0
组氨酸（L-histidine）	8.0			15.0
组氨酸（L-histidine · HCl · H_2O）		42.0	42.0	
羟脯氨酸（L-hydroxyproline）				20.0
异亮氨酸（L-isoleucine）	26.0	52.0	105.0	50.0
亮氨酸（L-eucine）	26.0	52.0	105.0	50.0
赖氨酸（L-lysine）	29.2			
赖氨酸（L-lysine · HCl）		72.5	146.0	40.0
甲硫氨酸（L-methionine）	7.5	15.0	30.0	15.0
苯丙氨酸（L-phenylalanine）	16.5	32.0	66.0	15.0
脯氨酸（L-proline）				20.0
丝氨酸（L-serine）			42.0	30.0
苏氨酸（L-threonine）	24.0	48.0	95.0	20.0
色氨酸（L-tryptophan）	4.0	10.0	16.0	5.0
酪氨酸（L-tyrosine）	18.0		72.0	20.0
酪氨酸（L-tyrosine · 2Na · $2H_2O$）		52.0		
缬氨酸（L-valine）	23.5	46.0	94.0	20.0
生物素（d-biotin）	1.0	1.0		0.2
偏多酸钙（D=calcium pantotherate）	1.0	1.0	4.0	0.25
氯化胆碱（choline chloride）	1.0	1.0	4.0	3.0
叶酸（folic acid）	1.0	1.0	4.0	1.0

续表

培养基成分/（mg/L）	DME	MEM	DMEM	RPMI 1640
肌醇（inositol）	2.0	2.0	7.2	35.0
菸酰胺（nicotinamide）	1.0	1.0	4.0	1.0
吡哆醛（pyridoxal · HCl）	1.0	1.0	4.0	1.0
核黄素（riboflavin）	0.1	0.1	0.4	0.2
硫胺素（thiamine · HCl）	1.0	1.0	4.0	1.0
维生素 B_{12}（vitamin B_{12}）				0.005
对氨基苯甲酸（p-aminobenzoic acid）				1.0
$CaCl_2$	200.0	200.0	200.0	
KCl	400.0	400.0	400.0	400.0
$MgSO_4$		97.67		
$MgSO_4 \cdot 7H_2O$	200.0		200.0	100.0
NaCl	6800.0	6800.0	6400.0	6000.0
$NaHCO_3$	2200.0	2200.0	3700.0	2000.0
$Na_2HPO_4 \cdot H_2O$	140.0	140.0	125.0	
$FeSO_4 \cdot 7H_2O$			0.10	
$Ca(NO_3)_2 \cdot 4H_2O$				100.0
葡萄糖（D-glucose）	1000.0	1000.0	4500.0	2000.0
酚红（phenol red）	10.0	10.0	15.0	5.0
谷胱甘肽[glutathione（reduced）]				1.0

二、激流式生物反应器

惠觅宙（Mizhou Hui）等在 2006 年发现了一种基于无鼓泡新型的传氧方法，它通过振荡器机械摇动产生激流，在运动的瞬间，培养液始终保持在反应罐的一侧，另一侧与空气直接接触，随着反应器罐体的偏心转动，培养液反复冲刷暴露在空气中的壁面。由于培养液的冲刷在培养器罐体表面中产生微小的气泡，这些微泡进入培养液，

把氧气传递给细胞，这种供氧方式极大地提高了培养液中的氧含量。他们在此基础上发明了激流式生物反应器，通过实验表明这种新型传氧方法的溶氧效率极高，剪切力小，降低了对细胞的伤害，为细胞的高密培养提供了条件，其培养密度可达 2.5×10^7 个细胞/ml，极大地提高了单位体积细胞表达外源蛋白的水平。激流式生物反应器采用一次性灭菌袋，简化了操作流程，缩短了批间的处理时间，使工作效率得到极大的提高，同时又避免了交叉污染。激流式生物反应器由激流

细胞培养袋、灌注细胞培养袋和控制器组成。

国产的细胞载体和一次性激流-灌注式生物反应器的灌注培养系统采用外循环式细胞载体灌注培养工艺，将载体培养袋固定于反应器外，通过蠕动泵及重力作用实现细胞正常生长代谢所需要养分的供给，带走代谢产物，利用激流式生物反应器在线监控溶氧、pH、温度等条件，为细胞生长创造有利环境。该培养工艺的主要优势在于：操作方便，细胞生长快，存活能力稳定，一次性灌注细胞培养袋的细胞容易冲洗和胰酶消化，解决逐级放大的接种问题，并且重力作用的培养模式，可实现大量细胞载体的添加，10L 反应器含 150g 细胞载体，100L 反应器含 1500g 细胞载体，600L 反应器含 7200g 细胞载体。

激流灌注式生物反应器是一种新型简便的生物反应器，可用于贴壁和悬浮两种模式的细胞培养。该反应器采用一次性塑料耗材，灌注培养系统采用外循环式细胞载体灌注培养工艺，将装有纸片载体的培养袋（即灌注系统）固定于反应器外，动物细胞贴壁生长于纸片载体上，通过蠕动泵及重力作用打入培养基，实现激流系统和灌注系统的循环，培养液供给细胞正常生长代谢所需的养分，带走代谢产物；利用激流式生物反应器拖带式传气技术在线监控溶氧、pH、温度等培养条件，为细胞生长创造有利的环境，同时此部分也可单独进行悬浮细胞的培养。目前，激流灌注式生物反应器已经普遍应用于动物细胞规模化培养，包括 Vero 细胞、Marc-145、BHK-21、DF-l 细胞、MDCK 细胞、CHO 细胞及 ST 细胞等均已在规模化培养上取得了显著成效。一个 50L 激流灌注式生物反应器是一种新型简便的生物反应器，可用于贴壁和悬浮两种模式的细胞培养。该反应器采用一次性塑料耗材，灌注培养系统采用外循环式细胞载体灌注培养工艺，将装有纸片载体的培养袋（即灌注系统）固定于反应器外，动物细胞贴壁生长于纸片载体上，通过蠕动泵及重力作用打入培养基，实现激流系统和灌注系统的循环，培养液供给细胞正常生长代谢所需的养分，带走代谢产物；利用激流式生物反应器拖带式传气技术在线监控溶氧、pH、温度等培养条件，为细胞生长创造有利的环境，同时此部分也可单独进行悬浮细胞的培养。目前，激流灌注式生物反应器已经普遍应用于动物细胞规模化培养，包括 Vero 细胞、Marc-145、BHK-21、DF-l 细胞、MDCK 细胞、CHO 细胞及 ST 细胞等均已在规模化培养上取得了显著成效。一个 50L 纸片载体灌注系统的体积产量相当于 1200 个大转瓶的生产车间。一个 150L 纸片载体灌注系统连续灌注和丰收一个月的体积产量相当于一个国际水平的 1500L 的大型流加悬浮培养罐。图 3-2 是激流式生物反应器示意图和实图。

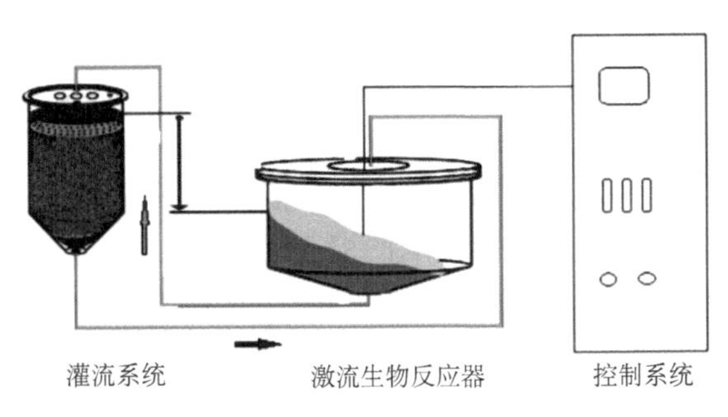

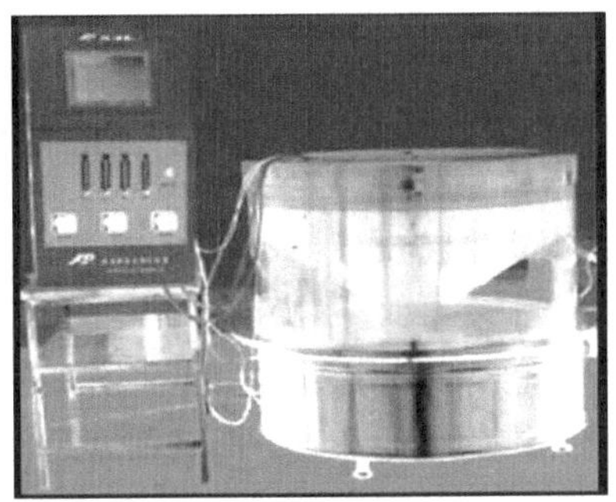

图 3-2 激流式生物反应器示意图和实图

三、中空纤维生物反应器

中空纤维细胞培养技术自 20 世纪 70 年代初期出现以来，已用于制备许多生物物质，显示出广阔的前景。1972 年，Kanez K.等报道了他们设计、制造的小型中空纤维细胞培养装置及细胞培养的实验结果。其证实细胞能在中空纤维上形成类似组织的多层细胞。1974 年他们又采用中空纤维细胞培养技术培养 JEG-7 细胞，结果绒毛膜促性腺激素的产量比静止单层培养的高 11 倍。

中空纤维细胞培养装置由中空纤维生物反应器（是将一束中空纤维封装于一根圆管内形成的）、培养基容器、供氧器和蠕动泵组成，各部分由硅橡胶管连接，形成一个回路。用于细胞培养的中空纤维一般是用乙酸纤维素、聚氯乙烯-丙烯复合聚合物、多聚碳酸硅等材料制成，也有用聚砜制造的。外径一般为 100～500μm，壁厚 25～75μm。壁呈海绵状，上面有许多孔。纤维的内腔表面为一层超滤膜。不同的中空纤维的超滤膜限制滤过的物质的分子质量是不同的，可根据不同的需要进行选择。

当蠕动泵工作时，培养基就在回路中循环。细胞培养在中空纤维外表面与生物反应器内表面之间的空间里，这个空间称为毛细管外空间（ECS）。当培养基流过中空纤维时，由于流体内的压强在进口处、出口处及 ECs 中不同，迫使培养液向不同方向流动。当生物反应器的开口封闭时，由于入口处的压强（P_{in}）与出口处的压强（P_{out}）及 ECS 中的压强（P_{ECS}）之间存在着 $P_{in}>P_{ECS}>P_{out}$ 的关系，培养液遵循流体力学的规律，一部分直接通过中空纤维内腔，另外一部分在近入口处穿过中空纤维的壁，进入 ECS，然后又在近出口处穿过中空纤维壁，流回中空纤维内腔。这样就使附着在中空纤维上的细胞处于流动着的培养基中。培养基有效地向细胞提供营养物质、氧气等，同时不断地将代谢废物带走，避免其堆积起来对细胞造成不良影响，从而为培养中的细胞提供一个近似生理条件的微环境及一个三维的支持基质。细胞在这样的条件下生长、分裂，形成类似组织那样的多层细胞，目前一般可达到 10 层左右。当生物反应器侧面的开口开启时，$P_{in}>P_{out}\geqslant P_{ECS}$， ECS 中的超滤液便被排放出来。

中空纤维生物反应器有柱状生物反应器、板框式中空纤维生物反应器、中心灌流式生物反应器、灌流微载体生物反应器、搅动式生物反应器等类型。

中空纤维生物反应器用途较广，既可用于悬浮细胞的培养，又可用于贴壁细胞的培养。其原理是：模拟细胞在体内生长的三维状态，利用反应器内数千根中空纤维的纵向布置，提供细胞近似生理条件的体外生长微环境，使细胞不断生长。中空纤维是一种细微的管状结构，管壁为极薄的半透膜，富含毛细管，培养时纤维管内灌流充以氧气的无血清培养液，管外壁则供细胞黏附生长，营养物质通过半透膜从管内渗透出来供细胞生长；对于血清等大分子营养物，必须从管外灌入，否则会被半透膜阻隔从而不能被细胞利用；细胞的代谢废物也可通过半透膜渗入管内，避免了过量代谢物对细胞的毒害作用。优点是占地空间少，细胞产量高，细胞密度可达 10^9 数量级，生产成本低，且细胞培养维持时间长，适用于长期分泌的细胞。图 3-3 是中空纤维反应器工作原理示意图。

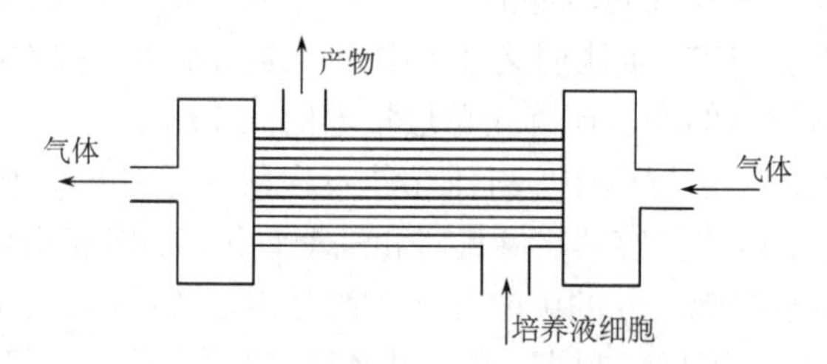

图 3-3　中空纤维反应器工作原理示意图

第四章　基因重组蛋白的纯化

包含体目标蛋白纯化是一项非常复杂的过程。用于临床治疗的产品，其纯度必须达到 95%以上，目标蛋白一般要经过 3～4 步纯化才能达到临床应用标准。常用的纯化蛋白质的方法主要是液相色谱法，也有少数使用盐析、等电点沉淀、反胶团萃取、有机溶剂沉淀等方法。对于复性液蛋白质的粗纯化，首先考虑的应该是要尽可能多地回收目标蛋白，同时蛋白质溶液的体积要大大缩小，以便后面进一步精纯化处理。离子交换色谱、疏水相互作用色谱、盐析、反胶团萃取及亲和色谱等都能满足上述要求，常常用于蛋白质粗纯化。生产临床应用产品，纯化工作必须在 10 000 级车间（符合 GMP 要求）进行。

哺乳动物细胞表达的产品的纯化比包含体要简单一些，细胞表达的重组蛋白都分泌到了细胞培养液中，目标蛋白都具有完全的生物活性。直接用离子交换色谱、疏水相互作用色谱、凝胶色谱、亲和色谱等方法纯化，一般经过 2～4 步纯化，其纯度就能达到 95%以上。

蛋白质分离纯化技术的选择：要尽可能多地了解目标蛋白的结构、氨基酸组成、氨基酸序列，以及蛋白质的一级、二级、三级和四级结构所决定的物理、化学、生物化学、物理化学和生物学性质等信息，根据不同蛋白质之间的性质差异或者改变条件使之具有差异，利用一种或多种性质差异，在兼顾收率和纯度的情况下，选择最佳的蛋白质提纯方法。

第一节　目标蛋白的粗纯化

一、离子交换色谱法

离子交换色谱是利用大部分带电荷的性质对蛋白质进行分离。含碱性氨基酸较多的蛋白质带有较多正电荷，其等电点往往大于 7.0，氨基酸残基上的碱性基团容易与色谱介质的羧基、磺酸基的负电荷结合，因此可以用阳离子交换色谱分离；相反，含酸性氨基酸较多的蛋白质，其侧链羧基带负电荷，容易与阴离子交换色谱介质带正电荷的季氨基、二乙氨基乙基所带的正电荷相结合，因此可以用阴离子交换色谱分离。而离子交换色谱适合于许多蛋白质的分离纯化，还能大大缩小蛋白液体积，常常用于蛋白质纯化的第一步，工艺可以任意放大。目标蛋白等电点（pI）大于或等于 7.0，用阳离子交换色谱法。阳离子交换色谱又可分为强阳离子交换色谱和弱阳离子交换色谱。阳离子交换色谱有 SP、MS、CM、PE 等，缓冲液为磷酸缓冲液、乙酸-乙酸钠、磺酸型缓冲液（MES、HEPAS）等；阴离子交换色谱有 DEAE、QAE、Q 等，缓冲液为 Tris-HCl、双 Tris-HCl、乙醇胺等。

强阳离子色谱介质有 SP-Sepharose、SP-Superdex、SP-Superose、SP-Sephadex 等。弱阳离子色谱介质有 CM-Sepharose、CM-cellulose、CM-Sehpadex、Phosphate-Sepharose 等。

（一）阳离子交换色谱

阳离子交换色谱所用缓冲液如下。

平衡缓冲液：0.01～0.02mol/L 磷酸盐（NaH_2PO_4-Na_2HPO_4）缓冲液（含 0.1mol/L NaCl，pH 5.0～6.0）。

洗脱缓冲液：0.01～0.02mol/L 磷酸盐缓冲液（0.4～1.0mol/L NaCl，pH 5.0～7.4）。

对于弱阳离子交换色谱缓冲液，一般为 0.01～0.02mol/L 乙酸-乙酸钠缓冲液（0.1mol/L NaCl，pH 5.0），洗脱缓冲液为 0.01～0.02mol/乙酸-乙酸钠缓冲液（0.4～1.0mol/L NaCl，pH 5.0～7.0）。

1. 操作程序

先要根据所分离的目标蛋白的量和所用色谱介质的蛋白质结合量估算所用色谱柱体积大小。例如，复性液的蛋白质浓度为 3mg/ml，有 10L 复性液，总蛋白量为 30g，用 SP-Sephrose 色谱介质，其蛋白结合量为 60mg/ml，50ml 色谱介质可以结合 30g 目标蛋白，但还应该考虑可能结合一部分杂蛋白，色谱介质的用量应该适当放大一点。可用内径 2.5cm、长 25cm 色谱柱，柱床高 15cm，装色谱介质约 74ml，即色谱柱体积为 $74cm^3$。

流速可按式（4-1）色谱介质所给的线性流速参数计算：

$$\text{色谱柱流速}=\frac{A\times \pi r^2}{60\,\text{min}}=\text{cm}^3/\text{min}=\text{ml/min} \qquad (4\text{-}1)$$

式中，A 是色谱介质线性流速（cm/h），r 是色谱柱（内）半径，πr^2 是色谱柱横切面积（cm^2）。

2. 具体操作步骤

将色谱柱入口端与溶剂输送泵出口端连接，色谱柱出口端与检测器入口端连接，将复性液或细胞培养液 pH 调到 5.0～6.0，先用平衡缓冲液平衡色谱柱 3 个柱体积，然后上复性液，流速大约为 25ml/min，用紫外检测器检测，波长 280nm。上样完成后用平衡缓冲液再淋洗约 2 个柱体积，记录仪紫外吸收峰降到基线，改换平衡缓冲液对洗脱缓冲液进行线性梯度洗脱，蛋白质依强弱得到分离。带电荷较少的蛋白质先洗脱下来，带电荷较多的蛋白质后洗脱下来。如果洗脱方法已经固定了，则直接改换洗脱缓冲液淋洗，紫外检测仪显示吸收开始上升就收集蛋白质流出液，待紫外吸收峰降至基线，停止收集。此收集液即为目标蛋白液，但还需进行精纯化。

（二）阴离子交换色谱

阴离子交换色谱介质也分为强阴离子交换介质和弱阴离子交换色谱介质。强阴离子交换色谱介质有 Q-Superdex、Q-Sepharose、Q-cellulose、Q-Sephadex；弱阴离子交换色谱介质有 DEAE-Sepharose、DEAE-Sueperdex、DEAE-Sephadex 等。其操作程序同阳离子交换色谱，只是缓冲系统与阳离子交色谱不同。

（1）阴离子交换色谱缓冲液如下。

平衡缓冲液：0.01～0.02mol/L Tris-HCl 缓冲液（含 0.1mol/L NaCl，pH 8.0～8.5）。

洗脱缓冲液：0.01～0.02mol/L Tris-HCl 缓冲液（含 0.5～1.0mol/L NaCl，pH 7.0～8.5）。

（2）操作方法与阳离子交换色谱相同。只是将包含体复性液或细胞培养液的 pH 调到 8.0～8.5，平衡、上样和洗脱步骤同阳离子交换色谱。

（三）羟基磷灰石（CHT）

羟基磷灰石是烧结的磷酸钙结晶颗粒，具弱阴、弱阳离子两性性质，既可用于分离酸性蛋白质，也可用于碱性蛋白质分离。

平衡缓冲液：5～20mmol/L 磷酸缓冲液，pH 6.8。

洗脱缓冲液：100～400mmol/L 磷酸缓冲液，pH 6.8。用梯度洗脱常常可以得到较好的分离效果。

羟基磷灰石用 Tris-HCl 缓冲系统也可以作为弱阴离子交换柱使用。pH 为 8.0～8.5。

二、疏水相互作用色谱

有些蛋白质带电荷很少，既不能用阳离子交换色谱分离，又不适合阴离子交换色谱分离。可以采用疏水相互作用色谱分离。含疏水氨基酸较多的蛋白质容易与疏水相互作用色谱介质的疏水基团结合，只要蛋白质含疏水氨基酸超过 30%，就可以选择疏水相互作用色谱进行分离。色谱柱体积和结合目标蛋白结合量及色谱柱流速的计算与离子交换色谱相同。含疏水氨基酸比较多的蛋白质，不适合用离子交换色谱分离，可以选择疏水色谱分离。根据经验，蛋白质疏水氨基酸含量达到 30%以上，就可用疏水柱分离。

疏水色谱介质：丁基（butyl）、丁基 S（butyl-S）、辛基（octyl）、苯基（phenyl）等。这些疏水基与 Sepharose 4B 或与 Sepharose FF 结合构成常用的几种疏水色谱介质。

1. 疏水相互作用色谱缓冲液

平衡缓冲液：0.01～0.02mol/L 磷酸盐（NaH_2PO_4-Na_2HPO_4）缓冲液[含 1.0～1.5mmol/L（NH_4）$_2SO_4$，pH 7.0]。

洗脱缓冲液：0.01～0.02mol/L 磷酸盐缓冲液（pH 7.0）。

2. 疏水相互作用色谱操作程序

首先将 1.0～1.5mol/L 硫酸铵加入包含体复性液或细胞培养液中，用 0.1mol/L NaOH 或 0.1mol/L HCl 调 pH 至 7.0。用平衡缓冲液平衡疏水色谱柱 3 个柱体积，然后上复性液，用紫外检测器检测（波长 280nm）流出液蛋白峰，待上样结束后，改用平衡缓冲液对洗脱缓冲液进行反梯度洗脱或者不连续的梯度洗脱，收集各蛋白峰。蛋白质依疏水性强弱得到分离，疏水性弱的蛋白质先洗脱下来，疏水性较强的蛋白质后洗脱下来。有些蛋白质可以用硫酸铵沉淀，离心收集沉淀后用磷酸盐缓冲液溶解，当硫酸铵浓度降到 1.5～1.0mol/L 后可用疏水色谱柱进一步纯化。

三、亲和色谱

亲和色谱（affinity chromatography）的原理：与蛋白质具有特异性结合力的蛋白质（抗体）或配基（小分子有机化合物、多肽、氨基酸、核苷酸、染料等）可用于蛋白质的分离纯化。亲和色谱对于生物大分子如天然的酶蛋白与辅酶、重组蛋白、多肽、抗原与抗体，以及激素与其受体、核酸等分离纯化具有特别重要的意义。

注意：在实际操作中，不同的分离机制同时存在，要通过多次小规模试验，选择一种最佳方法，并优化操作条件，如缓冲液浓度、pH、离子强度、流速、洗脱方式等。

常用亲和色谱的配基如下。

（1）三嗪染料 F3GA（ADP-核糖结构类似物）：用于分离 RNA 和 DNA 的核酸酶及聚合酶、干扰素、磷酸激酶与辅酶 A 有关的酶、水解酶、糖解酶、磷酸二酯酶、脱羧酶等。

（2）蛋白质 A 和 G：对 IgG 的 Fc 片段具很高亲和性，不影响 IgG 与抗原的结合。

（3）伴刀豆球蛋白 A（concanavalin A，Con-A）外源凝集素：用于糖蛋白、糖多肽、糖脂等多糖化合物的检测、分析和纯化。细胞、细胞表面受体蛋白、细胞膜片段、含有糖配基的生物大分子。

（4）5'-AMP 与 NAD^+、ATP 腺嘌呤核苷酸类似结构，用于需要这两个辅酶的酶的分离纯化。

（5）肝素-Sepharose CL-6B（分离糖蛋白）。

（6）苯甲脒-Sepharose 6B（特异性地结合 UK）。

（7）赖氨酸-Sepharose 4B（特异性地结合 t-PA）。

（8）精氨酸-Sepharose 4B。

（9）钙调蛋白-Sepharose 4B（Calmodulin）10、poly（U）、poly（A）、寡核苷酸、ECH、EAH、凝集素等与琼脂糖凝胶偶联的亲和色谱介质。

（10）抗体（抗原）亲和色谱

抗体亲和色谱是特异性更强的亲和色谱。一般经过一步纯化就能得到很高的纯度。但是，用抗体亲和色谱纯化工艺，需要制备大量抗体，同时还要建立抗体检测方法，控制产品中的抗体污染。

活化亲和介质：溴化氰活化的 Sepharose 4B，环氧丙烷活化的 Sepharose 6B。

（11）金属螯合作用色谱（属于亲和色谱）：有些蛋白质用上述方法都无法分离，但可以通过基因操作在 C 端加标签（一般为组氨酸寡聚物），使它能与镍离子、锌离子或钴离子结合，从而得到分离。

平衡缓冲液（A）：20mmol/L PBS（含 10mmol/L 咪唑，500mmol/L NaCl，pH 7.0～7.4）。

洗脱缓冲液（B）：20mmol/L PBS（含 500mmol/L 咪唑，500mmol/L NaCl，pH 7.0～7.4）。

金属螯合色谱介质：Ni^{2+}Chelating Sepharose。

操作程序：先用蒸馏水洗去色谱柱中的乙醇溶液（5 个柱体积），再用平衡缓冲液平衡 3 个柱体积，然后上包含体复性液或者细胞裂解液。流速按色谱介质参数计算的数据操作，紫外检测器检测流出液吸收值（波长 280nm）。上样完成后再用平衡缓冲液淋洗 1～2 个柱体积，当紫外吸收值降到基线后，改用平衡缓冲液对洗脱缓冲液进行线性梯度洗脱，用分步收集器收集蛋白峰组分。

1975 年，Porath 等提出固定金属离子亲和色谱（IMAC）概念以来，这项技术在蛋白质的分离纯化中得到广泛应用。该法是基于蛋白质对固定在基质上金属离子亲和能力的不同进行分离，较其他亲和色谱法有许多优点：不固定金属的裸柱可作为阳离子交换剂来分离一些带正电荷的蛋白质，除去水中微量金属，对水进行净化和消毒；固定金属离子的色谱柱，在低离子强度下可作为金属螯合柱分离亲和金属的蛋白质，在高离子强度下金属螯合柱又显示疏水特性，可作为疏水柱分离不同疏水性的蛋白质；利用同一基质可制成吸附性能不同的金属螯合柱，固定金属离子的再生和更换非常容易，且金属离子柱寿命长。在多数情况下蛋白质通过柱子仍保持生物活性，与其他亲和柱相比，蛋白质负载量高，容易放大和工业化。

四、融合蛋白的纯化

融合蛋白的纯化常常是比较难的，很多融合蛋白溶解度不好，甚至不溶解于水，需要加促溶剂，表面活性剂才能溶解。有很多融合蛋白很难用常规方法纯化，只能用基因工程方法，在蛋白质分子上加标签，如组氨酸标签、精氨酸标签、FLAG-标签、Strep-标签、c-*myc*-标签、S-标签、谷胱甘肽-S-转移酶标签等。亲和层析将带标签的蛋白质纯化后，再把标签水解掉，小标签（His-标签）可以不用去掉，因为它没有免疫原性。

1）GST-S 标签

GST 标签可用酶学分析或免疫分析很方便地检测。标签有助于保护重组蛋白免受胞外蛋白酶的降解并提高其稳定性。在大多数情况下，GST 融合蛋白是完全或部分可溶的。推荐采用位点专一的蛋白酶如凝血酶或Ⅹa 因子从融合蛋白切除 GST 标签。蛋白酶解后，GST 载体和蛋白酶通过谷胱甘肽琼脂糖亲和色谱去除。GST 标签可位于 N 端或 C 端，可用于细菌、酵母、哺乳细胞和杆状病毒感染的昆虫细胞。GST 融合蛋白已成为分子生物学家的基本工具。

2）GST 融合蛋白纯化操作步骤

色谱柱：GSTrap 4B，HiLoadSuperdex 200pg。

色谱系统：AKTAxpress。

样品：含有澄清的 GST-海马钙结合蛋白表达的 *E. coli* 裂解物，Mr 45000。

平衡缓冲液（GSTrap 4B）：10mmol 磷酸钠，140mmol NaCl，20mmol DTT，pH 7.4。

洗脱缓冲液（GSTrap 4B）：50mmol Tris-HCl，20mmol 谷胱甘肽，20mmol DTT，pH 8.0。

流速：GSTrap 4B，如前面所述按照色谱介质说明书用线性流速计算。

打开 AKTAxpress 色谱系统，先用平衡缓冲液平衡色谱柱 3 个柱体积，再上细胞培养液或包含体复性液，用紫外检测器检测流出液紫外吸收值，上样完成后继续用平衡缓冲液淋洗到基线，然后用平衡缓冲液对洗脱缓冲液进行线性梯度洗脱，收集各蛋白峰组分，最后测定各组分的生物活性。运行温度保持在 4～8℃。

3）S-标签

S-标签是个融合肽标签，可以通过快速灵敏的均匀分析或者在 Western blotting 中用比色法加以检测。该系统的基础是 15 个氨基酸残基的 S-tag 与 103 个氨基酸残基的 S-蛋白质之间的强烈相互作用，这两个都来自 RNase A。S-蛋白质/S-标签复合物的传质系数（Kd）接近 0.1μmol，这取决于 pH、温度和离子强度。标签由 4 个带正电荷残基、3 个负电荷残基、3 个不带电的极性残基和 5 个非极性残基组成。这使 S-标签保持可溶。S-标签的快速分析是基于核酸降解活力的恢复，标签蛋白可以结合到 S-蛋白质基质上。洗脱条件较苛刻，如 pH 2.0 的缓冲液。然而为了获得有功能的蛋白质推荐用蛋白酶切割标签。该系统可用于纯化的重组蛋白来源，包括细菌、哺乳细胞和杆状病毒感染的昆虫细胞抽提物。该系统经常与第二标签联用。高度灵敏的荧光底物的发现使得该系统可用于与高通量筛选联用的检测。RNase 酶 A 和标签的种类及其洗脱条件见表 4-1。

表 4-1　标签的种类及其洗脱条件

亲和标签	基质	洗脱条件
Poly-Arg	阳离子交换树脂	在碱性 pH＞8.0 NaCl 线性梯度 0～400mmol
Poly-His	Ni^{2+}-NTA	Co^{2+}-CMA（Talon）150mmol 咪唑或低 pH
GST	谷胱甘肽	5～10mmol 还原型谷胱甘肽
Strep-tag II	Strep-Tactin（修饰的链球菌抗生物素蛋白）	2.5mmol 脱硫生物素
c-*myc*	单抗	低 pH（甘氨酸-HCl）
S	RNase A 酶的 S 片段	3mol 硫氰酸胍，0.2mol 柠檬酸，pH 2，3mol 氯化镁
HAT（鸡乳酸脱氢酶）	Co^{2+}-CMA（Talon）	150mmol 咪唑或低 pH
钙调蛋白结合肽	钙调蛋白	EGTA 或 1mol NaCl 中加 EGTA
纤维素结合结构域	纤维素	1 型：盐酸胍或者尿素大于 4mol 2/3 型：乙二醇
壳聚糖结合结构域	壳聚糖	内含子融合：30～50mmol 二硫苏糖醇，β-巯基乙醇或半胱氨酸
FLAG（DYKDDDDK）	Anti-FLAG 单抗	pH 3.0 或 2～5mmol EDTA
麦芽糖结合蛋白	交联淀粉	10mmol 麦芽糖
SBP	Streptavidin（链球菌抗生物素蛋白）	2mmol 生物素

4）标签的切割

为了对目的蛋白进行生化及功能分析，通常要从目的蛋白上去除 fusion tag 部分。亲和标签的存在可能影响待研究蛋白的重要特性或功能。很早就已建立了数种对融合蛋白进行位点特异性裂解的方法。化学裂解如溴化氰等，不但便宜且有效，往往还可以在变性条件下进行反应。但由于裂解位点的特异性低和可能对目的蛋白产生的不必要修饰，这个方法渐渐被酶解法取代。酶解法相对来说反应条件较温和，更重要的是，普遍用于此用途的蛋白酶都具有高度的特异性。位点特异性蛋白酶，例如，凝血酶、肠激酶、Xa 因子和烟草蚀刻病毒（TEV）等通常被用来切割融合蛋白。

5）裂解融合蛋白以除去 fusion tag

IMPACT（intein mediated purification with an affinity chitin-binding tag）系统的推出是融合表达系统的一个重大突破。该系统最大的优点是表达的融合蛋白无需蛋白酶裂解即可实现目的蛋白与 fusion tag 的精确切割。IMPACT 系统利用一个来源于枯草杆菌的 5kDa 大小的几丁质结合域（chitin binding domain，用于亲和纯化）和一个来源于酵母 intein 蛋白质组成一个双效的 fusion tag，再与克隆到多克隆位点的目的基因融合表达。intein 是一个蛋白质剪接元件，类似于基因组中的内含子（intron）在 RNA 的剪接中所起的重要作用，intein 在较低的温度和还原条件下发生自身介导的 N 端裂解，可以释放出与之相连的目的蛋白。

融合表达产物在挂上亲和层析介质后只需要在低温（4℃）条件下用含 DTT 或者巯基乙醇或者半胱氨酸的溶液洗脱，即可将目的蛋白洗脱下来，而将 fusion tag 留在纯化柱上。而还原剂的小分子可以用非常简单的方法去除。该系统的出现是融合表达系统的重大突破，完全避免了蛋白酶的使用，不但可以有效降低成本，提高效率，也避免了蛋白酶与目的蛋白分离纯化的麻烦。

五、反胶团萃取

反胶团是两性表面活性剂在非极性有机溶剂中亲水性基团自发聚集而形成的一种内含微小水滴的、空间尺度仅为纳米级的集合型胶体。其中表面活性剂分子亲水基向内，非极性疏水基朝外，形成球状极性核，核内溶解一定数量水后，形成宏观上透明、均一热力学稳定的微乳状液，微观上恰似纳米级大小微型“水池”，称为反胶团内核。这些内核可不断溶解某些极性物质，还可以溶解一些原来不能溶解的物质，因此具有二次增溶作用，可以溶解核酸、氨基酸、蛋白质等生物活性物质。通过改变操作条件，又可使溶解于水池中的蛋白质转移到水相中，这样就实现了不同性质蛋白质的分离或浓缩。

1）反胶团表面活性剂的种类

用于形成反胶团系统的表面活性剂有阴离子型表面活性剂、阳离子型表面活性剂和非离子型表面活性剂 3 种。二（2-乙基己基）琥珀酸酯磺酸钠（AOT）是最常用的阴离子型表面活性剂，它在异辛烷中形成反胶团时不需要加表面活性剂助剂，而且含水量较大，适合于分子质量小于 30kDa 的蛋白质的萃取。常用的阳离子型表面活性剂有氯化三辛基甲铵（TOMAC）和十六烷基三甲铵（CTAB）等季铵盐。非离子型的表面活性剂主要有 Tween-85。

2）反胶团萃取表面活性剂

在反胶团萃取表面活性剂中加一些小分子化合物作为助剂，可以大大改善萃取效果。这些助剂有无机盐，如 KCl、NaCl、BaCl，也有非无机型的，如乙醇、异丙醇、乙酸、乙酸钠、碘丁烷、蔗糖、磷酸基团、亲和基团等。

Goto 发现用含磷酸基团的表面活性剂代替 AOT 对血红蛋白进行萃取具有较高的萃取率，而且所需表面活性剂的浓度较低。在反胶团中加入亲和配基，通过亲和配基与蛋白质之间的特异性作用，可大大提高萃取过程的传质推动力，提高萃取的选择性。例如，向 AOT/异辛烷系统加入辛基-β-D-吡喃葡萄糖可使刀豆蛋白 A（conA）的萃取选择性提高 10 倍，而且萃取的 pH 范围较宽。-

Liu 等在从 AOT 反胶团中回收纳豆激酶时发现单纯升高 pH（pH=12）和离子强度（2.5mol/L KCl）很难实现反胶团萃取，而向反胶团萃取水相中添加 15%的异丙醇后可以很好地实现反胶团萃取，10min 即达到反胶团萃取平衡，反胶团萃取率和酶活回收率均超过 80%。陈霖杰等在从 AOT 反胶团中回收胰蛋白酶时也发现在反胶团萃取水相中添加少量乙醇（4%以上）会使得反胶团萃取率显著提高。

Kazumitsu 等在反胶团萃取水溶液中添加少量胍盐从 AOT 反胶团中回收溶菌酶，发现添加少量胍盐（0.02～0.3mol/L）就能提高溶菌酶的反胶团萃取效果，反胶团萃取率超过 90%，并且扩大了反胶团萃取的 pH 范围。

Mathew 等在从 AOT 反胶团中回收木瓜蛋白酶时发现使用传统方法只有 30%的回收率，添加 8%～10%的异丙醇或正已醇到反胶团相进行反胶团萃取，其萃取率可以达到 80%～90%，但是造成了酶活性的降低，酶活回收率仅为 30%～40%。通过向反胶团中加入带有相反电荷的表面活性剂 TOMAC 进行反胶团萃取，发现反胶团萃取的速率很快，反胶团萃取率达到 80%～90%，酶活回收率达到 85%～90%。

3）反胶团萃取蛋白质的影响因素

反胶团萃取蛋白质时，水相蛋白质分子进入反胶团为水相过程的主要推动力是反胶团与蛋白质之间的静电相互作用。此外，反胶团与蛋白质之间的空间相互作用和疏水性相互作用对蛋白质的分配平衡也有影响。前者主要取决于反胶团与蛋白质的相对尺寸。任何能引起静电力和反胶团尺寸增大的因素都有可能提高蛋白质的萃取率或分配系数。这些因素包括表面活性剂的种类及浓度、离子强度、含水率（W_0）、表面活性剂助剂、水相 pH、温度等。

六、浊点萃取法

马岳、阎哲、黄骏雄综述了浊点萃取在生物大分子分离及分析中的应用。浊点萃取（cloud point extraction，CPE）技术是一种新型的环境友好的溶质富集和分离方法，其应用领域已经自最初的样品分析扩展到大规模的分离过程，如水处理和生物产品提取。与传统的溶剂萃取技术相比，该技术具有快速、高效、简便、无需大量有机溶剂等特点。

1. 概念及原理

浊点萃取法（CPE）是近年来出现的一种新兴的液-液萃取技术，它不使用挥发性有机溶剂，不影响环境。它以中性表面活性剂胶束水溶液的溶解性和浊点现象为基础，改变实验参数引发相分离，将疏水性物质与亲水性物质分离。目前该法已成功地应用于金属螯合物、生物大分子的分离与纯化及环境样品的前处理中。

CPE 法可用于分离膜蛋白、酶及动物、植物和细菌的受体，还可以替代一些分离方法如硫酸铵分级分离法，作为纯化蛋白质的第一步，与色谱方法联用。另外，CPE 法分离纯化蛋白质已经可以实现大规模操作。Minuth 等成功地进行了胆固醇氧化酶浊点萃取的中试研究。

2. 浊点萃取基础

表面活性剂胶束溶液的形成和浊点现象：表面活性剂分子通常由疏水和亲水两部分组成，疏水部分在水溶液中聚集成核，亲水部分向外张开形成胶束。表面活性剂在水溶液中形成胶束的最小浓度称为临界胶束浓度（CMC），最低温度称为临界胶束温度（CMT）。表面活性剂类型不同，溶液条件不同，胶束形态各异，如圆形、椭圆形、圆柱形。平时应用表面活性剂性质最多的是它的增溶作用，很多微溶于水或不溶于水的物质可以与表面活性剂结合后溶于水。CPE 法除了利用增溶作用外，还利用了表面活性剂的另一个重要性质——浊点现象。一个均一的表面活性剂水溶液在外界条件（如温度）变化时，因为引发相分离而突然出现浑浊的现象称为浊点现象，此时的温度称为浊点温度（CP）。静置一段时间（或离心）后会形成两个透明的液相：一为表面活性剂相（约占总体积的 5%）；另一为水相（胶束浓度等于 CMC）。外界条件（如温度）向相反方向变化，两相便消失，再次成为均一溶液。溶解在溶液中的疏水性物质如膜蛋白，与表面活性剂的疏水基团结合，被萃取进表面活性剂相，亲水性物质留在水相，这种利用浊点现象使样品中疏水性物质与亲水性物质分离的萃取方法就是浊点萃取。相分离是熵（倾向于水与胶束相溶）与焓（倾向于水与胶束相分离）竞争的结果。

3. 影响浊点萃取的因素

研究影响浊点萃取常用的参数包括：表面活性剂的浊点（CP）、萃取率（E）、浓缩因子（CF）和分配系数（K）。它们可用式（4-2）表示：

$$E=C_S \times V_S/(C_0 \times V_0) = CF \times V_S/V_0;\ CF=C_S/C_0;\ K=C_S/C_W \qquad (4\text{-}2)$$

式中，C_S 为溶质在表面活性剂中的浓度；C_0 为萃取平衡后溶质在原始溶液中的浓度；C_W 为溶质在水相中的浓度；V_S 为表面活性剂的体积；V_0 为原始溶液的体积。影响浊点萃取的因素很多，简要概括如下。

1）表面活性剂类型及性质

选择表面活性剂时主要考虑其两个性质：①浊点温度，尤其对于热敏感的分析物要注意操作温度对稳定性的影响；②疏水性，疏水性太强会造成蛋白质失活。

表 4-2 中列出了 CPE 中常用的表面活性剂名称、结构和浊点温度及它们的临界胶束参数。浊点温度与表面活性剂中亲水、疏水链长有关。疏水部分相同时，亲水链长增加，CP 升高；相反，疏水链长增加，CP 下降。表面活性剂浓度增加，E 随之增加达到最大值。

表 4-2 CPE 中常用的表面活性剂名称、结构和浊点温度

表面活性剂	表面活性剂亚类	临界胶束浓度 CMC/mmol	浊点温度/℃	聚集数 N
聚氧乙烯脂肪醇	$C_{10}E_4$	0.81	19.7	30
$C_nH_{2n+1}(OCH_2CH_2)_mOH$（$C_nE_m$）	$C_{10}E_5$	0.84	41.6	
	$C_{10}E_6$	0.95	60.3	73，76
	$C_{10}E_8$	1.00	84.5	70
	$C_{12}E_4$（$Brij_{30}$）	0.02～0.06	6.0	40
	$C_{12}E_5$	0.062	28.9	160
	$C_{12}E_6$	0.067	51.0	110～140
	$C_{12}E_8$	0.087	77.	120
	$C_{12}E_{23}$（$Brij_{35}$）	0.06	＞100	40
	$C_{13}E_8$（Genapol X-080）		42	
	$C_{14}E_5$			
	$C_{14}E_6$	0.01	20	
	$C_{16}E_{10}$（$Brij_{56}$）	0.01	42.3	127
		0.0006	64～69	624
对叔辛基苯基聚乙二醇醚	t-$C_8E_{7\sim8}$（Triton X-114）	0.20～0.35	22～25	120～140
（CH_3）$_3CCH_2C$（CH_3）$_2C_6H_4$	t-$C_8E_{9\sim10}$（Triton X-100）	0.17～0.30	64～65	
（OCH_2CH_2）$_mOH$（OPE_m 或 t-C_{8m}）				
正烷基苯基聚乙二醇醚	$NPE_{7.5}$（PONPE-7.5）	0.085	＜0	
$C_9H_{19}C_6H_4O$（CH_2CH_2O）$_mH$	NPE_{10}（PONPE-10）	0.085	56（1%表面活性剂水溶液），63	
（$NPEC_nE_m$）	$NPE_{10\sim11}$（Igepal CO-710）		70～72	
两性离子表面活性剂	C_9APSO_4	4.5	65	
R_1（CH_3）$_2N+$（CH_2）$_3OSO_3$	$C_{10}APSO_4$		88	
	C_8-lecithin		45	500

2）添加剂的加入

在生物大分子的浊点萃取中，特别是对热敏感的生物大分子，需要使用 CP 较低、疏水性适宜的表面活性剂。很多添加剂如电解质、有机物、表面活性剂、蛋白质变性剂等都可在很大范围内影响表面活性剂的 CP，引发表面活性剂水溶液的相分离。可以加入的电解质种类很多。在非离子型表面活性剂中加入氯化物、硫酸盐、碳酸盐、叠氮化物等盐析型电解质，可使胶束中氢键断裂脱水，导致表面活性剂分子沉淀从而降低表面活性剂的 CP，引发相分离。引发相分离的盐浓度与表面活性剂的疏水性有关，疏水性强需要的盐浓度低。在大多数实验中要加入 NaCl，一方面降低 CP 温度，另外缩短相分离时间。盐浓度增加可以使 E 和 CF 提高，但要避免过高盐浓度以免对酶产生抑制作用。但加入硝酸盐、碘化物、硫氰酸盐等盐溶型电解质，作用相反，可以使 CP 升高。离子强度对 E、K、相体积无明显影响，但是离子强度可以改变水相密度，便于两相分离。

与水完全混溶的极性有机物如脂肪醇、脂肪酸、苯酚能使非离子型表面活性剂的 CP 降低。多元醇如葡萄糖、蔗糖、甘油，水溶性聚合物如聚乙二醇（PEG）、环糊精也可以降低 CP；聚合物使 CP 降低的效果既与浓度有关，也与分子质量有关。甘油、蔗糖经常用于稳定蛋白质，可用来防止不稳定蛋白质的变性。Werck-Reichhart 等在从植物微粒体中萃取细胞色素 b_5 和细胞色素 P_{450} 时加入甘油降低了表面活性剂的 CP。短链饱和烃类降低 CP 不太显著，而更多的可溶于胶束的非极性有机物使 CP 升高。蛋白质变性剂（尿素、硫脲衍生物等）使 CP 升高。阴离子型表面活性剂和其他水溶助剂（hydrotrope，如甲苯磺酸钠）也使 CP 升高。对于两性型表面活性剂，添加剂的作用与非离子型表面活性剂的情况完全相反。

马岳等综述了浊点萃取在生物大分子分离及分析中的应用。作者介绍了浊点萃取法（CPE）可用于分离与纯化膜蛋白、酶及动物、植物和细菌的受体，还可以替代一些分离方法如硫酸铵分级法作为纯化蛋白的第一步，与色谱方法联用。另外，CPE 法分离纯化蛋白质已经可以实现大规模操作。

Minuth 等成功地进行了胆固醇氧化酶浊点萃取的中试研究。虽然他们的方法耗时较长（约 20h），但是投资少、劳动强度低，萃取效率及浓缩因子与实验室制备结果类似。使用离心分离器可以使 CPE 大规模连续进行。但商品离心分离器用于 CPE 的效率和容量仍需进一步研究。另外，他们发现相分离操作受细胞培养时产生的表面活性物质影响较大。还有，体系两相间密度差较小，表面张力较小，含产物的表面活性剂相的流变学行为较复杂，操作较难。

4. CPE 法用于分离纯化蛋白质

膜蛋白（内嵌膜蛋白、外围膜蛋白）疏水性强、难溶于水，抽提内嵌膜蛋白时，既要削弱它与膜脂的疏水性结合，又要使它保持疏水基在外的天然状态，较难分离纯化。由于表面活性剂具有两亲性，它一直作为膜蛋白理想的增溶剂。增溶时，膜蛋白疏水部分嵌入胶束的疏水核中而与膜脱离，但保持了膜蛋白表面的疏水结构。相分离后，膜蛋白与表面活性剂共同析出，与亲水性蛋白质分离。所以，CPE 法在分离纯化膜蛋白方面极有优势。已经成功地分离出乙酰胆碱酯酶、噬菌调理素、细菌视紫红质、细胞色素 C 氧化酶等内嵌膜蛋白。

有一些蛋白质在表面活性剂/水两相间的分配比较反常。例如，一种管形内嵌膜蛋白、乙酰胆碱受体在 CPE 体系中分配在水相。由于这种受体疏水部分不规则，很难与 Triton X-114 的疏水基团相互作用；而在体系中加入带有线形烷基链的亚麻油酸，乙酰胆碱受体可被萃取入表面活性剂相。另外，内嵌糖蛋白上的糖含量较高，在少量 Triton X-114（0.06%）存在下，它们也表现为亲水性。

Sivars 等在 $C_{12}E_5$/葡聚糖中分别引入阴离子表面活性剂、阳离子表面活性剂及葡聚糖硫酸盐，研究了净电荷不同的亲水性蛋白质（BSA、乳球蛋白、肌红蛋白、细胞色素 C 和溶菌酶）在这 4 种体系（$C_{12}E_5$/葡聚糖、阴离子表面活性剂、阳离子表面活性剂和葡聚糖硫酸盐）中的分配。结果发现，这 5 种亲水性蛋白质由于与带电的聚合物的排斥作用或带电的表面活性剂的吸引作用，被萃取入表面活性剂相。蛋白质的净电荷、体系 pH、带电表面活性剂浓度显著影响亲水性蛋白质在两相中的分配。另有报道，用 Triton X-114/阴离子葡聚糖硫酸盐（Dx-S）从猪肝的微粒体中分离纯化细胞色素 b_5。加入 Dx-S 后，微粒体的萃取率显著下降，而细胞色素 b_5 的萃取率上升。浓缩因子和萃取率与 DEAE-纤维素柱分离效果相当。CPE 法可以作为色谱分离细胞色素 b_5 前的预纯化步骤。在该领域的另一发展是使用烷基葡糖苷表面活性剂代替聚氧乙烯表面活性剂与水溶性聚合物（如葡聚糖、PEG）结合，在 0℃左右引发相分离，使疏水物质和亲水物质分离。Triton 系列的表面活性剂由于其较强的疏水性与较低的纯度易使蛋白质失活，而用辛基葡糖苷/聚合物则不易使蛋白质失活。例如，用辛基 U-D 硫葡糖苷与 PEG 或葡聚糖几乎可以定量萃取细胞色素 P_{450} 和细胞色素 b_5。用烷基葡糖苷/水溶性聚合物体系还有其他优点：通过控制聚合物的类型和浓度可在任何温度引发相分离，还可在聚合物上结合一定官能团控制某疏水蛋白的萃取效率。这种 CPE 适用于不稳定蛋白，可在 0～4℃条件下进行低温操作，同时烷基葡糖苷的临界胶束浓度较大，可以通过滤膜分离蛋白和烷基葡糖苷。

七、硫酸铵分级沉淀法（盐析法）

1. 试验原理

硫酸铵沉淀法是粗分离蛋白质时常用的纯化和浓缩蛋白质的技术。蛋白质的溶解度和盐浓度密切相关，在低浓度的条件下，随着盐浓度的增加，蛋白质的溶解度增加；但在高浓度的盐溶液里，盐离子竞争性地结合蛋白质表面的水分子，破坏蛋白质表面的水化膜，溶解度降低，蛋白质在疏水作用下聚集形成沉淀。每种蛋白质的溶解度不同，因此可以用不同浓度的盐溶液来沉淀不同的蛋白质。硫酸铵的溶解度大，解离形成大量的 NH_4^+、SO_4^{2-}，且结合大量的水分子，使蛋白质的溶解度下降，另外，其温度系数小，不易使蛋白质变性，因此，蛋白质粗分离时硫酸铵沉淀法是很重要的一种技术，后续可采用层析技术进一步纯化蛋白质，效率更高。硫酸铵沉淀法是常用的分离免疫球蛋白的方法。

2. 操作步骤

各种不同蛋白质盐析需要不同浓度的硫酸铵溶液。在实验中建议配制不同梯度浓度的硫酸铵溶液来确定蛋白质沉淀所需的最佳浓度（硫酸铵各种浓度配制法见表 4-3）。

表 4-3　调整硫酸铵溶液饱和度计算表

硫酸铵初始浓度（%饱和度）	在25℃硫酸铵终浓度（%饱和度）																
	10	20	25	30	33	35	40	45	50	55	60	65	70	75	80	90	100
	每1000ml溶液加固体硫酸铵的克数																
0	56	114	144	176	196	209	243	277	313	351	390	430	472	516	561	662	767
10		57	86	118	137	150	183	216	251	288	326	365	406	449	494	592	694
20			29	59	78	91	123	155	189	225	262	300	340	382	424	520	619
25				30	49	61	93	125	158	193	230	267	307	348	390	485	583
30					19	30	62	94	127	162	198	235	273	314	356	449	546
33						12	43	74	107	142	177	214	252	292	333	426	522
35							31	63	94	129	164	200	238	278	319	411	506
40								31	63	97	132	168	205	245	285	375	469
45									32	65	99	134	171	210	250	339	431
50										33	66	101	137	176	214	302	392
55											33	67	103	141	179	264	353
60												34	69	105	143	227	314
65													34	70	107	190	275
70														35	72	153	237
75															36	115	198
80																77	157
90																	79

1）参照表 4-3 配制不同浓度的硫酸铵溶液

例如，在 25℃条件下，配制饱和度为 100%的硫酸铵溶液，称取 767g 的硫酸铵固体，边搅拌边加入到 1L 的蒸馏水中，完全溶解后，用氨水或者硫酸调节 pH 到 7.0。

表 4-3 是在 25℃条件下调整硫酸铵饱和度计算表。

2）沉淀蛋白质

将样品离心，去除沉淀，保留上清液并测量体积；一边搅拌一边慢慢地加入硫酸铵。接着，将溶液放在磁力搅拌器上搅拌 6h，或者 4℃，搅拌过夜，使蛋白质充分沉淀。

加入硫酸铵有两种方式，一种是直接加入硫酸铵固体，在操作上速度缓慢，不易太快，否则会造成蛋白质变性；另一种方式是加入饱和的硫酸铵液体，但若需要较高浓度的硫酸铵溶液，需要加入较大体积的饱和硫酸铵溶液，在后续实验操作中，因蛋白质上清液和硫酸铵饱和溶液的体积之和过大，离心机无法离心，所以根据需要加入的硫酸铵饱和溶液的体积选择合适的方法。

另外，每种蛋白质沉淀所需要的硫酸铵溶液的浓度也不同，因此在每次实验中应该做好观察记录，积累经验值。分享来自网上的一种简单的方法来估计蛋白质沉淀所需要的硫酸铵溶液的浓度范围，供大家参考。

将蛋白质溶液分成 5 份，每份分别加入硫酸铵至浓度分别为 20%、30%、40%、50%、60%，离心，弃蛋白质沉淀，留取上清，再向上清液中加入硫酸铵，使得浓度从原先的 20%升高到 30%，30%的浓度升高到 40%，40%的浓度升高到 50%……，离心保留沉淀，分析沉淀中是否含有目的蛋白，以此确定沉淀目的蛋白所需要的最佳硫酸铵溶液的浓度。

3）透析除去硫酸铵

将蛋白质溶液离心沉淀，弃上清保留沉淀。

加入 10～20ml 的 PBS-叠氮化钠溶液溶解蛋白质，叠氮化钠不与蛋白质反应，但能防止蛋白质变性。

蛋白沉淀溶解之后，放入透析袋中透析 24～48h，每隔 5h 更换透析液除去硫酸铵。收集透析液，离心，测定上清中蛋白质的含量。

也可以缓慢加 PBS 缓冲液使蛋白质沉淀逐渐溶解，待沉淀刚好溶解时，停止加缓冲液，然后直接上疏水相互作用色谱柱，用 PBS（含 1～1.5mol/L 硫酸铵，pH 7.0）缓冲液对 PBS 进行反梯度洗脱。这样蛋白质得到纯化并去除了高浓度硫酸铵。

八、双水相萃取技术分离纯化蛋白质

谭志坚、李芬芳、邢健敏于 2010 年报道，双水相技术是一种新型的液-液萃取技术，由于其条件温和、易操作等特点，目前已广泛应用于物质的分离、纯化。与传统的分离技术相比，双水相技术作为一种新型的分离技术，因其体积小，处理能力强，成相时间短，适合大规模化操作等特点，已经越来越受到人们的重视。

Beijeronck 在 1896 年将琼脂水溶液与可溶性淀粉或明胶水溶液混合，发现了双水相现象。双水相萃取（aqueous two-phase extraction，ATPE）技术真正应用是在 20 世纪 60 年代。1956 年，瑞典伦德大学的 Albertsson 将双水相体系成功用于分离叶绿素，这解决了蛋白质变性和沉淀的问题。1979 年，德国 Kula 等将双水相萃取分离技术应用于生物酶的分离，为以后双水相在生物蛋白质、酶分离纯化中奠定了基础。迄今为止，被成功应用于生物医药工程、天然产物分离纯化、金属离子分离等方面。因其广泛的应用性，已经发展成为一种相对成熟的技术。

（一）双水相的形成

1. 双水相的形成原理

将两种不同的水溶性聚合物水溶液（或聚合物与一定浓度的盐溶液）混合时，当聚合物浓度（或盐的浓度）达到一定值，体系会自然分成互不相溶的两相，这就是双水相体系。双水相体系的形成主要是由于高聚物之间的不相溶性，一般认为只要两聚合物水溶液的憎水程度有所差异，混合时就可发生相分离，且憎水程度相差越大，相分离倾向也就越大。

2. 双水相体系的特点

双水相萃取与传统的水-有机溶剂萃取是一样的，都是利用物质在两相间的分配系数不同来实现分离的。但是与传统萃取相比，双水相有其独特之处：①两相的溶剂都是水，上相和下相的含水量高达 70%～90%（*w/w*），不存在有机溶剂残留问题。条件很温和，常温常压操作，不会引起生物活性物质失活或变性；②两相界面张力小，仅为 10^{-6}～10^{-4}N/m（普通体系为 10^{-3}～10^{-2}N/m），双水相的两相差别（如密度、折射率）相差很小，萃取时两相能够高度分散，传质速度快，但也易引起乳化现象；③溶剂对目标组分选择性强，大量杂质能与所有固体物质一同除去，使分离过程简化，易于工业放大和连续操作；④分相时间短，常温常压下自然分相时间一般为 5～10min；⑤目标产物的分配系数一般大于 3，大部分情况下目标产物的收率较高；⑥聚合物的浓度、无机盐的种类和浓度，以及体系的 pH 等多种因素都可以对被萃取物质在两相的分配产生影响，因此可以利用多种手段来使反应达到最佳条件；⑦该体系可以处理以固体微粒形式出现的样本。因其大多是由一定量的聚乙二醇和盐构成，所以也比较经济。

3. 双水相体系的种类

最常见的双水相体系是聚乙二醇（PEG）/葡聚糖（Dextran）和 PEG/无机盐（硫酸盐、磷酸盐等）体系。双水相按组成一般分为：聚合物-聚合物、聚合物-低分子质量组分、聚合物-无机盐、高分子电解质-高分子电解质，以及新出现的研究比较热门的温度诱导，表面活性剂等双水相体系，详见表 4-4。

表 4-4　常见双水相萃取溶液体系的类型

类型	上相组成	下相组成
聚合物-聚合物	聚乙二醇、聚丙二醇、聚蔗糖、甲基纤维素	聚乙烯醇、葡聚糖、甲基聚丙二醇、聚乙烯醇、葡聚糖、葡聚糖、羟丙基葡聚糖、葡聚糖
聚合物-低分子质量组分、葡聚糖、丙醇、聚丙烯乙二醇、磷酸钾等聚合物-无机盐	聚乙二醇铵	磷酸钾、硫酸钾、硫酸镁、硫酸
高分子电解质-高分子电解质	葡聚糖硫酸钠	羧甲基纤维素钠盐电解质
	羧甲基葡聚糖钠盐	羧甲基纤维素钠盐
离子液体双水相	水性离子液体 $[BMI_m]Cl$、$[HMI_m]Cl$、$[OMI_m]Cl$、[BPy]Cl、[TBA]Cl 等	K_3PO_3、K_2HPO_4、Na_2HPO_4、$(NH_4)_2SO_4$、K_2CO_3 等
温度诱导双水相	EOPO 等	K_2HPO_4、Na_2HPO_4 等
表面活性剂双水相	阳离子 TTAC、CPC、$C_{12}NE$ 等，阴离子 SDBS、SDS 等	—

双水相的萃取原理如下。

双水相体系萃取分离原理与基本的液液萃取是一样的，是基于物质在双水相体系中的选择性分配。当物质进入双水相体系后，在上相和下相间进行选择性分配，这种分配关系与常规的萃取分配关系相比，表现出更大或更小的分配系数。

当物质进入双水相体系后，由于表面性质、电荷作用和各种力（如憎水键、氢键和离子键等）的存在和环境的影响，使其在上、下相中的浓度不同。其分配规律服从 Nernst 分配定律，即 $K=C_t/C_b$，其中 C_t、C_b 分别为上相和下相的浓度，K 为分配系数。各种物质的分配系数 K 是不一样的，因而双水相体系对生物物质的分配具有很大的选择性。双水相萃取技术分离纯化蛋白质具有以下优势：体系含水量高，可达 80%以上；蛋白质在其中不易变性；界面张力远远低于水-有机溶剂两相体系的界面张力，有助于强化相际间的质量传递；分相时间短，一般只需 5～15min；易于放大和进行连续性操作；萃取环境温和；生物相容性高；聚合物对蛋白质的结构有稳定和保护的作用等。正是由于双水相萃取技术的诸多优势，现已被广泛用于蛋白质、核酸、氨基酸、多肽、细胞器等产品的分离和纯化。

4. 双水相萃取的工艺流程及其影响因素

1）工艺流程

考虑到双水相技术用于分离纯化及回收再利用方面，我们大概将其工艺流程分为 3 个方面：目的产物的萃取、PEG 的循环和无机盐的循环。

（1）目标产物的萃取：把细胞的匀浆液倒入由 PEG 和（NH_4）$_2SO_4$ 组成的双水相体系中，然后让其静置分层，等体系稳定后，蛋白质将分配到上相，即 PEG 相。而细胞碎片、核酸、纤维素等分配到了下相，即（NH_4）$_2SO_4$ 相，然后把上下相分离。接着是把目标蛋白转移到盐相，方法是在上相中加入盐，形成新的双水相体系，从而将蛋白质与 PEG 分离，以利于使用超滤或透析将 PEG 回收利用和目标产物的进一步加工处理。

（2）PEG 的循环：在进行工业上大规模分离纯化操作时，要特别注意原料的回收利用，这样既有利于环保又节约了成本。PEG 的回收有两种方法：一种是加入盐使目标蛋白转入富盐相来回收，另一种是将 PEG 相通过离子交换树脂，用洗脱剂先洗去 PEG，再洗出蛋白质。常用的方法是将第一步萃取的 PEG 相或除去部分蛋白质的 PEG 相循环利用。

（3）无机盐的循环：将盐相冷却，结晶，然后用离心机离心进行分离回收。其他方法有电渗析法、膜分离法回收盐类或除去 PEG 相的盐。

2）影响双水相萃取平衡的主要因素

影响双水相萃取平衡的主要因素有：组成双水相体系的高聚物类型、高聚物的平均分子质量和分子质量分布、高聚物的浓度、成相盐和非成相盐的种类、盐的离子浓度、pH、温度等。不同聚合物的水相系统显示出不同的疏水性，聚合物的疏水性按下列次序递增：葡萄糖硫酸盐糖＜葡萄糖＜羟丙基葡聚糖＜甲基纤维素＜聚乙二醇＜聚丙三醇，这种疏水性的差异对目标蛋白与相体系之间的互作用是重要的。

（1）聚合物的分子质量：同一聚合物的疏水性随分子质量的增大而增强，这是由于分子链的长度增加，其所包含的羟基相对减少。两相亲水差距越大，其大小的选择性依赖于萃取过程的目的和方向。对于 PEG 聚合物，若想在上相收率较高，应降低平均分子质量，若想在下相收率较高，则应增加平均分子质量。

（2）pH：①pH 会影响蛋白质分子中可解离基团的解离程度，因而改变蛋白质所带的电荷的性质和大小，这是与蛋白质的等电点相关的；②pH 能改变盐的解离程度（如磷酸盐），进而改变相间电位差。

（3）萃取温度：温度首先影响相图，在临界点附近尤为明显。但当远离临界点时，温度影响较小。大规模生产常在常温操作，但较高温度有利于降低体系的黏度，从而有利于分相。

（4）无机盐浓度：盐的正、负离子在两相间分配系数不同，两相间形成电位差，从而影响带电生物大分子的分配。无机盐浓度的不同能改变两相间的电位差。

5. 双水相萃取在蛋白质和蛋白酶分离纯化中的应用

双水相技术作为一种生化分离技术，由于其条件温和易操作等特点，因此可调节的因素较多，并且可融合传统溶剂萃取的成功经验，使其成为一种生物工程下游初步分离的方法。传统的有机溶剂萃取容易使生物大分子（如蛋白质和酶）失活，在双水相发展早期，人们致力于把双水相技术应用于蛋白质等的分离纯化，从而大大降低了其变性的可能性。目前，双水相萃取技术已成功应用到蛋白质、酶、核酸、氨基酸、抗生素及生物小分子等的分离纯化。近些年来，双水相萃取技术得到很大的发展，产生了许多新型的体系，并且在天然产物，金属离子分离纯化等方面也具有广泛的应用。

提取蛋白质和蛋白酶是双水相体系研究和应用最多的方面，对发酵液、细胞培养液、植物、动物组织中细胞内、外的蛋白酶和蛋白质均可提取。工业上已有几种双水相体系用于从发酵液中分离提取蛋白质和蛋白酶，绝大多数是用 PEG 作上相成相聚合物，葡聚糖、盐溶液和羟甲基淀粉的其中一种作下相成相物质。

（1）Gisela T.、Guillermo A.等利用 PEG/柠檬酸钠双水相体系从牛胰腺中萃取胰蛋白酶。实验探讨从 α-胰凝乳蛋白酶中分离胰蛋白酶的最佳条件，然后将其应用到从牛胰腺中分离胰蛋白酶。实验最佳条件为：PEG（*m*/*m*）-3350 与柠檬酸钠组成双水相体系，在 pH 为 5.2 时具有最佳分配性能。增加 NaCl 的浓度到 0.7%，以及减少相比到 0.1 时能在上相获得 60%的胰蛋白酶，是纯化前的 3 倍。胰蛋白酶质量浓度增大到整个体系的 25%（*m*/*m*）时对产率和纯化因子都没有特别大的影响。因此能证明该双水相的灵活性及将其应用到规模生产的前景。

（2）Sarote N.、Rajni H. K.等利用 8%（*m*/m）的 PEG 及 15%（*m*/m）的 $(NH_4)_2SO_4$ 组成的双水相体系从番木瓜乳浆中萃取木瓜蛋白酶，这种方法能在较短的时间内获得高纯度的木瓜蛋白酶并且不会破坏酶的成分，同时在分离时可以直接使用木瓜胶乳而不需要除去其他可溶性的物质，这种更快、更简单及稳定性好的方法能大规模地应用到木瓜蛋白酶的萃取当中去。

（3）Natália L. P. D. 用 PEG 和氨基甲酸铵形成的双水相萃取目标蛋白。实验研究了牛乳蛋白酶（BSA）、胰蛋白酶、溶解酶 3 种蛋白质在不同质量分数 PEG（1500、4000、6000）和氨基甲酸铵形成的双水相体系中的分配行为。实验得出了 3 种蛋白酶在不同体系中的分配系数，牛乳蛋白酶的分配系数为 0.1～0.8，胰蛋白酶为 1.0～2.4，溶解酶为 2.3～9.0。其结果与聚合物分子质量及分子长度有很大的关系。从实验结果得出的各种蛋白酶的分离因子能达到较高的水平，因此此方法可以作为分离蛋白质的一种很好的下游处理方法。

（4）Mirjana、GAntov 等用 10%（*m*/*m*）PEG1500 和 20%（*m*/*m*）$(NH_4)_2SO_4$ 作为双水相体系，萃取木聚糖酶。当酶的初级制品浓度为 70%（*m*/*m*），调节 pH 为 5.1 时，分配系数和上相产率分别达到了 85.6%和 97.37%，纯化因子为 4.8。实验结果表明了把双水相体系作为下游过程分离纯化木聚糖酶的可行性。

（5）Lorena、Capezio 等用聚乙二醇/磷酸盐双水相体系分离转基因牛奶中的乳清蛋白。研究了牛奶乳清蛋白中 4 种成分牛血清白蛋白（BSA）、α-乳清蛋白（ALA）、β-乳球蛋白（BLG）、α-抗胰蛋白酶（AAT）在双水相体系中的分配行为。BSA 和 ALA 富集在 PEG 相，分离系数分别达到了 10.0 和 27.0，BLG 和 AAT 对磷酸盐相更具有亲和性，分离系数分别为 0.07 和 0.01。pH 增大会使这些蛋白质的分离系数增加，然而 PEG 分子质量的增加使分离系数减少。使用 PEG1500 及在 pH 为 6.3，上下相之比（R）为 4∶1 时，AAT 能达到最佳萃取条件，产率达到 80%，纯化因子为 1.5～1.8。

6. 双水相体系的新进展

1）新型双水相体系

新型双水相体系主要有两类：廉价高聚物/高聚物体系及新型功能双水相体系。廉价双水相体系的开发目前主要集中在寻找一些廉价的高聚物取代现用昂贵的高聚物。例如，牌号 PPT 的变性淀粉和牌号为 Reppa/PES 的淀粉衍生物，以及牌号为 Pulluan 的微生物多糖等。研究发现由这些聚合物形成的双水相体系的相图与 PEG-Dextran 形成的双水相体系相图非常相似，其稳定性也比 PEG-盐双水相体系更好，并且具有蛋白质溶解度大、黏度小等优点。另外，特别要提到只有一种成相聚合物的新的双水相体系，上相几乎 100%是水，聚合物绝大部分集中在下相，该体系不仅操作成本低、萃取效果好，还为蛋白质等生物物质提供了更温和的环境。

2）在色谱纯化工艺研究中的应用

高聚物/高聚物双水相萃取同离子交换层析技术结合可以解决双水相萃取技术在蛋白质粗分离纯化中的工业化问题。PEG-盐体系具有价廉和分相容易的优点，而疏水色谱可在高盐浓度下操作，故 PEG-盐体系与疏水色谱的结合有很大的发展空间。例如，Schutte 已成功利用疏水色谱从盐相中分离纯化蛋白质。

3）金属亲和双水相萃取技术

金属亲和双水相萃取和普通亲和双水相萃取相比，具有亲和配基价廉且再生容易、可用于 PEG-盐体系的优点。Arnold 提出了金属离子亲和双水相萃取技术，利用金属离子和蛋白质中精氨酸、组氨酸的亲和作用，以达到分离纯化蛋白质的目的。目前金属离子亲和双水相萃取已应用于多种酶的分离纯化。

第二节　目标蛋白精纯化

经过粗纯化的目标蛋白还要经过精纯化才能达到使用标准。粗蛋白的精纯化使用离子交换色谱、疏水相互作用色谱、亲和色谱、凝胶色谱等分离纯化方法能得到高纯度的目标产品。高效离子交换色谱、高效凝胶色谱、高效疏水色谱、高效亲和色谱等是目标蛋白精纯化常用的手段。离子交换色谱、疏水色谱、亲和色谱等色谱技术操作条件和操作方法与前面的操作方法相同，这里不予赘述。下面着重介绍凝胶色谱。关于色谱技术，有些学者称为层析技术，其实色谱、层析的英文都为 chromatography，来源于希腊文字 chroma，作者习惯上都称为色谱。

一、凝胶色谱

凝胶色谱（gel chromatography）也称凝胶渗透色谱（gel permeation chromatography）、凝胶过滤色谱（gel filtration chromatography）、体积排除色谱（size exclusion chromatography）、分子筛色谱（molecular sieve chromato-graphy），其色谱介质是胶联葡聚糖、胶联琼脂糖、葡聚糖与聚丙烯酰胺胶联的网状多孔凝胶颗粒，蛋白质、核酸等高分子物质通过这种凝胶颗粒时按照分子大小不同而得到分离。固定相为多孔凝胶，根据分子大小进行分离，大分子不能进入网孔内，先从凝胶颗粒缝隙中流出，中等分子进入大孔，小分子进入小孔，依分子质量大小顺序依次被洗脱下来。流动相：10～20mmol/L 磷酸缓冲液或 Tris-HCl，含 0.1～0.4mol/L NaCl，pH 7.0～8.5。凝胶色谱的上样量比较小，只能达到柱体积的 5%～10%，色谱柱比较长，一般需要 80～120cm 长，色谱过程也比较长，而且要在低温（4～8℃）条件下进行，往往成为产品纯化的瓶颈。制备用的凝胶色谱柱直径为 5～20cm，更大的凝胶色谱柱则要用 4～5 个内径 30～40cm、高 30～40cm 的不锈钢柱串起来，总长度达到 120～150cm。

（一）凝胶色谱介质的种类

琼脂糖：Agarose，商品名为 Sepharose。葡聚糖：Sephadex G-25、Sephadex G-50、Sephadex G-100、Sephadex G-150 等；Sephacryl S-100、Sephacryl S-200、Sephacryl S-300、Sephacryl S-400 等；Superdex 75、Superdex 200；Superose 12、Superose 6；Bio-Gel（Bio-Rad）；Toyapel（日本东洋曹达公司）。Sephadex、Bio-Gel 都是软凝胶，现在较少用。Sephadex G-25 常用来脱盐。凝胶色谱介质的种类和分离蛋白质分子的范围详见表 4-5～表 4-7。

表 4-5　Sephacryl 系列凝胶的分离范围

凝胶	蛋白质相对分子质量	葡聚糖相对分子质量
Sephacryl S-100	1 000～100 000	ND
Sephacryl S-200	5 000～250 000	1 000～80 000
Sephacryl S-300	10 000～1 500 000	2 000～400 000
Sephacryl S-400	20 000～8 000 000	10 000～2 000 000

ND，无数据。

表 4-6　Superdex 的分离范围

凝胶	粒径/μm	相对分子质量范围
Superdex peptide	11～15	100～7 000
Superdex 30	24～44	10 000 及其以下
Superdex 75	24～44	3 000～70 000
Superdex 200	24～44	3 000～600 000

表 4-7　Superose 的分离范围

凝胶	粒径/μm	相对分子质量范围
Superose 12	8～12	1 000～300 000
Superose 12	20～40	1 000～300 000
Superose 6	11～15	5 000～5 000 000
Superose 6	20～40	5 000～5 000 000

（二）凝胶色谱柱的装填技术

先打开空柱两端柱头盖，用蒸馏水将柱管和柱头清洗干净，把出口端的柱头盖安装好并拧紧，柱内装入约 10cm 高的蒸馏水，把凝胶调成比较稠的凝胶泥，然后将凝胶泥一次性倒入柱内，等其慢慢沉降，待上端出现一段空隙，再倒入凝胶至装满柱体，再自然沉降一会，装上上端柱头盖并拧紧，让柱头的活塞刚好接触凝胶面，然后用蒸馏水冲洗色谱柱，当色谱柱上端又出现空隙，再将活塞往下拧直至接触到胶面。

注意：装柱时自始至终凝胶柱上端必须保持有蒸馏水，不能使胶体干裂。

凝胶色谱柱装填好后要用丙酮测定柱效。操作方法是先用 20mmol/L 磷酸盐缓冲液冲洗色谱柱 3 个柱体积，给色谱柱注射丙酮的量为：5cm 内径的色谱柱注射 1ml，10cm 以上的色谱柱注射 20～50ml，继续用磷酸缓冲液淋洗，用紫外检测器（波长 214nm）检测吸收峰值，用于计算柱效理论塔板数（theoretical plate number，*N*）。理论塔板数用于定量表示色谱柱的分离效率（简称柱效）。

N 取决于固定相的种类、性质（粒度、粒径分布等）、填充状况、柱长、流动相的种类和流速及测定柱效所用物质的性质。如果峰形对称并符合正态分布，*N* 可近似表示为式（4-3）。

$$N = (t_R/\sigma)^2=16(t_R)^2/W=5.54(t_R/W_{1/2})^2 \qquad (4\text{-}3)$$

式中，*W* 为峰宽，σ 为曲线拐点处峰宽的一半，即峰高 0.607 处峰宽的一半，t_R 为丙酮在柱上的保留时间。

N 为常量时，*W* 随 t_R 成正比例变化。在一张多组分色谱图上，如果各组分含量相当，则后洗脱的峰比前面的峰要逐渐加宽，峰高则逐渐降低。注意：计算时峰宽与保留时间的单位必须一致。

用半峰宽计算理论塔板数比用峰宽计算更为方便和常用，因为半峰宽更容易准确测定，尤其是对稍有拖尾的峰。峰宽是上升支的切线和下降支的切线与基线相交处的宽度。

N 与柱长成正比，柱越长，*N* 越大。用 *N* 表示柱效时应注明柱长，如果未注明，则表示柱长为 1m 时的理论塔板数（一般 HPLC 柱的 *N* 在 3000 以上）。离子交换柱、疏水柱等都可用此法测柱效。

若用调整保留时间（t_R）计算理论塔板数，所得值称为有效理论塔板数[$N_{有效}$ 或 $N_{eff}=16(t_R/W)^2$]。

理论塔板高度（theoretical plate height，*H*）为每单位柱长的方差。实际应用时往往用柱长 *L* 和理论塔板数计算：

$$H=L/N \qquad (4\text{-}4)$$

在实际应用中能达到分离完全就可以了，塔板数超高会增加实验的时间，实验效率就会降低。

（三）凝胶色谱操作程序

离子交换色谱、疏水色谱、亲和色谱等纯化包含体蛋白收集液按凝胶色谱柱体积 5%左右的量直接上凝胶色谱柱。凝胶色谱的缓冲液一般为 0.01～0.02mol/L 磷酸缓冲液（含 0.1～0.4mol/L NaCl，pH 7.0 左右），或者相同离子强度的乙酸/乙酸钠缓冲液、Tris-HCl 缓冲液等。先用缓冲液平衡色谱柱 1 个柱体积后上样，用紫外检测器检测色谱柱流出液，收集各蛋白峰组分，然后分析各组分生物活性，保留活性蛋白峰部分，其他组分弃去。经过凝胶色谱纯化的蛋白纯度一般都很高，但是收集液体积要增加 3～5 倍，蛋白浓度比较稀，还要缩小体积或作进一步纯化（如果纯度还达不到 95%以上）。

（四）色谱柱的维护与再生

所有色谱柱在纯化程序完成后都必须用含1.0mol/L NaCl的缓冲液冲洗至少3个柱体积，再用蒸馏水冲洗至少3～5个柱体积，然后用20%乙醇水溶液冲洗2个柱体积，以保证色谱柱不被霉菌污染，并且最好放在层析柜中4℃保藏。有些色谱柱，尤其是用于第一步纯化的色谱柱，可用0.5mol/L NaOH在较慢流速下冲洗30min至1h，然后用去离子水冲洗3～5个柱体积，再用20%乙醇-水冲洗2～3个柱体积后放于4℃保藏。长期不用的色谱柱（至少半年）再用20%乙醇-水冲洗1次。

（五）大型凝胶色谱设备

国内用于生物药物生产的最大规模的凝胶色谱柱一般是2根内径10～20cm、长60cm左右的玻璃柱串联而成。国外最大规模的凝胶色谱柱是不锈钢柱，是4～5个内径30～40cm、长30～40cm的不锈钢柱首尾连接串联起来的不锈钢柱。用多个短柱串联起来是为了减少凝胶色谱介质自身的压力，使色谱柱的孔隙度保持均匀，以达到较好的分离效果。

二、双水相高速逆流色谱法

（一）双水相体系及逆流色谱技术

双水相体系（aqueous two phase system，ATPS）是指某些高聚物之间或高聚物与无机盐之间在水中以适当的浓度溶解而形成的互不相溶的两个水相溶剂体系。通过溶质在两相间分配系数的差异而进行分离的方法称为双水相萃取技术。最常用的体系有聚乙二醇（PEG）-磷酸盐水溶液体系和聚乙二醇（PEG）-葡聚糖（DEX）水溶液体系。双水相萃取技术自1955年由Albertson提出以来，在随后的几十年中，有了长足的发展。

（二）正交逆流色谱

采用自转轴和公转轴相互垂直的CPC，由于其在一定转速下能产生一个相对于径向离心力更加强大的横向力场，这种三维的不对称离心力场使得聚合物双水相体系的固定相保留得到显著的增强。在运转中，支持件保持着相对于仪器中心轴不变的方位关系，因此，支持件的水平轴线同仪器的垂直轴线之间，始终保持一定的距离和正交关系。如图4-1所示。

1. 双水相体系正交轴逆流色谱技术分离蛋白质

双水相聚合物溶剂体系的制备可以有两种途径：一种是将两种亲水性聚合物以足够高的浓度溶解在一个水溶液当中。另一种是将一种聚合物加到一个含盐的缓冲溶液中。其中最为常用的是，聚乙二醇-磷酸钾水溶液和聚乙二醇-葡聚糖水溶液体系。前者构成的两相体系，上相以聚乙二醇为主，下相以磷酸钾水溶液为主；后者上相则以聚乙二醇为主，下相以葡聚糖为主。

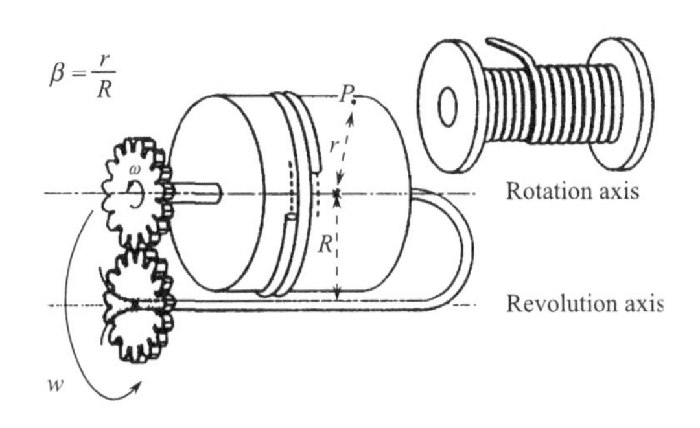

图 4-1　螺线型流通槽逆流色谱分离柱及其分解和放大图

Rotation axis 为自转轴，Revolution axis 为公转轴，β 是自转半径（r）与公转半径（R）的体积比，它决定瞬间混合区与沉淀区的体积比。β 值一般在 0.3～0.75

目标成分如蛋白质在双水相聚合物体系中的分配系数由聚合物的分子质量、离子强度及缓冲溶液的 pH 及温度等决定。有时可以通过只改变溶液的 pH 而保持溶剂体系的构成成分不变来获得理想的分配结果。小分子物质在双水相聚合物体系中的分配往往是单向性的，要么溶解在上相中，要么溶解在下相中。而蛋白质等生物大分子可以通过调整其在双水相中的分配系数使其接近整数而实现有效分离。

2. 聚乙二醇（PEG）-葡聚糖（DEX）体系

PEG 和 DEX 体系对各种生物大分子都具有较高的溶解性，从而避免了在 PEG-磷酸钾体系中由于较高的盐浓度造成的蛋白盐析现象。但是，PEG 拟体系 DEX 两相的界面张力很低，黏度很高，容易造成乳化，使得其固定相在一般的正交轴 CPC 上的保留成为问题。采用 XLLL 和 L 型正交轴 CPC 以提高溶剂体系的固定相保留。用双水相体系正交轴逆流色谱代替凝胶色谱，蛋白质不会像凝胶色谱那样体积增大，而且会浓缩蛋白溶液，双水相过程所花时间与凝胶色谱相近。

郅文波、邓秋云、宋江楠等报道利用多分离柱高速逆流色谱仪，研究了聚乙二醇 1000（PEG1000）-磷酸盐双水相体系的固定相保留率及该体系对蛋白质混合物和鸡蛋清样品的分离。以 14.0% PEG1000-16.0%磷酸盐体系的上相为固定相，在流速 0.6ml/min 和转速 900r/min 的条件下，固定相的保留率达到 33.3%。在 pH 9.2 的 PEG1000-磷酸盐双水相体系中，细胞色素 C、溶菌酶和血红蛋白的分配系数差异最大。采用该 pH 的 14.0% PEG1000-16.0%磷酸钾盐双水相体系，在流速 1.0ml/min 和转速 850r/min 的条件下，成功地分离了这 3 种蛋白质的混合物。鸡蛋清中的主要蛋白质成分卵转铁蛋白、卵白蛋白和溶菌酶在 pH 9.2 的 15.0% PEG1000-17.0%磷酸钾盐体系中也具有最大的分配系数差异。采用该体系，在流速 1.0ml/min 和转速 850r/min 的条件下，成功地分离了鸡蛋清样品，得到了卵白蛋白、溶菌酶和卵转铁蛋白。3 种蛋白质的电泳纯度分别为 100%、100%和 60%，回收率均大于 90%。

（三）螺线型流通槽高速逆流色谱

胡光辉、曹学丽报道了 ITO 教授提出的一种螺线型圆盘柱（spiral disk assembly）的柱体设计，通过螺距的快速增长实现径向离心力的快速梯度增长。以此代替 HSCCC 的螺旋管柱，可以使含有机相的极性溶剂体系和双水相聚合物体系都能达到良好的固定相保留，尤其是对双水相聚合物体系的保留有了显著的提高，可以从原来的 10%提高到 70%以上，成为一种既适用于天然小分子物质又适用于大分子物质分离的新型逆流色谱仪器，解决极性小分子成分及水溶性大分子成分的分离纯化问题。该分离柱由 5 个刻蚀有单螺旋槽的聚一氯三氟乙烯圆盘和 6 个带有导流孔的聚四氟乙烯隔板间隔层叠组成，并经 2 个不锈钢法兰盘及其内外圈设置的多个不锈钢螺钉均匀固定压紧在一起，构成柱体积为 74ml 的分离柱。该分离柱与另外一个质量相同的配重体平衡设置在 J 型高速逆流色谱行星架的两边，公转半径为 9.7cm。整个旋转体装置在恒温夹套内，通过外接循环水浴控制分离柱温度。进样环容积为 10ml。主机的转速范围为 50～900r/min，无极变频控制。如图 4-2 所示。

该分离柱与传统的螺旋管柱相比在结构上有很大的不同。传统的螺旋管柱采取在支持件上缠绕多层螺旋管的方式，每层螺旋管之间螺距的增长只相当于一个螺旋管的外径。而螺旋槽分离柱则采取在圆盘上刻蚀螺旋槽的方式，螺旋槽的螺距可以根据需要来设计。将刻槽的圆盘通过隔板密封成一条矩形螺旋槽，多条这样的螺旋槽串联起来就构成了一个分离柱。这种设计最大的特点是由于螺距的增长，其中液体所受的离心力呈快速的梯度增长，可以大大提高其对液体固定相的保留能力。本研究所述的螺旋槽圆盘柱在每个圆盘上刻蚀有一条单螺旋槽，螺距为 4mm，其 β 值从 0.24 增加到 0.78。必要时，可在一个圆盘上同时刻蚀多螺旋槽体，如四螺旋槽体，其螺距可以提高 4 倍。对固定相的保留能力可以进一步提高。

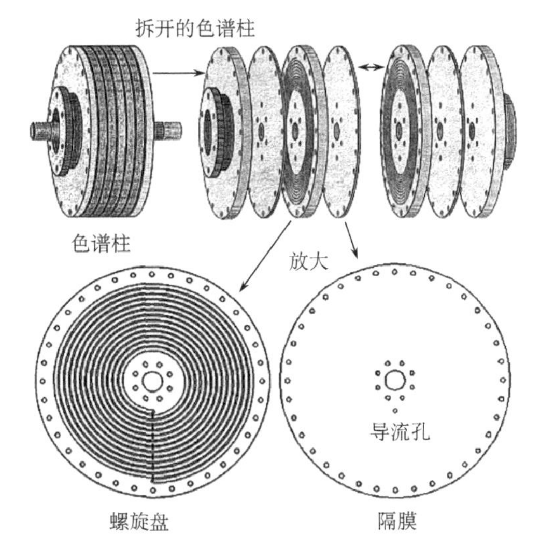

图 4-2　螺线型流通槽逆流色谱分离柱及其分解和放大图

应用该色谱系统对标准蛋白混合物的分离，采用 PEG1000-磷酸盐-水（12.5∶12.5∶75，*W*/*W*/*W*）体系试验对标准蛋白混合物的分离效果如图 4-3 所示。图 4-3A 在 L-I-T 模式下，分配系数（*K*=CL/CU）较大的细胞色素 C（*K*=103.7）在肌红蛋白（*K*=2.08）之前被洗脱出来，2 种成分在 100min 内实现了基线分离，细胞色素 C 与肌红蛋白的分离度为 1.5，固定相保留率为 82%。图 4-3B 对于分配系数 *K*=0.59 的溶菌酶，在 U-O-H 模式下较肌红蛋白先被洗脱出来，2 种成分 140min 内实现了有效的分离，溶菌酶与肌红蛋白的分离度为 0.9，图中溶菌酶的肩峰为杂质峰，固定相保留率为 64.5%。与 Shibusawa 的实验结果对比，在更快的流速和更高固定相保留率下，分离度有所提高，分离时间更短。

表 4-8　分离洗脱模式的表示及其意义

洗脱方式旋转方向流动相流向			
L-I-T	顺时针	L	I→O
U-O-H	顺时针	U	O→I

注：I→O 从外端流向中心；O→I 从中心流向外端

色谱条件：转速，800r/min；溶剂系统，PEG1000-磷酸氢二钾-水（12.5∶12.5∶75，*W*/*W*/*W*），pH 9.0；流速 1ml/min，检测 280nm。（A）样品：0.3mg 细胞色素 C 和 0.3mg 肌球蛋白溶于 1ml 流动相溶液中，洗脱方式为 L-I-T 方式。（B）样品：0.2mg 溶菌酶和 0.2mg 肌球蛋白溶于 3ml 流动相溶液中，洗脱方式为 U-O-H（见表 4-8 和图 4-3）。色谱图如图 4-4 所示。双水相高速逆流色谱分离洗脱出来的蛋白质浓度很高，不像凝胶色谱会稀释目标蛋白。

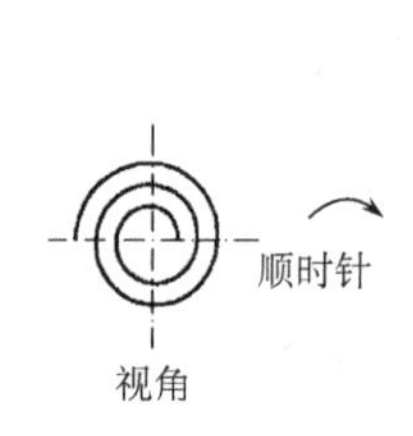

图 4-3　顺时针旋转示意图

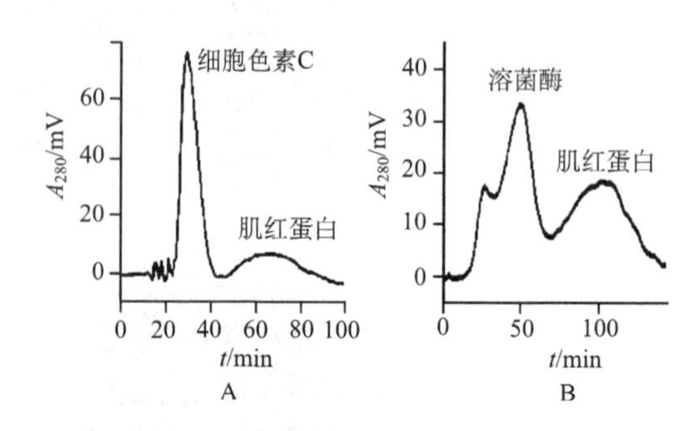

图 4-4　细胞色素 C、肌红蛋白和溶菌酶的双水逆流色谱洗脱图

第三节　目标蛋白大规模纯化

工业规模生产重组基因工程大分子蛋白质、多肽等工艺包括基因工程细胞的大规模培养、发酵，也包括大规模产品提纯工艺。国际上大规模发酵罐可达几十吨，动物细胞悬浮培养生物反应器也达到 10～20t。几十吨大规模发酵、培养产生的发酵液或细胞培养液也有几十吨，要从如此大体积的发酵液或细胞培养液中提纯产品就需要大规模的纯化设备。例如，Process 全自动工业制备色谱系统，采用液相色谱分离技术用于工艺研究（中试）及大规模生产的开发和应用，广泛适用于制药、天然产物和生物大分子的分离纯化制备。APPS Process 生产级全自动蛋白纯化系统用于生物药物工艺研究及大规模生产，其最大达流速为 1800L/h，与之配套的色谱柱直径超过 1m，每天可以处理 10t 以上的细胞培养液。20 世纪 80 年代，国外用 Namalva 细胞生产重组人干扰素用 8000L 生物发酵罐，现在发酵罐体积更大，达到 10～20t，而纯化设备也大型化了。

一、重组人血清白蛋白（rHSA）的分离提纯

（一）Filter Press 系统

首先通过过滤或离心实现发酵液的固液分离，再通过超滤去除相对分子质量大于 30 万和小于 3 万的杂质，使 rHSA 得到初步纯化。其具体操作步骤如下。

（1）离心或过滤获得发酵上清液。

（2）将上清液通过一次超滤膜（300 000），滤出液通过二次超滤膜（30 000），得滤出液 I 。

（3）将滤出液 I 在 50～70℃加热 30min 至 5h（对于某些热不稳定的蛋白质，

不能用此法）。

（4）热处理后调溶液 pH 为 3～5，然后通过 300 000 的微滤膜，得滤出液Ⅱ。

（5）将滤出液Ⅱ上阳离子树脂色谱柱。

（二）Streamline 扩张床

重组人血清白蛋白的提纯采用了装有 Streamline SP 阳离子层析介质的扩张床。预处理后的发酵液直接上扩张床，白蛋白吸附在层析柱介质上，宿主细胞、细胞碎片及部分杂质不被吸附，直接流出。其具体操作步骤如下。

（1）直接将发酵液 60℃加热 30min。

（2）将热处理后的发酵液迅速冷却至 15℃，稀释 2～4 倍，并用乙酸调 pH 为 4.5。

（3）将稀释液通过预先用 pH 4.5，盐浓度为 50mmol/L NaCl 的缓冲液平衡的 Streamline SP 扩张床柱。

（4）用同样缓冲液淋洗，然后用 pH 9，盐浓度为 100mmol/L 的磷酸盐缓冲液洗脱，收集洗脱液，得到初步纯化的 rHSA 产品。

与 Filter Press 相比，采用 Steamline 具有很多明显的优点，如易于放大，易于自动控制，操作系统封闭，不易被污染等。而且采用 Steamline 的操作周期短，一般为 4d，提收率约为 60%，Filter Press 的方法操作周期长，一般为 6d，提取收率约为 45%。

上面两种方法都包含了同样的热处理过程，目的是在不引起 rHSA 变性的条件下使发酵液中的蛋白酶失活。热处理条件为：60℃，30min，pH 6.0，加入热稳定剂 5mmol/L 辛酸钠或乙酰色甘酸钠。热处理除了能使蛋白酶失活外，还能除去部分色素，可根据需要一次或多次在不同提取阶段使用。

（三）rHSA 的进一步纯化

粗提后的 rHSA 纯度可达 90%，必须经过进一步精纯化。

rHSA 精制过程主要采用了不同层析吸附法，包括疏水层析、阳离子交换层析、阴离子交换层析、金属螯合亲和层析、亲和染液层析、凝胶渗透层析等，还可根据需要选用超滤和透析。

（1）疏水层析：用于除去非抗原性的碳水化合物及部分色素。非抗原性的碳水化合物包括：戊糖、己糖、低聚糖、糖醛酸等。疏水层析选用含有烷基或苯基的层析介质，如 Phenyl Cellulofine。层析条件为：pH 6.8，0.15mol/L NaCl，在此条件下，杂质被吸附，rHSA 直接流出。

（2）亲和染液层析：去除 45kDa 白蛋白片段、酵母抗原和色素。*Pichia pastoris* 分泌 66.7kDa 全长的 rHSA 时还分泌 45kDa 的白蛋白片段，两者较难分离。但该片段与 Cibacron 蓝染料的吸附强于全长白蛋白，从而利用该特性将两者分开。亲和介质为结合白蛋白的 Cibacron 蓝染料，如活性蓝、蓝琼脂糖等。含 Cu、Ni 配基的金属螯合亲和介质对 rHSA 也有一定的纯化作用。

（3）凝胶渗透层析：用于去除白蛋白二聚体及部分色素，可采用 Sephacryl S-200HR 凝胶等。

（4）阴离子交换层析：去除酵母抗原、碳水化合物和含色素的白蛋白。可选用阴离子交换基质 DEAD-Sepharose FF。上样完毕后，用一定浓度的四硼酸钠溶液洗涤，这可使在洗脱白蛋白组分之前，任何含碳水化合物的杂质更强地黏附在层析柱上。然后用高离子强度的溶液洗脱白蛋白。

在 rHSA 进一步纯化过程中，可根据实际需要选用不同纯化方法的组合，集成一条高效简便的纯化路线，到达纯度要求。

二、Streamline 扩张床纯化重组蛋白

（一）采用 SP-Streamline 纯化干扰素

深圳科兴生物工程有限公司采用扩张床纯化干扰素，扩张床柱内径达 20cm，最高流速可达 48L/h。甲醇酵母发酵液经转速 1000r/min，流速 400ml/min 连续流离心后取得发酵上清液，用截留相对分子质量为 10 000 的超滤膜超滤脱盐，收集截留液，稀释后调至 pH 4.0，上样到 S-Sepharose Fast 强阳离子交换层析柱。上样完毕后，用不同浓度 NaCl 的 NaAc（乙酸钠）缓冲液进行洗脱，收集 $IFN\alpha_{lb}$ 洗脱主峰并超滤浓缩，最后上 Sephacryl S-100 分子筛层析柱，其流动相为 150mmol/L 的 PBS 缓冲液，流速 550ml/h，收集主峰即为 $IFN\alpha_{lb}$。纯度达到 96%以上。

（二）采用 SP-Streamline 阳离子扩张床纯化重组人尿激酶原

第一步，重组人尿激酶原的大规模纯化工艺采用 SP-Streamline 阳离子扩张柱，扩张柱内径 5cm，柱床高 18～20cm，最大流速可达 100ml/min。分泌尿激酶原的 11G 工程细胞用 DMEM/F12（1∶1）无血清培养基，在 30L 生物反应器自动化连续灌流培养，每天收获培养上清 20～22L。细胞培养上清经过自然沉降结合低温离心去除细胞碎片，用 1.0mol/L HCl 调 pH 至 5.8～6.0。平衡缓冲液为 15mmol 磷酸缓冲液（含 0.1mol/L NaCl，pH 5.8～6.0）。先用平衡缓冲液平衡 SP-Streamline 阳离子交换扩张柱 3～5 柱体积并将柱床扩张至 70～80cm 高度，然后在 4℃从扩张柱下端上样，流速 60～80ml/min，每次上样 50～100L。上样完成后继续用平衡缓冲液冲洗扩张柱，将细胞培养上清和杂蛋白冲洗干净后将柱床压回原来的体积，并从扩张柱上端继续用平衡缓冲液冲洗，用紫外检测器（280nm）检测色谱柱流出液吸收值达到基线时，改用洗脱缓冲液冲洗（洗脱缓冲液：15mmol 磷酸缓冲

液，含 0.4mol/L NaCl，pH 5.8～6.0），收集蛋白吸收峰组分（大约 500ml）。

第二步用 Sephacryl S-200 凝胶色谱进行精纯化。凝胶色谱柱有两根内径 10cm、长 60cm 首尾连接组成，柱体积约 10L，色谱柱放入 4℃层析柜内。凝胶色谱柱的平衡缓冲液为 15mmol 磷酸缓冲液（含 0.4mol/L NaCl，pH 7.0），用 0.45μm 滤器过滤后备用。凝胶色谱柱用平衡缓冲液平衡 3 个柱体积后直接上从阳离子交换扩张柱收集的尿激酶原收集液（约 500ml），紫外检测波长 280nm，流速 10～12ml/min，收集目标蛋白峰组分（约 1500ml）。

第三步在 4℃条件下，用 15mmol 磷酸缓冲液（含 0.4mol/L NaCl，pH 7.0）平衡对氨基苯甲脒-Sepharose Fast Flow 亲和色谱柱（4.5cm×20cm）3～5 个柱体积，流速 35～40ml/min，然后将凝胶色谱柱收集的蛋白组分上亲和柱，上样完成后用同种缓冲液继续冲洗，收集流穿蛋白峰组分（少量双链尿激酶吸附在亲和色谱柱上），然后用含有 1mol/L NaCl 的磷酸缓冲液（pH 7.0）洗去尿激酶。

第四步用 Q-Sepharose Fast Flow（QSFF）阴离子交换色谱柱（4.5cm×20cm）纯化去除可能的病毒和宿主细胞 DNA 并浓缩产品，阴离子交换柱先用 25mmol/L Tris-HCl 缓冲液（含 10mmol/L NaCl，pH 8.5）平衡 3～5 个柱体积，将亲和色谱柱收集的流穿蛋白峰组分上亲和色谱柱，流速 35～40ml/min，280nm 波长紫外检测，收集流穿蛋白峰组分。按照 SFNA 规定，所有操作都应在 GMP 车间进行，大多数蛋白质纯化都应在 4℃条件下进行。

最后一步用 SP-Sepharose Fast Flow 阳离子交换柱（4.5cm×20cm）浓缩高纯度的尿激酶原。操作步骤：用 0.15mol/L 磷酸缓冲液（含 10mmol/L NaCl，pH 6.0）平衡阳离子交换柱 3 个柱体积，从 Q-Sepharose Fast Flow 阴离子交换色谱柱收集的流穿峰组分用 1mol/L HCl 调 pH 至 6.0 后上样，流速 35～40ml/min，紫外检测器检测（波长 280nm），上样完成后继续用磷酸缓冲液冲洗 1～2 个柱体积，然后改用含 0.4mol/L NaCl 的磷酸缓冲液（pH 7.0）洗脱目标蛋白，收集活性蛋白峰组分，测定蛋白质浓度和生物活性，最后到 100 级无菌车间进行无菌过滤、分装、冻干、压盖后放于−20℃保存。结果，从 1900L 细胞培养液中纯化出 78g 尿激酶原，纯度达 98%以上，比活性≥100 000IU/mg，回收率近 70%。

（三）采用 SP-Streamline 阳离子扩张柱纯化重组 t-PA

吴本传等采用 SP-Streamline 阳离子扩张柱纯化重组 t-PA，之后采用赖氨酸-Sepharose 亲和色谱纯化 t-PA，得到比活性达 600 000IU/mg，纯度 98%以上的 rt-PA 产品。

（四）采用三步法纯化重组人促红细胞生成素

李琳、邓继先、卢建申、周江报道了用三步法纯化重组人促红细胞生成素。用生物反应器培养中国仓鼠卵巢细胞-促红细胞生成素（CHO-EPO）C_2 细胞株，培养上清液中重组人促红细胞生成素（rHuEPO），其表达水平达 2×10^6～3×10^6U/L。培养上清液经过三步纯化：第一步为反相色谱，可将样品体积浓缩约 96.7%，其收集液经充分透析后进行第二步的 DEAE-离子交换色谱，最后进行分子筛色谱，总回收率为 30%以上。经纯化的 rHuEPO 比活性为 1.5×10^8U/mg 蛋白，SDS-PAGE 为一条带，扫描测试纯度达 98%以上。

仪器和色谱柱：Waters delta prep.4000 型 HPLC 仪为美国 Waters 公司产品。C6 反相柱（2cm×20cm）填料为创新生物技术公司产品；DEAE 离子交换色谱柱（1cm×10cm）填料为 DEAE-40-HR（Waters 公司产品）；分子筛色谱柱（3cm×60cm）的填料为 Sephacryl S-200（Pharmacia 公司产品）。纯化过程所用层析柱均为上海生化实验仪器厂生产的玻璃柱。用于产品纯度分析的分子筛色谱柱为 200SW 柱（8mm×300mm，PE 公司产品）。

纯化方法：C6 反相色谱透析→DEAE 离子交换色谱→Sephacryl S-200 分子筛色谱→终产品，反相柱采用无离子水平衡，使用 10%～80%乙醇-1mol/L 盐酸胍进行线性梯度洗脱，检测并收集含 EPO 主峰，经透析后用于下一步的分离。DEAE 离子交换色谱柱使用 10mmol/L Tris-HCl（pH 7.5），加入不同浓度的 NaCl 进行不连续的梯度洗脱，分别测定洗脱峰中 EPO 含量。分子筛色谱采用 20mmol/L 柠檬酸钠-100mmol/L NaCl（pH 6.8）作为流动相。培养上清过滤，以 50ml/min 流速上样，柱结合量约 5mg 蛋白/ml 介质。上样毕，用水平衡反相柱至检测基线，使用 10%～80%乙醇-1mol/L 盐酸胍进行线性梯度洗脱，检测并收集含 EPO 主峰，ELISA 测定结果表明，60%乙醇-1mol/L 盐酸胍可洗出 EPO。

汪东海、赵志宏、陈红霞等报道了重组人促红细胞生成素中试纯化工艺研究。作者采用堆积床生物反应器，用无血清培养基培养分泌 rhEPO 的工程细胞株 XP9501。所收集的上清液，经过快速离子交换层析、反相、分子筛层析纯化后，所得 EPO 纯度达 99%以上，比活性为 1.5×10^5IU/mg。整个纯化全过程的 EPO 体内活性回收率为 46%。所纯化的 EPO 分子质量为 36kDa，等电点为 3～5。免疫印迹证明其有天然 EPO 的免疫原性，N 端 15 个氨基酸序列分析与文献报道一致。本纯化工艺路线简单，时程短，重复性好，适合于大规模生产重组人促红细胞生成素。

培养方法：取冻存于细胞库中的细胞，复苏后经由方瓶至转瓶扩大培养后，接种堆积床生物反应器，培养 5～7d 后，开始用无血清培养基进行灌流培养。

纯化工艺：培养上清经 Q-Sepharose XL 离子交换层析→脱盐→C4 反相层析→超滤浓缩→Sephacryl S-200 分子筛层析。发酵上清液直接上样到以 0.1mol/L PB pH 7.0 的缓冲液平衡的 Q-Sepharose XL 柱，经用 1.0mol/L 的 NaCl 溶液洗脱后，收集 EPO 峰并经 G-25 柱脱盐，其收集液上经 0.1mol/L Tris-HCl 平衡的 C4 反相色谱柱，用无水乙醇作不连续梯度洗脱，收集 EPO 峰，经稀释和超滤浓缩后，最后上 Sephacryl S-200 分子筛柱，Sephacryl S-200 柱的流动相为 20mmol/L 柠檬酸钠-100mmol/L NaCl，pH 7.0。

图 4-5～图 4-7 为阴离子交换色谱、反相色谱和凝胶色谱纯化 EPO 的色谱图。图 4-8 为 Sephacryl S-200 凝胶色谱图。

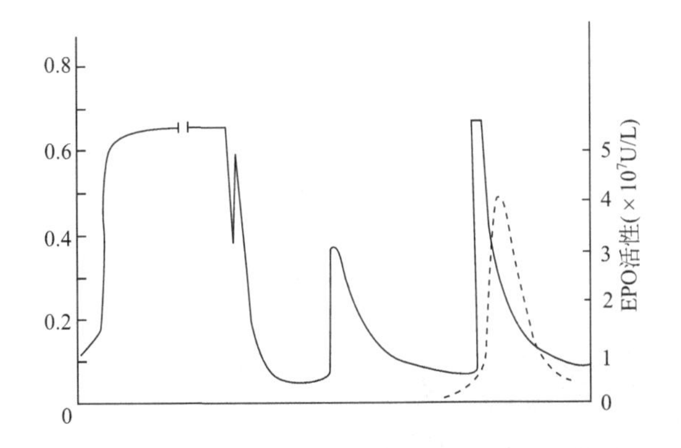

图 4-5　R1 反相柱 HPLC 分离 EPO 的结果

——蛋白质 280nm 处吸收曲线；---- EPO 含量曲线

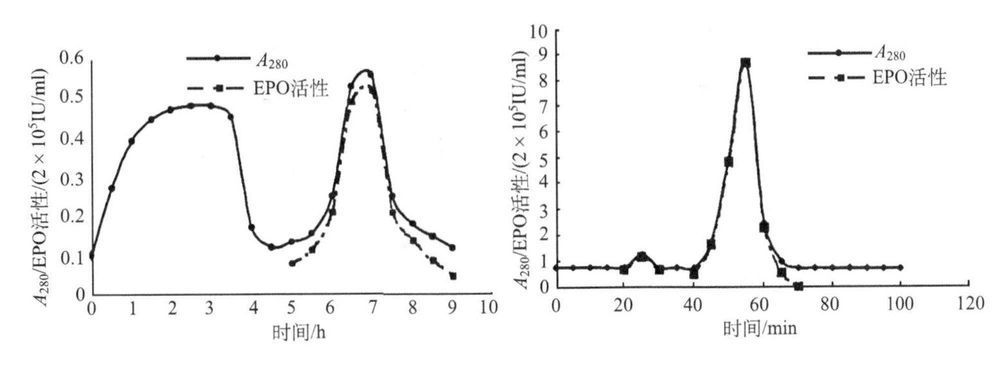

图 4-6　Q-Sepharose XL 层析图谱　　　　图 4-7　C4 反相层析图谱

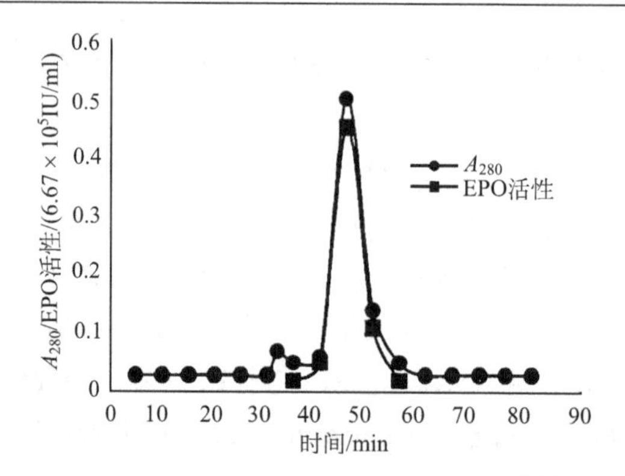

图 4-8　Sephacryl S-200 色谱图

图 4-9 和图 4-10 是国外的大型色谱柱和大型色谱纯化系统。

图 4-9　大型色谱柱

图 4-10　大型色谱柱纯化系统

第四节　目标蛋白去病毒工艺

按照药品注册管理办法规定，用动物组织提取或动物细胞表达用于临床的生物制品都必须在纯化步骤中有去除病毒的工艺流程，因为动物组织来源或动物细胞表达的产品都可能存在病毒潜在污染，在研制过程中都要考虑去病毒问题。去除病毒的工艺验证普遍做法是将有代表性的病毒加到重组蛋白样品中，然后用离子交换色谱、亲和色谱、疏水相互作用色谱、凝胶色谱等进行纯化验证，观察病毒滴度下降的程度。

一、离子交换色谱去除病毒工艺

动物组织或动物细胞表达的产品在纯化工艺中有阴离子交换色谱，可以有效去除绝大部分病毒，因为绝大多数病毒表面带负电荷，通过阴离子交换色谱柱时，病毒吸附在阴离子色谱介质上与目标蛋白分离。但是先决条件是目标蛋白必须是碱性蛋白才行。蛋白质带电荷性质与病毒相反，当经过阴离子色谱柱时病毒吸附在色谱柱上，目标蛋白经流穿液流出才能与病毒分离。

Rachel C.、Jeff D.、Wayne A.等报道，澳大利亚以离子交换为基础制备白蛋白的工艺，对离子交换去除非包膜病毒（犬细小病毒和脊髓灰质炎病毒 I 型）的性能按比例缩小色谱法进行了评价，证明生产出的产品达到生产工艺所设定的令人满意的纯度标准。在进行 DEAE 和 CM 之前，将脊髓灰质炎病毒和犬细小病毒加到 1/10 体积的脱盐柱和用传统的 Cohn 分级分离法生产的脱脂上清液中，然后对样品进行离子交换色谱分离，通过平衡、淋洗、洗脱和再生等步骤，然后对病毒清除 log_{10} 数和病毒减少量进行计算。DEAE 和 CM 色谱对脊髓灰质炎病毒分别平均清除率和减少达到 5.3log_{10} 和 3.2log_{10}，而犬细小病毒清除率和减少都是 1.8log_{10}。

李世崇等用阳离子交换柱和阴离子交换柱对重组人尿激酶原纯化工艺进行去病毒验证。结果显示，阴离子交换色谱对脂包膜病毒 VSV 和 HSV-1 去除能力最强，对无脂包膜病毒 EMCV 的去除能力较弱。阳离子交换色谱对脂包膜病毒 VSV 和 HSV-1 去除能力较弱，对无脂包膜病毒 EMCV 的去除能力较强。经过阴、阳离子交换色谱纯化后，3 种指示病毒的累积去除效果均大于 99.99%（4 个 log_{10}）。

Yang B.、Wang H.、HoCa 等报道，用 Q-Sepharose Fast Flow（QSFF）离子交换是色谱去除猪环状病毒的方法。所有病毒清除用 ÄKTA Purifier 10 进行，色谱柱内径 0.66cm，柱床高 20cm，用 QSFF 装填。色谱柱用平衡缓冲液（25mmol/L Tris，25mmol/L NaCl，pH 8.0）平衡 8 个柱体积，流速为 0.86ml/min。MVM（从 BioReliance 获得）感染用 NB324K 细胞终点滴定来定量，检测组织培养感染剂量 50（$TCID_{50}$），MVM 储存液滴定（8.0～8.5log_{10} $TCID_{50}$/ml）。每次运行色谱操作之前，缓冲液要与 MVM 的核酸酶（1%，*v/v*）或 0.5%猪环状病毒 1 型（PCV1）储存液混匀并用 0.22μm 滤膜过滤，然后以同样流速上色谱柱，从色谱峰出现开始收集流穿液组分到色谱峰结束，继续用平衡缓冲液淋洗 3 个柱体积并收集洗脱液组分。然后再用 25mmol/L Tris 缓冲液（含 25mmol/L 和 300mmol /L NaCl，pH 8.0）进行梯度洗脱，每个柱体积收集一个组分，每个组分按需要稀释后储存在 –80℃。计算每个组分病毒下降因子（LRV）的 log_{10} 数。结论为：QSFF 能有效地清除病毒，对 PCV1 下降≥3.49log_{10}；对 MVM 下降≥5.21log_{10}。

二、凝胶色谱去除病毒工艺

对于酸性目标蛋白（蛋白质等电点小于 7.0）一般都用阴离子交换色谱分离纯化，而病毒也与阴离子色谱介质结合，用梯度洗脱可以将病毒与目标蛋白分离开。可是当某一蛋白质所带负电荷与病毒所带电荷接近时，用梯度洗脱也不能将病毒与目标蛋白分离开，这样就达不到去除病毒的效果。但可以用凝胶色谱将病毒与目标蛋白分离开。因为凝胶色谱的分离原理是按蛋白质分子质量不同使分子质量不同的蛋白质相互分开，病毒分子质量远大于一般蛋白质的分子质量，所以可以与蛋白质分离开。病毒分子质量一般在几十万到几百万道尔顿，最小的细小病毒的分子质量也有 50～60kDa（体积 18～22nm）。大多数蛋白质分子质量在几千到几万道尔顿，抗体相对分子质量较大，也不过十五六万道尔顿。病毒颗粒在凝胶色谱柱上首先洗脱下来，然后蛋白质按分子质量大小依次洗脱下来。王淑菁等用亲和色谱、阴离子交换色谱和凝胶色谱清除融合蛋白的病毒达到较好效果。

三、亲和色谱去除病毒工艺

配基亲和色谱或者抗体亲和色谱都可以去除病毒。所选择的亲和色谱介质只对目标蛋白有亲和力，而与病毒没有亲和力。目标蛋白能特异性地与亲和介质结合，而不与病毒结合。利用这一原理可以将重组蛋白与病毒颗粒分离开，达到去除病毒的效果。

王淑菁等对重组融合蛋白柱层析病毒去除工艺进行了验证。他们以脑心肌炎病毒（EMCV）和猪细小病毒（PPV）为指示病毒，考察了染料亲和色谱、阴离子交换色谱和凝胶色谱去除病毒效果。结果显示，经过 3 种色谱方法纯化后，EMCV 病毒滴度降低的平均值分别为 $1.968\log_{10}$、$1.984\log_{10}$ 和 $4.391\log_{10}$。PPV 病毒滴度降低的平均值分别为 $2.135\log_{10}$、$3.936\log_{10}$ 和 $2.048\log_{10}$。结论：染料亲和色谱、阴离子交换色谱和凝胶色谱 3 步柱层析联合处理，在生产过程中可有效去除指示病毒（EMCV 和 PPV）及其所代表的相关病毒。

Peter L. R.报道了在生产凝血因子工艺中通过两种亲和色谱再循环清除病毒的方法。用单克隆抗体亲和色谱和金属螯合亲和色谱生产高纯度的凝血因子Ⅷ和因子Ⅸ，研究了这两种亲和色谱柱反复使用和用消毒方法防止可能的交叉污染的效果。结果显示，这两种色谱消除病毒非常有效，单克隆抗体柱去除脂包膜病毒和非脂包膜模型病毒清除率为 $4\sim6\log_{10}$，金属螯合柱清除率为 $5\sim8\log_{10}$。

四、疏水相互作用色谱去病毒工艺

某些重组蛋白含疏水氨基酸比较多，适合用疏水相互作用色谱分离提纯。利用重组蛋白的疏水性与病毒疏水性的差异，可以用疏水相互作用色谱将病毒与重组蛋白分开，从而达到去除病毒的作用。

Einarsson 等报道了用疏水相互作用色谱去除凝血因子Ⅱ、Ⅶ、Ⅸ和Ⅹ浓缩样品的病毒效果。他们将乙肝表面抗原和乙肝病毒加到凝血因子Ⅱ、Ⅶ、Ⅸ和Ⅹ浓缩样品中，用辛酸-肼酰基-Sepharose 4B 疏水相互作用色谱分离，用高浓度盐洗脱能有效去除乙肝表面抗原，浓度下降 $10^4\sim10^5$ 倍。乙肝表面抗原和乙肝病毒与疏水凝胶结合的性质是相似的，用疏水色谱法从蛋白质溶液去除低浓度的病毒相关物质似乎是特别有效的。凝血因子Ⅱ、Ⅶ、Ⅸ和Ⅹ的回收率达到 85%，而且其性质和生物活性与疏水色谱处理前完全一样。

Einarsson、Prince、Brotman 报道，用疏水相互作用色谱去除凝血因子Ⅸ浓缩样品中的非甲-非乙肝炎病毒（NANB），并在黑猩猩体内进行了评估。他们将感染非甲-非乙肝炎病毒患者的血浆（H-株）故意加到凝血因子Ⅸ浓缩样品中，达到每毫升 45IU，然后用辛基肼酰-Sepharose 4B（octanohydrazide-Sepharose 4B）疏水相互作用色谱柱处理。4 只猩猩分为两组，实验组、对照组各 2 只。实验组接种用疏水色谱法处理过的凝血因子Ⅸ溶液，对照组接种未经疏水色谱柱处理的凝血因子Ⅸ溶液。经过 12 个月追踪，经血清学检查和生化指标检查，以及肝脏活组织电子显微镜检查证明，实验组没有任何患肝炎，而对照有 1 只具有非甲-非乙肝炎病毒。

五、去除灭活病毒的其他方法

（一）有机溶剂沉淀和去垢剂处理及过滤法

1. 操作方法

Herbert O. D.、Eckhard F.、Frank S.等报道，用沉淀和冷乙醇分级分离工艺，并结合有机溶剂、去垢剂处理和 35nm 过滤生产注射用免疫球蛋白，通过这些被认证的步骤清除并灭活病毒获得成功，生产出了病毒安全的产品。

Peter L. R.和 Geoff S.报道，用有机溶剂与去垢剂处理灭活病毒，该方法用 0.3%三丁基磷酸与非离子去垢剂（Tween-80）混合灭活凝血因子Ⅸ和静脉注射免疫球蛋白中的病毒获得满意结果（表 4-9 是从牛血浆来源的 Tween-80 与蔬菜中提取的 Tween-80 灭活病毒效果的比较）。

表 4-9　用有机溶剂和去垢剂处理灭活 2 种血浆制品中的辛德比斯病毒：比较不同来源的 Tween-80 的灭火病毒的效果

产品	去垢剂来源++	病毒灭活（$\log_{10}$）处理时间/min				
		2	10	30	60	120
FactorⅨ*	蔬菜	1.4	1.9	3.0	4.3	5.0
	牛血清	1.2	2.1	3.0	4.3	5.2
IvIg#	蔬菜	2.7	3.7	4.7	＞6.1	nd
	牛血清	2.4	3.5	4.6	＞6.1	nd

*有机溶剂/去垢剂在 25℃条件下处理 6h

#有机溶剂/去垢剂在 37℃条件下处理 6h

++Tween-80 浓度 1%，TNBP 浓度 0.3%

nd 表示未做

2. 用 Triton X-100 有机溶剂/去垢剂灭活病毒

Peter L. R.报道用 Triton X-100 有机溶剂/去垢剂处理灭活高纯度因子Ⅷ中的病毒。作者研究了用 3-正丁基磷酸和 1% Triton X-100 处理灭活高纯度因子Ⅷ浓缩液（Replenate®）中的病毒，确定了在 22℃标准条件下处理 30min，范围宽广的有脂包膜病毒被灭活＞$4\log_{10}$至＞$6\log_{10}$。

（二）用辛酸沉淀和加热灭活病毒

Mpandi、Schmutz、Legrand 等报道在生产马血浆免疫球蛋白工艺中用辛酸沉淀和巴斯德消毒法灭活病毒的方法。辛酸作为生产人血清白蛋白用巴斯德灭菌时的稳定剂已经超过 50 年了。纯化哺乳动物免疫球蛋白一步即可清除病毒感染。作者在制造抗血清（Serocytl[R]）时连续用辛酸沉淀和巴斯德消毒纯化马免疫球蛋白。为了评价该工艺清除和灭活病毒的效果，每一步都进行跟踪研究，用牛腹泻病毒（BVDV）、假狂犬病毒（PRV）、脑心肌炎病毒（CMCV）和小鼠微小病毒（MVM）作病毒学认证。该研究数据显示，用 5%辛酸处理能有效地纯化该免疫球蛋白并确保病毒安全。辛酸沉淀对清除或灭活脂包膜病毒（PRV、BVDV）很有效，对非脂包膜病毒（MVM、ECMV）也有一定效果。而结合巴斯德消毒能够确保上述两种病毒都得到清除或灭活，脂包膜病毒下降大于等于 $9\log_{10}$，非脂包膜病毒下降 $4\log_{10}$。

（三）色谱法结合缓冲液与有机溶剂处理清除病毒

Mayté P.、Elias R.、María R.等报道了重组人促红细胞生成素（hepo）纯化工艺和去除/灭活病毒工艺认证。hepo 生产需要用具有转录后复杂的修饰功能的哺乳动物细胞才能确保其生物活性。但是哺乳动物细胞可能是某些致病性病毒的宿主，hepo 受病毒污染是人们关注的重要内容。作者用体积排除色谱、离子交换色谱、疏水相互作用色谱和高效体积排除色谱纯化 hepo，用犬细小病毒（CPV）、人脊髓灰质炎 2-型病毒（PV-2）、牛腹泻病毒（BVDV）和人免疫缺陷病毒-1（HIV-1）作为模型病毒，用 50mmol 乙酸钠缓冲液加 0.01% Tween-20[pH 5.0，（22±2）℃]和 50%乙醇加 0.01% Tween-20 在 4℃分别作用 1min、15min、30min、60min 和 120min 灭活病毒，又用 0.2mol/L NaOH[（22±2）℃]分别处理 1min、2min、4min、6min、10min 和 20min 杀灭病毒。结果显示，离子交换色谱对 4 种病毒的清除率分别达到 $2.0\log_{10}$、$1.0\log_{10}$、$2.0\log_{10}$、$6.0\log_{10}$；疏水相互作用色谱的清除率为 $2.0\log_{10}$、$2.0\log_{10}$、$0\log_{10}$、$3.0\log_{10}$；高效凝胶色谱的清除率为 $2.0\log_{10}$、$2.0\log_{10}$、$1.3\log_{10}$、$4.0\log_{10}$；3 种色谱方法对 4 种病毒总清除率为 $6.0\log_{10}$、$5.0\log_{10}$、$3.3\log_{10}$、$13.0\log_{10}$；50mmol 乙酸加 0.01% Tween-20 和 50%乙醇加 0.01% Tween-20 体系处理，对 4 种病毒的总清除率为 $6.0\log_{10}$、$5.0\log_{10}$、$6.5\log_{10}$和 $19.4\log_{10}$。

（四）纳滤法清除病毒

（1）Noreen M. T.、James M.、Andrew L.等报道了用 35nm 纳滤去除注射用免疫球蛋白中的病毒的方法。用 35nm Planova 滤器去除非脂包膜病毒和脂包膜模型病毒，最后一步用有机溶剂和去垢剂处理。经过认证纳滤清除脂包膜病毒和非脂包膜病毒的范围是 18～70nm，包括辛德比斯病毒、猿猴肾病毒（SV40）、牛腹泻病毒（BVDV）、猫冠状病毒、脑心肌炎病毒（EMC）、肝炎病毒（HAV）、牛细小病毒（BPV）和猪细小病毒（PPV）。先将$<10^8$病毒加到 7%的静脉注射免疫球蛋白溶液中混合均匀，用 75nm Planova 滤器过滤，再用 35nm Planova 滤器过滤 2 次，收集每次过滤的滤液做空斑试验。

结果显示，35nm Planova 过滤能有效去除静脉注射免疫球蛋白中的非脂包膜病毒和脂包膜病毒，能完全清除直径大于 35nm 的所有病毒。有趣的是直径小于 35nm 的病毒（EMC 和 HAV）也能大部分得到清除，$\log_{10}$下降数平均分别为 $4.3\log_{10}$ 和$>4.7\log_{10}$，甚至小病毒（如 PPV）也能得到某种程度的清除（$2.6\log_{10}$）。BPV 病毒下降却由于广泛的中和作用和 IVIg 生成的空斑干扰无法评定，Sindbis 和 SV40 也受到较小的中和作用和 IVIg 的干扰。结论：平均 35nm 孔径滤膜在功能上能有效去除 IVIg 混合浓缩液中的小体积病毒。各种病毒的类型如表 4-10 所示。

表 4-10　用 35nm Planova 过滤去除人静脉注射免疫球蛋白病毒认证的模型病毒

病毒种类	病毒体积/nm	基因组	有否包膜
辛德比斯病毒	60±70	ssRNA	yes
牛腹泻病毒	40±60	ssRNA	yes
猴病毒 40	40±55	dsDNA	no
猫环状病毒	35±39	ssRNA	no
脑心肌炎病毒	28±30	ssRNA	no
甲型肝炎病毒	28±30	ssRNA	no
牛细小病毒	18±25	ssRNA	no
猪细小病毒	18±25	ssRNA	no

（2）Peter L.R.、Peter F.、Debbie C.等报道了用过滤法去除因子Ⅸ中的病毒的制造工艺条件作用完整试验的认证。研究了用 Planova 15N 滤器从高纯度因子Ⅸ（Replenine®-VF）去除病毒，用此法有效地去除了各种大小有脂包膜和无脂包膜的广大范围相关的模型病毒。确定了用脊髓灰质炎病毒-1 挑战不同批次滤器也能有效去除病毒。用更敏感的以滤除金颗粒为基础试验显示预洗步骤是不需要的，用氢氧化钠处理 Planova 滤器，使其改变通透性，把滤器的孔径改变至 15～35nm 也进行了试验。结果表明，该滤器从相关产品中去除脊髓灰质炎病毒$>4\log_{10}$，而且不受上样量、流速和压力的影响。

（3）Koenderman、ter H.、Prins-de N.等报道了用 20nm 滤器代替 15nm 滤器去除病毒对血浆产品的安全性。生产血浆制品时用一系列补充工序都是为了防止血液来源病毒的传播，原先制备血浆制品都用 15nm 滤器（Planova 15N）。其滤除病毒成功地作为一个补充工序是因为这种过滤技术对蛋白质很温和，能去除很小的非脂包膜病毒，

如人乙肝病毒（HAV）和细小病毒（B19）。但是 15nm 滤器过滤蛋白质的性能因过滤速度很慢而受限，是一个很费时间的步骤。因此，对 20nm 滤器的特性与 15nm 滤器进行了比较，作为代替 15nm 滤器的另一种过滤步骤。对两种滤器的过滤参数，如压力、pH 和每一产品的蛋白质浓度进行比较研究。研究优化工艺条件时，对 2 种滤器去除病毒的性能进行了比较。15nm 过滤用切向流方式与滤器连接，20nm 过滤以死端方式与滤器连接。过滤蛋白质的量：20nm 滤器与 15nm 滤器过滤量之比为 6.1∶1。纳滤去除病毒与低 pH（4.4）结合进行。结果见表 4-11 和表 4-12。

表 4-11　15nm 和 20nm 滤器过滤去除免疫球蛋白 G 病毒的中心条件的认证

	模型病毒减少灭活[$\log_{10}$±95%置信限（CL）/病毒去除效果]					
	有包膜			无包膜		
	HIV	BVDV	PRV	CPV	EMC	B19
15nm 过滤	＞（6.0±0.3）	＞（6.4±0.2）	＞（6.1±0.3）	＞（3.9±0.3）&≤（4.1±0.3）	＞（6.5±0.2）	＞6.1
	＞（5.4±0.3）	＞（6.3±0.3）	＞（6.3±0.2）	＞（3.9±0.2）&≤（4.3±0.2）	＞（5.8±0.3）	
20nm 过滤	＞（6.4±0.2）	＞（7.2±0.3）	＞（6.1±0.3）	＞（4.3±0.3）&≤（5.1±0.3）	＞（5.9±0.3）	
	＞（6.4±0.2）	＞（7.2±0.3）	＞（6.3±0.2）	＞（6.1±0.3）	＞（5.8±0.3）	

表 4-12　制备 13 批免疫球蛋白用 G 20nm 10 次过滤去除病毒的操作条件

序列号	批次	温度/℃	蛋白质浓度/（g/L）	pH	离子强度[% NaCl]	过滤和洗涤处理后 CPC 下降的效果（$\log_{10}$±95% CL）
1	2	35	50	4.4	0.30	＞（6.5±0.2）
2	1	35	50	4.4	0.30	＞（6.4±0.3）
3	2	30	40	4.1	0.15	＞（4.3±0.2）&（5.0±0.2）
4	2	40	55	4.1	0.15	＞（6.0±0.2）
5	2	40	55	4.7	0.45	＞（6.1±0.4）
6	1	40	40	4.7	0.15	＞（5.9±0.3）
7	2	30	40	4.7	0.45	＞（6.3±0.2）
8	1	30	55	4.7	0.15	＞（6.1±0.2）
9	1	30	55	4.1	0.45	＞（6.2±0.2）
10	1	40	40	4.1	0.45	＞（6.2±0.3）

（五）阴离子交换膜吸附清除病毒

Justin W.、Scott M. H.、Louise M.等报道，膜吸附可能是不同于填充床色谱柱清除病毒、宿主细胞蛋白、DNA 和其他痕量不纯物的另一种可行的方法。膜吸附已经用于清除小鼠细小病毒，FDA 已经将该病毒作为一种模型病毒。已有 3 种用于清除病毒的阴离子吸附膜商品出售，它们是 Sartobind Q®、Mustand Q®和 Chromasorb®。作者研究了不同 pH、NaCl 浓度、流速和其他竞争性的阴离子对受试品去除病毒的影响，Sartobind Q 和 Mustang Q 的去除病毒的能力因为有季氨基对受试品的传导和 pH 很敏感，研究发现，当传导值大约为 20mS/cm 时，去除病毒的能力显著下降，而 Chromasorb 由于含有伯氨基，完全不受离子强度的影响，然而其结合 MVM 的能力因为磷酸根离子存在显著下降。结果列入表 4-13 和表 4-14。

表 4-13　阴离子吸附膜实验不同浓度缓冲液去除小鼠病毒（MVM）的结果（下降 log 数）

电导率/（mS/cm）	NaCl/（mmol/L）	pH	流速/（MV/min）	病毒下降的 log_{10} 数		
				LRV-S	LRV-M	LRV-C
6.0	50	9.0	4	＞3.58	＞3.25	＞3.70
6.0	50	9.0	20	＞3.47	＞3.25	＞4.01
7.2	50	7.5	4	＞3.57	＞3.25	＞4.06
7.2	50	7.5	20	＞3.54	＞3.25	＞4.04
14.4	125	8.25	12	＞3.55	＞3.25	＞4.12
21.4	200	9.0	4	＞3.52	1.17±0.00	＞3.70
21.4	200	9.0	20	＞3.47	1.00±0.07	＞3.95
22.0	200	7.5	4	0.98±0.05	1.62±0.01	＞3.71
22.0	200	7.5	20	1.65±0.04	1.28±0.02	＞4.03

＞表示病毒滴度下降到检测水平以下。LRV-S、LRV-M 和 LRV-C 分别为 Sartobind Q、Mustang Q 和 Chromasorb 处理 LRV 的结果

表 4-14　阳离子吸附不同缓冲液实验去除细小病毒（MVM）的结果

电导率/（mS/cm）	NaCl/（mmol/L）	pH	流速/（MV/min）	磷酸盐缓冲液/（mmol/L）	病毒下降 log_{10} 数		
					LRV-S	LRV-M	LRV-C
0.5	0	9.0	4	0	＞3.37	＞3.36	＞3.21
2.3	0	6.0	20	0	＞3.23	＞3.37	＞3.21
6.0	0	6.0	4	50	＞3.26	2.81±0.01	＞3.21
7.6	0	9.0	20	50	＞3.16	＞3.34	1.12±0.02

续表

电导率/（mS/cm）	NaCl/（mmol/L）	pH	流速/（MV/min）	磷酸盐缓冲液/（mmol/L）	病毒下降 $\log_{10}$ 数		
					LRV-S	LRV-M	LRV-C
14.6	100	7.5	12	25	2.76±0.05	2.02±0.07	1.95±0.13
21.4	200	9.0	20	0	＞3.26	1.35±0.03	＞3.16
22.6	200	6.0	4	0	2.53±0.05	1.34±0.04	＞3.21
23.7	200	9.0	20	50（乙酸盐）	0.64±0.07	0.21±0.04	＞3.11
25.4	200	6.0	20	50	1.23±0.03	1.57±0.01	2.49±0.26
26.5	200	9.0	4	50	0.92±0.02	1.24±0.06	1.34±0.01

＞表示病毒滴度下降到检测水平以下。LRV-S、LRV-M 和 LRV-C 分别为 Sartobind Q、Mustang Q 和 Chromasorb 处理 LRV 的结果

第五节　重组蛋白冷冻干燥工艺

由于冻干药品呈多孔状，能长时间稳定储存，并易重新复水而恢复活性，因此冷冻干燥技术广泛应用于制备固体蛋白质药物、口服速溶药物及药物包埋剂脂质体等药品。从国家食品药品监督管理总局数据库得知，目前国内已有注射用重组人粒细胞巨噬细胞集落刺激因子、注射用重组人干扰素 α_{2b}、冻干鼠表皮生长因子、外用冻干重组人表皮生长因子、注射用重组链激酶、注射用重组人白介素-2、注射用重组人生长激素、注射用 A 群链球菌、注射用重组人干扰素 α_{2b}、冻干人凝血因子Ⅷ、冻干人纤维蛋白原、重组人组织纤溶酶原激活剂（rt-PA）、重组人尿激酶原（rhPro-UK）、重组葡激酶及各种单克隆抗体等冻干药品获准上市。

一、冷冻干燥的意义

药品冷冻干燥是指把药品溶液在低温下冻结，然后在真空条件下升华干燥，除去冰晶，待升华结束后再进行解吸干燥，除去部分结合水的干燥方法。该过程主要可分为：药品准备、预冻、一次干燥（升华干燥）和二次干燥（解吸干燥）、密封保存等 5 个步骤。药品按上述方法冻干后，可在室温下避光长期储存，需要使用时，加蒸馏水或生理盐水制成悬浮液，即可恢复到冻干前的状态。与其他干燥方法相比，药品冷冻干燥法具有非常突出的优点和特点。

（1）药液在冻结前分装，剂量准确。

（2）在低温下干燥，能使被干燥药品中的热敏物质保留下来。

（3）在低压下干燥，被干燥药品不易氧化变质，同时能因缺氧而灭菌或抑制某些细菌的活力。

（4）冻结时被干燥药品可形成“骨架”，干燥后能保持原形，形成多孔结构而且颜色基本不变。

（5）复水性好，冻干药品可迅速吸水还原成冻干前的状态。

（6）脱水彻底，适合长途运输和长期保存。

虽然药品冷冻干燥具有上述优点，但是干燥速率低、干燥时间长、干燥过程能耗高和干燥设备投资大等仍是该技术的突出缺点。

为了保护药品的活性，通常在药品配方中添加活性物质的保护剂。它需要具备 4 个特性：玻璃化转变温度高、吸水性差、结晶率低和不含还原基。

二、蛋白质冻干的保护剂

常用的保护剂有如下几类物质。

（1）糖类/多元醇：蔗糖、海藻糖、甘露醇、乳糖、葡萄糖、麦芽糖等。

（2）聚合物：HES、PVP、PEG、葡聚糖、白蛋白等。

（3）无水溶剂：乙烯乙二醇、甘油、DMSO、DMF 等。

（4）表面活性剂：Tween-80 等。

（5）氨基酸：L-丝氨酸、谷氨酸钠、丙氨酸、甘氨酸、肌氨酸等。

（6）盐和胺：磷酸盐、乙酸盐、柠檬酸盐等。

由于冷冻干燥过程存在多种应力损伤，因此保护剂保护药品活性的机制也是不同的，可以分为低温保护和冻干保护。

对于低温保护，目前被广为接受的液体状态下蛋白质稳定的机制之一是优先作用原理。优先作用是指蛋白质优先与水或水溶液中的保护剂作用。在有起稳定作用保护剂存在的条件下，蛋白质优先与水作用（优先水合），而保护剂优先被排斥在蛋白质区域外（优先排斥）。在这种情况下，蛋白质表面就比其内部有较多的水分子和较少的保护剂分子。优先作用原理同样适用于冷冻-融解过程。蛋白质保护剂，在溶液中被从蛋白质表面排斥，在冻结过程中能够稳定蛋白质。但是优先作用机制不能完全解释用聚合物或蛋白质自身在高浓度时保护蛋白质的现象。

配方中的固体含量会影响冻结和干燥过程。如果固体含量少于 2%，那么冻干药品结构的机械性能就会不稳定。尤其在干燥过程中，药品微粒不能黏在基质上，逸出的水蒸气会把这些微粒带到小瓶的塞子上，有时甚至会带到真空室当中。

此外，为了获得均匀一致、表面光滑、稳定的蛋白质药品，配方中必须含有填充剂、赋形剂、稳定剂等保护剂，这些保护剂对实现药品的玻璃化冻结有重大的影响。很多糖类或多元醇经常被用于溶液冻融和冻干过程中非特定蛋白质的稳定剂，它们既是有效的低温保护剂又是很好的冻干保护剂，它们对冻结的影响取决于种类和浓度。

三、退火

退火是指把冻结药品温度升到共熔温度以下，保温一段时间，然后再降低温度到冻结温度的过程。在升华干燥之前增加退火步骤，至少有 3 个原因。

（1）强化结晶。在冻结过程特别是快速冻结过程中，配方中结晶成分往往来不及完全结晶。但是如果该成分能为冻干药品结构提供必要的支撑或者蛋白质在该成分完全结晶后会更稳定，那么就有必要完全结晶。此外，冻结浓缩液中也会有一部分水来不及析出，使其达不到最大浓缩状态。实验证明，当退火的温度高于配方的最大浓缩液玻璃化转变温度 T_g'时，会促进再结晶的形成使结晶成分和未冻结水结晶完全。

（2）提高非晶相的最大浓缩液玻璃化转变温度 T_g'。从非晶相中除去 T_g'较低的结晶成分，能够提高非晶相的 T_g'。Barry J. A.在研究非晶态碳水化合物的水合物结晶规律时发现，经过退火之后的海藻糖干燥溶液的玻璃化转变温度由 31℃上升到 79℃，大大提高了稳定作用。

（3）改变冰晶形态和大小分布，提高干燥效率。James A. S.等研究认为不同的成核温度产生不同的冰晶形态和粒径大小，继而导致升华干燥速率的不均匀。但是一个过程中的干燥速率是由最慢的干燥药品确定的，因此不均匀的干燥速率会影响药品的质量和生产的经济性。研究证实退火过程中的相行为和重结晶可以减小由于成核温度差异造成的冰晶尺寸差异及干燥速率的不均匀性，提高干燥效率和药品均匀性。

为了达到退火目的，在退火操作中，必须考虑加热速率、退火温度、退火时间等参数。但是目前由于实验手段不够先进和理论知识比较缺乏，退火机制尚有疑问，退火参数的选取仍然没有依据。

四、干燥

药品冷冻干燥的过程可以分为两个阶段：一次干燥和二次干燥。在一次干燥阶段除去自由水，在二次干燥阶段除去部分结合水。干燥过程占据了药品冷冻干燥过程的大部分能耗，因此采取有效措施提高干燥速率显得非常有意义。目前，大都采取控制搁板和药品温度、冷阱温度和真空度的做法来实现干燥速率的提高。

药品温度的控制包括冻结层和已干层的温度控制。控制冻结层温度的原则是在保证冻结层不发生熔化（在低共熔点以下）的前提下，温度越高越好。控制已干层温度的原则是在不使物料变性或已干层结构崩塌的前提下，尽量采用较高的干燥温度。而搁板温度的控制是以满足药品温度控制为标准的。

冷阱温度。冻干过程中水升华的驱动力是药品和冷阱间的温差。由于药品温度受加热方式的限制，同时不能高于共熔温度，因此冷阱温度越低越好。为了提高经济性，在升华干燥过程中应至少低于药品温度 20℃；在解吸干燥过程中，对于那些要求很低残余水分的配方，冷阱温度要求更低。

五、真空度

一般认为，压力对冻干过程有正反两方面的影响。

（1）在药品共熔点温度和崩塌温度以下，升华界面温度越高，升华水汽越多，所需热量越大。压力越高，相应提高了已干层导热系数，表面对流作用也越大，因此升华水汽也越快，即冻干速率越大。

（2）升华界面通过已干层到外部的水汽逸出速度与界面和表面之间的压力差，即界面温度所对应的饱和压力与干燥室的真空度之差相关。这个压差大，有助于水汽逸出。这个压差越小，逸出越慢，干燥速率也越小。如果冷冻干燥是传热控制过程，则干燥速率随着干燥室压力升高而提高；如果冷冻干燥是传质控制过程，干燥速率随着干燥室压力升高而降低。

经验证明升华阶段的真空度在 10～30Pa 时，既有利于热量的传递，又利于升华的进行。若压强过低，则对传热不利，药品不易获得热量，升华速率反而降低，而且对设备的要求也更高，增加了成本。而当压强过高时，药品内冰的升华速度减慢，药品吸收热量将减少，于是药品自身的温度上升，当高于共熔点温度时，药品将发生熔化导致冻干失败。

六、冷冻干燥操作步骤

（一）蛋白质产品冻干前的准备

蛋白质产品冷冻干燥必须在无菌车间（100 级）进行。装目标蛋白的容器、过滤系统、分装蛋白质产品的小瓶或安瓿都必须无菌消毒，工作人员都必须着无菌的服装、口罩、手套和无菌鞋帽。

（二）目标蛋白溶液的无菌过滤与分装

目标蛋白纯化的最后产品，经测定蛋白质浓度、生物活性后，加赋形剂、保护剂，调整蛋白质冻干产品所需要的浓度，在无菌车间进行无菌过滤，用自动分装机将产品分装在冻干瓶内（青霉素瓶或安瓿）。另外，还要分装部分半成品（未加蛋白质类保护剂）于同样规格的青霉素瓶或安瓿内与产品一起冻干，用于质量检验。

（三）冻干操作步骤

（1）打开冻干机调节温度至–40℃以下，迅速将分装好的蛋白产品放入冻干机内进行预冻，使产品充分冻结实，2～4h后开始抽真空使真空度达到20Pa，持续冷冻 4～5h，待冻干产品中的水分升华完毕（产品呈现均匀白色粉末），然后开始升温退火，升温速度开始控制在1～2℃/h为宜，使制品基本干燥后再以6～8℃/h升温，使各层制品温度控制在28～30℃，搁板温度与冻干曲线合拢，保持4～5h，整个冻干过程 48h内即可出柜。

（2）出柜：关闭真空系统，向柜内放入无菌干燥氮气，使柜内外压力平衡后压盖，关闭冻干机电源，开启冻干机柜门，取出冻干的蛋白质产品，冻干结束。

（3）压盖分装：将冻干产品从冻干机取出，给每个药瓶盖上铝盖并用压盖机压盖，最后将药品装入包装盒和包装箱。

（4）蛋白质产品储存：一般蛋白质产品都应存放于低温环境，有的产品应放在–20℃冰箱储存。但有些蛋白质不能放–20℃以下低温储存，如人血清白蛋白、重组人红细胞生成素（rEPO），放在–20℃将失去生物活性，只能保存于4～8℃。

第六节　重组蛋白产品的稳定性观察

用于临床的药品从一生产出来就要进行稳定性观察。从产品冻干压盖后就要取一些出来分成若干批，放置在不同温度下，于不同时间测定蛋白质含量、生物活性及其他指标，以观察该产品能在不同温度、不同环境下保存多长时间，产品质量下降情况，确定产品保质期限有多长。

根据中华人民共和国食品药品监督管理总局生物制品稳定性研究技术指导原则，开展稳定性研究之前，需建立稳定性研究的整体计划或方案，包括研究样品、研究条件、研究项目、研究时间、运输研究、研究结果分析等方面。

生物制品稳定性研究一般包括实际储存条件下的实时稳定性研究（长期稳定性研究）、加速稳定性研究和强制条件试验研究。长期稳定性研究可以作为设定产品保存条件和有效期的主要依据。加速和强制条件试验可以用于了解产品在短期偏离保存条件和极端情况下产品的稳定性情况，为有效期和保存条件的确定提供支持性数据。

稳定性研究过程中采用的检测方法应经过验证，检测过程需合理设计，应尽量避免人员、方法或时间等因素引入的试验误差。长期稳定性研究采用的方法应与产品送检合格时所用的检测方法相一致；中间产物或原液及成品加速、强制条件试验检测用方法应根据研究目的和样品的特点采用合理、敏感的方法。

稳定性研究设计时还应考虑各个环节样品储存的累积保存时间对最终产品稳定性的影响。

一、观测样品

研究样品通常包括原液、成品及产品自带的稀释液或重悬液，对因不能连续操作而需保存一定时间的中间产物也应进行相应的稳定性研究。

稳定性研究的样品批次数量应至少为 3 批。各个阶段稳定性研究样品的生产工艺与质量应一致（即具有代表性），批量应至少满足稳定性研究的需要。研究用成品应来自不同批次原液。成品稳定性研究应采用与实际储存相同的包装容器与密闭系统；原液或中间产物稳定性研究可以采用与实际应用相同的材质或材料的容器和密封系统。

稳定性研究中可以根据检测样品的代表性，合理地设计研究方案，减少对部分样品的检测频度或根据产品特点（如规格）选择部分代表性检测项目。原则上，浓度不一致的多种规格的产品，均应按照要求分别开展稳定性研究。

二、观测条件

稳定性研究应根据研究目的和产品自身特性对研究条件进行摸索和优化。稳定性研究条件应充分考虑到今后的储存、运输及其使用的整个过程。根据对各种影响因素（如温度、湿度、光照、反复冻融、振动、氧化、酸碱等相关条件）的初步研究结果，制定长期、加速和强制条件试验等稳定性研究方案。

（一）温度

长期稳定性研究的温度条件应与实际保存条件相一致；强制条件试验中的温度应达到可以观察到样品发生降解并超出质量标准的目的；加速稳定性研究的温度条件一般介于长期与强制条件试验之间，通常可以反映产品可能短期偏离于实际保存条件的情况。

（二）湿度

如能证明包装容器与密封系统具有良好的密封性能，则不同湿度条件下的稳定性研究可以省略；否则，需要开展相关研究。

（三）反复冻融

对于需冷冻保存的原液、中间产物，应验证其在多次反复冻融条件下产品质量的变化情况。

（四）其他

光照、振动和氧化等条件的研究应根据产品或样品的储存条件和研究目的的进行设计。

另外，液体制剂在稳定性研究中还应考虑到产品的放置方向，如正立、倒立或水平放置等。

模拟实际使用情况的研究应考虑产品使用、存放的方式和条件，如注射器多次插入与抽出的影响等。对于一些生物制品，如用于多次使用的、单次给药时间较长的（如静脉滴注）、使用前需要配制的、特殊环境中使用的（如高原低压、海洋高盐雾等环境），以及存在配制或稀释过程的小容量剂型等特殊使用情况的产品，应开展相应的稳定性研究，以评估实际使用情况下产品的稳定性。

三、测定项目

考虑到生物制品自身的特点，稳定性研究中应采用多种物理、化学和生物学等试验方法，针对多个研究项目对产品进行全面的分析与检定。检测项目应包括产品敏感的且有可能反映产品质量、安全性和/或有效性的考查项目，如生物学活性、纯度和含量等。根据产品剂型的特点，应考虑设定相关的考察项目，例如，注射用无菌粉末应考察其水分含量的变化情况；液体剂型应采用适宜的方法考察其装量变化情况等。对年度检测时间点，产品应尽可能进行检测项目的全面检定。

（一）生物学活性

生物学活性检测是生物制品稳定性研究中的重点研究项目。一般情况下，生物学活性用效价来表示，是通过与参考品的比较而获得的活性单位。研究中使用的参考品应该是经过标准化的物质。另外，还需要关注应用参考品的一致性和其自身的稳定性。同时，可依据产品自身的特点考虑体内生物学活性、体外生物学活性或其他替代方法的研究。

（二）纯度

应采用多种原理的纯度检测方法进行综合的评估。降解产物的限度应根据临床前研究和临床研究所用各批样品分析结果的总体情况来制定。长期稳定性研究中，发现有新的降解产物出现或者是含量变化超出限度时，建议对其进行鉴定，同时开展安全性与有效性的评估。对于不能用适宜方法鉴定的物质或不能用常规分析方法检测纯度的样品，应提出替代试验方法，并证明其合理性。

（三）其他

其他一些检测项目也是生物制品稳定性研究中较为重要的方面，需在稳定性研究中加以关注，如含量、外观（颜色和澄清度，注射用无菌粉末的颜色、质地和复溶时间）、可见异物、不溶性微粒、pH、注射用无菌粉末的水分含量、无菌检查等。添加剂（如稳定剂、防腐剂）或赋形剂在制剂的有效期内也可能降解，如果初步稳定性试验有迹象表明这些物质的反应或降解对药品质量有不良影响时，应在稳定性研究中加以监测。稳定性研究中还应考虑到包装容器和密封系统可能对样品具有潜在的不良影响，在研究设计过程中应关注此方面。

四、观察时间

长期稳定性研究时间点设定的一般原则是，第一年内每隔三个月检测一次，第二年内每隔六个月检测一次，第三年开始可以每年检测一次。如果有效期（保存期）为一年或一年以内，则长期稳定性研究应为前三个月每月检测一次，以后每三个月一次。在某些特殊情况下，可灵活调整检测时间，例如，基于初步稳定性研究结果，可有针对性地对产品变化剧烈的时间段进行更密集的检测。原则上，长期稳定性研究应尽可能做到产品不合格为止。产品有效期的制定应根据长期稳定性研究结果设定。强制和加速稳定性研究应观察到产品不合格。

申报临床试验阶段的稳定性研究，应可以说明产品的初步稳定性情况。申报生产上市时，稳定性研究应为储存条件和有效期（保存期）的制定提供有效依据。

五、运输稳定性研究

生物制品通常要求冷链保存和运输，对产品（包括原液和成品）的运输过程应进行相应的稳定性模拟验证研究。稳定性研究中需充分考虑运输路线、交通工具、距离、时间、条件（温度、湿度、振动情况等）、产品包装情况（外包装、内包装等）、产品放置情况和监控器情况（温度监控器的数量、位置等）等。稳定性研究设计时，应模拟运输时的最差条件，如运输距离、振动频率和幅度及脱冷链等。通过验证研究，应确认产品在运输过程中处于拟定的保存条件下可以保持产品的稳定性，并评估产品在短暂的脱离拟定保存条件下对产品质量的影响。对于需要冷链运输的产品，应对产品脱离冷链的温度、次数、总时间等制定相应的要求。

六、结果的分析

稳定性研究中应建立合理的结果评判方法和可接受的验收标准。研究中不同检测指标应分别进行分析；同时，还应对产品进行稳定性的综合评估。

同时开展研究的不同批次的稳定性研究结果应该具有较好的一致性，建议采用统计学的方法对批间的一致性进行判断。同一批产品，在不同时间点收集的稳定性数据应进行趋势分析，用以判断降解情况。验收标准的制定应在考虑到方法学变异的前提下，参考临床用研究样品的检测值对其进行制定或修正，该标准不能低于产品的质量标准。

通过稳定性研究结果的分析和综合评估，明确产品的敏感条件、降解途径、降解速率等信息，制定产品的保存条件和有效期（保存期）。

七、标示

根据稳定性研究结果，需在产品说明书或标签中明确产品的储存条件和有效期。不能冷冻的产品需另行说明。若产品要求避光、防湿或避免冻融等，建议在各类容器包装的标签和说明书中注明。对于多剂量规格的产品，应标明开启后最长使用期限和放置条件。对于冻干制品，应明确冻干制品溶解后的稳定性，其中应包括溶解后的储存条件和最长储存期。

八、名词解释

降解产物：产品在储存过程中随时间发生变化而产生的物质。这种变化可能发生在产品生产过程中或储存过程中，如脱酰胺、氧化、聚合、蛋白质水解等。

中间产物：生产过程中形成的、为下一步工艺所用的物质，不包括原液。

有效期：产品可供临床正常使用的最大有效期限（天数、月数或年数）。该有效期是根据在产品开发过程中进行稳定性研究获得的储存寿命而确定。

保存期：原液和中间产物等在适宜的储存条件下可存放的时间。

长期稳定性研究：实际储存条件下开展的稳定性研究，用于制定产品的有效期和原液的保存期。

加速稳定性研究：高于实际储存温度条件下的稳定性研究。通常是指37℃或室温。

强制条件试验：影响较为剧烈的条件下进行的稳定性研究，如高温、光照、振动、反复冻融、氧化等。

九、重组人尿激酶原稳定性观察

（一）重组人尿激酶（rhPro-UK）冻干产品的加速储存试验

rhPro-UK 冻干产品加速储存试验采用 Greiff 等报道的多点等温稳定性试验（MIS），将冻干后的 rhPro-UK 小瓶分别置于60℃（20瓶）、70℃（12瓶）、80℃（5瓶），每间隔24h从3种不同温度水浴中取一瓶，测 rhPro-UK 的活性。

（二）rhPro-UK 的活性测定

采用改良的琼脂糖-纤维蛋白溶解圈法。

（三）rhPro-UK 的蛋白纯度测定

采用 HPLC 及 SDS-PAGE 测定。

数据处理与 Greiff 等介绍的方法大致相同。将不同温度储存后测得的 rhPro-UK 效价的对数与各效价相对应的时间、储存时间的对数与各相对应的 rhPro-UK 活性降解的对数分别输入计算机，即可求出不同储存时间时 rhPro-UK 活性降解速度（K1）和活性下降 10%或 50%时所需的时间，再将已知储存温度和各温度相对应的 K1 绘制出 rhPro-UK 的热降解速度曲线。据降解速度 K1 和各 K1 值相对应的 rhPro-UK 活性降解 10%或 50%所需的时间，绘制 rhPro-UK 的储存寿命估算曲线。

（四）rhPro-UK 保存在–70℃和 4℃时的稳定性

保存在–70℃和 4℃时的稳定性冻干产品 rhPro-UK 在–70℃、4℃放置 2 周、4 周、12 周、24 周和 48 周，HPLC 测定结果显示，4℃条件下半年及一年的蛋白纯度分别为 96.6%和 96.0%，无明显变化，rhPro-UK 也未见明显分解。

（五）rhPro-UK 活性的热降解速度

采用 MIS 实验方法，由 rhPro-UK 在 60℃、70℃和 80℃时的活性测定其热降解速度（K1）分别为–0.068、–0.161 和–0.443，通过其降解速度曲线可计算出 rhPro-UK 冻干品在 37℃、25℃、4℃和 0℃时的降解速度分别为–0.006、–0.001、–0.000 和–0.000。

（六）rhPro-UK 冻干产品储存寿命的估算

依据 MIS 试验计算出 rhPro-UK 冻干产品在 60℃、70℃和 80℃储存时，其活性损失 50%时所需时间为 6.27d、1.92d 和 0.48d；活性损失 10%时所需时间为 0.8d、0.2d 和 0.04d，并由此可估算出 rhPro-UK 活性损失 50%的情况下冻干产品 rhPro-UK 在 37℃可存放 173d；25℃可存放 2.78 年；4℃可存放 70.8 年；0℃可存放 118 年。同样根据此方法也可推测出活性损失 10%时，冻干产品 rhPro-UK 在 37℃可存放 20d，25℃可存放 100d，4℃可存放 7.6 年，0℃可存放 11 年。

（七）重组人尿激酶原冻干产品的长期稳定性观察

1. rhPro-UK 冻干品的制备

表达 rhPro-UK 的基因重组 CHO 细胞经大规模高密度无血清培养方法，在 30L 反应器（Biostat UC20，B. Braun Co.，German）中连续灌流培养 60～100d，每天收集 20～30L 上清，经阳离子交换、凝胶过滤等 4 步纯化步骤，加入保护剂人血清白蛋白和赋形剂后无菌分装为 2mg rhPro-UK/瓶，冷冻干燥为成品。为了方便 SDS-PAGE、RP-HPLC 质量肽图等的分析和测定，有部分分装的 rhPro-UK 样品未加入保护剂。取适量样品，分别保存在 4℃和–20℃环境中。

2. S-2444 发色底物法测定冻干品的总活性和单双链比例

由于 SDS-PAGE 法测定 rhPro-UK 单双链比例不准确，采用 S-2444 发色底物法测定分别储存在 4℃和–20℃的 rhPro-UK 冻干产品（批号 980925，装量为 2mg/瓶 20 万 U/瓶，以人血清白蛋白为保护剂）。发色底物 S-2444 和嗜热菌蛋白酶（thermolysin）购自 Sigma 公司，尿激酶标准品由中国药品生物制品检定所提供。尿激酶与 S-2444 反应释放出对氨基苯甲酸，显黄色，可用分光光度计测定尿激酶原产品中的尿激酶含量。尿激酶原不与之反应，当嗜热杆菌蛋白酶将尿激酶原全部激活变成尿激酶才能与之反应，用此法可测出尿激酶原残品的全部活性。

3. SDS-PAGE 测定 rhPro-UK 冻干品的纯度和单链比例

在非还原和还原条件下，用 SDS-PAGE 分别测定 rhPro-UK 冻干产品（不含人血清白蛋白）的纯度。12.5%分离胶，4.5%浓缩胶，样品加入还原或非还原样品缓冲液后沸水煮 3min，150V 电泳，考马斯亮蓝 G250 染色，脱色后用 CS 9301 PC 扫描仪在 595nm 波长处扫描，分析 rhPro-UK 纯度。

4. RP- HPLC 质量肽图分析

取保存于–20℃的不同批次的 rhPro-UK 冻干产品（不含人血清白蛋白），脱盐后加入水解缓冲液，再按 1∶10 的质量比加入胰蛋白酶（Sigma 公司），37℃保温 8h。采用 600Pump 996 PDA HPLC 分析仪（Waters 公司）；色谱柱型号为 Zorbax 300SB C8。

RP-HPLC 肽图分析条件：柱温为（45±1.0）℃，流速 0.75ml/min，上样量 25μl（25μg），检测波长 214nm。洗脱 A 相为 0.1% TFA 溶于水；B 相为 0.1% TFA 溶于乙腈∶水（80∶20）。梯度洗脱程序为：0min 时洗脱 A 相 100%，洗脱 B 相 0%；75min 时洗脱 A 相 65%，洗脱 B 相 35%；120min 时洗脱 A 相 0%，洗脱 B 相 100%。

5. 结果

（1）rhPro-UK 冻干产品在 4℃条件下可保存 3 年，其总活性和单双链比例基本没有变化，但随着储存时间的延长，有部分产品降解，如储存 5 年的样品，其活性降低 9%～10%，而储存 78 个月（6 年半）的样品，总活性可降低 13%～15%，因此在 4℃条件下储存尿激酶原冻干产品，推荐其保存年限为 3 年。值得注意的是，尽管保存 3 年后总活性会有所下降，但其单链比例一直保持在 98.5%～99.2%，没有明显的变化。

（2）rhPro-UK 冻干产品在–20℃条件下保存 78 个月，其总活性和单双链比例基本没有变化，说明尿激酶原冻干产品在–20℃条件下是很稳定的。

（3）RP-HPLC 质量肽图测定重组人尿激酶原的稳定性：用 RP-HPLC 测定了 rhPro-UK（批号 980925、981014、20030101、050512B）的 RP-HPLC 质量肽图，结果显示，4 批 rhPro-UK 产品的性质非常稳定均一，其图谱几乎重合，说明研究开发的 rhPro-UK 生产工艺稳定，能保证产品的质量。另外，–20℃条件下保存了 78 个月的产品非常稳定，没有降解。因此，rhPro-UK 产品冻干后在–20℃条件下长期保存后其结构和组成非常稳定。

第五章　目标蛋白产品质量检测

经过精纯化得到的目标蛋白产品还要经过一系列的检测，包括残品纯度、分子质量、质量肽图、等电点、氨基酸组成、N 端氨基酸序列分析、C 端氨基酸序列分析、宿主细胞 DNA 残留量、宿主细胞蛋白残留量、内毒素残留量等检测都合格才符合临床使用标准。

第一节　目标蛋白纯度和生物活性检测

目标蛋白纯化的每一步都要测定蛋白质收集液浓度、蛋白质纯度和生物活性，观察每一步纯化步骤的纯化效果及目标蛋白回收率和生物活性回收率。最常用的方法是丙烯酰胺凝胶电泳法检测蛋白质溶液的纯度，用改良的 Lowry 法、紫外吸收法、染料结合法等测定收集液中的蛋白质浓度。

一、目标蛋白定量测定

（一）改良的 Lowry 法（Folin-酚试剂法）测定蛋白质含量

蛋白质中含有酪氨酸和色氨酸残基，能与 Folin-酚试剂起氧化还原反应。反应过程分为两步，第一步：在碱性溶液中，蛋白质分子中的肽键与碱性铜试剂中的 Cu^{2+}作用生成蛋白质-Cu^{2+}复合物。第二步：蛋白质-Cu^{2+}复合物中所含的酪氨酸或色氨酸残基还原酚试剂中的磷钼酸和磷钨酸，生成蓝色的化合物。该呈色反应在 30min 内即接近极限，并且在一定浓度范围内，蓝色的深浅度与蛋白质浓度呈线性关系，故可用比色的方法确定蛋白质的含量。进行测定时要根据蛋白质浓度的不同选用不同的测定波长：若蛋白质含量高（25～100μg）时，在 500nm 波长处进行测定，含量低（5～25μg）时，在 755nm 波长处进行测定。最后根据预先绘制的标准曲线求出未知样品中蛋白质的含量。

1. 实验器材

100ml 容量瓶 2 只；移液管 1ml 4 支，5ml 2 支；721 型分光光度计。

2. 实验试剂

（1）Folin-酚试剂甲：将 1g 碳酸钠溶于 50ml 0.1mol/L 氢氧化钠溶液中，再把 0.5g 硫酸铜（$CuSO_4·5H_2O$）溶于 100ml 1％酒石酸钾（或酒石酸钠）溶液，然后将前者 50ml 与后者 1ml 混合。混合后 1d 内使用有效。

（2）钼酸钠（$Na_2MoO_4·2H_2O$）、700ml 蒸馏水、50ml 85％磷酸及 100ml 浓盐酸充分混匀后回流 10h。回流完毕，再加 150g 硫酸锂、50ml 蒸馏水及数滴液体溴，开口继续沸腾 15min，以便驱除过量的溴，冷却后定容到 1000ml。过滤，如显绿色，可加溴水数滴使氧化至溶液呈淡黄色。置于棕色瓶中暗处保存。使用前用标准氢氧化钠溶液滴定，酚酞为指示剂，以标定该试剂的酸度，一般为 2mol/L 左右（由于滤液为浅黄色，滴定时滤液需稀释 100 倍，以免影响滴定终点的观察）。使用时适当稀释（约 1 倍），使最后浓度为 1mol/L。

（3）标准蛋白质溶液：用分析天平精密称取牛（或人）血清白蛋白 100mg，用少量蒸馏水完全溶解后，转移至 100ml 容量瓶中，准确稀释至刻度，使蛋白质浓度为 1mg/ml。

（4）样品溶液：配制约 0.5mg/ml 的酪蛋白溶液作为未知样品溶液。

3. 实验操作

（1）绘制标准曲线：取 7 支试管，按表 5-1 分别加入各试剂。

表 5-1　Folin-酚法定量测定蛋白质标准曲线试剂分配表

试剂	管号						
	0	1	2	3	4	5	6
标准蛋白溶液/ml	0.0	0.1	0.2	0.3	0.4	0.5	0.6
蒸馏水/ml	1.0	0.9	0.8	0.7	0.6	0.5	0.4
Folin-酚试剂甲/ml	5	5	5	5	5	5	5

加完各试剂后摇匀，室温下放置 10min，每管加入 1ml Folin-酚试剂乙（磷钼酸钠溶液），立即摇匀，放置 30min 后比色，在 500nm 处记下各管光密度，以 0 号管为对照，以光密度为纵坐标，标准蛋白溶液浓度为横坐标，绘制标准曲线。

（2）测定未知样品

取 2 支试管，分别准确吸取 1ml 样品溶液，各加 5ml Folin-酚试剂甲，摇匀，室温放置 10min 后，再各加 1ml Folin-酚试剂乙，立即摇匀，放置 30min，在 500nm 处测定光密度值。根据未知样品溶液的光密度值，在绘制好的标准曲线图中查出样品溶液中的蛋白质含量。

（二）直接用分光光度计在波长 280nm 处比色测定目标蛋白含量

用分光光度计比色是测定蛋白质浓度最方便的方法，用分光光度计测定某个未知蛋白的光密度值，用式（5-1）可以很方便地计算出所测蛋白质溶液的蛋白质浓度。

$$A_{280}\text{（1mg/ml）}=（5690N_W+1280N_Y+120N_C）/M \qquad (5\text{-}1)$$

式中，A_{280}是所测蛋白质溶液在波长 280nm 的光吸收值；N_W是所测蛋白质分子中色氨酸数量（个数）；N_Y是所测蛋白质分子中酪氨酸的个数；N_C是所测蛋白质分子中半胱氨酸的个数；M是待测蛋白质的分子质量。

（三）BCA 方法测定蛋白质含量

BCA 检测法是 Lowry 测定法的一种改进方法。与 Lowry 方法相比，BCA 法的操作更简单，试剂更加稳定，几乎没有干扰物质的影响，灵敏度更高（微量检测可达到 0.5μg/ml），应用更加灵活。蛋白质分子中的肽键在碱性条件下能与 Cu^{2+}络合生成络合物，同时将 Cu^{2+}还原成 Cu^{+}。二喹啉甲酸及其钠盐是一种溶于水的化合物，在碱性条件下，可以和 Cu^{+}结合生成深紫色的化合物，这种稳定的化合物在 562nm 处具有强吸收值，并且化合物颜色的深浅与蛋白质的浓度成正比。故可用比色的方法确定蛋白质的含量。

1. BCA 试剂的配制

（1）试剂 A，1L：分别称取 10g BCA（1%），20g $Na_2CO_3·H_2O$（2%），1.6g $Na_2C_4H_4O_6·2H_2O$（0.16%），4g NaOH（0.4%），9.5g $NaHCO_3$（0.95%），加水至 1L，用 NaOH 或固体 $NaHCO_3$ 调节 pH 至 11.25。

（2）试剂 B，50ml：取 2g $CuSO_4·5H_2O$（4%），加蒸馏水至 50ml。

（3）BCA 试剂：取 50 份试剂 A 与 1 份试剂 B 混合均匀。此试剂可稳定 1 周。

2. 标准蛋白质溶液

称取 40mg 牛血清白蛋白，溶于蒸馏水中并定容至 100ml，制成 400μg/ml 的溶液。

3. 样品溶液

配制约 50μg/ml 的牛血清白蛋白溶液作为样品。

4. 绘制标准曲线

按照表 5-2，取 6 支干燥洁净的大试管，编为 1 号、2 号、3 号、4 号、5 号、6 号，分别加入不同量蛋白质标准溶液、蒸馏水、BCA 试剂，混匀，于 37℃保温 30min，冷却至室温后，以第 1 管为对照，在 562nm 处比色，读取各管吸光值，以牛血清白蛋白含量为横坐标，以吸光值为纵坐标，绘制标准曲线。

表 5-2　BCA 法测定蛋白质标准曲线试剂配制表

管号	1	2	3	4	5	6
标准蛋白溶液/μl	0	50	100	150	200	250
蒸馏水/μl	250	200	150	100	50	0
BCA 试剂/ml	5	5	5	5	5	5
蛋白质含量/μg	0	20	40	60	80	100

5. 样品测定

准确吸取 250μl 样品溶液于一干燥洁净的试管中，加入 BCA 试剂 5ml，摇匀，于 37℃保温 30min，冷却至室温后，以标准曲线 1 号管为对照，在 595nm 处比色，记录吸光值。根据样品的吸光值从标准曲线上查出样品的蛋白质含量。

（四）考马斯亮蓝染料结合比色法测定蛋白质含量

考马斯亮蓝 G250 是一种染料，在游离状态下呈红色，最大吸收峰在 465nm 处。当它与蛋白质结合后变成深蓝色，最大吸收峰变为 595nm。蛋白质含量 1～1000μg，蛋白质-染料复合物在 595nm 处的吸光度与蛋白质含量成正比，故可用比色法测定。蛋白质-染料复合物具有很高的吸光值，因此大大提高了蛋白质测定的灵敏度，最低检出量为 1μg 蛋白质。染料与蛋白质结合迅速，大约为 2min，结合物的颜色在 1h 内稳定。所以本法操作简便，快速，灵敏度高，稳定性好，是一种测定蛋白质含量的常用方法。

1. 标准蛋白质溶液

称取 10mg 牛血清白蛋白，溶于蒸馏水中并定容至 100ml，制成 100μg/ml 的溶液。

2. 考马斯亮蓝 G250 试剂

称取 100mg 考马斯亮蓝 G250，溶于 50ml 95％乙醇中，加入 85%（*m*/*v*）的

磷酸 100ml，最后用蒸馏水定容到 1000ml。此溶液可在常温下放置一个月。

3. 样品溶液

配制约 50μg/ml 的牛血清白蛋白溶液作为样品。

4. 实验方法

1）绘制标准曲线

按照表 5-3 取 6 支干燥洁净的大试管，编为 1 号、2 号、3 号、4 号、5 号、6 号，按表 5-3 给每个试管中分别加入不同体积的标准溶液、蒸馏水、考马斯亮蓝试剂，混匀，室温静置 2min，以第 1 管为对照，在 595nm 处比色，读取各管吸光值，以牛血清白蛋白含量为横坐标，以吸光值为纵坐标，绘制标准曲线，并进行直线回归，算出标准曲线的截距和斜率。

表 5-3 考马斯亮蓝测定蛋白质标准曲线试剂配制表

管号	1	2	3	4	5	6
标准蛋白溶液/ml	0.0	0.2	0.4	0.6	0.8	1.0
蒸馏水/ml	1.0	0.8	0.6	0.4	0.2	0.0
考马斯亮蓝 G250 试剂/ml	5	5	5	5	5	5
蛋白质含量/μg	0	20	40	60	80	100

2）样品测定

准确吸取 1.0ml 样品溶液于一支干燥洁净的试管中，加入考马斯亮蓝 G250 试剂 5ml，摇匀，室温静置 2min，以标准曲线 1 号管为对照，在 595nm 处比色，记录吸光值。根据样品的吸光值从标准曲线上查出样品的蛋白质含量。

（五）凯式定氮法测定目标蛋白含量

生物制品规程规定蛋白质定量测定最后要用凯式定氮法进行核准，但是凯式定氮法需要专业实验室测定。蛋白质与浓硫酸共热时分解出氨，氨与硫酸反应生成硫酸铵。在凯氏定氮仪中加入强碱碱化消化液，使硫酸铵分解出氨。用水蒸气蒸馏法将氨蒸入硼酸溶液中，然后再用标准稀硫酸溶液进行滴定，滴定所用稀硫酸的量（mol）相当于被测样品中氨的量（mol），根据所测得的氨量即可计算样品的含氮量。

1. 原理

因为蛋白质含氮量通常在 16%左右，所以将凯氏定氮法测得的含氮量乘上系数 6.25，便得到该样品的蛋白质含量。

2. 试验步骤

整个反应过程可分为消化、蒸馏及滴定三大步骤。

样品与浓硫酸共热时，分解出氮、二氧化碳和水，氮转变出的氨，进一步与硫酸作用生成硫酸铵，此过程通常称为“消化”。

但是，这个反应进行得比较缓慢，通常需要加入硫酸钾或硫酸钠以提高反应液的沸点，并加入硫酸铜作为催化剂，以加快反应速度。以甘氨酸为例，其消化过程可表示如下：

$$CH_2NH_2COOH+3H_2SO_4 \longrightarrow 2CO_2+3SO_2+4H_2O+NH_3 \quad (1)$$

$$2NH_3+H_2SO_4 \longrightarrow NH_4)_2SO_4 \quad (2)$$

$$(NH_4)_2SO_4+2NaOH \longrightarrow 2H_2O+Na_2SO_4+2NH_3 \quad (3)$$

反应（1）、（2）在凯氏定氮烧瓶中完成。反应（3）在凯氏定氮仪内进行。

浓碱可使消化液中的硫酸铵分解，游离出氨。借水蒸气将产生的氨蒸馏到定量、定浓度的硼酸溶液中，氨与溶液中的氢离子结合生成铵离子，使溶液中氢离子浓度降低。然后用标准无机酸滴定至恢复溶液中原来氢离子浓度为止。最后根据所用标准酸的摩尔数计算出待测物中的总氮量：

$$\text{样品中氮的含量（克\%）} = \frac{(A-B)\times 0.01\times 14}{C\times 1000}\times 100 \quad (5\text{-}2)$$

$$\text{样品中蛋白质的含量（克\%）} = \frac{(A-B)\times 0.01\times 14\times 6.25}{C\times 1000}\times 100 \quad (5\text{-}3)$$

式中，A 为滴定样品所用去的盐酸溶液平均毫升数；B 为滴定对照液用去的盐酸平均毫升数；C 为所取样品溶液的毫升数。

二、目标蛋白产品的纯度检测

（一）用 SDS 丙烯酰胺凝胶电泳（SDS-PAGE）测定目标蛋白产品纯度

采用垂直式电泳槽装置。

1. 聚丙烯酰胺凝胶的配制

1）分离胶（10%）的配制

ddH_2O 4.0ml，30%储备胶 3.3ml，1.5mol Tris-HCl 2.5ml，10% SDS 0.1ml，10% AP 0.1ml。

取 1ml 上述混合液，加 TEMED（*N,N,N',N'*-四甲基乙二胺）10μl 封底，其余加 TEMED 4μl，混匀后灌入玻璃板间，以水封顶，注意使液面平（凝胶完全聚合需 30～60min）。

2）浓缩胶（4%）的配制

ddH_2O 1.4ml，30%储备胶 0.33ml，1mol/L Tris-HCl 0.25ml，10% SDS 0.02ml，10% AP 0.02ml，TEMED 2μl。

将分离胶上的水倒去，加入上述混合液，立即将梳子插入玻璃板间，完全聚合需 15～30min。

2. 样品处理

将样品加入等量的 2×SDS 上样缓冲液，100℃加热 3～5min，12 000*g* 离心 1min，取上清作 SDS-PAGE 分析，同时将 SDS 低分子质量蛋白标准品作平行处理。

3. 上样

取 10μl 诱导与未诱导的处理后的样品加入样品池中，并加入 20μl 低分子质量蛋白标准品作对照。

4. 电泳

在电泳槽中加入 1'电泳缓冲液，连接电源，负极在上，正极在下，电泳时，积层胶电压 60V，分离胶电压 100V，电泳至溴酚蓝行至电泳槽下端停止（约需 3h）。

5. 染色

将胶从玻璃板中取出，考马斯亮蓝染色液染色，室温 4～6h。

6. 脱色

将胶从染色液中取出，放入脱色液中，多次脱色至蛋白带清晰。

7. 凝胶摄像和保存

在图像处理系统下将脱色好的凝胶摄像，结果存于软盘中，凝胶可保存于双蒸水中或 7%乙酸溶液中。

8. 扫描蛋白带

用扫描仪扫描各蛋白带，测定各蛋白带的百分比，主蛋白带应当大于 95%。如图 5-1 所示。

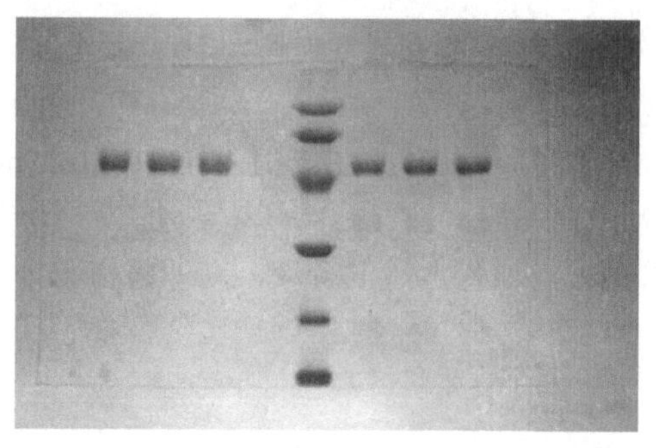

1 2 3 4 5 6 7

图 5-1　连续生产三批重组人尿激酶原（rhPro-UK）的电泳结果

1、2、3 是三批 rhPro-UK 非还原电泳，4 是分子质量 Marker，5、6、7 是三批 rhPro-UK 还原电泳

（二）高效液相色谱分析目标蛋白产品纯度（以重组人尿激酶原色谱分析为例）

1. 仪器

Waters 2695 高效液相色谱仪；2487 紫外双通道检测器；Empower 2.0 色谱分析软件；Welch C18 色谱柱（4.6μm 150mm，300Å，粒径 5μm）；三氟乙酸（TFA）、乙腈均为色谱纯。

2. 流动相溶液及样品

流动相 A（含 0.1% TFA 水溶液）：取约 800ml MilliQ 注射水于 1000ml 容量瓶中，用 1ml 刻度吸管移取 1ml TFA 于上述量瓶中，用 MilliQ 注射水定容至刻度，摇匀，0.22μm 滤膜（水系）过滤，超声 1min，备用。

流动相 B（含 0.1% TFA 的乙腈）：取约 800ml 乙腈于 1000ml 容量瓶中，用 1ml 刻度吸管移取 1ml TFA 于上述量瓶中，用乙腈定容至刻度，摇匀，0.22μm 滤膜（有机系）过滤，超声振荡 1min。

对照品：注射用重组人尿激酶原同质标准品（冻干品），用超纯水复溶至蛋白浓度约 1mg/ml。

供试品：注射用重组人尿激酶原（冻干品），用超纯水复溶至蛋白浓度约 1mg/ml。

3. 操作方法

HPLC 参数设置：柱温 35℃，样品池温度 4℃，检测波长 280nm，流速

1.0ml/min。30min 内进行 B 相的 0～80%梯度洗脱；对照品分别进样 10μl、15μl、20μl、25μl、30μl，供试品进样 20μl。

按药品注册管理办法规定，重组蛋白纯度必须用两种分析原理不相同的方法分析。重组人尿激酶原冻干品经高效液相反相色谱柱分析，其纯度在 98%以上，如图 5-2 所示。

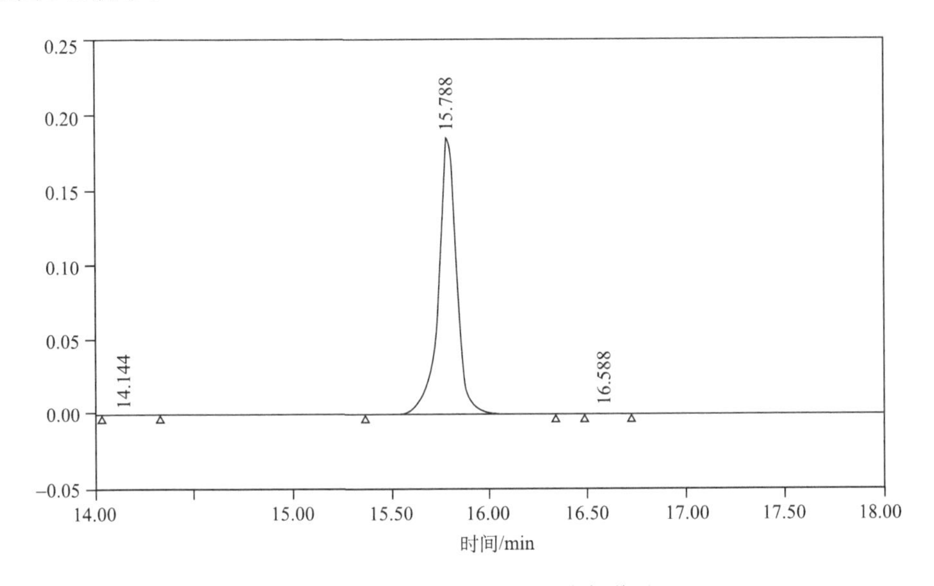

图 5-2　重组人尿激酶原原液色谱图

图中纵坐标为 280nm 的吸收值，横坐标为色谱仪从进样开始的运行时间（min），14.144、15.788 和 16.588 是仪器所检测到的蛋白质色谱峰的保留时间，△为每个蛋白吸收峰面积积分的起始时间点

三、目标蛋白分子质量测定

（一）SDS-PAGE 法测定目标蛋白分子质量

1. 制备凝胶板

分离胶制备：按表 5-4 配制 20ml 10%分离胶，混匀后用细长头滴管将凝胶液加至长、短玻璃板间的缝隙内，约 8cm 高，用 1ml 注射器取少许蒸馏水，沿长玻璃板板壁缓慢注入，3～4mm 高，以进行水封。约 30min 后，凝胶与水封层间出现折射率不同的界线，则表示凝胶完全聚合。倾去水封层的蒸馏水，再用滤纸条吸去多余水分。

浓缩胶的制备：按表 5-4 配制 10ml 3%浓缩胶，混匀后用细长头滴管将浓缩胶加到已聚合的分离胶上方，直至距离短玻璃板上缘约 0.5cm 处，轻轻将样品槽模板插入浓缩胶内，避免带入气泡。约 30min 后凝胶聚合，再放置 20～30min。待凝胶凝固，小心拔去样品槽模板，用窄条滤纸吸去样品凹槽中多余的水分，将 pH 8.3 Tris-甘氨酸缓冲液倒入上、下贮槽中，应没过短板 0.5cm 以上，即可准备加样。

表 5-4　SDS-PAGE 电泳丙烯酰胺不同胶液配制表

试剂名称	配制 20ml 不同浓度分离胶所需各种试剂用量/ml				配制 10ml 浓缩胶所需试剂用量/ml
	5%	7.5%	10%	15%	3%
分离胶储液（30% Acr-0.8% Bis）	3.33	5.00	6.66	10.00	—
分离胶缓冲液（pH 8.9 Tris-HCl）	2.50	2.50	2.50	2.50	—
浓缩胶储液（10% Acr-0.5% Bis）	—	—	—	—	3.0
浓缩胶缓冲液（pH 6.7 Tris-HCl）	—	—	—	—	1.25
10% SDS	0.20	0.20	0.20	0.20	0.10
1% TEMED	2.00	2.00	2.00	2.00	2.00
重蒸馏水	11.87	10.20	8.54	5.20	4.60
混匀后，置真空干燥器中，抽气 10min					
10% AP	0.10	0.10	0.10	0.10	0.05

2. 样品处理和加样

选择一组分子质量包含目标蛋白分子质量范围分子质量标准，待测蛋白质和每一种标准蛋白质浓度调整至 0.5～1.0mg/ml，取每种蛋白溶液 100μl，加入样品溶解液（SDS 100mg，巯基乙醇 0.1ml，甘油 1ml，溴酚蓝 2mg，0.2mol/L，pH 7.2 磷酸缓冲液 0.5ml，加蒸馏水至 10ml）100μl，在水浴锅上煮沸 3min。分别用微量注射器取每一份样品 10μl 加入胶板的凹槽内。

3. 电泳

将直流稳压电泳仪开关打开，开始时将电流调至 10mA。待样品进入分离胶时，将电流调至 20～30mA。当蓝色染料迁移至底部时，将电流调回到零，关闭电源。拔掉固定板，取出玻璃板，用刀片轻轻将一块玻璃撬开移去，在胶板一端切除一角作为标记，将胶板移至大培养皿中染色。

4. 染色及脱色与计算

将染色液倒入培养皿中，染色 1h 左右，用蒸馏水漂洗数次，再用脱色液脱色，直到蛋白区带清晰，即用直尺分别量取各条带与凝胶顶端的距离。相对迁移率 mR=样品迁移距离（cm）/染料迁移距离（cm），按照式（5-4）计算分子质量。

$$\lg Mr = K(-b)\,mR \qquad (5\text{-}4)$$

式中，Mr 为蛋白质的分子质量；*K* 为常数；*b* 为斜率；mR 为相对迁移率。在条件一定时，*b* 和 *K* 均为常数。若将已知分子质量的标准蛋白质的迁移率对分子质量的对数作图，可获得一条标准曲线。未知蛋白质在相同条件下进行电泳，根据它的电泳迁移率即可在标准曲线上求得分子质量。

（二）液质连用质谱法测定目标蛋白分子质量

先用目标蛋白作 SDS-PAGE 电泳，将电泳胶拔下，把目标蛋白带切下来，用三氟乙酸（SFA）洗脱蛋白质，再 10 000r/min 离心 5min，取上清进行质谱分析。

自动液质连用离子阱质谱仪（LC-MS/MS）分析：流动相 A 为 0.1%甲酸水溶液；流动相 B 为 0.1%甲酸-乙腈溶液。分流后进样和反相色谱洗脱时流动相的实际流速为 2.0μl/min；溶剂梯度为：5%～60% B，50min；60%～90% B，10min，90% B 延长 10min。用电喷雾的方式直接进入质谱分析。

四、目标蛋白生物活性测定

重组蛋白的品种不同，其生物活性测定的方法也不尽相同。有的用酶反应法，有的用酶联免疫吸附试验（ELISA）法，有的用细胞测定法，有的用动物体内试验法等。以下是几个例子。

（一）白介素-12 生物学活性检测方法

取抗凝的健康人新鲜外周血，用等体积生理盐水稀释混匀。用淋巴细胞分离液分离淋巴细胞，生理盐水洗 2 次后，混悬于含 10%胎牛血清的 RPMI 1640 培养基中，调整细胞浓度为 1×10^6 个/ml。将国际标准品用含 10%胎牛血清的 RPMI 1640 培养液稀释成 40.000ng/ml、10.000ng/ml、2.500ng/ml、0.625ng/ml、0.156ng/ml、0.1039ng/ml、0.010ng/ml 和 0.002ng/ml 8 个稀释度，供试品稀释成 80.000ng/ml、20.000ng/ml、5.000ng/ml、1.250ng/ml、0.312ng/ml、0.100ng/ml、0.078ng/ml 和 0.020ng/ml 8 个稀释度，待用。在加有细胞的 96 孔细胞培养板里，每孔再加 100μl 不同稀释度的 rhIL-12 标准品和供试品（每个稀释度做 2 复孔）。37℃，5% CO_2

培养 18h 后，离心 5min，每孔取 50μl 培养上清，用 IFN-γ试剂盒检测 IFN-γ的含量。

用多功能酶标仪读出 *A* 值后，应用 Softmax 软件，采用四参数法，以 IL-12 浓度的对数对样品吸收度作图，根据各个供试品的 ED_{50}（即 IFN-C 含量为最大浓度一半时的供试品浓度），按式（5-5）计算效价：

$$供试品效价=标准品效价\times\frac{标准品\ ED_{50}}{供试品ED_{50}} \tag{5-5}$$

（二）纤溶板法测定尿激酶原活性

试剂：凝血酶、纤维蛋白原、尿激酶标准品均购自中国药品生物制品检定所。琼脂糖购自北京挚诚生物工程研究所。

制备尿激酶标准品：取一管尿激酶标准品，溶于 1000μl 缓冲液中，分装成 50μl/管，使用前稀释到 0.1IU/μl。

平板打孔：用打孔器在平板上螺旋打孔若干个，孔径 3mm，空间距约 20mm。

加标准样：标准品按 0μl、2μl、4μl、6μl、8μl 加样，再用无菌水分别补足水量，使每个孔内的液体为 10μl，即加入水量为 10μl、8μl、6μl、4μl、2μl。

加样分析：估计样品的酶活性，将样品稀释适当倍数，使样品的酶活在 1 个国际酶活单位/10μl 以内。

测定酶活：将平板在 30℃保温 8～12h 后，用扫描仪获得平板的数字图像再用图像分析系统进行分析获得溶酶圈的面积信息，用式（5-6）计算样品的酶活性。

$$尿激酶原活性（U）=K\times\ln S+b \tag{5-6}$$

式中，酶活性单位符号为 U；溶酶圈面积 *S*，比例系数 *K*、*b*，由标准曲线回归得到。测量酶活时，同时采用手工和数字图像处理及分析系统进行分析。

五、目标蛋白等电点测定

等电聚焦（isoelectric focusing，IEF）已发展成为一门成熟的近代生化实验技术，可以分辨等电点（pI）只差 0.001pH 单位的生物分子，在生物化学、分子生物学及临床医学研究中得到广泛的应用。蛋白质分子是典型的两性电解质分子。它在大于其等电点的 pH 环境中解离成带负电荷的阴离子，向电场的正极泳动，在小于其等电点的 pH 环境中解离成带正由荷的阳离子，向电场的负极泳动。这种泳动只有在等于其等电点的 pH 环境中，即蛋白质所带的净电荷为零时才能停止。如果在一个有 pH 梯度的环境中，对各种不同等电点的蛋白质混合样品进行电泳，则在电场作用下，不管这些蛋白质分子的原始分布如何，各种蛋白质分子将按照它们各自的等电点大小在 pH 梯度中相对应的位置处进行聚焦，经过一定时间的电泳以后，不同等电点的蛋白质分子便分别聚焦于不同的位置。这种按等电点的大小，生物分子在 pH 梯度的某一相应位置上进行聚焦的行为就称为“等电聚焦”。等电聚焦的特点就在于它利用了一种称为两性电解质载体的物质在电场中构成连续的 pH 梯度，使蛋白质或其他具有两性电解质性质的样品进行聚焦，从而达到分离、测定和鉴定的目的。

（一）操作步骤

1. 凝胶配制

单体储液 2.0ml，重蒸水 5.3ml，载体两性电解质 0.6ml，真空抽气 15min 后加 TEMED（原液）8μl 和 10%过硫酸铵 60μl，混匀立即灌胶。

2. 灌胶

小心、迅速地将混匀的胶灌到模具的框内。灌胶时胶液沿着上面有硅油的玻璃板的一端即文具夹的另一端，向文具夹方向推进，边灌胶边推上面的玻璃板，使模具框内充满胶液，框内不能有气泡，为赶走气泡可移动玻璃板，待气泡释放后再向前进，一直推到接触文具夹，使两块玻璃将胶封在框内，模具框内充满胶液（切不可有气泡）。抽气后再加 TEMED 和过硫酸铵，混匀后迅速灌胶。过硫酸铵溶液要新鲜，必须当天配制。灌胶后室温静止 1h，在模具和胶的边缘可观察到折光，这是胶已凝固的特征。再老化 0.5h，然后小心将两块玻璃打开，凝胶和模具会自然地贴附在其中一块玻璃板上，去掉上面的模具及凝胶板周围的和渗出边缘的残胶，即可作加样准备。

3. 加样准备

（1）在电泳槽上涂一层液体石蜡，再铺一张方格坐标纸（点样时作定位用）。用一塑料片刮去电泳槽与坐标纸之间的气泡，并使坐标纸浸透石蜡。

（2）将带胶的玻璃板放至涂有石蜡的坐标纸上面，赶走气泡。

（3）接通冷凝水，再调一次水平。

（4）铺电极条：将 1cm 宽、9cm 长的 3 层滤纸条浸透电极液（阳极用磷酸 1mol/L，阴极用氢氧化钠 1mol/L）后，放在另一张滤纸上吸干面上的电极液，用镊子将电极条铺在凝胶两端，轻压电极，使电极条和胶贴紧，一定要平直，多余部分剪去，胶面上的残液用滤纸吸净。

4. 加样

（1）取 8 层擦镜纸重叠在一起，剪成约 5mm×5mm 的小块，浸透样品，放在离电极 1cm 以外的胶面上。pI 6 以下的样品置于负极附近，pI 6 以上的样品位于正极附近，贴紧。微量标准样品可少几层擦镜纸或直接加样在胶面上。根据玻璃板下坐标纸所显示的格子，自由选择待测样品和标准样品放置的部位。

（2）压好电极板，盖好盖子，接通冷凝水，再调一次水平。

5. 电泳

（1）开始：恒压 60V，15min 后，恒流 8mA，电泳时电压不断上升，直到电压升为 550V 时，关电源。

（2）开盖去掉加样纸，以免纸上残留的样品在染色时干扰结果的判断。

（3）调节电源，恒压 580V，继续电泳，至电流降为零（2～3h），电泳结束，关闭电源。

（二）检测 pH 梯度，固定，染色，脱色，制干板

1. pH 梯度的检测

从胶板上顺电场方向切下一条胶条，并切成 0.5cm 等距离的小块，顺序放入小试管内，加入 0.5ml 重蒸水，浸泡 10min。用 pH 试纸或微电极测定 pH，或以表面微电极直接测定 pH 梯度，并绘制 pH-cm 图谱。也可以用已知 pI 蛋白样品所在位置的距离与 pI 绘图。

2. 固定染色

（1）将凝胶取下，放入固定液中固定 4h，或过夜（换一次固定液）。

（2）去掉固定液，用脱色液漂洗一次。

（3）将染色液倒入培养皿内，染色 30min。

3. 测定 pH 梯度

测定 pH 梯度的方法有 4 种。

（1）将胶条切成小块，用水浸泡后，用精密 pH 试纸或进口的细长 pH 复合电极测定 pH，然后作图。

（2）用表面 pH 微电极直接测定胶条各部分的 pH，然后作图。

（3）一套已知不同 pI 的蛋白质作为标准，测定 pH 梯度的标准曲线。

（4）将胶条于−70℃冰冻后切成 1mm 的薄片，加入 0.5ml 0.01mol/L KCl，用微电极测其 pH。

第二节　重组蛋白中宿主细胞残留物检测

一、目标蛋白产品中宿主细胞蛋白残留量检测

宿主细胞中含有成百上千的宿主细胞蛋白（host cell protein，HCP）、DNA和内毒素等，这些均可能给生物制品造成污染。在重组蛋白药物中，工艺相关杂质主要包括细胞基质除如宿主蛋白、DNA残留等外，还有细胞培养基（抗生素、诱导剂等）或下游工艺用品（有机试剂、层析柱配基等）。随着生物技术药物的发展，生物制品安全问题也越来越引起人们的重视。生物技术药物的残留宿主蛋白即是其中的问题之一，早在2005年就已经作为一项生物制品检测指标列入《中华人民共和国药典》（简称《中国药典》）三部（2005版）。灵敏度高、重复性好的宿主蛋白检测方法不仅是保证生物制品安全有效的关键，也是生产过程控制和工艺优化的重要参数。目前，宿主蛋白检测方法有酶联免疫法、聚丙烯酰胺凝胶电泳（SDS-PAGE）、毛细管电泳（CE）、等电聚焦（IEF）和高效液相层析（HPLC），包括凝胶过滤、各种反相HPLC、离子色谱、疏水色谱等。《中国药典》三部（2005版）中宿主蛋白残留量检测方法是采用酶联免疫法，《美国药典》中规定使用SDS-PAGE或免疫测定法，一些生物制品公司，如美国Cygnus Technologies公司（赛纳斯科技公司）研究开发了一系列HCP检测试剂盒，也是采用免疫学方法。

检测制品是否受宿主蛋白污染时常用Western blotting法，进行定量检测时则普遍采用ELISA法，并通常结合SDS-PAGE进行分析。另外，在传统发酵产业中，若目的产物容易从被检体系中分离出来，在生产和纯化工艺监测与质量控制中放大HCP检测则不失为一种简单易行的办法。用凝胶过滤法，用Superdex peptide柱从假单胞菌发酵液中分离出产物维生素B_{12}，再用Bradford法检测宿主蛋白残留量，检测结果均符合维生素B_{12}原料药的该项指标标准，这些均值得生物技术药物领域借鉴。

1998年，WHO在使用动物细胞生产生物制品的规程中，对传代细胞的宿主细胞蛋白含量提出了新的要求：疫苗的纯化工艺必须确保有效地将HCP含量降至可接受的水平。美国FDA规定，用一种灵敏度较高的方法检测药品中的HCP，其含量应该低于检测限[通常小于100ppm（$1ppm=1\times10^{-6}g/L$）]。

我国药品审评中心2005年公布的《生物制品质量控制分析方法验证技术审评一般原则》也倡导使用工艺特异的HCP免疫学检测方法："如采用ELISA法检测重组产品的残余宿主蛋白质含量，可采用与表达体系相同的宿主细胞的蛋白质作为免疫原制备抗体，若采用与产品相似工艺进行处理后再免疫动物，则所获得抗

体的特异性更好。”

单抗制品中 CHO 细胞宿主蛋白（host cell protein，HCP）残留可用双抗夹心 ELISA 检测方法。对该方法的精密度和准确度进行验证，确定线性范围及最低检出限;用建立的方法与市售试剂盒分别检测低、中、高浓度 HCP 标准品及抗 TNF-α 单抗原液、抗 VEGF 单抗纯化工艺样品中的 HCP。双抗夹心 ELISA 法最佳抗体包被浓度为 1.5μg/ml，酶标抗体浓度为 1μg/ml，160r/min，37℃孵育 2.5h；TMB 37℃孵育 15min；以 630nm 为参比波长，450nm 为测定波长。该方法的线性范围为 3.12～100ng/ml，最低检测限为 3.125ng/ml；试验内变异系数（CV）和试验间 CV 均小于 15%，回收率为 85.3%～115.1%。

1. 双抗夹心 ELISA 方法的建立

以 Anti-Chinese Hamster Ovary cell Proteins（CHO）作为包被抗体，Goat anti-CHO HCP HRP Conjugate Concentrate 作为酶标抗体；棋盘滴定法确定包被液、包被抗体浓度（0.5～2μg/ml）、酶标抗体浓度（0.5～2μg/ml）、孵育温度（32～42℃）和时间（1～3h）等最适工作条件。

2. 宿主细胞蛋白的含量检测

最佳包被抗体浓度为 1.5μg/ml，最佳酶标抗体浓度为 1μg/ml，样品和酶标抗体一同加入，160r/min，37℃孵育 2.5h，TMB 在 37℃孵育 15min；以 630nm 为参比波长，450nm 为测定波长，测定各孔的 A_{450}/A_{630} 值。以系列 HCP 标准品浓度为横坐标，A_{450} 值为纵坐标，采用四参数拟合标准曲线，根据标准曲线计算待测样品中宿主细胞的蛋白质含量。

3. 结果

用自己建立的宿主细胞蛋白质残留量检测方法与外购的商品试剂盒检测方法检测宿主细胞蛋白质残留量，其结果见表 5-5。

表 5-5　两种方法检测 CHO HCP 含量　（单位：ng/ml）

检测方法	HCP 标准品			抗 TNF-α	抗 VEGF
	5	25	75	单抗	单抗
商品试剂盒	5.6	27.1	75.6	33.5	54.3
自建方法	4.7	25.3	78.7	36.8	50.1

4. 重组人红细胞生成素制品中 CHO 细胞蛋白残留量的测定

1）CHO 细胞蛋白标准品的制备

侯继锋、程雅琴报道了重组人红细胞生成素制品中 CHO 细胞蛋白残留量测定方法（ELISA）。CHO 细胞蛋白标准品取 1×10^7～2×10^7CHO 细胞于旋转瓶中，用生长培养基培养 2～3d，使细胞贴壁生长。去掉生长培养基，用灭菌 PBS 洗 2 次，换用无血清培养基培养。7d 后收集上清，离心去细胞碎片，超滤浓缩。用 Lowry 法测定蛋白质浓度。

2）抗 CHO 细胞蛋白兔血清制备

取浓缩的 CHO 细胞蛋白溶液 2ml 加弗氏完全佐剂 2ml，混匀，乳化，免疫 2 只雄性家兔。1 个月后再加强免疫，以后每隔 10d 加强免疫 1 次，共 3 次。用琼脂双扩散法测血清效价，当效价＞1∶16 时，再用 1ml CHO 细胞蛋白溶液进行耳静脉注射，7d 后采血分离血清。用辣根过氧化物酶标记的羊抗兔 Ig 抗体（Sigma 公司产品），1∶3000 稀释。封闭液用 1%人血白蛋白 PBS 溶液。

3）测定方法

样品的处理：用 1cm 内径的石英比色杯测 rhuEPO 半成品 A_{280} 值，如果 A_{280}＞1.0，则直接用包被缓冲液稀释样品，使其 A_{280}=0.6；如果 A_{280}＜1.0，需先作浓缩，然后再用包被缓冲液稀释，使其 A_{280}=0.6。

4）标准曲线制备及浓度测定

用包被缓冲液将 CHO 细胞蛋白标准稀释，分别配成浓度为 500ng/50μl、250ng/50μl、125ng/50μl、62.5ng/50μl、31.2ng/50μl、15.6ng/50μl、7.8ng/50μl、0.0ng/50μl 的溶液。按直接酶联方法测定。

5）计算

用同一浓度的两孔的 A 值取均值后再取对数与对应的 CHO 细胞蛋白浓度的对数值进行双对数直线回归，得一直线方程。将同一样品的两孔 A 值取均值后再取对数，然后代入回归方程，再取反对数，所得的值为经处理后的 50μl 样品中所含的 CHO 细胞蛋白量。然后代入式（5-7），即可求出半成品样品中的 CHO 细胞蛋白残留量。该浓度为 CHO 细胞蛋白与样品中 EPO 的质量百分比。

$$\text{CHO 细胞蛋白浓度（\%）} = (\chi/0.03A_{280})(1\text{mg}/10^6)(1A_{280}/1.345\text{mg})(100) \tag{5-7}$$

22 批样品的 CHO 细胞蛋白残留量用该方法，对国内生产的 22 批 rhuEPO 半成品进行测定，其中 18 批的 CHO 细胞蛋白残留量＜0.5%，判为合格（国内尚无标准，参照美国 Amgen 公司标准）。4 批 CHO 细胞蛋白残留量＞0.5%，判定不合格。22 批样品的合格率为 81.8%。

5. 大肠杆菌菌体蛋白质残留量测定法（《中国药典》2015 版）

本法系采用酶联免疫法测定大肠杆菌表达系统生产的重组制品中菌体蛋白质残留量。ELISA 是目前应用最广泛的 HCP 检测方法。该技术相对简单、精度良好，方便设定控制范围和建立技术规范。《中国药典》三部（2015 版）中的 HCP 检测均要求采用酶联免疫法测定。

试剂如下。

（1）包被液（pH 9.6 碳酸盐缓冲液）：称取碳酸钠 0.32g、碳酸氢钠 0.586g，置 200ml 量瓶中，加水溶解并稀释至刻度。

（2）磷酸盐缓冲液（pH 7.4）：称取氯化钠 8g、氯化钾 0.2g、磷酸氢二钠 1.44g、磷酸二氢钾 0.24g，加水溶解并稀释至 500ml，121℃灭菌 15min。

（3）洗涤液（pH 7.4）：量取 0.5ml 聚山梨酯 20，加磷酸盐缓冲液至 500ml。

（4）稀释液（pH 7.4）：称取牛血清白蛋白 0.5g，加洗涤液溶解并稀释至 100ml。

（5）浓稀释液：称取牛血清白蛋白 1.0g，加洗涤液溶解并稀释至 100ml。

（6）底物缓冲液（pH 5.0 枸橼酸-磷酸盐缓冲液）：称取磷酸氢二钠（$Na_2HPO_4 \cdot 12H_2O$）1.84g、枸橼酸 0.51g，加水溶解并稀释至 100ml。

（7）底物液：取邻苯二胺 8mg、30%过氧化氢 30μl，溶于底物缓冲液 20ml 中。临用时现配。

（8）终止液：1mol/L 硫酸溶液。标准品溶液的制备按菌体蛋白质标准品说明书加水复溶，精密量取适量，用稀释液稀释成每 1ml 中含菌体蛋白质 500ng、250ng、125ng、62.5ng、31.25ng、15.625ng、7.8125ng 的溶液。

供试品溶液的制备：取供试品适量，用稀释液稀释成每 1ml 中约含 250μg 的溶液。如供试品 1ml 中含量小于 500μg 时，用浓溶液稀释 1 倍。

（9）测定法：取兔抗大肠杆菌菌体蛋白质抗体适量，用包被液溶解并稀释成 1ml 中含 10μg 的溶液，以 100μl/孔加至 96 孔酶标板内，4℃放置过夜（16～18h）。用洗涤液洗板 3 次；用洗涤液制备 1%牛血清白蛋白溶液，以 200μl/孔加至酶标板内，37℃放置 2h；将封闭好的酶标板用洗涤液洗板 3 次；以 100μl/孔加入标准品溶液和供试品溶液，每个稀释度做双孔，同时加入 2 孔空白对照（稀释液），37℃放置 2h；用稀释液稀释辣根过氧化物酶（HRP）标记的兔抗大肠杆菌菌体蛋白质抗体 1000 倍，以 100μl/孔加至酶标板内，37℃放置 1h，用洗涤液洗板 10 次，以 100μl/孔加入底物液，37℃避光放置 40min，以 50μl/孔加入终止液终止反应。用酶标仪在波长 492nm 处测定吸光度，应用计算机分析软件进行读数和数据分析，也可使用手工作图法计算。

以标准品溶液吸光度对其相应的浓度作标准曲线，并以供试品溶液吸光度在标准曲线上得到相应菌体蛋白质含量，按式（5-8）计算：

$$供试品菌体蛋白质残留量（\%）=\frac{(c\times n)}{(T\times 10^6)}\times 100 \quad (5\text{-}8)$$

式中，c 为供试品溶液中菌体蛋白质含量（ng/ml）；n 为供试品稀释倍数；T 为供试品蛋白质含量（mg/ml）。

注：也可采用经验证过的酶联免疫试剂盒进行测定。

6. 用 ELISA 法检测天冬酰胺酶中残余大肠杆菌菌体蛋白含量

薛宇醒、范咏、徐小晓等报道了用 ELISA 法检测天冬酰胺酶中残余大肠杆菌菌体蛋白含量的研究。作者采用 Cygnus 公司“大肠杆菌菌体残留蛋白检测试剂盒”检测天冬酰胺酶中残余宿主菌菌体蛋白含量，结果表明，宿主菌菌体蛋白质浓度在 0～100ng/ml 时呈良好的线性关系，线性相关系数大于 0.99，不同实验人员测得的精密度 RSD 均小于 5%，平均回收率为 94.34%。通过对 8 批天冬酰胺酶（250μg/ml）样品的检测，测得天冬酰胺酶中的残余宿主菌体蛋白含量均小于 550×10^{-6}ng/ml。该方法具有快速、操作安全简便、灵敏度高、重现性好等优点。

操作方法如下。

1）标准品溶液制备

菌体蛋白标准品溶液的制备：取试剂盒中标准品，浓度分别为 0ng/ml、1ng/ml、3ng/ml、12ng/ml、40ng/ml、100ng/ml。

2）检测方法

把菌体蛋白标准品溶液，空白对照（1×洗涤液）和供试品溶液各 25μl/孔加入到酶标板内。每个样均做双孔。100μl/孔加入 HRP 标记的抗体。用膜封住酶标板，在室温（22±4）℃，180r/min 振荡器上孵育 90min。每孔加入 350μl 洗涤液洗板 4 次，洗涤液在板内时间不超过几秒钟。100μl/孔加入底物液。室温静置孵育 30min。100μl/孔加入终止液。用酶标仪在 450nm 波长处测定光吸收度。

3）结果分析

应用计算机分析软件进行读数和数据分析。以标准品溶液吸光度（Y 轴）对相应的浓度（X 轴）作标准曲线，并以供试品溶液吸光度在标准曲线上得到相应菌体蛋白含量，再按式（5-9）计算供试品溶液中宿主蛋白含量。

$$供试品菌体蛋白残留含量=C\times DT \quad (5\text{-}9)$$

式中，C 为供试品溶液中菌体蛋白质含量（ng/ml）；D 为供试品稀释倍数；T 为供试品蛋白质含量（mg/ml）。

4）样品处理

称取一定量的天冬酰胺酶作为供试品，用纯水溶解，使其蛋白质浓度为 5mg/ml，具体加样时，再将各个样品用纯水各稀释 20 倍后使用，即天冬酰胺酶蛋白的终浓度为 250μg/ml。

5）样品测定

分别称取 8 个天冬酰胺酶样品，依法测定其残留大肠杆菌菌体蛋白。用所建立的方法对 8 批天冬酰胺酶样品的菌体蛋白残留进行测定。8 批被检样品中的菌体蛋白残留量均小于 550×10^{-6}，完全符合我国现行生物制品规程中的规定：来自大肠杆菌的产品中菌体蛋白含量为不大于 0.1%（即 1000×10^{-6}）的质控标准。结果列入表 5-6。

表 5-6　天冬胺酰酶残留大肠杆菌蛋白的分析结果

样品号	天冬胺酰酶蛋白质浓度/（μg/ml）	宿主细胞蛋白浓度（$\times10^{-6}$μg/剂量）
1	250	455.5
2	250	399.8
3	250	170.1
4	250	236.8
5	250	446.7
6	250	519.1
7	250	148.6
8	250	363.8

二、目标蛋白产品中宿主细胞残留 DNA 检测

生物制品中宿主细胞残留 DNA 具有潜在致瘤和传染风险，所以各国药品监管部门对 DNA 杂质的限量要求非常严格。我国参照 WHO、FDA 和欧盟的标准，很早以前就开始对生物制品中残余 DNA 含量进行限制。从卫生部颁布的《人用重组 DNA 制品质量控制要点》到近年的《中国生物制品规程》都对 DNA 含量做了严格要求，部分标准高于国际标准。《中国药典》（2010 版）附录收录了 DAN 探针杂交法和荧光染料法，这两种方法都存在技术缺陷，很难达到杂质限量检测的灵敏度，已经被欧美药典摒弃。新版《美国药典》中将唯一推荐荧光定量 PCR 法（qPCR）作为生物制品中宿主残留 DNA 的标准方法。qPCR 法的技术优势在于序列特异性高、灵敏度高、重现性好，可以为生物制药工业在工艺研究和成品质量控制方面提供可靠的检测手段。

生物制品中宿主残余 DNA 是生产中带来的杂质，存在一定安全隐患。因此，WHO 和各国药物注册监管机构一般只允许生物制剂中存在 100pg/剂量以下的残留 DNA。根据杂质来源和工艺，特殊情况下最高允许 10ng/剂量，理想的定量检测方法的灵敏度应该能够检测到约 10pg/剂量的残留 DNA。

qPCR 方法以其快速、高通量的特点已经被应用于生物制药的一些领域（拷贝数检测与病毒检测）。这项技术能够确定各种样品中目标 DNA 序列的准确数量。DNA 探针的设计非常关键，这种 DNA 探针包含一端染料分子和另一端淬灭分子。当特殊设计的 DNA 引物引导 DNA 聚合酶沿着模板序列复制合成另一条对应序列时，DNA 聚合酶切断结合在目标 DNA 上的探针染料端，释放到反应液里的染料信号被仪器测量。经过数十个循环的 DNA 扩增，荧光信号与起始 DNA 模板成对应关系，对应标准曲线可以准确计算出样品中残留 DNA 的数量。由中国药品生物制品检定所采用国家标准物质 CHO 细胞 DNA 标定并验证的试剂盒提供了从样品提取、纯化到 PCR 检测的整套试剂，定量灵敏度达到 10fg/rxn（每次反应的模板用量），DNA 片段大于 120bp。

三、目标蛋白产品中牛血清蛋白残留量检测

胎牛血清是多数细胞培养过程中及产品保存液中的重要营养成分，生产重组蛋白的细胞培养也常常需要用胎牛血清，但当其随产品进入人体时，作为异种蛋白可能引起人体的免疫反应。《中国药典》三部（2005 版）规定的对疫苗成品牛血清白蛋白残留量的检测方法——酶联免疫法，对生物制品残留牛血清白蛋白进行检测。另外，在蛋白质纯化工艺中对所用的试剂严格消毒，所有容器消毒后在 180℃烘干后使用，可以大大减少牛血清白蛋白、热源质的杂质污染。

（一）原理

以牛血清白蛋白标准品为标准，采用直线回归方法计算供试品中牛血清白蛋白含量。用纯化的抗体包被微孔板，制成固相抗体，往包被抗体的微孔中同时加入酶标的抗原和待测抗原，被测抗原与酶标记抗原对特异性抗体进行竞争结合。经过彻底洗涤后用底物 TMB 显色。TMB 在过氧化物酶的催化下转化成蓝色，并在酸的作用下转化成最终的黄色。待测标本浓度越高，标本抗原和抗体结合就越受到抑制，显色就越浅。颜色的深浅和样品中的 BSA 含量呈正相关。用酶标仪在 450nm 波长下测定吸光度（OD 值），计算样品浓度。

（二）BSA-ELISA 法的标准曲线

以 0ng/ml、1.5625ng/ml、3.125ng/ml、6.25ng/ml、12.5ng/ml、25ng/ml 牛血清蛋白标准品在 450nm 测定其吸收值，用标准品各浓度的吸收值对浓度作图，并绘制标准曲线，根据标准曲线及待检样品的吸收值，可求出样本中 BSA 含量。

（三）ELISA 法检测牛血清白蛋白

按试剂盒说明书操作。简言之，将样品加入包被有抗 BSA 抗体的 96 孔细胞

培养板相应的孔内，37℃孵育1h。洗板并拍干后加入酶标记抗体，室温避光反应30min。洗板并拍干后加入TMB底物显色液，反应10min后加入终止液，用酶标仪于45 nm波长下读取吸光度值。用待测样品的光吸收值算出其BSA的含量。

（四）结果

ELISA法检测组织工程产品中BSA残留量的结果显示：基因工程和组织工程产品中残留BSA浓度分别为31.8ng/ml和4.9ng/ml，且测定值与其稀释倍数呈正相关；生理盐水及无血清的MEM培养基平均OD值与试剂盒中零浓度标准品接近，表明生理盐水或无血清MEM对最终的实验结果无明显影响。样品OD值复孔比均小于1.24，符合试剂盒有效性要求。

（五）ELISA竞争法检测残余BSA含量

李长贵、周铁群、王剑锋等报道了应用ELISA竞争法检测疫苗制品中残余的牛血清白蛋白。

1. 方法

以BSA免疫家兔，获得高滴度的抗BSA血清；以BSA包被酶标板作为固相抗原，以梯度稀释的BSA为游离抗原，二者竞争结合抗体，以游离抗原浓度对数作为横坐标，相应吸收值为纵坐标作标准曲线，由对应样品的吸收值，可以求得样品中BSA含量。

2. 抗血清制备

以2mg/ml BSA加等量弗氏完全佐剂免疫家兔。

3. ELISA竞争法

（1）抗原包被：准确称量10mg BSA溶于10ml PBS中，并经Folin-Lowry法定量，得到储存液0.1mg/ml。取1μl抗原储存液稀释100倍后，再次稀释50倍，以100μl/孔包被，终浓度为20ng/ml，封盖后4℃过夜，用洗液洗3次。

（2）封板：每孔加250μl封闭液，37℃孵育1h，弃封闭液。

（3）加竞争抗原：标准抗原储液（0.1mg/ml），稀释液50倍稀释为起始液，连续5倍稀释6次，分别为2000ng/ml、400ng/ml、80ng/ml、16ng/ml、3.2ng/ml和0.64ng/ml，每个稀释度做3孔，每孔100μl，抗原空白（BSA 0ng/ml）加样品稀释液100μl。样品以稀释液溶解后，每孔加100μl。

（4）加结合抗体：抗体以样品稀释液稀释至1∶30 000倍，每孔加100μl，包括抗原空白孔，以振荡器充分混合，封盖，37℃孵育3h，用洗液洗4次，每次2min。

（5）加二抗羊抗兔 IGg-HRP，以稀释液 1∶3000 稀释，每孔加 100μl，封盖，37℃孵育 2h，用洗液洗 4 次，每次 2min。

（6）显色：每孔加 OPD 100μl，37℃ 10min，加终止液 50μl，振荡混匀。酶标仪测定 A_{492} 值。

（7）BSA 含量计算：以竞争抗原的浓度对数为横坐标，相应 A_{492} 平均值为纵坐标，作标准曲线。在曲线上对应样品的 A_{492} 值，可求得相应的 BSA 浓度。

（8）结果：应用 ELISA 竞争法检测 18 批冻干疫苗制品 BSA 的含量，其中第 1～5 批为进口制品，6～18 批为国产制品。结果第 6、7 批制品 BSA 含量大于《中国生物制品规程》规定的 50ng/ml 的水平，为不合格制品，并已被其他方法证实；1～5 批制品及第 8～18 批国产制品 BSA 含量虽然均小于 50ng/ml，但前者明显高于后者。这可能与国外标准有关（一般为 50ng/剂量，合 100ng/ml）。结果见表 5-7。

表 5-7　ELISA 竞争检测残余 BSA 含量

样品号	BSA 含量/（ng/ml）	样品号	BSA 含量/（ng/ml）	样品号	BSA 含量/（ng/ml）
1	46.5	7	95.9	13	36.8
2	41.5	8	49.1	14	27.2
3	37.9	9	34.8	15	28.1
4	42.8	10	34.7	16	28.1
5	42.6	11	30.0	17	29.1
6	54.0	12	42.7	18	42.7

四、重组目标蛋白产品中热原值检测

根据《生物制品热原质试验规程》，生物制品都必须作热源质检测。热源质检测有家兔法和鲎试验法，家兔法是将一定剂量的供试品静脉注入家兔，在规定期间内观察家兔体温升高情况，以判定供试品中所含热原质的限度是否符合规定的一种方法。鲎试验法是利用鲎试剂能与细菌内毒素及β-葡聚糖反应形成凝胶而被广泛用于检测食品、水源、药品、医疗器械、动物体液等不同样品中的内毒素。

（一）家兔法测定重组蛋白产品中的热源质

1. 供试验用家兔

（1）应健康无伤，雌者无孕，体重为 1.7～2.5kg。

（2）测温前至少 3d 应用同一饲料喂养。在此期间内，体重应不减轻，精神、食欲、排泄等不得有异常。

（3）未曾用于热原质试验的家兔，应在试验前 1～3d 预检体温一次，挑选条件与检查供试品时相同，但不注射药液。测温探头插入肛内深度约 6cm，保留 2min 或更长时间，间隔 1h 测温 1 次，连测 4h。4h 内各兔体温均在 38.0～39.8℃，且最高最低温差不超过 0.5℃者，方可供试验用。

（4）凡热原质试验用过的家兔，若供试品判为符合规定，家兔休息 48h 后可重复使用。对血液制品、抗毒素和其他同一过敏原的供试品在 5d 内可重复使用。

2. 试验前准备

（1）试验用的注射器、针头及一切与供试液接触的器皿，洗净后应经 250℃至少 30min 或 180℃至少 2h 干烤灭热原质。

（2）测温探头的精确度应为±0.1℃。每只家兔注射前、后应使用同一支测温探头。

（3）热原质检查前 1～2d，供试验用家兔尽可能处于同一温度环境中。实验室温度保持在 15～25℃。试验的全过程中室温变化不得大于 3℃，并应保持安静，避免强光照射和噪声干扰。空气中氨含量应低于 20ppm。

3. 试验

（1）每批供试品初试用 3 只，复试用 5 只家兔。

（2）试验前家兔应禁食 2h 以上再开始测量正常体温，共测两次，间隔 30～60min，两次温差不得大于 0.2℃，以此两次体温的平均值为该兔的正常体温，同组兔间正常体温之差不得大于 1.0℃。用测温探头测量时，家兔固定 30～60min 后开始检测体温。

（3）测家兔正常体温后 15min 内，按规定剂量自耳边静脉缓缓注入预热至 38℃的供试品，每隔 30min 测量体温 1 次，连测 6 次。

（4）若第 6 次较第 5 次升温超过 0.2℃并超过正常体温时，应连续测量，直至与前一次相比升温不超过 0.2℃。若降温＞0.40℃，并低于正常体温时，应继续测量至降温≥0.6℃为止。

4. 结果判断

每只兔的正常体温与注射供试品后最高升温之差为该兔的应答。出现负值的规定如下：降温值≤0.40℃为兔温正常波动范围，以“0”计。降温值≥0.60℃需重试。0.40℃＜降温值＜0.60℃时，若供试组家兔中仅一只降温在此范围内，以“0”计，若供试组家兔中有 2 只或 2 只以上降温在此范围内，应重试。

5. 肌内注射制品判定标准

1）初试结果判定

（1）符合下列情况之一者，判为合格：3 只兔升温均低于 0.80℃，并且 3 只兔升温总和不超过 1.80℃；3 只兔中 1 只升温达 0.80℃，其他升温均低于 0.80℃，并且 3 只兔升温总和不超过 1.80℃。

（2）有下列情况之一者，复试一次：3 只兔中 1 只升温超过 0.80℃；3 只兔升温总和超过 1.80℃。

（3）有下列情况之一者，判为不合格：3 只兔中有 2 只升温 0.80℃或 0.80℃以上；3 只兔升温总和超过 2.40℃。

2）复试结果判定

（1）符合下列情况者，判为合格：初、复试 8 只兔中，有 2 只或 2 只以下升温 0.80℃或 0.80℃以上，并且升温总和不超过 4.00℃。

（2）有下列情况之一者，判为不合格：初、复试 8 只兔中，有 2 只以上升温 0.80℃或 0.80℃以上，并且升温总和超过 4.00℃。

6. 静脉注射制品判定标准

1）初试结果判定

（1）符合下列情况者，判为合格：3 只兔升温均低于 0.60℃，并且 3 只兔升温总和不超过 1.40℃。

（2）有下列情况之一者，复试一次：3 只兔中 1 只体温升高 0.60℃或 0.60℃以上；3 只兔升温总和超过 1.40℃。

（3）有下列情况之一者，判为不合格：3 只兔中 2 只体温升高 0.60℃或 0.60℃以上；3 只兔升温总和为 1.80℃或超过 1.80℃。

2）复试结果判定

（1）符合下列情况者，判为合格：初、复试 8 只兔中，2 只或 2 只以下升温 0.60℃或 0.60℃以上，并且升温总和不超过 3.50℃。

（2）有下列情况之一者，判为不合格：初、复试 8 只兔中，2 只以上升温 0.60℃或 0.60℃以上；初、复试 8 只兔升温总和超过 3.50℃。

（二）鲎试验测定重组蛋白产品的热源质

鲎试剂是从栖生于海洋的节肢动物“鲎”的蓝色血液中提取变形细胞溶解物，经低温冷冻干燥而成的生物试剂，专用于细菌内毒素检测。鲎试剂因能与细菌内毒素及 β-葡聚糖反应形成凝胶而被广泛用于检测食品、水源、药品、医疗器械、动物体液等不同样品中的内毒素。使用鲎试剂检测的试验称为鲎试验。

1. 实验原理

鲎是一种海洋节肢动物，其血液及淋巴液中有一种有核的变形细胞，细胞质内有大量的致密颗粒，内含凝固酶及凝固蛋白原。当内毒素与鲎变形细胞冻融后的溶解物（鲎试剂）接触时，可激活凝固酶原，继而使可溶性的凝固蛋白原变成凝固蛋白而使鲎变形细胞冻融物呈凝胶状态。

鲎试验是检测内毒素血症的一种试验。鲎系海边栖生的一种大型节肢动物，属蜘蛛纲。其多功能血细胞（变形细胞）的溶解物中含有一种可凝性蛋白，在极微量内毒素（0.0005μg/ml）存在时可形成凝胶。本试验即利用此原理测定血液或其他样品中的微量内毒素。在临床病例中，下列疾病阳性率较高：内毒素性休克、急性化脓性胆管炎、重症肝炎、腹膜炎、肝硬化等。内毒素检出阳性病例中约有2/3导致死亡。

根据鲎试剂反应的原理可分为定性鲎试剂和定量鲎试剂，对应的试验称定性鲎试验和定量鲎试验。定性鲎试验主要用于药品、医疗器械等产品的内毒素定性检验。定量鲎试验主要用于检测临床患者、动物体内内毒素等方面，以便为医生用药提供参考。

2. 试验方法

鲎试验按方法分为：凝胶法、动态浊度法、终点浊度法、动态显色法、终点显色法。

凝胶法系通过鲎试剂与内毒素产生凝集反应的原理来定性检测或半定量检测内毒素的方法。凝胶法鲎试剂常见规格为0.1ml/支或0.5ml/支或者更大装量，使用时应用除热原水复溶。该法是通过观察有无凝胶形成作为反应的终点。此法操作比较简单，经济，不需要专用测定设备，可以进行定性或半定量测定。

动态浊度法、终点浊度法、动态显色法、终点显色法，这4种方法都是定量检测内毒素的。

根据检测原理，终点浊度法和动态浊度法都属于浊度法。浊度法系利用检测鲎试剂与内毒素反应过程中的浊度变化而测定内毒素含量的方法。终点浊度法未见商品化产品。动态浊度法（又称动态比浊法）是检测反应混合物浊度上升某一预先设定的吸光度所需要的反应时间，或是检测浊度增加速度的方法。

终点显色法和动态显色法都是属于显色基质法。显色基质法系利用鲎试剂与内毒素反应过程中产生的凝固酶使特定底物显色并释放出呈色团的多少而测定内毒素含量的方法，根据产物颜色判断内毒素浓度，又称为比色法。厦门鲎试剂实验厂有限公司于2005年推出以鲎四肽为显色底物的鲎试剂盒，抗干扰能力强，灵敏度高达0.005EU/ml，质量达到国际领先水平。已有500多家单位使用该试剂盒，并有部分单位发表相应文献。国内有少量国外产品，但价格远高于国产试剂，到货周期长。

如果您仅需要检测样品的内毒素限量，可以选择凝胶法鲎试剂，通过确定内毒素限值及最大有效稀释倍数，做样品的干扰试验从而确定使用的鲎试剂的灵敏度。

如果您需要定量测定样品中内毒素含量则应选择显色基质鲎试剂盒或动态浊度法鲎试剂盒。

动态浊度法与动态显色法需要带温育系统的动态光度测定仪器及配套软件，例如，微板鲎试仪 ELx808（或者 Thermo Scientific FC）及配套软件 TALgent 或 Gen5。动态浊度法与动态显色法简单方便，一步即成，线性范围宽。

终点显色法需要配套酶标仪或可见分光光度计进行检测。配套带有温育系统的酶标仪，如微板鲎试仪 ELx808（或者 Thermo Scientific FC），可减少试剂用量。

五、重组蛋白纯化工艺中可能产生的杂质检测

生物制品在纯化过程中所用的色谱介质，例如，亲和色谱介质的亲和配基脱落可能会污染产品，尤其是有毒性的亲和配基脱落会影响用于药用的生物制品的质量，必须建立亲和配基的检测方法，以判断亲和配基是否会脱落。

（一）抗体亲和配基的检测方法

检测抗体需要用免疫检测方法，该方法是应用免疫学理论设计的一系列测定抗原、抗体、免疫细胞及其分泌的细胞因子的实验方法。抗原与相应抗体相遇可发生特异性结合，并在外界条件的影响下呈现某种反应现象。为提高抗原和抗体检测的敏感性，将已知抗体或抗原标记上易显示的物质，通过检测标记物，反映有无抗原抗体反应，从而间接测出微量的抗原或抗体。常用的标记物有酶、荧光素、放射性同位素、胶体金及电子致密物质等。这种抗原或抗体标记上显示物所进行的特异性反应称为免疫标记技术（immunolabeling technique）。免疫标记不仅大大提高了试验敏感性，若与光镜或电镜技术相结合，能对组织或细胞内的待测物质作精确定位，从而为基础与临床医学研究及诊断提供方便。

由于酶免疫测定无需特殊仪器和试剂，且操作简便，利于普及。因此，在免疫标记技术中，该法应用最为广泛，并在原有方法基础上加以改良，使得众多新的、更敏感的方法应运而生。生物素-亲和素放大系统（biotin-avidin system，BAS），通过将酶标记在生物素或亲和素上，借助生物素与亲和素的高度亲和力，以及生物素能与抗体结合的特点应用于 ELISA，显著提高了检测的敏感性。

检测生物制品中的亲和抗体只需建立上述方法任一种方法，都可以检测目标产品中有无抗体存在。

（二）非抗体类亲和配基的检测

非抗体类亲和配基的检测最好用 HPLC 法，例如，用反相 HPLC 填料 300Å 孔径的 C18、C8 柱都可以对目标蛋白中的配基进行检测。非抗体类亲和配基在反相色谱柱的保留时间不可能与目标蛋白一样，可以实现非抗体类配基的检测。首先，采购一点该配基单体，用 HPLC 制作一个标准曲线，并测定其最低检出量，然后将该配基加一点到目标蛋白样品中，再用 HPLC 分析，一定会出现两个色谱峰，即一个配基峰和一个目标蛋白峰。最后，再用同样方法只分析目标蛋白，如果只有目标蛋白一个峰，就能证明目标蛋白没有配基。操作方法参考第五章第一节高效液相色谱分析所描述的方法。

六、基因重组蛋白药品报送国家食品药品检定研究院检验

重组药用基因工程蛋白质在研究单位自己对其质量检验合格后，连续生产的 3 批产品必须报送国家食品药品检定研究院检验，合格后才能作临床前毒理学、药理学、药效学和药物动力学研究。送件数量每批送一次检验量的 3 倍，还要送相同数量的原液冻干品与成品一起检验。

（一）成品检定

除外观、装量差异、细菌内毒素、水分测定外，加入灭菌注射用水 2ml 复溶后进行各项测定。

1. 鉴别试验

采用《中国药典》三部（2010 版）（附录ⅧB）免疫斑点法，应显示阳性。

2. 物理检查

（1）外观：注射剂冻干品应为白色疏松体，复溶后应为无色澄明液体。

（2）可见异物：采用《中国药典》三部（2010 版）（附录ⅤB）进行，应符合规定。

（3）装量差异：采用《中国药典》三部（2010 版）（附录ⅠA）“装量差异”法，应符合规定。

3. 化学检定

（1）水分：采用《中国药典》三部（2010 版）（附录ⅦD）第一法中“A、容量滴定法”，溶剂为无水甲醇∶无水甲酰胺（3∶1）的混合溶液体系，水分应不高于 3.0%。

（2）pH：采用《中国药典》三部（2010 版）（附录ⅤA），pH 应为 6.9±0.5。

4. 生物学活性

应为标示活性含量的 80%～150%。

5. 无菌检查

采用《中国药典》三部（2010 版）（附录ⅫA）薄膜过滤法，应符合规定。

6. 细菌内毒素检查

采用《中国药典》三部（2010 版）（附录ⅫE）中凝胶限量试验法，细菌内毒素含量应小于 1EU。

7. 异常毒性

采用《中国药典》三部（2010 版）（附录ⅫF 小鼠试验法）方法，应符合规定。

8. 蛋白含量测定

采用《中国药典》三部（2010 版）（附录ⅢB）高效液相色谱法。

色谱条件与系统适应性试验：反相 C18 色谱柱（Waters 公司 Symmetry 系列，4.6mm×150mm，粒径 5μm，孔径 300Å）；流动相 A 为含 0.1%三氟乙酸的水溶液，流动相 B 为 0.1%三氟乙酸的乙腈溶液。设定液相条件：柱温 35℃、样品池温度 4℃、检测波长为 280nm、流速 1.0ml/min。取目标蛋白对照品 2 支，用水稀释至蛋白约 1mg/ml 浓度，分别进样 10μl、15μl、20μl、25μl、30μl。进行 B 相从 0～80%的 30min 梯度洗脱。

各进样体积下的色谱图中，目标蛋白主峰的理论塔板数应不低于 1500，分离度＞1.5，相同进样体积下目标蛋白主峰峰面积的 RSD%应≤2.0%。以不同进样体积下的对照品蛋白量作为横坐标，对应的峰面积平均值为纵坐标，绘制标准曲线，应呈线性，且线性方程的 R2≥0.99。

测定法：取复溶后供试品，按照标示蛋白含量，用水稀释至 1mg/ml，上样 20μl，将对应色谱图（目标蛋白主峰与辅料峰分离度应＞1.5）中目标蛋白峰面积带入标准曲线，计算供试品蛋白含量。

（二）原液检定

1. 蛋白质含量

Lowry 法。使用国家蛋白标准品作为蛋白标准，按 Lowry 法检测试剂盒进行检测。

2. 生物学活性

应符合每瓶的标示量。

3. 比活性

应符合目标蛋白标示值（IU/mg）。

4. 纯度

1）电泳纯度

采用《中国药典》三部（2010 版）（附录ⅣC）法，用非还原 SDS-聚丙烯酰胺凝胶电泳法，考马斯亮蓝 R250 染色，分离胶浓度 15%，浓缩胶浓度为 5%，样品与上样缓冲液混合后，60℃保温 3min，上样量 10μg；经扫描仪扫描，蛋白纯度不低于 95.0%。

2）HPLC 纯度

采用《中国药典》三部（2010 版）（附录ⅢB）中面积归一化法。色谱柱为 TSKgel G3000 SWXL，7.8mm×300mm，流动相为 0.01mol/L 磷酸盐缓冲液（pH 6.8，含 0.4mol/L 氯化钠），柱温 25℃，样品池温度 4℃，流速 0.8ml/min，上样量 20μg，于波长 280nm 处检测。以目标蛋白色谱峰计算的理论板数应不低于 1500，按面积归一化法计算，目标蛋白主峰面积应不低于总面积的 98.0%。

一般情况应采用反相高效液相色谱法（HPLC）对产品纯度进行检测。色谱条件：反相 C18 色谱柱（4.6mm×150mm，粒径 5μm，孔径 300Å）。流动相 A：含 0.1%三氟乙酸的水溶液。流动相 B：0.1%三氟乙酸的乙腈溶液。设定液相条件：柱温 35℃、样品池温度 4℃、检测波长为 280nm、流速 1.0ml/min。

5. 分子质量

采用《中国药典》三部（2010 版）（附录ⅣC）法，用还原型 SDS-聚丙烯酰胺凝胶电泳法，考马斯亮蓝 R250 染色，分离胶浓度 15%，浓缩胶浓度为 5%，上样量 1μg；经扫描仪扫描，计算目标蛋白分子质量应为理论值±5%。

6. 紫外光谱

采用《中国药典》三部（2010 版）（附录ⅡA）法，用水将供试品稀释至约 0.5mg/ml，在光路 1cm、波长 230～360nm 下进行扫描，在（280±3）nm 处应有最大吸收。

7. 等电点

取 30%丙烯酰胺单体溶液 3.735ml，pH 3～10 两性电解质 1.125ml，水 10.14ml，混合均匀后，超声脱气，加入 10%过硫酸铵（AP）90μl，*N*,*N*,*N'*,*N''*-四甲基乙二胺（TEMED）37.5μl，混匀后制成凝胶，用 Pharmacia 公司的 Phast system 电泳仪测定，主区带应为 9.3±0.5，且供试品的等电点图谱应与对照品一致。

8. 外源 DNA 残留量

采用《中国药典》三部（2010 版）（附录ⅨB）法，每 50mg 蛋白（一次人用剂量）中外源性 DNA 残留量应不高于 100pg。

9. CHO 细胞蛋白残留量

用酶联免疫法检测，按试剂盒使用说明书进行测定，CHO 细胞蛋白残留量不高于总蛋白的 0.04%。

10. 牛血清蛋白残留量

用酶联免疫法检测，按试剂盒使用说明书进行测定，牛血清蛋白残留量不高于总蛋白的 0.0001%（百万分之一）。

11. 肽图

参照《中国药典》三部（2010 版）（附录ⅧE）中第一法进行；将供试品、对照品经过适当稀释至蛋白浓度约为 1mg/ml，经 1%碳酸氢铵溶液透析后，按照 1∶40（mg/mg）比例加入胰蛋白酶（序列级），于 37℃保温 24h 后取出，置–20℃冰箱冷冻终止反应。HPLC 分析时，取出冷冻酶切样品，冻融、离心，吸取上清液进样。

液相色谱设定条件如下。

色谱柱为反相 C8 柱（4.6mm×250mm，粒径 5μm，孔径 300Å），柱温 45℃、样品池温度 4℃、进样器体积 50μl、检测波长为 214nm。流动相 A（0.1%三氟乙酸水溶液）、流动相 B（含 0.1%三氟乙酸的乙腈溶液），流速 1ml/min，进样量 6μl，按表 5-8 进行线性梯度洗脱。供试品肽图图谱应与对照品肽图图谱一致。

表 5-8　肽图线性梯度洗脱程序

流动相	运行时间/min			
	0～2	2～70	70～71	71～80
A	98%	98%～30%	30%～98%	98%
B	2%	2%～70%	70%～2%	2%

12. N 端氨基酸序列（至少每年测定一次）

用氨基酸序列分析仪测定，N 端序列应与目标蛋白 N 端序列一致。

（三）半成品检定

1. 无菌

采用《中国药典》三部（2010 版）（附录ⅫA）中薄膜过滤法，应符合规定。

2. 细菌内毒素检查

采用《中国药典》三部（2010 版）（附录ⅫE）中凝胶限量试验法，每 1mg 蛋白细菌内毒素应小于 0.2EU。

七、工程细胞株和细胞库的质量控制

表达目标蛋白的工程细胞的质量检测（包括细胞库和用于生产的细胞株的质量研究、检测和监控），要从起始细胞库到生产终末的整个扩增和维持培养的全过程，生产中应严格执行研究确定的控制条件，使细胞始终能够正常表达、分泌具有生物活性的目的产物。微生物污染、致瘤性等风险性因素得到有效控制。

（一）细胞库建立

细胞库可为三级即原始细胞库、主细胞库（MCB）和工作细胞库（WCB）；也可采用主细胞库和工作细胞库组成两级细胞库；在某些特殊情况下，也可使用主细胞库一级库。用于建库的初始工程细胞株应为经过克隆选择而形成的均一细胞群体，必要时需经与实际生产过程采用的无血清培养基和培养条件相一致的适应性培养。

（二）建库细胞的管理

在制备 WCB 过程中不得进行单克隆筛选，以避免由于个别基因突变引起 WCB 中细胞群体性的遗传特性改变；为了保证细胞库中每个容器中的内容物应完全一致，例如，培养细胞采用几个器皿的，应将所有培养皿中的细胞混合成单批后再分装。

在细胞库的建库期间应采取适宜的预防措施，以确保细胞不被污染（包括微生物污染和实验室中其他类型细胞的交叉污染等）。

上述各级种子库的细胞应按照特定的要求经过全面检定合格后方可使用（具体要求参见本文细胞库检定）。

（三）细胞库检定

正确的起始细胞是实现良好生产的前提和基础。检定的目的是为了确认经过初步筛选建库的细胞符合预期设计要求，携带有稳定的目的基因，能够持续表达有功能活性的目的产物，没有微生物污染和混杂其他细胞，能够直接扩增储备或者应用于生产。

对于原始库细胞和/或主库细胞，通常需要进行一次全面系统的研究检定，包括遗传学、生物学和微生物学，以便从源头开始严格控制起始细胞的一致性和防止污染。经过传代稳定性研究的主细胞到工作细胞，只经过简单的传代、扩增，可以适当简化检定项目，重点检测外源因子污染和防止混入了其他细胞。保存的数目和传代水平应保证生产用细胞的持续稳定供应。

细胞鉴定：根据生物制品注册要求，生产目标蛋白的基因重组工程细胞株必须送国家食品药品检定研究院检定。

1）细胞种属的鉴定

应验明细胞的种属来源，分析细胞的同一性，排除与其他细胞的交叉污染。目前常用的方法有细胞生长特征和培养形态学检查、种属特异性抗原检测、染色体核型分析、同工酶分析、限制性内切酶分析、基因多态性分析等。应结合具体细胞固有的特性进行适宜的组合和选择，以实现正确鉴别为目的。

2）致瘤性试验

应检测分析目的基因引入细胞后的致瘤性特征，对于阳性细胞，应研究确定致瘤性特性、强度改变对产品带来的安全性风险。

3）目的基因和表达框架分析

目的基因和表达框架的确证是种子库细胞检定的重要组成部分，对于表达正确的目的产物具有先决性意义。常用的方法包括通过 PCR 扩增样本 DNA 或用从细胞基质中分离的 RNA 制备的 cDNA 来进行 DNA 序列分析；通过限制性内切酶谱和 Southern 杂交来检测基因的完整性，确定目的基因的拷贝数，并检测是否有任何序列插入或缺失等。

基因序列分析资料应包括试验方案和步骤、原始的测序图、测得序列及翻译后的氨基酸序列，同时应将实际测得序列与理论序列进行对比。清楚标注两者之间的异同。

为保证产品结构的正确和持续一致，应在重组工程细胞的筛选和鉴定、细胞库的建立和检定、工艺研究过程中的培养终末期及超过终末期一定水平等不同阶段，采集代表性细胞完成必要的基因序列分析（包括目的基因侧翼区域）。

4）表达产物检测

应检测分析目的产物的表达量和生物活性。活性测定应选择与其治疗机制相对应并能够定量的方法。活性测定方法学研究可贯穿于药品研究的始终，并经相关验证分析。

（四）微生物污染检测

1. 细菌、真菌和支原体检查

应对MCD、WCD和工艺研究过程中的EPC（生产终末期细胞）进行一次全面检查并对生产培养过程中的细胞进行定期监测。在进行支原体检查时，应注意同时进行直接培养法和指示细胞染色法两种方法。必要时可采用扫描电镜法检查细胞是否受到特殊微生物的污染。

2. 病毒因子的检查

病毒因子包括细胞来源于宿主动物潜在的内源性病毒和由于操作带入的外源性组织来源和细胞传代带入的病毒等。

1）体外试验

应将MCB、WCB和EPC细胞活细胞或细胞裂解产物接种到尽可能多的病毒易感的指示细胞上。可以根据细胞来源、传代史和细胞培养基的原料使用情况来选择适宜的指示细胞。检测结果应为阴性。

2）体内试验

可通过接种乳鼠、成年小鼠、鸡胚、豚鼠、家兔或其他敏感动物来检测细胞培养物中的潜伏性病毒。一般应对MCB、EPC进行体内试验。

3. 特异性病毒的检定

通过抗体产生试验来检测可能存在于MCB细胞中的特异性病毒，例如，啮齿类动物来源的细胞应进行小鼠、仓鼠或大鼠的抗体生成试验。严格控制对于人类有危害的鼠源性病毒。

4. 反转录病毒的检测

反转录病毒的试验应包括感染性试验、反转录酶（RT）检测和电镜技术检查。

应采用上述方法对 MCB 和 EPC 细胞进行反转录病毒的检测。

1）感染性试验

应根据细胞的特性及可能存在的反转录病毒种类选择适宜的检测方法，如 XC 空斑试验（XC plaque）、延时 XC 空斑试验、S+L-灶点分析（S+L-focus）等。试验时应注意设立恰当的阴/阳性对照。

2）反转录酶检测

对于常规条件下检测结果为阴性而又高度怀疑的细胞，为提高检测的敏感性，可考虑将受试细胞经适当的化学诱导剂诱导后，收集上清液分别与检验细胞联合培养，再检测反转录酶的活性，应注意设立恰当的阴/阳性对照。

3）透射电镜检查

透射电镜下可观察细胞基质超微结构的形态学特征及反转录病毒和病毒样颗粒的存在，应比较未经和经过化学诱导剂诱导的细胞。另外，需要对细胞培养液超速离心后所得的沉淀物经负染后进行检查。观察有无反转录病毒颗粒及颗粒的类型。

上述 3 种方法具有不同的检测特性和灵敏度。因此，应采用不同的方法联合检测。若反转录酶活性检测阳性时，建议进行透射电镜检查或感染性试验，如果确证对人或者其他灵长类动物细胞有感染性的反转录病毒颗粒，该细胞不得用于生产。

（五）细胞稳定性研究

细胞稳定性研究应包括库细胞、生产过程中细胞、生产终末期和/或超过生产终末期一定阶段等不同培养时期的细胞。库细胞应重点考察储存、复苏等操作处理因素的影响和传代过程中的遗传稳定性，在此基础上确定库细胞传代限度，生产过程中细胞、生产终末期和/或超过生产终末期一定阶段的细胞应考察模拟生产工艺和培养条件对细胞生长状况、表达能力等的影响，并确定生产细胞增殖限度和/或连续培养时间；使细胞始终能够持续、稳定地表达重组制品，并将对终产品产生安全性影响的风险因素严格控制在最低限度。

1. 储存条件下的稳定性

当储存的细胞复苏后用于生产制品时，应进行细胞存活率和功能活性等与细胞质量密切关联项目的研究测定，以证实复苏细胞表达能力的稳定性。应有对建库细胞储存条件下稳定性监测的方案。这种监测应在一支或多支冷冻保藏的 WCB 复苏后制备生产用细胞时进行，或当一支或多支冷冻保藏的 MCB 复苏并用于制备新 WCB 时进行。如果长时间未进行生产时，应按上市申请时所述的间隔时间对生产用细胞库进行活力测试。如果细胞的活力没有明显的减退，一般不需对

MCB 或 WCB 作进一步检定。

2. 传代/扩增过程中的稳定性

应对库细胞和生产过程细胞进行传代/扩增的稳定性研究，可将复苏的库细胞连续传代培养至一定的代次和将工作库细胞在模拟实际生产条件下连续培养、扩增（逐级放大扩增过程），直至预期培养时间及超过预期时间之外的延长时间点，收获后进行检测分析。通过考察目的基因、表达框架等在重组工程细胞中的传代稳定性和目的产物表达的稳定性，制定库细胞的限传代次和生产细胞的增殖限度以保证实际生产过程中细胞整体扩增水平及伴随的内源性病毒和/或致瘤性风险等的抑制状态在预期限度范围内。至少应包括以下方面的试验研究。

1）基因水平的比较

目的基因编码序列和表达框架不应有错误，包括突变、缺失、插入。并注意比较基因拷贝数的变化。

2）目的产物表达水平的比较

目的产物的表达量和表达活性不应有明显降低，根据不同的产品和具体研究结果确定适宜的可接受标准。

3）细胞自身的稳定性

应重点检测细胞在传代/扩增过程中的形态、生长、代谢等基本状况，遗传特征和致肿瘤特性的变化。

4）内源因子检查

应动态考察内源因子的复制是否得到有效抑制。重点检测由细胞来源动物和宿主细胞特性所决定的易染病毒如内源性反转录病毒，分析其对于人类的致病性和重要性，严格控制其产生的条件。

5）致瘤性监测

应通过比较研究考察细胞培养传代过程中致瘤性特征的改变，例如，试验阳性时的细胞代次、最低接种量、肿瘤转移扩散、肿瘤增殖时间、瘤组织病理特征等。

（六）生产过程细胞质量控制

种子库细胞应在全面质量研究和检测分析基础上，模拟实际生产过程进行扩增培养，并检测分析目的基因表达的稳定性、细胞生长状况、污染控制、致肿瘤风险性等；规模化生产后需建立细胞生产培养过程的监控标准，产品生产细胞培养终末期应符合质量控制相关要求。

对于内源性反转录病毒和/或致瘤性试验阳性的细胞，应依据工艺处理能力制定风险性成分的控制条件，并根据模拟生产状态下取得的试验研究数据制定废弃收获液的标准；生产工艺必须包括有效的病毒和/或致瘤性成分的灭活及去除方法并经过充分验证。

在研究建立了培养生产条件之后，如果整个培养过程中的关键环节如培养基、培养条件、培养时间和/或限制代次、培养方式等发生重大改进，细胞培养工艺进一步放大，且影响了原已确定的监控标准，需要重新调整设立技术参数和条件时，应重复进行一次全面的检测验证。

1. 常规生产过程监控

经研究确定了生产工艺条件之后，常规生产过程中可重点监测微生物污染和细胞生长状况，例如，活细胞数目和形态、代谢和功能状态、目的蛋白表达状况、内源性反转录病毒的复制、外源因子等，在比较分析的基础上确定批次或者连续培养生产的终末细胞的检测项目及可接受标准。

2. 细胞增殖限度

在细胞稳定性试验研究的基础上，应结合细胞培养、维持等工艺过程中实际采用的生产方式如批式培养（batch culture）、流加培养（fed-batch culture）、灌注培养（perfusion culture）等各自的特点，考察细胞体外连续扩增、培养过程中发生的变化。例如，细胞的生长状态、内源性病毒抑制状态、目的蛋白表达的下降程度及致瘤性改变等确定适宜的收获方式、收获时间、细胞终止培养时间和/或增殖代次，并预留充分的安全储备。实际生产过程中细胞不得超过预先设定的培养时间和/或增殖限度。

3. 其他风险性因素控制

培养基对细胞的质量有直接的影响，也是细胞污染的可能来源之一。应明确培养基的组成、来源及质量标准。对于动物源性添加成分，应尽可能控制并减少其使用；如确需使用，应阐明选择的理由，并说明该成分的来源和病毒安全性控制方法。目前提倡采用无血清培养基，并尽可能减少各种培养基的来源和质量检测数据均应有可追溯的文件记录。例如，培养中使用了牛源性物质，应明确其来自非 BSE 疫区，并应按照国家食品药品监督管理总局的相关规定提供必要的证明性文件。

细胞培养条件的研究中，对于内源性反转录病毒和/或致瘤性试验阳性的细胞，在权衡风险性基础上开展必要的研究，关注病毒和/或癌基因相关序列的激活或者复制状况。

第六章　重组蛋白的结构分析与鉴定

重组蛋白是从基因质粒表达而来的，它的结构（包括一、二、三级结构）是否正确要通过一系列实验进行验证才能确定。这些验证实验包括氨基酸组成分析、N 端序列分析、C 端序列分析、质量肽图分析及二硫键定位、糖基化位点和糖链组成分析等。

第一节　重组蛋白肽图分析

肽图分析是评价重组产品蛋白质结构及其生产工艺稳定性的重要方法，目前常用的方法有 CNBr 裂解 SDS-PAGE 微量肽图法和胰蛋白酶切 RPHPLC 肽图法。新药评审认可的还是胰蛋白酶切 RPHPLC 肽图法。一般是用胰蛋白酶将蛋白质定点切成若干段，然后用高效液相色谱仪分析，得到一个色谱图。胰蛋白酶专一性地酶切赖氨酸和精氨酸羧基端的肽键，而胃蛋白酶专一性地酶切苯丙氨酸、酪氨酸和色氨酸羧基端的肽键。根据蛋白质基因测序可知道其一级结构，从理论上可以估算用胰蛋白酶或胃蛋白酶对目标蛋白进行酶切可能切出多少肽段，经高效色谱分析可以出现多少色谱峰，就可了解目标蛋白的氨基酸序列是否与理论值相同，从而确定目标蛋白结构是否正确。但是，有些很小的肽段是检测不到的，只要 95%以上的肽段能检测出来就是合格的。

一、重组人干扰素α_{1b}的肽图分析

饶春明、陶磊、史新昌等报道了重组人干扰素α_{1b}的肽图分析，作者用液质联用法绘制了重组人干扰素α_{1b}的肽图。他们用胰蛋白酶消化重组人干扰素α_{1b}，然后用 LC-MS 联用仪分析绘制了肽图。

（一）酶切条件

取浓度为 3mg/ml 的样品 0.4ml 对 1% NH_4HCO_3充分透析，然后取透析样品 250μl 至微量进样瓶，加 0.3mg/ml 对-甲苯磺酰-苯丙胺酰氯甲酮（TPCK）处理的胰蛋白酶 10μl 混匀，于 37℃温控自动进样器酶切，每 80min 进样量 6μl，用 Millennium32 色谱软件选择 214nm 进行分析，直至目标蛋白完全酶解。

（二）色谱条件

流动相 A：0.1% TFA。流动相 B：0.1% TFA-CAN。洗脱梯度（同表 5-8）：0～2min，流动相 A，98%，流动相 B，2%；2～70min，流动相 A，98%～30%，流动相 B，2%～70%；70～71min，流动相 A，30%～98%，流动相 B，70%～2%；71～80 min，流动相 A，98%，流动相 B，2%。流速 1ml/min；检测波长 200～300nm。

结果显示，质谱测定重组人干扰素α_{1b}的相对分子质量为 19 382.50，与理论相对分子质量 19 382.18 非常接近。质量肽图共发现 16 个相匹配肽段，有 3 个酶切理论肽段（单一氨基酸 Lys_{135}，Lys_{165}，Glu_{166}）未发现，氨基酸覆盖率 98.2%。通过分析胰蛋白酶酶切质量肽图，发现主要存在 2 种二硫键连接方式：Cys29-Cys139、Cys86-Cys99，同时还有少量其他连接方式，如 C1-C99。因此质量肽图可以作为重组蛋白的质量控制手段，还可以定位蛋白质分子中的二硫键。重组人干扰素α_{1b}的肽图如图 6-1 所示。

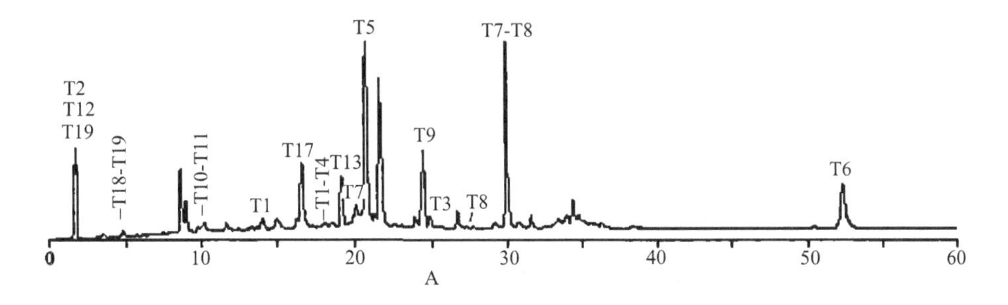

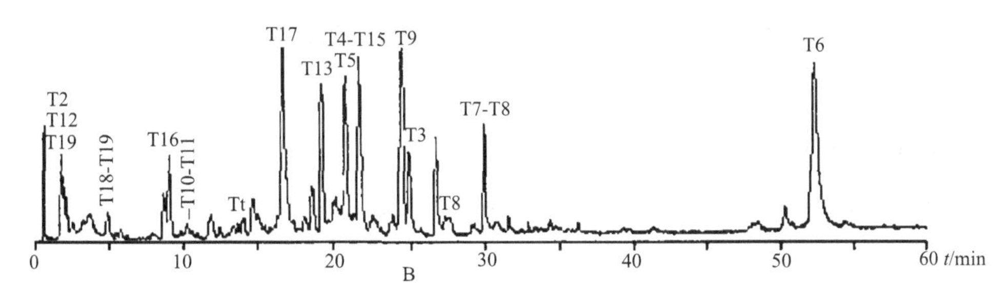

图 6-1　重组人干扰素α_{1b}的质量肽图

A. UV 214mm　B. MS TIC

二、液质联用分析重组人白细胞介素-11 的肽图

杨英、饶春明、王威等报道了用液质联用技术分析鉴定重组人白细胞介素-11（rhIL-11）的肽图。作者用胰蛋白酶酶解 rhIL-11，采用 HPLC 测定肽图，用电喷

雾-四极杆-飞行时间质谱（ESI-Q-TOF M/S）技术分析肽段的精确相对分子质量，通过串联质谱（MS M/S）测定肽段的氨基酸序列。重组人白介素-11 的肽图如图 6-2 所示。

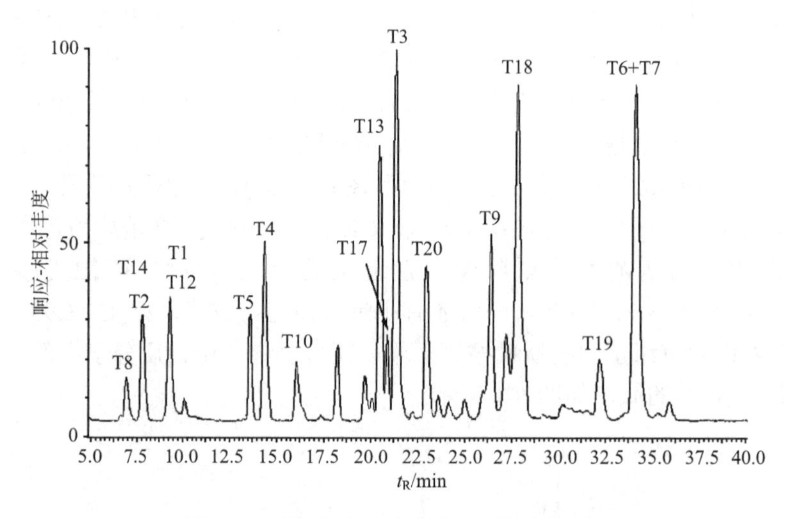

图 6-2　重组人白细胞介素-11 的质谱肽图

1. 胰蛋白酶酶切条件

取质量浓度为 3mg/ml 的 rhIL-11 样品 400μl，对 1%碳酸氢铵溶液进行充分透析，然后取透析样品 250μl，加入 1mg/ml TPCK 处理的胰蛋白酶 3μl，37℃水浴 20h 进行酶解。100℃煮沸 3min 终止酶解反应，离心收集上清液作为肽图测定的样品溶液。

2. 色谱条件

采用 Waters Symmetry 300 C18（150mm×3.9 mm ID，5μm）色谱柱，流动相 A 液为含 0.1%三氟乙酸的水溶液，B 液为含 0.1%三氟乙酸的乙腈溶液，洗脱梯度：0～2min，B 液 2%；2～70min，B 液 2%～70%；70～71min，B 液 70%～2%；71～80min，B 液 2%；流速 1ml/min，进样量 6μl，柱后分流进入质谱的离子源。

3. 质谱条件

毛细管电压 3kV；Cone 电压 30V 去溶剂气体为氮气；去溶剂气体温度 250℃；源温度 80℃；飞行管电压 5630V，MCP 电压 2.3kV，去溶剂气体流速 400L/h；ESI 源流速 10μl/min。设置当 HPLC 洗脱的肽段在 ESI-Q-TOF M/S 中的离子强度达到 50 以上就进入 MS M/S 状态。

第二节　重组蛋白糖基定位和糖链组成分析

细胞内超过50%的蛋白质都以糖基化形式存在并发挥重要的生理功能，糖链在生命活动中起着非常重要的作用。糖蛋白参与细胞识别、分化、发育、信号转导、免疫应答等多种重要生命过程。目前全世界大约1700种处于临床研究和临床前研究重组蛋白的药物中，有70%以上都是含有糖链的糖蛋白，且都是通过哺乳动物细胞或酵母表达的产品。根据蛋白质与糖链连接的方式，糖链主要有*N*-连接和*O*-连接两种糖基化形式。糖链分析是比较复杂的，基本步骤是先将糖链水解下来，然后用三氯乙酸将蛋白质沉淀下来，离心去掉沉淀，将糖衍生化后用液相色谱或气相色谱进行分析。对于糖基化位点的分析，质谱技术具有独特的优势。

一、糖链的释放

糖链的释放有化学释放和酶释放两种方法，化学释放法主要有肼解法和β-消除法，前者可以释放糖蛋白的*N*-糖链和*O*-糖链，目前已经实现了仪器自动化。Huang等开发的$NH_3 \cdot H_2O$依赖型β-消除法，可以从糖蛋白上释放出带有还原末端的*O*-糖链，能够进行紫外或荧光标记。目前糖蛋白糖链分析有放射性同位素标记法和紫外及荧光物质衍生法。用酶解法释放糖链，该方法比较简单，条件温和，能够提供有关糖链残基的组成、排列顺序和糖苷键的α或β的构型等信息，因此应用比较广泛。较常用的释放*N*-糖链的特异性蛋白酶有*N*-糖肽酶F（PNGase F）和*N*-糖肽酶A（PNGase A），二者具有很好的互补性，可以联合使用。对于释放*O*-糖链的特异性蛋白酶目前发现较少，且广谱性不强。

（一）化学释放法

1. β-消除——米氏加成反应

O-糖基化位点的标记多采用化学法，用得较多的是β-消除反应法。该方法基于在碱性环境中Ser和Thr的*O*-糖基团会发生β-消除，形成一个不饱和双键，该双键可以被亲核试剂攻击发生加成反应，使Ser残基或Thr残基的质量相对其理论质量发生一个特定的变化，从而使*O*-糖基化位点被质量标记。而且这种质量标记在SPD或CID的条件下是稳定的，从而可以通过串联质谱测序的方法得到糖基化位点的信息。但是非糖基化或磷酸化的Ser或Thr也可以发生β-消除反应，在应用该方法时应注意。

2. 三氟甲基磺酸法

三氟甲基磺酸（trifluoromethane sulfonic acid，TFMS）可以切除与肽键直接相连的单糖以外的所有糖基，留下的糖基则起到标记糖基化位点的作用。此方法反应温和，速度较快而且可以作用于所有类型的糖链，是一种广谱、高效、温和的方法。在操作时要严格保持无水条件，如果糖链末端存在唾液酸会影响反应效率。

（二）酶释放法

1. PNGase F 酶释放法

PNGase F 酶释放法是目前应用最广泛的研究糖蛋白 *N*-糖链的一种方法。*N*-糖苷酶 F（peptide:*N*-glycosidase F，PNGase F）几乎可以作用于所有 *N*-糖链，同时使天冬酰胺转变成天冬氨酸，使相对分子质量增加 0.98，从而起到质量标记 *N*-糖基化位点的作用。该法应用十分方便，但是不能区别自发脱落氨基和酶促去糖基化的问题，使用中会造成一定误差。

2. Endo H 酶释放法

与PNGase F不同，内切-β-乙酰葡萄糖胺酶H（endo-β-*N*-acetylglucos-aminidase H，Endo H）在去糖基化时会将 *N*-糖链五糖核心与天冬酰胺相连的 *N*-乙酰葡糖胺（GLcNAc）以外的部分切除，在糖基化位点处留下 GLcNAc，起到糖基化标记位点的作用。糖基化位点处的 GLcNAc 使该处的天冬酰胺相对质量增加 203，以便于质谱测定。

（三）放射性同位素标记法

具有还原末端的糖链均可用 NaB_3H_4 进行放射性同位素标记，然后用液质联用仪分析。Yuan 等用两种氘代荧光标记探针 d_0-AP 和 d_6-AP 分别标记待分析糖蛋白糖链和标准糖蛋白糖链，然后将二者等量混合进行 LC-MS 分析，质谱图中样品糖蛋白和标准糖蛋白所共有的糖链成对出现。

（四）紫外及荧光物质衍生法

凡是具有半缩醛羟基的糖链都可以通过还原胺化反应来实现紫外及荧光衍生化。常用的紫外和荧光衍生化试剂有对氨基苯甲酸乙酯（ABEE）、3-乙酰氨基-6-吖叮酮（AA-AC）、8-氨基萘-1、3,6-三磺酸（ANTS）、2-氨基吡啶（2-AP）和 2-氨基联苯胺（2-AB）等。其中 2-AP 和 2-AB 适用范围较广，应用较多，其标记试剂盒已经商品化，而且已经建立了衍生化糖链的标准糖谱。然后用高效液相色谱（HPLC）或气相色谱（GC）进行分析，可以得到糖链的组成信息。

（五）糖蛋白糖链结构分析

蛋白质的糖基化分析除了糖基化位点分析，确定糖基化在哪个氨基酸以外，对糖基的结构与组成分析同样很重要，有些蛋白质的糖链决定蛋白质的生物活性，例如，EPO 分子的糖链占 47%，糖链结构不正确就没有生物活性。分析糖链结构的方法如下。

1. 质谱法

现在常用的质谱分析方法是将重组蛋白电泳后，在电泳胶片上将蛋白带切下溶解，用糖苷酶将糖链释放出来，再用电喷雾质谱（ESI-MS）或基质辅助激光解析飞行时间质谱（MALDI-TOF-MS）进行分析。因现代这些质谱具有独特的“软电离”方式，可以较好地对高极性、难挥发、热不稳定的糖分子等高分子生物大分子进行结构分析，因而被称为生物质谱。近年来，在线分析技术的发展使得联机技术和串联质谱技术的发展日趋完善。联机技术，如 GC/MS、HPLCP/MS、CE/MS 和 CHIP/MS 不需经过复杂的分离纯化步骤直接将微量样品上样分析，可更加有效地获得相关糖链结构的结构信息。其中 CHIP/MS 是新近开发的能够微量、快速、高通量测定糖链的良好工具。Froech 等利用全自动芯片电喷雾和傅里叶转换离子回旋共振（FTICR）质谱相结合进行了高效的糖筛选和测序研究。

2. 核磁共振法

核磁共振（NMR）技术是糖链立体化学结构分析最重要的方法之一，该技术可以确定糖链的构型、连接位置、分支和微观多样性。通过 ES-MS 和 NMR 相结合可以分析从人乳中分离出来的果糖和 3 种不同类型果糖型寡糖，可以阐明其结构特点，如分支类型、血型相关刘易斯（Lewis）决定簇、部分序列和寡糖链连接情况，最后通过甲基化分析和 H-NMR 确定其全序列。最终鉴定出 3 种新的糖链结构：果糖结构、单果糖结构和三果糖结构。但是 NMR 测定糖的信号峰重叠严重，灵敏度不高较难解析，而且多维 NMR 需要毫克级样品，对于多数糖复合物中的微量糖链分析很难达到满意结果。

3. 芯片技术

以糖芯片和凝集素芯片为代表的亲和芯片技术可以利用糖链和凝集素之间的特异识别和结合能力间接给出糖链结构的相关信息，是目前高通量快速分析蛋白质糖基化类型的良好工具。可将不同凝集素构建的凝集素芯片放入 6 孔细胞培养板中，观察所培养细胞表面糖链的表达情况，该法操作简单，用显微镜就可以观察结果。

4. 糖结构分析软件

糖蛋白质量数的分散及糖本身的性质决定了质谱分析的灵敏度较低，经过糖蛋白、糖肽的纯化及糖链的衍生化，如甲基化、乙酰化等，可以在一定程度上提高质谱检测的灵敏度，但后续的糖蛋白结构分析仍然还有很多困难。由于糖链的微观不均一性，一个糖基化位点上的糖链就多达几十种，虽然高分辨率的质谱可以成功地检测到这些不同的糖型（glycoform），但其质谱图也很复杂。好在近年来已经有相对成熟的糖分析软件，如 StrOligo Algorithm 算法，可以分 3 步自动处理糖蛋白或糖肽的串联质谱图。

二、气相色谱法测定重组蛋白的糖链组成

徐桂云、陈阳、林於菟等报道了重组人尿激酶型纤溶酶原激活剂（尿激酶原，Pro-UK）中糖链组成研究。作者采用酶解法释放 Pro-UK 的糖链，具体操作步骤如下。

（一）单糖的释放

7～10mg Pro-UK 溶解于 5ml 2mol 三氟乙酸（TFA）中，在氮气保护下，100℃水解 4h，用氮气吹干后加入 0.5ml 3 次蒸馏的重蒸馏水中。

（二）单糖的纯化

DEAE-Sephadex A-25 离子交换树脂用 1mol 乙酸和 1mol 吡啶水溶液浸泡 2d 后装入玻璃珠内（1cm，id，柱高 5～6cm），分别用 10ml 含 0.5mol 乙酸、0.5mol 吡啶水溶液，10mol 含 1mol 乙酸、1mol 吡啶水溶液交替洗 3 次，最后浸泡于 0.5mol 乙酸、0.5mol 吡啶水溶液中。将水解的样品上 DEAE-Sephadex A-25 离子交换柱，用 10ml 蒸馏水洗 3 次，收集洗脱液并冷冻干燥。

（三）单糖的还原乙酰化

冻干样品加入 0.05mol NaOH 和 10mg $NaBH_4$，在 20℃反应 1h。用甲醇除去过量的 $NaBH_4$，样品在 P_2O_5 存在下干燥 4h，加入 1ml 乙酸酐和 1ml 吡啶，在 100℃反应 30min，用氮气除去过量的乙酸酐和吡啶，然后用 1ml 二氯甲烷萃取衍生物 2 次。合并萃取液用氮气浓缩至 0.5ml。

（四）气相色谱分析

SE-54 石英毛细管柱（30m×0.32mm，0.25μm，i.d.）。色谱柱初温 170℃，10℃/min 升至 250℃，保持 15min。气化室温度 200℃，检测器温度 250℃，H_2 作为载气，线性流速 48cm/s，分流比 1∶10，进样体积 2μl。用 SC1100 型色谱数据处理工作站处理数据。

（五）结果

重组人尿激酶酶原（rhPro-UK）糖链由岩藻糖、甘露糖、半乳糖和 *N*-乙酰氨基葡萄糖组成，结果列入表 6-1。

表 6-1　重组人尿激酶酶原糖链组成（糖干重 g/100g rhPro-UK）

单糖种类	样品号			平均值	相对偏差	相对摩尔比	检出限
	1	2	3				
岩藻糖	0.36	0.48	0.45	0.43	10.7	1.0	0.04
甘露糖	1.56	1.86	2.17	1.86	10.9	3.9	0.06
半乳糖	0.56	0.43	0.64	0.54	13.0	1.1	0.06
N-乙酰氨基葡萄糖	1.85	1.60	2.50	1.98	17.1	3.4	0.20
总糖含量	4.33	4.37	5.76	4.8			

第三节　重组蛋白氨基酸分析

重组蛋白的氨基酸组成可通过其 cDNA 基因的遗传密码确定，但是还必须通过氨基酸分析得到证实。传统的氨基酸组成分析要对高纯度的重组蛋白进行水解，然后用柱前衍生或柱后衍生进行 HPLC 分析。但随着 Edman 液相自动顺序分析仪和固相顺序分析仪及气相色谱拟质谱（GC 拟 MS）等方法的相继出现，使结构分析的速度也显著加快。至今已完成近千种蛋白质的一级结构分析。目前不仅样品用量减少，而且工作人员也大大减少。当年 Sanger 分析胰岛素（insulin）用了整整十年的时间，今天运用自动化仪器，分析一个相对分子质量在 10 万左右的蛋白质只需要几天。对于从事重组蛋白的研究人员来说，只要把蛋白质纯化出来后，将样品送专业实验室分析即可。但对其分析的基本原理和实验方法也要有所了解。

一、目标蛋白的水解

蛋白质水解是指蛋白质水解酶（protease 或 proteinase）催化多肽或蛋白质水

解的酶的统称，简称蛋白酶（别名：枯草溶菌素；解朊酶；舒替兰酶），来自地衣芽胞杆菌，广泛分布于动物、植物及细菌当中，种类繁多，在动物的消化道及体内各种细胞的溶酶体内含量尤为丰富。

蛋白质在酸的作用下，色氨酸破坏，天冬酰胺和谷氨酰胺脱酰胺基。蛋白质在碱的作用下，水解后氨基酸会消旋，但色氨酸稳定。酸法水解由于后续的酸液对环境污染，水解产物会有异味；碱法水解则会使 L 型氨基酸变成 D 型，且两种水解方法都不存在专一性，因此酶法水解成为趋势。

通常以 5～10 倍的 20% HCl 煮沸回流 16～20h，或加压于 120℃水解 12h，可将蛋白质水解成氨基酸。优点：水解彻底，水解的最终产物是 L-氨基酸，没有旋光异构体的产生。缺点：营养价值较高的色氨酸几乎全部被破坏，而与含醛基的化合物（如糖）作用生成一种黑色物质，称为腐黑质，因此水解液呈黑色。此外，含羟基的丝氨酸、苏氨酸、酪氨酸也有部分被破坏。此法常用于蛋白质的分析与制备。

用 6mol/L NaOH 或 4mol/L $BaOH_2$ 煮沸 6h 即可完全水解得到氨基酸。优点：色氨酸不被破坏，水解液清亮。缺点：水解产生的氨基酸发生旋光异构作用，产物有 D-型和 L-型两类氨基酸。D-型氨基酸不能被人体分解利用，因而营养价值减半；此外，丝氨酸、苏氨酸、赖氨酸、胱氨酸等大部分被破坏，因此碱水解法一般很少使用。

（一）6mol/L 酸水解蛋白质

（1）称取含蛋白质 7.5～25mg 的样品于 20ml 安瓿管中（切勿粘壁）。

（2）加入 10ml 6mol/L HCl[取 500ml 优级纯盐酸（36%～38%），定容到 1000ml，加 1g 苯酚]。

（3）用液氮冷冻。

（4）待液体超过 1/3 凝固后，抽真空，熔化安瓿管使其密封。

（5）根据样品的不同，将其放在 110℃的炉子（烘箱）上，水解 12h、24h、36h 或 72h。

（6）为了保证结果的重现性，应使炉子恒定在 110℃，建议使用内置气流环路的炉子。

（7）水解完成后，冷却，混匀，开管，过滤，定容至 50ml。

（8）取适量（0.5ml 左右）滤液置于浓缩仪或旋转蒸发仪中，低于 60℃，抽真空，蒸发至干，必要时加少许水，重复蒸干 1～2 次。

（9）加入 1～3ml 样品稀释液，使氨基酸浓度达到 50～250nmol/ml。振荡混匀，用 0.22μm 滤膜过滤后，供上机测定使用。

6mol/L 盐酸能将蛋白质完全水解成氨基酸溶液，是氨基酸分析常用的方法。

（二）蛋白质碱水解

（1）称取含蛋白质 7.5～25mg 的样品，置于聚四氟乙烯衬管中。

（2）加入 4mol/L LiOH 1.5ml。

（3）然后在液氮中冷冻，待液体完全凝固后将衬管插入水解玻璃管中。

（4）抽真空至≤7Pa 后封口。

（5）将封好口的水解管放入（110±1）℃恒温干燥箱中，水解 20h。

（6）冷却，混匀，开管。

（7）用样品稀释液（pH 4.3）将内容物定量地转移至 10ml 或 25ml 容量瓶中。

（8）用 6mol/L 的 HCl 约 1ml 中和，并用样品稀释液（pH 4.3）定容。

（9）用 0.22μm 的过滤器过滤溶液，供上机测定使用。

注意：相对于酸水解而言，碱水解时破坏的氨基酸要多很多，酸水解会被破坏的色氨酸在碱水解时却能保持稳定，因此碱水解就适用于分离色氨酸，通常会使用氢氧化钡，这样水解之后就必须用 CO_3^{2-}或 SO_4^{2-}来沉淀钡离子，而且氨基酸可能会因为沉淀盐的吸附而损失，亮氨酸在碱水解和酸水解过程中都很稳定，它可以用来检测这种吸附产生的损失。

（三）蛋白质氧化水解

（1）称取含蛋白质 7.5～25mg 的样品（50～100mg，准确至 0.1mg）于 20ml 浓缩管中（切勿粘壁）。

（2）置于 0℃冰水中加入 2ml 预冷的过甲酸溶液，加液时需将样品全部润湿，但不能摇动。

（3）在 2℃的冰箱中放置 15h；或者 55℃水浴中放置 15min。

（4）溶液中多余的过甲酸可以通过加入氢溴酸（48％氢溴酸 0.3ml）放入冰浴静止 30min 来去除。

（5）然后置于浓缩仪或旋转蒸发仪中，低于 60℃，抽真空，蒸发至干。

（6）用 10～15ml 6mol/L HCl 将残渣转移到 20ml 安瓿或厌氧管中（切勿粘壁），封口（无须抽真空），置于（110±1）℃恒温干燥箱中水解 22～24h。

（7）水解完成后，冷却，混匀，用水把水解液定容到 20ml。

（8）过滤后取 0.5ml 上清液浓缩至干。

（9）加入 1～3ml 样品稀释液，使氨基酸浓度达到 50～250nmol/ml，振荡混匀，用 0.22μm 滤膜过滤后，供上机测定使用。

注意：在氧化过程中，酪氨酸将被完全破坏，而组氨酸被部分破坏；制备过甲酸（过蚁酸）溶液：30％ H_2O_2 和 88%甲酸按 1∶9（*V/V*）混合，于室温下放置 1h，置于 0℃冰水中冷却 30min，临用前配制。

（四）蛋白质的酶水解

蛋白质酶法水解的优点：条件温和，常温（36～60℃）/常压和 pH 在 2～8 时，氨基酸完全不被破坏，不发生旋光异构现象。缺点：水解不彻底，中间产物较多。根据水解的程度分为蛋白质—胨—多肽—二肽—氨基酸。蛋白质煮沸时可凝固，而胨、肽均不能被沉淀；蛋白质可被饱和的硫酸铵和硫酸锌沉淀，而胨以下的产物均不能被硫酸盐沉淀；胨可被磷钨酸等复盐沉淀，而肽类及氨基酸均不能，借此可将产物分开。

蛋白水解酶按水解底物的部位可分为内肽酶及外肽酶，前者水解蛋白质中间部分的肽键，后者则自蛋白质的氨基或羧基末端逐步降解氨基酸残基。最常用的氨肽酶是亮氨酸氨肽酶,亮氨酸氨肽酶不是只能水解以亮氨酸为 N 端残基的肽键，只是水解以亮氨酸为 N 端的肽键速度为最大,而且能水解 N 端除脯氨酸以外的所有氨基酸。

二、目标蛋白的氨基酸分析

（一）目标蛋白的氨基酸组成分析

1. 氨基酸分析的柱前衍生技术

大多数的氨基酸无紫外吸收也无荧光发射特性。为提高分析检测的灵敏度和分离选择特性，常常需要将氨基酸衍生。氨基酸的衍生方式有柱前衍生和柱后衍生两种。柱后衍生与离子交换色谱法（IEC）相结合，通常的衍生试剂为茚三酮和邻苯二甲醛（OPA）。柱后衍生的缺点在于分析柱易被样品组分污染、分析时间长且灵敏度较低、需要专用仪器且仪器较复杂、试剂必须变为中性才能检测等。从色谱分析的角度上讲，柱后衍生与 IEC 法相结合分析氨基酸时没有充分发挥高效液相色谱法的优势。而柱前衍生技术与 RP-HPLC 相结合分析氨基酸正弥补了它的不足。RP-HPLC 分析技术快速、灵敏，而且仪器的适用性更广（不止局限于氨基酸的测定），被认为是经典氨基酸分析技术的一种替代技术。

目前已经报道的用于氨基酸柱前衍生的衍生试剂很多，主要有：邻苯二甲醛（OPA）、氯甲酸芴甲酯（FMOC-Cl）、异硫氰酸苯酯（PITC）、丹酰氯（dansyl-Cl）、二甲胺偶氮苯磺酰氯（dabsyl-Cl）和 6-氨基喹啉基-*N*-羟基琥珀酰亚胺基氨基甲酸酯（AQC）等 9 种方法，下面重点介绍几个与 RP-HPLC 相结合的分析氨基酸常用方法的原理及特点。

1）异硫氰酸苯酯（PITC）

IPTC 柱前衍生法也是普遍用于 RP-HPCL 分析氨基酸的方法之一。虽然这种物质被研究了 40 多年，但直到 Tarr 等将其用于测定羧肽酶 Y 的消化物之后，才被应用到游离氨基酸定量之中，随后他们又将此方法拓展，用于分析水解多肽和蛋白质氨基酸。IPTC 与氨基酸反应生成苯氨基甲硫酰衍生物（PTC-AA），用紫外检测（254nm），因此该方法的检测灵敏度不如荧光检测高。但是由于 PTC-AA 的紫外吸收值高，因此当分析氨基酸标样时，其检测的灵敏度也可以达到 4pmol，而分析实际样品时，它的检测灵敏度只能达到 50pmol。室温下，IPTC 与氨基酸的衍生反应可在 5～10min 完成。由于试剂具有挥发性，因此需用过量的试剂进行反应，反应后剩余试剂通过减压蒸发法去除。本方法已拓展至磷酸氨基酸和硫酸氨基酸等修饰氨基酸与不同组织氨基酸的分析中。反应式如下：

$$C_6H_5{-}N{=}C{=}S + RCH(NH_2)COOH \xrightarrow{pH=10.5} C_6H_5{-}NH{-}C({=}S){-}NH{-}CHR{-}COOH$$

优点：①可与一级和二级氨基酸同时反应；②衍生产物单一、稳定，冻干的衍生物–20℃可储存 1 个月，4℃水溶液中可储存 3d，而色谱响应值无明显变化；③分析时间短，测定水解氨基酸仅需 12min。

缺点：①样品的制备较为烦琐，需预先去除剩余试剂，而且虽然严格操作，但存在于样品中的痕量 IPTC 试剂也会缩短分析柱的寿命；②胱氨酸的线性不好，实践中此法不适用于游离胱氨酸的测定；③如前所述，由于只能使用紫外检测，因此和使用荧光检测的方法相比，此法检测灵敏度较低。

2）氯甲酸酯类

氯甲酸芴甲酯（FMOC-Cl）法最大的优点是不受样品基质（如盐分）的干扰。Bauza 等以 FMOC 作为柱前衍生试剂，采用 HPLC 测定了红酒中的胺及氨基酸。FMOC 存在的缺点是：FMOC 及其水解产物 FMOC-OH 均有和 FMOC 氨基酸衍生物类似的荧光。虽用戊烷抽提可除去干扰，但抽提效率每步仅约为 70%，只能部分解决问题。为了减少 FMOC-Cl 水解产生的副产物，Hua 等把氨基酸首先吸附在碱性的硅凝胶体上，干燥过后和溶在甲苯中的 FMOC-Cl 进行反应，然后用乙酸乙酯冲洗掉过量的 FMOC-Cl，衍生反应产物用水从硅凝胶体上洗脱下来，接着用 HPLC 荧光检测分离测定。已有研究表明氯甲酸酯类衍生试剂不仅可以与一级氨基酸反应，也可与二级氨基酸反应，且样品中盐分几乎不影响衍生反应。CEOC 与氨基酸的衍生反应方程式如下：

CH_2CH_2OCOCl（N-取代咔唑） + $RCHCOOH$（NH_2） $\xrightarrow{pH=9.5}$ $CH_2CH_2OCONHCHCOO^-$（N-取代咔唑，R）

You 等以 CEOC 作为衍生试剂，研究发现在 pH=8.8～10.0、衍生试剂过量的情况下，氨基酸的衍生物产率接近 100%，衍生产物很稳定，且衍生反应中的副产物对分离测定无影响。分离条件：以 pH=9.0 的 20mmol/L 硼酸盐，230mmol/L 十二烷基硫酸钠（SDS）溶液[含 3%（体积分数）乙腈]为缓冲溶液，柱温 25℃，分离电压 18kV，紫外检测波长 214nm。该方法的线性范围为 0.025～0.25mmol/L，检出限为 2.15～2.46μmol/L。虽然 CEOC 的荧光发射强度比 FMOC-Cl 强，但是 CEOC 和 FMOC-Cl 一样，它的水解产物均有和 CEOC 氨基酸衍生物类似的荧光，所以也需用戊烷抽提衍生产物。

优点：①能够同时与一级和二级氨基酸反应，且反应速度快，易于实现自动化。②衍生产物稳定，允许 24h 内上机分析。

缺点：①试剂本身及其水解产物 FMOC-OH 有荧光，色谱分离中会产生一定干扰。实验室中常用戊烷抽提以除去干扰，并能终止反应和防止衍生产物的自然降解。Maeder 等和 Kielou 等使用柱前自动衍生和多步自动控制程序，实现了不需预先除去剩余试剂也不干扰色谱分离。②FMOC-Cl 与组氨酸形成的衍生物不稳定，影响定量。

3）氨基苯甲酸酯类

对一些氨基苯甲酸酯作为氨基酸衍生试剂使用的研究表明，6-氨基喹啉基-*N*-羟基琥珀酰亚胺基氨基甲酸酯（AQC）的衍生物非常稳定，远优于 FMOC-肼和 FMOC-Cl，而且反应后过剩的衍生试剂及反应副产物对分离不产生干扰，无需除去。AQC 与一、二级氨基酸均起反应，其方法衍生迅速、衍生物稳定、紫外检测灵敏度高。另外该法不仅具有能与离子交换色谱法相媲美的精密度、准确度，而且不受样品基质、大量电解质、维生素和微量元素的干扰，特别适于天然生物样品、食品及饲料中氨基酸的分析。AQC 与氨基酸反应是快速而且特异的，典型的衍生反应是 5μl 的氨基酸溶液与 35μl 的硼酸混合，然后加入 10μl 的 AQC 试剂。样品于 55℃条件下加热 10min 后进样分析。此法既可用紫外检测（254nm）又可用荧光检测（λ_{Ex}=250nm，λ_{Em}=395nm 或 520nm），其中λ_{Em}=520nm 是避免反应副产物 6-氨基喹啉形成较大的色谱峰而干扰分析。当分析纯蛋白水解氨基酸时，检测灵敏度可达 10^{-15}mol（fmol）级，但在分析较复杂样品的水解氨基酸时，由于有背景干扰，检测灵敏度为 0.1～1.0pmol。反应式如下：

优点：①衍生反应简单快速，且不受介质干扰；②衍生产物稳定；③衍生产物的发射波长比 AQC 的水解产物的发射波长大 60nm，因而色谱分析时试剂的水解物干扰小；④衍生缓冲液的范围宽，一般为 8.2～9.7。

缺点：①相对较长的分析时间(标准 AQC 法分析 18 种水解氨基酸需 45min)；②AQC 在低浓度流动相介质中的荧光量子仅为高浓度下的 10%，导致洗脱过程中前馏分的检测灵敏度通常比后馏分的检测灵敏度高；③当样品中存在羟基脯氨酸和羟基赖氨酸时，反应副产物 6-氨基喹啉会干扰定量。Wandelen 等虽然优化了色谱条件，提高了 AMQ 和羟基脯氨酸、羟基赖氨酸的分离度，但是以延长分析时间为代价的；④AQC 水解后产生的 6-氨基喹啉有很强的紫外吸收，在常规水解氨基酸衍生物的峰前形成一个大的试剂峰并伴有拖尾现象从而干扰天冬氨酸、丝氨酸等氨基酸的测定。不过，此问题已通过优化流动相的 pH 和梯度洗脱程序得到了一定解决。

2. 氨基酸分析操作步骤

1）氨基酸衍生方法

分别精密移取对照品溶液（18 种氨基酸，每种含 0.5mg）、蛋白质水解溶液和水各 20μl，置于 1.5ml 离心管中，加入 AccQ·Flour 缓冲液 140μl，漩涡混合，在涡旋状态下加入 AQC 溶液（AQC 试剂粉 1 瓶，加 AQC 稀释液 1ml，置 55℃烘箱溶解，即得）20μl，并保持漩涡混合 10s，密封，置 55℃烘箱内 10min，取出，放冷，加水 420μl，漩涡混合，即得对照品、供试品和空白的衍生化溶液。

2）色谱分析条件

采用 Kromasil C18（5μm，4.6mm×250mm）色谱柱，柱温 37℃，以 0.14mol/L 三水合乙酸钠（pH 4.85）为流动相 A，60%乙腈为流动相 B，梯度洗脱（0～17min，11% B；17～34min，11%～41% B；34～45min，41% B；45～46min，41%～11% B，46～60min，11% B），流速 1.4ml/min，检测波长 248nm，进样量 20μl。图 6-3 是蛋白质水解液的氨基酸测定结果。

由于各种氨基酸在树脂上的亲和力不同，因此改变溶液 pH 和离子强度，便可依次将它们洗脱下来而分开，并进行定量测定。在此基础上发展了氨基酸自动分析仪。随着科学技术的日益进展，氨基酸自动分析仪在样品的用量、分离速度及检测能力上也有了很大的提高。目前最好的仪器样品分析量只要几十皮摩尔，分析时间只要数十分钟，而且计算全部自动化，给研究蛋白质一级结构带来了极大的方便。

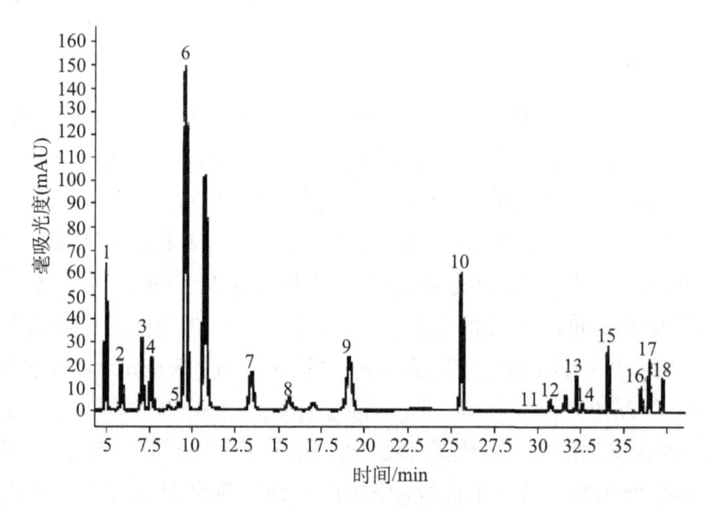

图 6-3　蛋白质水解液的氨基酸分析

毫吸光度=吸光度×1‰

3. 氨基酸分析的新方法——高效阴离子交换色谱积分脉冲安培检测法

梁立娜、史亚利、蔡亚岐、牟世芬报道了一种新型氨基酸分析方法——高效阴离子交换色谱积分脉冲安培检测法（HPLC-IPAD）。该方法不需要衍生处理，使用一定浓度的 NaOH 和 NaAc 作淋洗液梯度淋洗，常见的 18 种氨基酸可以实现分离并被检测。该方法已经成功地应用于绿茶、生物样品和土壤提取液、酱油、玉米粉和鱼粉等样品中常见氨基酸的测定。1999 年，Clarke 等开发了一种积分脉冲安培检测的高效阴离子交换色谱法，无需对氨基酸进行衍生，直接分离测定氨基酸和氨基糖，对大多数氨基酸的检测极限小于 1pmol（10^{-12}mol），线性范围可达到 3 个数量级以上。该方法已经用于蛋白质水解产物、胡萝卜汁、细胞培养基、调味品等样品中的氨基酸和糖类化合物的分析测定。

氨基酸的阴离子交换色谱分离：氨基酸具有两种离子结构，在酸性介质中，以氨基阳离子状态存在。氨基酸的通式如下：

$$R-\underset{NH_3^+}{\overset{H}{C}}-COO^-$$

在碱性介质中，以羧基阴离子状态存在，这便是氨基酸离子交换分析法的基础。阴离子交换树脂含有碱性基团—N（CH_3）$_3$OH（强碱性）或—NH_3OH（弱碱性），可以解离出 OH^-，能与溶液中的氨基酸阴离子发生交换。氨基酸与树脂的亲和力主要取决于它们之间的静电吸引力，其次是氨基酸烷基侧链与树脂基质聚苯乙烯的疏水作用和氨基酸的空间构型。在 pH 12～13 的条件下，氨基酸与阴离子交换树脂之间的静电吸引大小次序是：酸性氨基酸＞中性氨基酸＞碱性氨基酸。因此，氨基酸的洗脱顺序大体是碱性氨基酸—中性氨基酸—酸性氨基酸。图 6-4 是 20 种氨基酸的分析图谱。

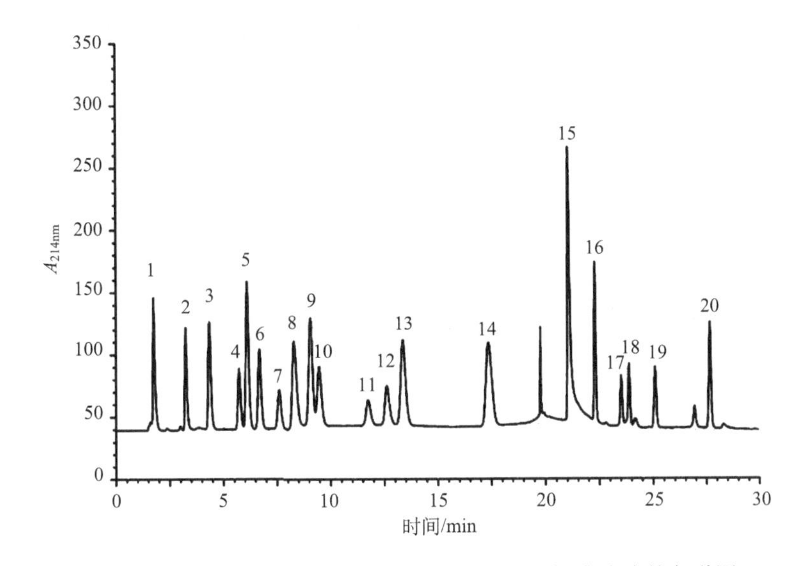

图 6-4　高效阴离子交换色谱分离 20 种氨基酸标准溶液的色谱图

1. 精氨酸；2. 赖氨酸；3. 谷氨酰胺；4. 丙氨酸；5. 苏氨酸；6. 甘氨酸；7. 缬氨酸；8. 6-氨基己酸；9. 丝氨酸；10. 脯氨酸；11. 异亮氨酸；12. 亮氨酸；13. 蛋氨酸；14. 牛磺酸；15. 组氨酸；16. 苯丙氨酸；17. 谷氨酸；18. 天冬氨酸；19. 胱氨酸；20. 酪氨酸

通常用 NaOH 和 NaAc 作为淋洗剂分离氨基酸。NaOH（pH＞12）使氨基酸以阴离子形态存在，因此可以用阴离子交换色谱分离。NaOH 中的阴离子 OH^-除了起淋洗离子作用之外，其强碱性亦使安培检测器对氨基酸有高灵敏度。NaAc 中的阴离子 Ac^-对阴离子交换树脂的亲和力大于 OH^-，是一种较强的淋洗离子，对强保留离子起“推动”作用。只用氢氧化钠作淋洗液可洗脱弱保留氨基酸，但难以将强保留的氨基酸，如谷氨酸、天冬氨酸、胱氨酸和酪氨酸等从色谱柱中洗脱下来。若要洗脱强保留氨基酸，需要用乙酸钠作淋洗液。淋洗液浓度和柱温对氨基酸非分离都有影响。通过改变淋洗液浓度和柱温可以改善氨基酸的分离效果。柱温通常选择在 25～35℃，并采用氢氧化钠和乙酸钠梯度洗脱，可以满足所有氨基酸的分离。

4. Edman 降解

Edman 降解（Edman degradation）：是测定蛋白质一级结构的方法，主要是从蛋白质或多肽氨基末端进行分析。由埃德曼（Edman P.）在 20 世纪 50 年代所创立。分为耦合、切割、萃取、转化、鉴定等几个步骤。首先在 pH 9.0 的碱性环境下，将异硫氰酸苯酯（Ph—N═C═S，PITC）和蛋白质或多肽 N 端氨基酸耦合，形成苯氨基硫甲酰（PTC）衍生物；然后以三氟乙酸（TFA）处理耦合后产物，将多肽或蛋白的 N 端第一个肽键选择性地切断，释放出该氨基酸残基的噻唑啉酮苯胺衍生物；随后萃取出释放的氨基酸衍生物并在强酸性条件下转化为稳定的乙内酰苯硫脲氨基酸（PTH-氨基酸）；最后以色谱法鉴定出降解下来的 PTH-氨基酸种类，从而得到蛋白质或多肽 N 端序列信息（图 6-5）。Edman 降解法的优点是异硫氰酸苯酯与所有氨基酸残基的反应产率和回收率都相当高，因此反应副产物少，用色谱可以准确鉴定。而且对大多数氨基酸残基而言，30min 的耦合反应时间、5min 的切割反应时间都已足够。据此原理设计出了氨基酸自动序列仪（amino acid sequenator）。

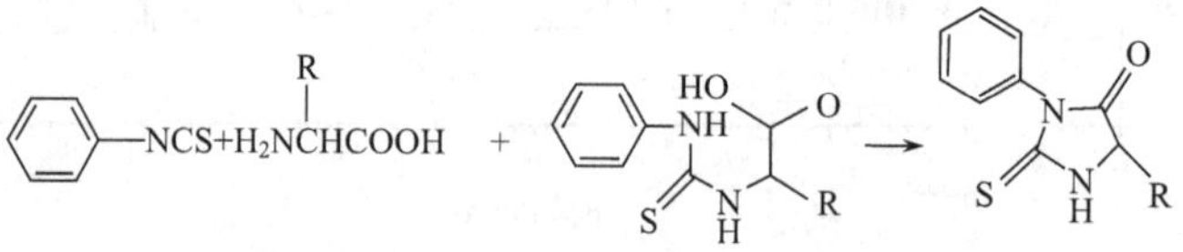

图 6-5　氨基酸与异硫氰酸苯酯的反应式

5. 氨基酸自动分析仪

1）工作原理

测定原理是利用样品各种氨基酸组分的结构不同、酸碱性、极性及分子大小不同，在阳离子交换柱上将它们分离，采用不同 pH 离子浓度的缓冲液将各氨基酸组分依次洗脱下来，再逐个以另一流路的茚三酮试剂混合，然后共同流至螺旋反应管中，于一定温度下（通常为 115～120℃）进行显色反应，形成在 570nm 有最大吸收的蓝紫色产物。其中的羟脯氨酸与茚三酮反应生成黄色产物，其最大吸收在 440nm 处。

2）样品处理

测定样品中各种游离氨基酸含量，可以除去脂肪杂质后，直接上柱进行分析。测定蛋白质的氨基酸组成时样品必须经酸水解，使蛋白质完全变成氨基酸后才上柱进行分析。

3）样品分析

经过处理后的样品上柱进行分析。上柱的样品量根据所用自动分析仪的灵敏度来确定。一般为每种氨基酸 0.1μmol 左右（水解样品干重为 0.3mg 左右）。测定必须在 pH 5～5.5、100℃条件下进行，反应进行时间为 10～15min，生成的紫色物质在 570nm 波长下进行比色测定。而生成的黄色化合物在 440nm 波长下进行比色测定。做一个氨基酸全分析一般只需 1h 左右，同时可将几十个样品一起装入仪器，自动按序分析，最后自动计算给出精确的数据。仪器精确度在±（1%～3%）。用阳离子交换柱分离及测定氨基酸所得结果如图 6-6 所示。

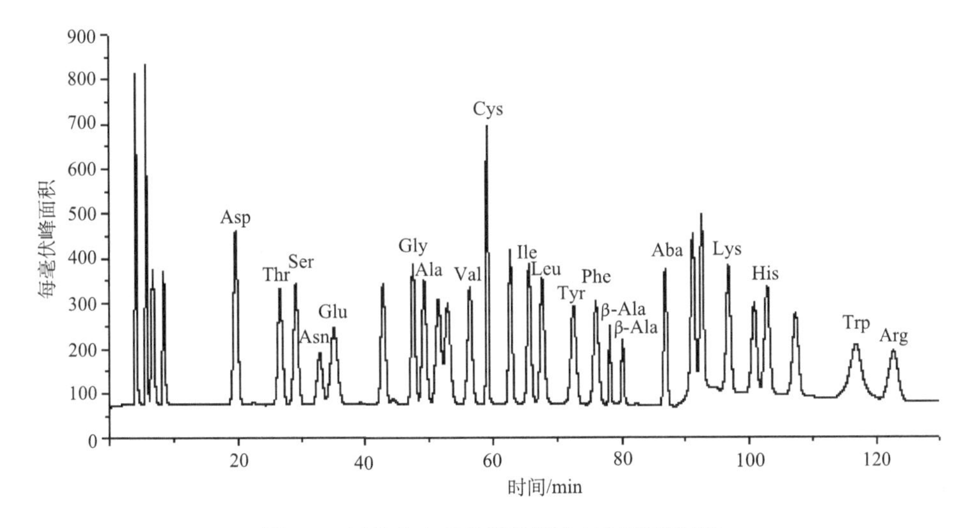

图 6-6　氨基酸自动分析仪测定的氨基酸图谱

（二）蛋白质 N 端氨基酸序列分析

蛋白质（或多肽）的两端氨基酸序列测定是分析未知蛋白质结构和功能的基础。Edman 方法测定蛋白质顺序仍然是最有效和最基本的方法，但由于水解产率有限，检出灵敏度较低及一些副反应等问题的影响，测定结果不够理想。

1976 年，Chang 等提出高灵敏度反应试剂 DABITC 测定多肽和蛋白质的顺序，比经典的 Edman 法灵敏度提高 25 倍。样品量仅需 2～8pmol，标记氨基酸的灵敏度达 1pmol，比 DNS 法优越，而且能测定被破坏的氨基酸，如谷氨酰胺、天冬酰胺和色氨酸。此方法简单、灵敏、快速，不需要蛋白质顺序测定仪等专门仪器及同位素材料。DABITC 是一种新型的有色 Edman 试剂，该试剂与 TFA 和蛋白质或多肽反应产生二甲氨基偶氮苯-硫氰酯氨基酸（DABTH-氨基酸），此衍生物经盐酸蒸汽熏蒸后，显现鲜明的红色。DABITC 和 TFA 与蛋白质（或多肽）反应生成 DABTH-氨基酸的反应式如图 6-7 所示。

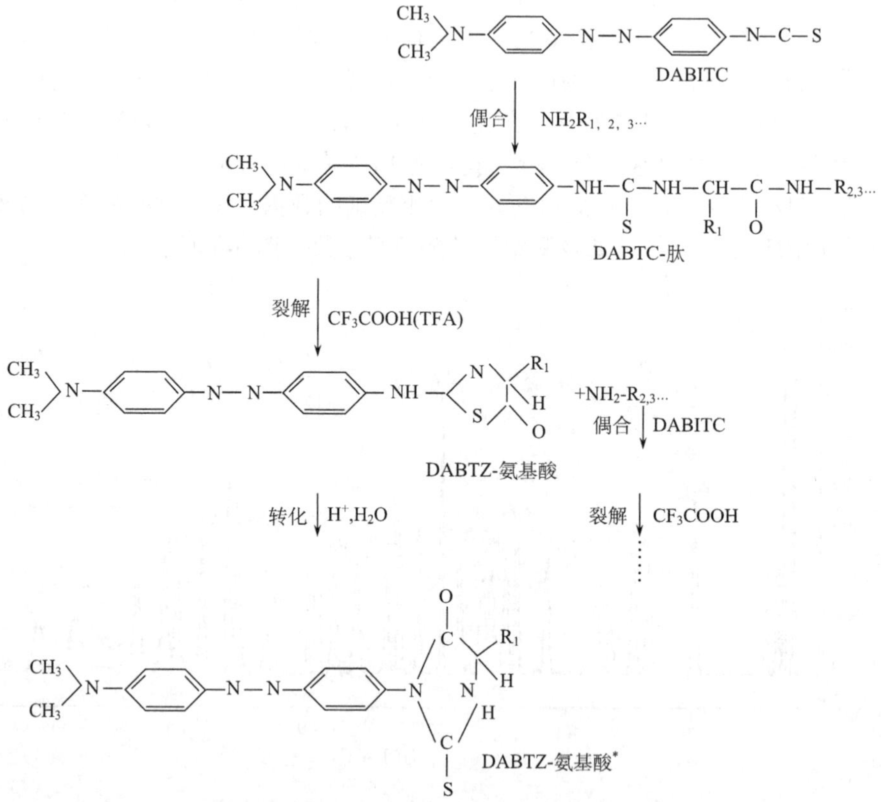

图 6-7　DABITC 与三氟乙酸和多肽的反应式

*为二甲氨基偶氮苯-硫氰酯氨基酸

有些多肽 N 端氨基酸是封闭的，降解后才能进行氨基酸序列分析。如果事先知道 N 端氨基酸是否封闭，一方面有利于选择序列分析的方式（N 端、C 端或降解后测序），另一方面可节省费用，也利于测序结果的分析。一个结构未知的酵母分泌蛋白，其相对分子质量为 7.9×10^4，我们在分析其结构时采用 DNS-Cl 法对其 N 端氨基酸进行了测定，知其 *N* 端未封闭，然后进行氨基酸序列分析，取得了很好的效果。

1. 操作步骤

取 400μg 纯化蛋白质，溶于 50μl(0.2mol/L)的 $NaHCO_3$ 溶液，用 1mol/L NaOH 调 pH 10.0，加去离子水定容至 250μl。在一小指管内加入上述溶液及 200μl DNS-Cl 丙酮液（2.5mg/ml），石蜡膜封口，40℃温育 55min。真空抽干 2h。在管内加入

0.2 ml 6mol/L HCl后将管口密封，10℃水解反应12h。真空抽干后加入2滴0.2mol/L $NaHCO_3$，并用1mol/L HCl调pH至2.5，加入乙酸乙酯5滴，稍加摇动，DNS-N端氨基酸即在乙酸乙酯层。

2. 两相层析

在聚酰胺薄膜上点样，第一相甲酸：水（1.5：100），第二相苯：冰醋酸（9：1）层析。

3. 结果

DNS-Cl法测定N端氨基酸在紫外灯下（253nm）观察，可见聚酰胺薄膜上有3个色斑点：左下角的蓝色斑点为DNS-OH，左上角的黄绿色斑点为DNS-氨基酸，右边的蓝绿色斑点为DNS-NH_2。由于薄膜上只有一个黄绿色的DNS-氨基酸斑点，可以确定该蛋白的N端是均一的，没有封闭，对照标准的层析图提示末端残基可能为天冬氨酸或精氨酸，从而可以进行N端氨基酸自动分析。

4. N端氨基酸全自动序列分析

全自动氨基酸序列分析测出N端22个氨基酸残基，结果证实N端为天冬氨酸残基。序列为：N-Asp Gly Asp Ser Lys Ala Ile Thr Glu Thr Thr Phe Ser Leu Asn Arg Pro Ser Val His Phe Thr-C。

5. 焦谷氨酸封闭N端氨基酸序列分析方法

魏敬双、程立均、贾茜报道了重组人源抗狂犬病病毒单克隆抗体（recombi-nant human anti-rabies virus monoclonal antibody，rhRMcAb）是采用基因工程技术，用CHO细胞表达的全人源抗体，属于IgG1亚型，用于狂犬病病毒暴露后预防。该抗体的轻链、重链N端氨基酸均为谷氨酰胺，由于自发环化反应成为焦谷氨酸，造成*N*端封闭，无法直接进行基于Edman降解反应的氨基酸序列测定。

重组人源抗狂犬病病毒单抗原液经还原SDS-PAGE分离轻链、重链后，电印迹至PVDF膜上。切下膜上带有蛋白质条带的部分，用少量乙腈润湿，再浸泡于含100mmol/L乙酸的0.5%（*v/w*）聚乙烯吡咯烷酮（PVP）-40中，在37℃保温30min以封闭膜上未结合蛋白质的位点；用5ml去离子水冲洗膜片至少10次后，将膜浸泡于含5mmol/L二硫苏糖醇（DTT）、10mmol/L EDTA和10%（*w/v*）乙腈的0.1mol/L磷酸缓冲液（pH 8.0）中，加入Fluka焦谷氨酸肽酶（0.2mU/μl），30℃反应24h；用去离子水清洗膜片后，晾干。干燥后的PVDF膜送北京大学生命科学院，用ABI Procise 491测序仪测定N端氨基酸序列，如图6-8所示。

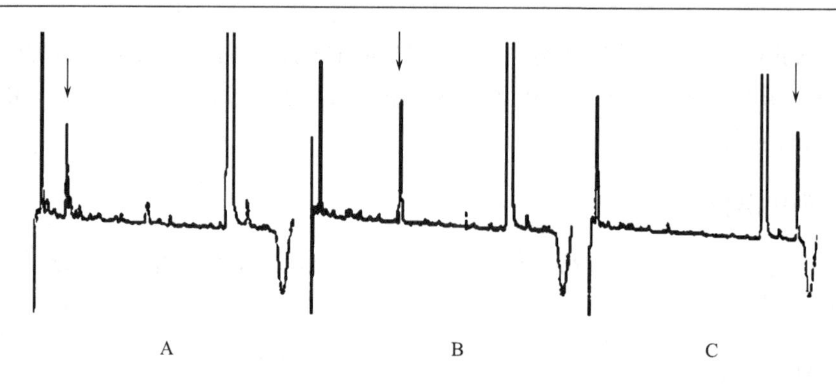

图 6-8　用焦谷氨酸肽酶消化后 rhRMcAb 轻链的 N 端前 3 个氨基酸测序图

箭头所指图 A 第二个峰为丝氨酸；图 B 的第二峰为丙氨酸；图 C 的第三峰为赖氨酸

在溶液中去封闭处理后再电印迹，在 1.5ml 离心管中，依次加入 TaKaRa 焦谷氨酸肽酶（10mU/50μl）25μl，消化缓冲液（50mmol/L PB，10mmol/L DTT，1mmol/L　EDTA，pH 7.0）68μl，5% Tween-20 溶液 2μl，重组人源抗狂犬病病毒单抗原液 5μl，混匀，置于 75℃水浴中反应 6h。进行还原 SDS-PAGE，分离胶浓度 12.5%。将蛋白带电印迹至 PVDF 膜上，考马斯亮蓝染色，脱色液脱色，晾干。干燥后再测定 N 端氨基酸序列。

6. 二硫键、*N*-糖基化位点及 C 端氨基酸序列分析

赵峰、张宜俊、冉艳红等报道了 CHO 细胞表达的重组人白细胞介素-12（rhIL-12）二硫键配对方式、*N*-糖基化位点及 C 端氨基酸序列分析，使用 Trypsin、Chymotrypsin 和 Glu-C 三种酶分别对 rhIL-12 进行非还原酶解，尽可能地在其所有半胱氨酸残基之间断裂而形成二硫键相连的肽段，然后使用 LC-MS/MS 对酶解后的肽段样品进行分析，确定了 rhIL-12 样品中存在和理论配对方式相符的 7 对二硫键。将 rhIL-12 二硫键还原后并烷基化修饰保护，分别采用 Trypsin、Chymotrypsin 和 GluC 进行酶解，并用 LC-MS/MS 对酶解后肽段进行了质谱肽图及 C 端氨基酸序列分析，确定了 rhIL-12 p35 亚基 C 端氨基酸序列的 8 个氨基酸、p40 亚基 C 端氨基酸序列的 15 个氨基酸。对 rhIL-12 样品还原及烷基化后用 Trypsin 变性酶解，所得肽段在 H_2O 及 $H_2^{18}O$ 水中分别用 PNGase F 糖苷酶处理酶切产物。并通过二级质谱分析脱糖后糖肽段分子质量变化，从而确定了 rhIL-12 的 3 个 *N*-糖基化修饰位点，分别为 p35 亚基的 71 位和 85 位及 p40 亚基的 200 位。通过建立酶解结合二级质谱鉴定的方法，证明了新药 rhIL-12 的二硫键位点、C 端氨基酸序列和糖基化位点与理论一致。

IL-12 是由两个不同基因编码的蛋白亚单位组成的异源二聚体蛋白。IL-12 p40 和 IL-12 p35 两个亚单位通过二硫键相连，构成具有生物学功能的 IL-12 p70。其中 p40 由 306 个氨基酸组成，包含 10 个半胱氨酸残基和 4 个潜在的 *N*-糖基化位点。p35 由 197 个氨基酸组成，包含 7 个半胱氨酸残基和 3 个潜在的 *N*-糖基化位点。

1）二硫键位点分析方法

理论上 IL-12 含有 17 个半胱氨酸，其中 p35 有 7 个半胱氨酸，形成 2 个分子内二硫键：Cys42-Cys174，Cys63-Cys101；而 Cys15、Cys88 为游离的半胱氨酸。p40 有 10 个半胱氨酸，形成 4 个分子内二硫键：Cys28-Cys68，Cys100-Cys120，Cys148-Cys171，Cys278-Cys305，一个游离 Cys252；分子间二硫键在 p35 的 Cys74 和 p40 的 Cys17 之间。将 rhIL-12 样品蛋白在避免二硫键重排或交换的条件下，分别用 Trypsin、Chymotrypsin 或 Glu-C 进行酶切，对 rhIL-12 进行非还原酶解，尽可能地在其所有半胱氨酸残基之间断裂而形成二硫键相连的肽段；然后色谱分离这些肽段混合物，并用质谱鉴定分离所得的各个肽段；通过匹配所得到的 MS/MS 图谱，从而找到二硫键相连的肽段并确定二硫键配对方式。

2）样品处理及酶解

（1）采用 Bradford 法对除盐后的 rhIL-12 样品进行蛋白质定量。

（2）GluC 非还原性酶解：取 20μg rhIL-12 样品，复溶于 50μl，1.5mol/L urea、150mmol/L Tris 中，加入 1μg GluC，25℃酶解反应 20h。

（3）Chymotrypsin 非还原性酶解：取 20μg rhIL-12 样品，复溶于 50μl 1.5mol/L urea、150mmol/L Tris 中，加入 1μg Chymotrypsin 37℃酶解反应 20h。

（4）Lys-C/Trypsin 非还原性酶解：取 20μg rhIL-12 样品，复溶于 50μl 8mol/L urea、150mmol/L Tris 中。加入 1μg Lys-C，25℃酶解反应 3h。然后加入 25mmol NH_4HCO_3 将 urea 浓度稀释至 1.5mol/L 左右，加入 1μg Trypsin 37℃酶解反应 20h。

（5）GluC/Trypsin 非还原性酶解：取 20μg rhIL-12 样品，复溶于 50μl 1.5mol/L urea、150mmol/L Tris 中，加入 1μg GluC 和 1μg Trypsin 37℃酶解反应 20h。

3）质谱测试

（1）酶解肽段的液相色谱分离：对酶解后的肽段通过 Ettan MDLC 进行液相色谱分离。流动相：A 液为 0.1%甲酸的水溶液，B 液为 0.1%甲酸的乙腈水溶液（其中乙腈浓度为 84%）。上样及洗脱：色谱以 95%的 A 液平衡后，样品由自动进样器上样到 Trap 柱。分离梯度为：0～50min，B 液线性梯度 4%～50%；50～54min，B 液线性梯度 50%～100%；54～60min，B 液维持在 100%。

（2）质谱测试分析：酶解后的肽段通过 GE 公司的 Ettan MDLC 进行分离后，再通过 Thermo LTQ 进行测试。Thermo LTQ VELOS 测试相关参数如下：采用 Trap 柱：Zorbax 300SB-C18，进样方式为 Microspray；毛细管温度设定 200℃；正离子方式检测。

（3）数据库检索及匹配分析

通过匹配 MS/MS 图谱，确定二硫键的连接方式，根据样品理论序列建立的蛋白库进行数据库的检索，二硫键肽段 MS/MS 图谱由人工进行匹配，从而确定二硫键位点。

4）*N*-糖基化位点分析方法

IL-12 p40 亚基包含 4 个潜在的 *N*-连接糖基化位点；p35 亚基包含 3 个潜在的 *N*-连接糖基化位点；在 p40 上至少有一个位点是糖基化的。我们通过蛋白质组学的方法对重组人白细胞介素-12 的 *N*-型糖基化位点进行确证。一般发生 *N*-糖基化位点修饰的蛋白质，都有基本的氨基酸结构骨架，为：天冬酰胺×丝氨酸（N×S）或天冬酰胺×苏氨酸（N×T）的结构。用蛋白酶酶解蛋白，再用 PNGase F 糖苷酶切除链接在天冬酰胺（ASN）上的糖链，在水中会使 ASN 转化成天冬氨酸（ASP），分子质量增加 0.9840Da。在 ^{18}O 水中会使 ASN 分子质量增加 2.890Da。通过检测脱糖后糖肽段分子质量变化，从而确定该蛋白质糖基化的位点。

（1）样品变性及 PNGase F 脱糖反应

取 50μg 样品加入 45μl 25mmol/L NH_4HCO_3，再加入 5μl 变性剂（0.2% SDS 含有 100mmol/L DTT），沸水浴 10min，冷却至室温。加入 1U PNGase F（Roche），37℃ 3h 或过夜。对照为 SDS 变性后未脱糖样品（不加 PNGase F，其他处理方法相同）。通过 PNGase F 糖苷酶酶切 SDS 变性样品，从而去除蛋白的 *N*-糖链，取部分样品，以 SDS 变性后未脱糖样品为对照进行 SDS-PAGE 实验。从而确定样品 PNGase F 糖苷酶的脱糖效果，以进行后续检测。

（2）Typsin 蛋白酶消化及肽段脱糖反应

取 50μg 还原及烷基化 rhIL-12 样品用 Trypsin 变性酶解（Trypsin∶rhIL-12 = 1∶50），37℃酶解 18h。凝集素富集糖基化肽段并加入 1U PNGase F，37℃放置 3h，回收肽段。所得肽段在水及 ^{18}O 水中分别用 PNGase F 糖苷酶处理酶切产物。

（3）质谱分析

上述肽段通过一级质谱分析初步确认可能含有糖基化位点的肽段。样品与 5mg/ml HCCA 基质 1∶1 混合后，用 4800 Plus MALDI TOF/TOF 串联飞行时间质谱仪进行质谱分析，激光源为 355nm 波长的 Nd:YAG 激光器，加速电压为 2kV，采用正离子模式和自动获取数据的模式采集数据，PMF 质量扫描范围为 800～4000Da。对一级质谱分析初步确认的肽段样品再进行二级质谱分析，进一步确认含有糖基化位点肽段的序列。选择母离子进行二级质谱（MS/MS）分析，二级 MS/MS 激光激发 2500 次，碰撞能量为 2kV，CID 关闭。

5）质谱肽图及 C 端氨基酸测序

A. Chymotrypsin 和 Glu-C 酶解

各取 50μg rhIL-12 样品溶解于 100mmol/L NH_4HCO_3，经过 DTT 和 IAA 反应后，将二硫键还原后并烷基化修饰保护，加入 Trypsin、Chymotrypsin 和 GluC 各

1μg，37℃，20h。

B. 高效液相色谱分离肽段及质谱鉴定

酶解后的肽段通过 Ettan MDLC 进行毛细管高效液相分离，再通过 Thermo LTQ-Velos 进行测试。酶解及质谱鉴定相关参数同二硫键检测方法中质谱鉴定多肽和多肽碎片的质量电荷比按照下列方法采集：每次全扫（full scan）后采集 20 个碎片图谱（MS2 scan）。

C. 质谱数据处理

LTQ-Velos 产生的原始数据由 Bioworks 3.3 软件查库，搜索使用的数据库为根据样品理论序列建立的蛋白库，数据筛选参数为：Xcorr≥1.9（Charge 1），Xcorr≥2.2（Charge 2）和 Xcorr≥3.75（Charge 3）。

D. 结论

通过实验证明重组人白细胞介素-12 中含有 3 个 *N*-糖基化修饰位点，分别为 p35 亚基的 71 位和 85 位及 p40 亚基的 200 位。此 3 个 *N*-糖基化修饰位点均是理论上可能形成的位点，并且 p40 亚基的 200 位糖基化位点是已经证实的 *N*-糖基化位点。

质谱肽图分析使用分别 3 种酶（Trypsin、Chymotrypsin 和 Glu-C）对 rhIL-12 进行溶液内酶解后，得到的肽段样品，经过 LC-MS/MS 设备的分析，得到的原始数据经过 Bioworks TM（Sequest 算法）（Thermo Fisher）进行查库，所使用的数据库为 rhIL-12 的理论氨基酸序列。

E．C 端氨基酸序列分析结论

经 LC-MS/MS 分别分析 Trypsin、Chymotrypsin 和 Glu-C 对 rhIL-12 酶解后的肽段样品，通过匹配分析，rhIL-12 p35 亚基的肽段序列覆盖率为 94.42%，p40 亚基的肽段序列覆盖率为 88.24%。可以看出，rhIL-12 的酶解后 LC-MS/MS 试验达到了理想的效果。

（三）蛋白质的 C 端氨基酸序列分析

测定 C 端序列的方法主要有物理法、酶法和化学法。物理法是用快原子轰击与质谱或核磁共振联用进行 C 端测定，目前只适用于小肽，且仪器价格昂贵。但已有不少引人注目的研究结果，这些结果表明，质谱可能是序列测定（包括 N 端或 C 端）最有前途的技术之一。酶法主要通过羧肽酶作用的时间过程中，测定反应体系中游离氨基酸的成分及含量，推算出 C 端氨基酸释放的次序。但羧肽酶 A 对于 C 端第一个是非极性氨基酸时，其酶解速度快于其他氨基酸，而 C 端第一个氨基酸为脯氨酸、精氨酸则降解速度极慢，同时对 C 端第二个氨基酸残基的降解速度有时也有影响。羧肽酶 B 水解 C 端的精氨酸和赖氨酸大大快于其他氨基酸，后来发现的羧肽酶 Y 作用时对氨基酸要求虽然不如羧肽酶 A 或 B 那么严格，但仍存在对疏水氨基酸作用强，对带电荷的氨基酸作用慢的部分选择性。尽管仍有人致力于寻找作用更广泛的羧肽酶（如羧肽酶 P 等），但目前运用羧肽酶至多只能测定 3～5 个氨基酸残基。

化学法是指蛋白质或多肽与化学试剂反应后，专一性地裂解并检测 C 端氨基酸的方法。主要有（异）硫氰酸法和过氟酸酐法。其他化学方法有肼解法、还原法等。（异）硫氰酸法又称 Schlack-Kumpf 降解，该方法与 Edman 降解的原理类似。即化学试剂异硫氰酸与蛋白或多肽的α-羧基反应，形成蛋白质或多肽乙内酰硫脲，再用裂解试剂切下 C 端残基，形成氨基酸乙内酰酸脲，然后利用 HPLC 系统分离分析游离的氨基酸乙内酰酸脲。由于不同氨基酸的乙内酰酸脲在 HPLC 上的保留时间不同，因此可以区分各种氨基酸。异硫氰酸法降解一般包括羧基活化、偶联反应、环化反应和裂解反应 4 个步骤。值得提出的是，4 步反应中的第 2 步为偶联反应，其反应效率一直是异硫氰酸法难以常规化的一大瓶颈。异硫氰酸法和 Edman 降解最大的区别也在于偶联反应的机制不同。Edman 降解的偶联反应是利用蛋白质 N 端氨基亲核性与异硫氰酸苯酯（PITC）分子中异硫氰基碳原子亲电性进行反应生成硫脲衍生物；而异硫氰酸法则是利用蛋白质 C 端羧基碳原子亲电性与硫氰酸根离子或异硫氰基氮原子亲核性进行反应生成异硫氰酸酯衍生物。由于氨基氮原子与羧基碳原子化学活泼性相差很大，异硫氰酸法的偶联产率很难与 Edman 降解媲美。

采用此方法，以乙酸酐为活化试剂，四丁铵硫氰酸为偶联试剂，溴甲基萘为烷化试剂，将蛋白质或多肽的 C 端依次转化并裂解为 ATH-氨基酸，在 254nm 进行检测。他们对 20 多种重组或天然的蛋白质或多肽进行了 C 端分析，分子质量 2～60kDa，获得的不同长度的 C 端序列信息一般可在 1～2nmol 水平上测定 3～5 个氨基酸残基，最多如肌红蛋白原可达 10 个以上氨基酸残基。用乙酸酐为活化试剂，以三苯代甲烷异硫氰酸盐（TPG-ITC）为衍生试剂，然后用 NaOH 作裂解试剂。此方法在纳摩尔水平获得了一个十六肽的 8 个氨基酸残基。

科学家利用化学原理设计了 C 端测序仪。C 端测序仪的原理即异硫氰酸法。问世几年后，Bergman 等测定了 200 多个多肽和蛋白质（从 20 个到 600 个氨基酸残基不等）的 C 端序列，在 10pmol 水平，一般能测到 4～5 个氨基酸残基序列。虽然经过优化，但如果要测得更多的氨基酸残基，样品量就必须达到几十甚至上百皮摩尔。这与 N 端序列还有很大的差距，目前 N 端序列仪灵敏度在 10pmol，可测到 50 个循环。

第四节　重组蛋白圆二色性光谱分析和紫外光谱分析

一、圆二色谱分析原理

光是横电磁波，是一种在各个方向上振动的射线。其电场矢量 E 与磁场矢量 H 相互垂直，且与光波传播方向垂直。由于产生感光作用的主要是电场矢量，一般就将电场矢量作为光波的振动矢量。光波电场矢量与传播方向所组成的平面称为光波的振动面。若此振动面不随时间变化，这束光就称为平面偏振光，其振动面即称为偏振面。平面偏振光可分解为振幅、频率相同，旋转方向相反的两圆偏振光。其中电矢量以顺时针方向旋转的称为右旋圆偏振光，其中以逆时针方向旋转的称为左旋圆偏振光。两束振幅、频率相同，旋转方向相反的偏振光也可以合成为一束平面偏振光。如果两束偏振光的振幅（强度）不相同，则合成的将是一束椭圆偏振光。

光学活性物质对左、右旋圆偏振光的吸收率不同，其光吸收的差值 $\Delta A(A_l-A_d)$ 称为该物质的圆二色性（circular dichroism，CD）。圆二色性的存在使通过该物质传播的平面偏振光变为椭圆偏振光，且只在发生吸收的波长处才能观察到。根据 Lambert-Beer 定律可证明椭圆率近似地为：$\theta=0.576lc(\varepsilon_l-\varepsilon_d)=0.576lc\Delta\varepsilon$，公式中，$l$ 为介质厚度，c 为光活性物质的浓度，ε_l 及 ε_d 分别为物质对左旋及右旋圆偏振光的吸收系数。测量不同波长下的 θ（或 $\Delta\varepsilon$）值与波长 λ 之间的关系曲线，即圆二色光谱曲线。在此光谱曲线中，如果所测定的物质没有特征吸收，则其 $\Delta\varepsilon$ 值很小，即得不到特征的圆二色光谱。当 $\varepsilon_l>\varepsilon_d$ 时，得到的是一个正的圆二色光谱曲线，即被测物质为右旋，如果 $\varepsilon_l<\varepsilon_d$，则得到一个负的圆二色光谱曲线，即被测物质为左旋。根据圆二色光谱法的原理和测试要求设计制成的仪器称为圆二色光谱仪。目前圆二色光谱法及其仪器已广泛应用于有机化学、生物化学、配位化学和药物化学等领域，成为研究有机化合物的立体构型的一个重要方法。

蛋白质有对 R 和 L 两种圆偏振光吸收程度不同的现象。这种吸收程度的不同与波长的关系称圆二色谱，是一种测定分子不对称结构的光谱法。圆二色光谱是一种差光谱，是样品在左旋偏振光照射下的吸收光谱与其在右旋吸收光谱照射下的偏振光之差。物质的吸收光谱决定物质的颜色。如果一个物质对左旋偏振光和对右旋偏振光的吸收不同，那么称该物质具有圆二色性。同样，如果一个物质对于不同方向的线偏振光的吸收不同，那么该物质具有线二色性。很多各向异性的晶体具有线二色性；而很多生物大分子和有机分子具有圆二色性，在分子生物学领域中主要用于测定蛋白质的立体结构，也可用来测定核酸和多糖的立体结构。

根据电子跃迁能级能量的大小，蛋白质的 CD 光谱分为 3 个波长范围：①250nm 以下的远紫外光谱区，圆二色性主要由肽键的电子跃迁引起；②250～300nm 的近紫外光谱区，主要由侧链芳香基团的电子跃迁引起；③300～700nm 的紫外-可见光光谱区，主要由蛋白质辅基等外在生色基团引起。

相应地，远紫外 CD 主要用于蛋白质二级结构的解析，近紫外 CD 主要揭示蛋白质的三级结构信息，紫外-可见光 CD 主要用于辅基的偶合分析。

远紫外 CD 谱：在蛋白质或多肽的规则二级结构中，肽键是高度有规律排列的，二级结构不同的蛋白质或多肽，所产生 CD 谱带的位置、峰的强弱都不同。因此，根据所测得蛋白质或多肽的远紫外 CD 谱，能反映出蛋白质或多肽链二级结构的信息。

紫外区段（190～240nm），α-螺旋的 CD 谱在 192nm 附近有一正峰，在 208nm、222nm 处呈两个负的特征肩峰；β-折叠在 216～218nm 有一负峰，在 185～200nm 有一强的正峰；β-转角则在 206nm 附近有一正峰；无规则卷曲构象的 CD 谱在 198nm 附近有一负峰，在 220nm 附近有一小而宽的正峰。如图 6-9 所示。

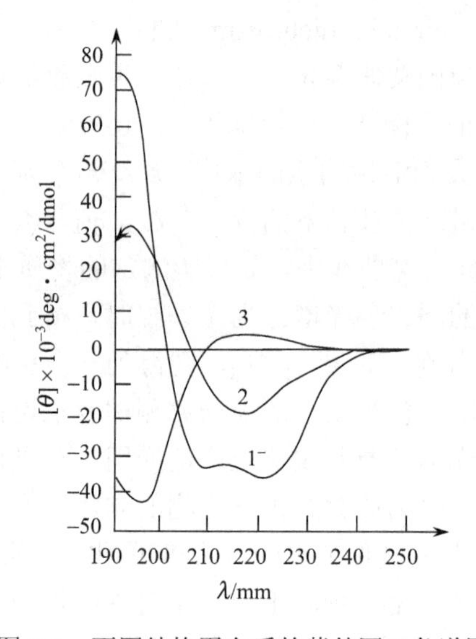

图 6-9　不同结构蛋白质的紫外圆二色谱图

1. 完全是 α-螺旋状态的谱；2. 完全是 β-折叠状态的谱；3. 完全是没有规则的结构时的谱

近紫外 CD 光谱：蛋白质中芳香氨基酸残基，如色氨酸（Trp）、酪氨酸（Tyr）、苯丙氨酸（Phe）及二硫键处于不对称微环境时，在近紫外区 250～320nm 表现出 CD 峰。研究表明：色氨酸在 290nm 及 305nm 处有精细的特征峰；酪氨酸在 275nm 及 282nm 有峰；苯丙氨酸在 255nm、260nm 及 270nm 有弱的但比较尖锐的峰带；另外芳香氨基酸残基在远紫外光谱区也有 CD 信号；二硫键于 195～200nm 和

250～260nm 处有谱峰。

总的来说，在 250～280nm，由于芳香氨酸残基的侧链的谱峰常因微区特征的不同而改变，不同谱峰之间可能产生重叠。

蛋白质浓度与使用的光径厚度和测量区域有一定关系，测量远紫外区氨基酸残基微环境的蛋白质，若浓度范围在 0.1～1.0mg/ml，则光径可选择在 0.1～0.2cm，溶液体积则在 200～500μl。而测量近紫外区的蛋白质三级结构，所需浓度要至少比远紫外区的浓 10 倍方能检测到有效信号，且一般光径的选择均在 0.2～1.0cm，相应的体积也需增加至 1～2ml。缓冲液可选 50～100mmol Tris-HCl、PBS 等，尽量除去 EDTA。

测蛋白质二级结构的 CD 峰图中，在正常条件下，正峰或负峰都趋向于最大正/负峰值。

二、圆二色性光谱实验步骤

仪器：圆二色谱仪由光源、单色器、起偏器、圆偏振发生器、试样室和光电倍增管组成。

（1）通高纯氮气 45min 后，开机。

（2）点亮氙灯：打开主机电源 INSTRUMENT POWER；打开氙灯电源 XENON LMAP POWER；等待 LMAP READY 灯亮；按红色 IGNITE LMAP 按钮。

（3）打开主板电源 INSTRUMENT POWER。

（4）打开 THERMOCUBECHILLER（开关在冷却器左边）。

（5）打开软件，设置参数，选择数据保存设置；选择保存位置；开始实验，保存数据。

（6）关软件 TERMINATE CDS PROGRAM。

（7）关氙灯电源 XENON LMAP POWER。

（8）关闭 THERMOCUBECHILLER。

（9）等待 10min 后关闭高纯氮气（可先行下述步骤）。

（10）清洗比色皿、注射泵及其他附件。

（11）光盘刻录数据。

（12）关闭主机电源 INSTRUMENT POWER。

三、试验结果

在蛋白质分子中，肽链的不同部分可分别形成α-螺旋、β-折叠、β-转角等特定的立体结构。这些立体结构都是不对称的。蛋白质的肽键在紫外 185～240nm 处有光吸收，因此它在这一波长范围内有圆二色性。几种不同的蛋白质立体结构所表现的椭圆值波长的变化曲线即圆二色谱是不同的。α-螺旋的谱是双负峰形的，

β-折叠是单负峰形的，无规卷曲在波长很短的地方出单峰。蛋白质的圆二色谱是它们所含各种立体结构组分的圆二色谱的代数加和曲线。因此用这一波长范围的圆二色谱可研究蛋白质中各种立体结构的含量。

四、蛋白质紫外吸收光谱测定

蛋白质的紫外吸收光谱是蛋白质的特征光谱，紫外吸收光谱分析是了解溶液中蛋白质构象的一种常用方法。

1. 操作方法

（1）将提纯的重组蛋白兑蒸馏水在 4℃透析过夜，然后配制成 1mg/ml 的蛋白溶液。

（2）打开全波长分光光度仪电源开关，预热 15min。

（3）将蛋白质溶液倒入扫描专用比色杯，在波长 190～400nm 扫描，得到的扫描曲线图如图 6-10 所示。

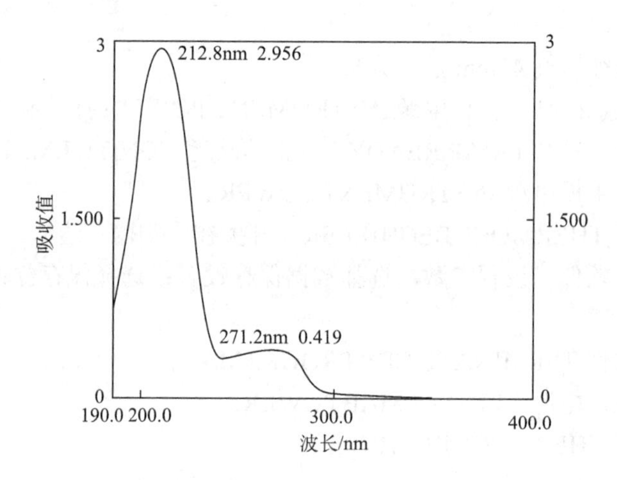

图 6-10　蛋白质紫外光谱扫描曲线图

2. 结果

蛋白质紫外扫描在（214±6）nm 有强吸收峰，在（280±6）nm 有一较弱的吸收峰。在 214nm 附近的吸收峰主要是肽键的吸收高峰，在 280nm 附近的吸收峰是组成蛋白质的色氨酸、酪氨酸和胱氨酸的吸收峰。

第五节　重组蛋白的免疫原检测

重组蛋白的免疫原试验是确定目标蛋白的免疫特性，是鉴定该蛋白质是否是目标蛋白的重要手段，常常用免疫印迹法进行检测。免疫印迹（immunoblotting）是一种检测固定在固相基质上的蛋白质的免疫化学方法，该方法是在凝胶电泳和固相免疫测定技术基础上发展起来的一种常规技术，是根据抗原抗体的特异性结合检测复杂样品中的某种蛋白质的方法。进行免疫之前必须具备可特异性识别目标蛋白的单抗或多抗，以及含有目标蛋白的粗制或纯化的样品。因此，免疫印迹可以从复杂抗原中检出特定的抗原或者从多克隆抗体中检出单克隆抗体，又可以对转移到固相膜上的抗原或抗体进行连续分析，以取得目标蛋白的定位、定性或定量。

蛋白质印迹法（Western blotting）是将蛋白质转移到膜上，然后利用抗体进行检测的方法。对已知表达蛋白，可用相应抗体作为一抗进行检测，对新基因的表达产物，可通过融合部分的抗体检测。Western blotting 采用的是聚丙烯酰胺凝胶电泳，被检测物是蛋白质，“探针”是抗体，“显色”用标记的二抗。

经过 PAGE 分离的蛋白质样品，转移到固相载体（如硝酸纤维素薄膜）上，固相载体以非共价键形式吸附蛋白质，且能保持电泳分离的多肽类型及其生物学活性不变。以固相载体上的蛋白质或多肽作为抗原，与对应的抗体起免疫反应，再与酶或同位素标记的第二抗体起反应，经过底物显色或放射自显影以检测电泳分离的特异性目的基因表达的蛋白质成分。

一、材料与方法

1. 试剂

蛋白质样品、丙烯酰胺、SDS、Tris-HCl、β-巯基乙醇、ddH_2O、甘氨酸、Tris、甲醇、PBS、NaCl、KCl、Na_2HPO_4、KH_2PO_4、考马斯亮蓝、乙酸、硫酸镍胺、H_2O_2、DAB 试剂盒、脱脂奶粉等。

2. 仪器

电泳仪、电泳槽、离心机、离心管、硝酸纤维素膜、匀浆器、剪刀、移液枪、刮棒等。

二、实验步骤

（1）SDS-PAGE 试剂：30%储备胶溶液，丙烯酰胺（Acr）29.0g，亚甲双丙烯酰胺（Bis）1.0g，混匀后加 ddH_2O，37℃溶解，定容至 100ml，棕色瓶存于室温。

（2）1.5mol Tris-HCl（pH 8.0）：Tris 18.17g 加 ddH_2O 溶解，浓盐酸调 pH 至 8.0，定容至 100ml。

（3）1mol Tris-HCl（pH 6.8）：Tris 12.11g 加 ddH_2O 溶解，浓盐酸调 pH 至 6.8，定容至 100ml。

（4）10% SDS：电泳级 SDS 10.0g 加 ddH_2O，68℃助溶，浓盐酸调至 pH 7.2，定容至 100ml。

（5）电泳缓冲液（pH 8.3）：Tris 3.02g，甘氨酸 18.8g，10% SDS 10ml 加 ddH_2O 溶解，定容至 100ml。

（6）10%过硫酸铵（AP）：1g AP 加 ddH_2O 至 10ml。

（7）2'SDS 电泳上样缓冲液：1mol/L Tris-HCl（pH 6.8）2.5ml，β-巯基乙醇 1.0ml，SDS 0.6g，甘油 2.0ml，0.1%溴酚蓝 1.0ml，ddH_2O 3.5ml。

（8）考马斯亮蓝染色液：考马斯亮蓝 0.25g，甲醇 225ml，冰醋酸 46ml，ddH_2O 225ml。

（9）脱色液：甲醇、冰醋酸、ddH_2O 以 3∶1∶6 配制而成。

（10）匀浆缓冲液：1.0mol/L Tris-HCl（pH 6.8）1.0ml；10% SDS 6.0ml；β-巯基乙醇 0.2ml；ddH_2O 2.8ml。

（11）转膜缓冲液：甘氨酸 2.9g；Tris 5.8g；SDS 0.37g；甲醇 200ml；加 ddH_2O 定容至 1000ml。

（12）0.01mol/L PBS（pH 7.4）：NaCl 8.0g；KCl 0.2g；Na_2HPO_4 1.44g；KH_2PO_4 0.24g；加 ddH_2O 至 1000ml。

（13）膜染色液：考马斯亮蓝 0.2g；甲醇 80ml；乙酸 2ml；ddH_2O 118ml。

（14）包被液：0.5% BSA、TBST 溶液。

（15）显色液：DAB 6.0mg；0.01mol/L PBS 10.0ml；硫酸镍胺 0.1ml；H_2O_2 1.0μl。

三、聚丙烯酰胺凝胶的配制

（1）分离胶（10%）的配制：ddH_2O 4.0ml，30%储备胶 3.3ml，1.5mol/L Tris-HCl 2.5ml，10% SDS 0.1ml，10% AP 0.1ml。

取 1ml 上述混合液，加 TEMED（*N,N,N',N'*-四甲基乙二胺）10μl 封底，余加 TEMED 4μl，混匀后灌入玻璃板间，以水封顶，注意使液面平（凝胶完全聚合需 30～60min）。

（2）浓缩胶（4%）的配制：ddH_2O 1.4ml，30%储备胶 0.33ml，1mol/L Tris-HCl 0.25ml，10% SDS 0.02ml，10% AP 0.02ml，TEMED 2μl。

将分离胶上的水倒去，加入上述混合液，立即将梳子插入玻璃板间，完全聚合需 15～30min。

（3）样品处理：将样品加入等量的2×SDS上样缓冲液，100℃加热3～5min，12 000*g*离心1min，取上清作SDS-PAGE分析，同时将SDS低分子质量蛋白质标准品作平行处理。

（4）上样：取10μl诱导与未诱导的处理后的样品加入样品池中，并加入20μl低分子质量蛋白质标准品作对照。

（5）电泳：在电泳槽中加入1'电泳缓冲液，连接电源，负极在上，正极在下，电泳时，积层胶电压60V，分离胶电压100V，电泳至溴酚蓝行至电泳槽下端停止（约需3h）。

（6）染色：将胶从玻璃板中取出，考马斯亮蓝染色液染色，室温4～6h。

（7）脱色：将胶从染色液中取出，放入脱色液中，多次脱色至蛋白带清晰。

四、转膜

1. 转移电泳

（1）戴上手套，剪一块与胶同样大小的PVDF膜，甲醇活化15s，然后浸泡在转移电泳缓冲液中15～30min待用。

（2）将海绵垫浸泡在转移电泳缓冲液中，避免产生气泡。

（3）打开转移电泳槽的塑料夹板，负极板在下，首先放上两层海绵泡沫板，再铺上用电泳液浸泡过的3～6层滤纸，依次加上凝胶、膜、3～6层滤纸、两层海绵泡沫板、正极板，各层接触后均用玻璃棒赶出之间的气泡。

（4）插入电泳槽内（注意凝胶一边在负极端），加转移电泳液，4℃冰箱中稳流15mA进行转移电泳1h。

（5）取出膜，用冷风吹至半干，放入冰箱保存。

2. 封闭

将膜放入封闭液（0.5% BSA、TBST溶液）中，37℃脱色摇床振荡反应1h。TBST振荡洗膜3次，每次用TBST 50ml，每次5min。

3. 与一抗、二抗结合

（1）一抗3ml：自制多克隆抗血清以TBST按1∶100比例稀释，即取30ml一抗，再加入3ml TBST。

（2）将膜转移至一抗（稀释好的自制抗血清）中，37℃振荡反应1h或室温反应2h以上。

（3）于TBST中洗膜3次，每次5min。

（4）加入二抗（羊抗鼠，按1∶1000比例用TBST稀释），37℃反应1h或室温反应 2h 以上。

（5）TBST 洗膜 3 次，每次 5min。

4. 显色

（1）取 10～15ml DAB 显色液置于平皿中。

（2）将膜放入显色液中，脱色摇床上振荡直至出现条带，用大量清水冲洗以终止反应。

（3）冷风吹干，扫描杂交结果。

五、凝胶图像分析

将胶片进行扫描或拍照，用凝胶图像处理系统分析目标带的分子质量和净光密度值。

注意事项如下。

（1）一抗、二抗的稀释度、作用时间和温度对不同的蛋白质要经过预试验确定最佳条件。

（2）显色液必须新鲜配制使用，最后加入 H_2O_2。

（3）DAB 有致癌的潜在可能，操作时要小心仔细。

（4）用 0.01mol/L PBS 洗膜，5min×3 次。

（5）加入包被液，平稳摇动，室温 2h。

（6）弃包被液，用 0.01mol/L PBS 洗膜，5min×3 次。

（7）加入一抗（按合适稀释比例用 0.01mol/L PBS 稀释，液体必须覆盖膜的全部），4℃放置 12h 以上。阴性对照，以 1% BSA 取代一抗，其余步骤与实验组相同。

（8）弃一抗和 1% BSA，用 0.01mol/L PBS 分别洗膜，5min×4 次。

（9）加入辣根过氧化物酶偶联的二抗（按合适稀释比例用 0.01mol/L PBS 稀释），平稳摇动，室温 2h。

（10）弃二抗，用 0.01mol/L PBS 洗膜，5min×4 次。

（11）加入显色液，避光显色至出现条带时放入双蒸水中终止反应。

第七章　重组基因工程药物的药效学研究

重组基因工程药物药效学研究至少要在两种动物体内研究，要建立针对所要治疗的疾病的动物模型，然后用重组蛋白/多肽治疗，观察疗效，同时还要测定血常规、血液生化指标及动物的其他生理指标，观察动物的行为、摄食情况等，确定药物是否有不良反应和毒性作用。在特殊情况下，还需要测定可能由目标蛋白引起的特定生理指标。要尽可能选择生理指标接近人体生理指标的动物。一般小动物选择兔、豚鼠，大动物选择犬、猪、猴，在特殊情况下可选择黑猩猩作实验动物。

卢觅佳、杨红忠、卢祺炯等报道了人用重组蛋白/多肽在分子构成、药效学机制和体内代谢途径等方面与化学药物存在的不同之处，新药非临床研究领域已逐渐形成了“具体问题具体分析（case by case）”的安全评价原则。

一、动物种属/模型的选择

虽然动物体内的许多受体对存在部分差异的人源性配体有一定的宽容性，可与之结合并激活下游信号（如 huEPO、huIL-1 和 huIL-1ra），但许多生物技术药物仍有一定的种属特异性，其生物活性需在特定种属的动物体内才能体现，在化学药毒理学研究中常用的 Beagle 犬和 SD 大鼠未必是最适宜的实验动物。例如，在浙江省医学科学院安全性评价研究中心实验室完成的重组人生长因子——集落刺激因子融合蛋白在猴和犬试验中表现出毒性差异；rhuEPO 则在人、猴和大鼠体内表现出不同的生物利用度的特点。某一重组蛋白受试物的相关动物可通过其药效学资料或同类产品的毒理学资料获得，但当上述资料缺乏时，则需在毒性试验开始前通过体内（*in vivo*）和/或体外（*in vitro*）途径来证实受试物的生物活性，例如，浙江省医学科学院安全评价研究中心实验室卢觅佳等利用血糖测试仪证实重组人胰岛素可在 SD 大鼠体内引起明显的血糖下降，rhuIFN 则在非洲绿猴肾细胞（Vero）、犬肾细胞（MDCK）和幼仓鼠肾细胞（BHK）显示出抗单纯疱疹病毒（SHV）的生物活性，据此，我们分别应用 SD 大鼠和食蟹猴完成了上述两种新药的毒理学研究。当没有试验数据或文献来支持某一受试物在所用实验动物体内的生物活性时，得出的“无毒”或“低毒”结果更值得推敲，因为这种结果有可能是因受试物在动物体内的生物利用度过低或根本无效所导致的。

二、给药剂量的设置

多数情况下实验动物可耐受最大给药量的重组蛋白，因此在生物药物安全评价早期，为避免药审机构的质疑，往往将高剂量组设为最大给药量来实现高暴露量。为恰当地体现药物的毒性作用，避免不必要的浪费（该类新药的生产成本较高），剂量设置应建立在对药物活性机制充分认识的基础上。

（一）给药途径与分子质量

因胃肠道的酶活性和黏膜对水溶性大分子的吸收屏障作用，重组蛋白类药物通常不用口服途径。静脉注射可保证受试物以最大浓度进入生物系统，而经皮下注射或肌内注射的受试物进入血液循环的数量受制于其分子质量：16kDa 以上的大分子主要被淋巴系统吸收，小于 1kDa 的则主要吸收入血液。

（二）受试物与动物细胞的亲和力及结合的可饱和性

受试物只有在与其受体结合后才能发挥药效及与药效相关的毒性反应，当受试物在相关动物体内或来源于该种动物的体外培养细胞上的亲和力明显低于人体细胞时，有必要通过增加给药量来弥补暴露量的不足。某些受体的数量和分布有限，例如，EPO 受体（EPOR）只存在于骨髓中的红系细胞（包括早、中、晚幼红细胞，巨早、中、晚幼红细胞）表面，与 EPO 结合、启动过程后，EPO-EPOR 复合体被细胞内化，并在溶酶体中降解，有研究表明 rhuEPO 在大鼠骨髓中的内化-清除过程是可饱和的。因此，当大量给予受体能力有限的受试物，如促血小板生成素（TPO）、IFN-β 及白血病抑制因子，并不能通过增强其生物活性来体现毒副反应。

（三）受试物浓度对受体数量的影响

血循环中的胰岛素浓度越高，则肝、脂肪、肌肉和血细胞的胰岛素受体数目越少。胰岛素浓度过高时可加速受体损失，造成原有糖代谢的紊乱。在浙江省医学科学院安全评价研究中心实验室完成的重组人胰岛素（rhu-Ins）大鼠毒性试验中，首次给予 rhu-Ins（皮下注射）120U/kg、60U/kg、20U/kg 体重后，在大鼠体内降血糖的速度相似（均在给药后 55min 降至 2.3～2.6mmol/L），多次给予（皮下注射）50U/kg、20U/kg、8U/kg 体重后，高剂量组大鼠出现血糖紊乱（高于 20mmol/L），并在禁食后出现死亡；8U/kg rhu-Ins 则在稳定降血糖的同时不影响糖代谢，且无不良反应。由此可见，在 50U/kg 可产生明显的生物活性及其相关毒性时，没有必要将给药量增至 120U/kg。

三、人源重组蛋白在实验动物体内的免疫原性

种间差异决定了人用重组蛋白/多肽与实验动物体内的同源蛋白存在不同程度的序列和构象差异，即使是在多种动物间有着较高保守性的EPO（人与大鼠EPO成熟肽的保守性为82%，人与猴之间有92%的氨基酸相似性），仍可被其他种属动物的免疫系统识别而诱生抗体（包括中和抗体），这种由受试物异源性引起的体液和/或细胞免疫应答将从不同方面影响生物药物的临床前安全性评价。

（一）与药效学无关的毒副反应

与药效学无关的毒副反应，包括免疫相关组织的增生、抗药物抗体（anti-drug antibodies，ADA）引起的免疫复合物沉积、ADA 与相应内源性蛋白的交叉反应引起的自身免疫疾病，以及细胞免疫应答导致的局部组织损伤等“新毒性效应”。重组人酸性成纤维细胞生长因子（rhaFGF）连续 28d 涂抹家兔破损皮肤后发现免疫器官有明显病理学改变；浙江省医学科学院安全评价研究中心实验室完成的一项含血凝因子Ⅷ的生物胶在多次经腹腔注射给予大鼠后，其脾脏发生显著增生（包括质量增加和组织形态学变化）；促血小板生成素抗体经交叉反应引起的血小板减少症、rhuEPO 抗体致贫血及 huGM-CSF 抗体致肺泡内蛋白沉积也已见诸报道。

（二）抗体性质的鉴定

越来越多的毒理学工作者已认识到免疫原性对毒性评价的意义，在试验中通过监测动物血清中的 ADA 来阐明受试物的免疫原性，但这里存在一个误区，即结合抗体和中和抗体概念的混淆，用酶联免疫吸附试验（ELISA）得出的结合抗体（ADA）效价常被作为中和抗体滴度。事实上 ADA 中只有一部分为中和性抗体，它通过特异性结合药物的受体结合位点而阻断药物的生物学活性。中和抗体滴度需通过专门的生物活性检测手段来体现，例如，rhuIFN 中和抗体可削弱 rhuIFN 在体外培养细胞上的抗病毒作用；rhuIL-1 中和抗体可削弱 rhuIL-1 在体外培养小鼠胸腺淋巴细胞上的促增殖作用；rhuEPO 中和抗体则可降低 EPO 依赖性细胞 HCD_{57}（+）的生长速率。重复给药毒性试验中检测到的 ADA 并不是中断给药的合理依据，除非能证实其中含有能中和药物药理和/或毒理作用的中和抗体。

（三）对毒代动力学和药效学结果的影响

中和性 ADA 可通过加快药物清除速率或屏蔽药物的受体结合位点来改变毒代动力学（toxicokinetics，TK）和药效学参数，削弱频繁给药可能导致的毒副反应频率和严重程度，掩盖蓄积毒性。非中和抗体却可能延长药物在体内的半衰期。忽视了这一点而将试验结果直接外推到临床人体试验将带来更大的危害。

（四）免疫原性结果在毒理学研究中的意义

免疫应答检测已成为毒理学评价中不可回避的环节，但其目的并不是将结果简单地外推到人体反应，而是当出现“无毒性反应”或与药理作用明显无关的“新毒性效应”时，免疫原性可用于对最终评价结果进行合理和必要的补充说明，以此为依据来判断是否要进行更深入的无免疫原性干扰的毒理学研究，例如，利用对受试物无免疫应答的转基因动物或动物体内的受试物同源蛋白来进行毒性研究。

四、毒代动力学研究

为评价重组蛋白在动物体内的暴露（exposure）水平，国际人用药品技术协调委员会（ICH）建议在重复给药毒性试验中进行药物代谢动力学和毒物代谢动力学研究。我国学者袁守军认为，重复给药毒性评价结合 TK 研究的直接好处有如下几种。

（1）实验动物的选择。

（2）实验动物体内药物暴露状况。

（3）长期毒性试验剂量设置合理性判断。

（4）药物代谢酶诱导判断。

（5）指导毒理学评价中检测指标的设置。

（6）判断所谓“低毒性或无毒性药物”可靠性。

（7）也能满足当前新药申报的要求，但“国内尚没有看到 TK 研究在药物安全评价中指导评价研究设计的报告”。包括重组蛋白在内的生物技术药物的 TK 研究历史不长且极少见到，因此其将是另外一个与小分子化学药物或中药单体药 TK 研究所不同的广阔天地。

（一）给药次数与 TK 参数测定的关系

在单次给药或重复给药试验的首次，动物体内没有针对受试物的 ADA，根据不同的给药方式，除少部分受试物被抗原递呈细胞捕获并加工外，其他应以正常的速度到达各靶细胞上的受体上。但在多次给药且体内已有 ADA 存在时，受试物将首先与循环血中的 ADA 结合，其与受体结合及从血浆中清除的速度在很大程度上取决于血液中的抗体量和抗体的（非）中和性。因此，在进行 TK 研究前，应有充分的药效学和免疫学预试验来支持试验方案。而在检出 ADA 后，应以 TK 参数来说明生物利用度的改变，以此作为试验继续或中止的依据。

（二）重组蛋白 TK 分析技术

1. 高效液相色谱（HPLC）及其衍生技术

高灵敏性和选择性的 HPLC 或色谱-质谱联用技术（HPLC-MS/MS）在化学药、中药单体成分和小肽类物质的药代研究或蛋白质的氨基酸分析中发挥了重要作用（王文艳等，2006；刘莎等，2006），但从其工作原理来看，并不适合于完整大分子形式发挥生物学活性的重组多肽药物的 TK 分析。

2. 酶联免疫吸附试验（ELISA）

该法基于重组蛋白分子的免疫学活性，多通过双抗体夹心法，即“固着于固相载体上的捕获抗体—待测血浆—特异性抗体—酶标或荧光标记的第二抗体”这一 ELISA 过程来滴定血浆中的重组蛋白含量。此法因高度特异性、精确性及相对简便的操作而被广泛用于生物产品的定量。但是基于抗原表位特异性的 ELISA 法并不能区别已降解/变性的无活性蛋白和具生物活性的天然蛋白，而将凡是具有该表位并可结合在捕获抗体上的蛋白质分子或多肽片段视作完整的分子。由此可见，蛋白质的免疫反应活性并不能完全代表其生物活性的质和量。

3. 荧光偏振免疫分析法（FPIA）

该法依据荧光标记抗原和其抗原抗体结合物之间荧光偏振程度的差异，用竞争性方法直接测量生物样本中受试物分子的含量。荧光标记的小分子抗原在溶液中旋转速度快，荧光偏振光强度小，当与相应抗体结合后，所形成的大分子在溶液中旋转速度变慢，荧光偏振光强度增大。作为一种均相标记免疫分析技术，FPIA 具有显著的优点之一是样品分子的测定在溶液中进行，避免了固相标记过程中反复多次的洗涤步骤，实现自动化控制和高通量分析。但这种方法更适于小分子质量的抗原，如苯巴比妥、丙米嗪、甲状腺素和黄体脂酮等，且仍存在如 ELISA 一样的多肽片段带来的干扰。

4. 放射免疫分析法（RIA）

有学者将放射性同位素外标或内标于目标蛋白的氨基酸，通过 RIA 来定量重组蛋白的血浆浓度和组织分布，但该法需在证实“放射标记的受试物质仍保持了与非标记物质相当的活性和生物学性质”的前提下进行，同时也存在“脱卤”或因放射性卤素通过代谢掺入内源蛋白中而影响检测结果的可能，因此，ICH 在生物技术药物的临床前安全性评价指导原则中也明确指出，“解释特定的放射性示踪氨基酸试验时应谨慎，因为氨基酸可进入与药物无关的蛋白质或多肽的再循环”。

五、重组人尿激酶原的药效学试验

（一）实验目的

观察重组人尿激酶原（rhPro-UK）对家兔肺部 ^{125}I-标记血栓的溶解作用及血栓溶解后的代谢途径。

（二）实验材料与方法

1. ^{125}I-标记人纤维蛋白

由北京市福瑞生物工程公司提供。

2. 尿激酶（UK）

广东天普生化医药股份有限公司提供，批号 980103-3。

3. rhPro-UK

中国人民解放军军事医学科学院生物工程研究所提供，白色冻干粉末，25 000IU/支，单链含量为 82%。

4. 对照液

含 0.9%生理盐水和 5%甘露醇，中国人民解放军军事医学科学院生物工程研究所提供。

5. 仪器

FJ-2008A 型，γ-计数仪（国营二六二厂制）。

6. 动物

新西兰白兔，雄性：2.0～2.5kg。中国药品生物制品检定所实验动物繁育场提供。合格证号：京动管质字（1994）第 064 号。

7. 实验方法

1）动物分组及给药剂量

实验设对照组、尿激酶（UK）阳性药对照组、受试药物 Pro-UK 低剂量组（Pro-UK-L）及 Pro-UK 高剂量组（Pro-UK-H），药物剂量及分组情况见表 7-1。

表 7-1　实验动物分组及药物剂量

组别	动物数	药物单位	药物剂量/kg
对照组	8	ml/kg	0
UK	8	IU/kg	40 000
Pro-UK 低剂量（Pro-UK-L）	8	IU/kg	40 000
Pro-UK 高剂量（Pro-UK-H）	8	IU/kg	80 000

2）^{125}I-人纤维蛋白血栓的制备（实验前临时制备）

实验用血栓条按下列程序制备：枸橼酸钠抗凝新鲜人全血 0.5ml，加入 ^{125}I-hFBG 20μl，加 0.5mol/L 氯化钙 25μl，再加入凝血酶（100U/ml）10μl，迅速混匀后，吸入 3～4mm 内径聚乙烯管，37℃温育 20min，形成血栓条。将血栓条推出至平皿中，再转移至三角瓶内，用 30ml NS 在台式振荡器上洗涤 4 次，每次 5min，以去除游离的 ^{125}I-标记物。洗涤后的血栓条进行γ-放射性计数[（1.0×10^6～2.0×10^6）CPM（次/min）]，并将血栓条用伊文思蓝进行染色。

3）家兔肺栓塞手术及药物溶栓作用和血栓代谢的检测

实验采用耳静脉注射戊巴比妥钠 30mg/kg，麻醉后，颈部切口，分离右侧颈静脉、面静脉和颈外静脉，经面静脉插入导管，注入 ^{125}I-标记的人纤维蛋白血栓条，造成心、肺动脉 ^{125}I-血栓栓塞，并立即自左耳静脉注入测试药物。在注入血栓条 2.5h 后，心脏取血 1ml，立即颈动脉放血处死动物，按血流方向寻找右心房室、肺动脉及左右肺动脉内 I^{125}-血栓或碎片。取出心脏、肺脏、肝脏、肾脏、脾脏、膀胱（记录总尿量，取出 1ml 尿，用于γ-计数）、甲状腺，将以上各脏器组织剪碎后，分别测定各样品的γ-放射性。

4）实验数据的处理及溶栓药效的评价

各样品的 CPM 值在 Windows3.1 和 Excel 软件支持下转换为注入 ^{125}I-人纤维蛋白血栓放射性的百分率（%）。尿量以 2.5h 总排泄量表示。全身 ^{125}I-降解物以全血 ^{125}I-降解物×2 估算之。

全身 I^{125}-放射性回收率=（残留血栓放射性+尿排出放射性+甲状腺放射性+肝脏、脾脏、肾脏、膀胱放射性+全身放射性）×100%÷（注入 ^{125}I-人纤维蛋白血栓放射性）。

大栓是指 ^{125}I 标记的单个血栓碎片，其放射性一般大于注入 ^{125}I 放射性的 10%。

小栓及微栓是指 ^{125}I 标记的血栓溶解后产生在各肺叶小动脉内所形成的血栓碎片。其放射性一般大于注入 ^{125}I-放射性 1%的定为小栓，＞0.1%、＜1%的定为微栓。

本研究以大、小、微栓，血、尿及各脏器部分的放射性占注入 ^{125}I-血栓放射性的百分率作为定量评价溶栓效果的指标。

8. 实验结果

UK 和 rhPro-UK 对家兔肺血栓都有溶解作用，而且溶栓效果随给药剂量增加而增强，对照组也有一定程度溶解，因为体内的溶血栓因子也有一定的自溶作用。结果见表 7-2。

表 7-2　rhPro-UK 对实验兔肺血栓的溶解作用（M±SD）

药物分组	剂量/（IU/kg）	动物数/只	注入前栓重/mg	24h 后栓重/mg	溶栓率/%
对照组	0	8	32.25±2.05	23.88±2.30	25.95± 5.42
UK	10 000	8	31.75±1.58	15.38±4.96	52.47±14.58
	20 000	8	30.25±1.49	13.38±4.72	56.27±14.90
	40 000	7	30.43±1.62	9.71±3.25	68.30± 9.70
	80 000	7	31.43±1.99	11.71±6.29	63.12±18.82
rhPro-UK	10 000	5	32.00±2.35	15.40±5.13	52.48±14.47
	20 000	8	30.25±1.28	15.88±3.18	51.54± 9.75
	40 000	8	32.38±1.77	12.88±3.94	59.72±14.19
	80 000	8	31.25±1.49	9.50±3.63	69.69±11.25
	160 000	8	32.38±1.85	8.25±3.33	74.44±10.25

六、rhPro-UK 对猪冠状动脉血栓的溶栓作用

用电刺激中国小猪冠状动脉形成人工血栓，用不同剂量 rhPro-UK 进行溶栓治疗，经冠状动脉病理切片，显微镜电脑成像系统和多媒体图像系统分析溶栓效果，测定心外膜电图、心肌组织化学染色、血清生化学肌酸激酶（CK）及同工酶（CK-MB）和乳酸脱氢酶（LDH）、优球蛋白溶解时间（ELT）、出血和凝血时间（BT、CT）、纤溶酶原（PLG）、α_2-抗纤溶酶（α_2-AP）、纤维蛋白原（Fg）等指标，观察 rhPro-UK 对上述指标的影响。结果表明，rhPro-UK 对猪冠脉血栓有显著的溶栓作用，对猪 Fg、PLG 和α_2-AP 含量均无明显影响。

同时，rhPro-UK 与尿激酶（UK）进行了比较，结果显示：①相同剂量 rhPro-UK 与 UK 对冠脉血栓的溶解作用、对心肌缺血和心肌梗死及相关生化指标的改善效果相似。rhPro-UK 的作用随剂量增加而增强，结果如图 7-1 所示。②rhPro-UK 与

UK 同等剂量（8 万 IU/kg）或高于 UK 剂量（16 万 IU/kg）时，出血时间、凝血时间、单位时间内出血量均明显低于 UK 组。③UK 可明显降低α_2-AP 含量，rhPro-UK 的两个剂量组均无明显变化，结果见表 7-3。

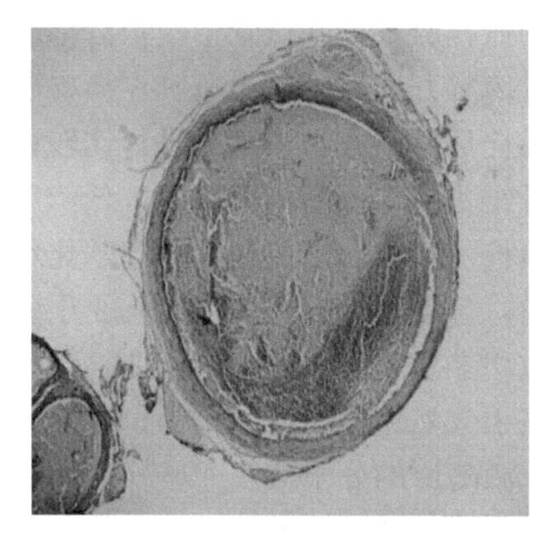

对照

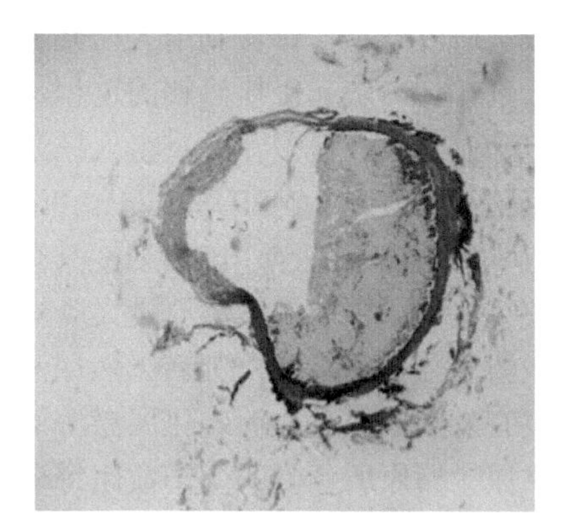

UK（8 万 IU/kg）

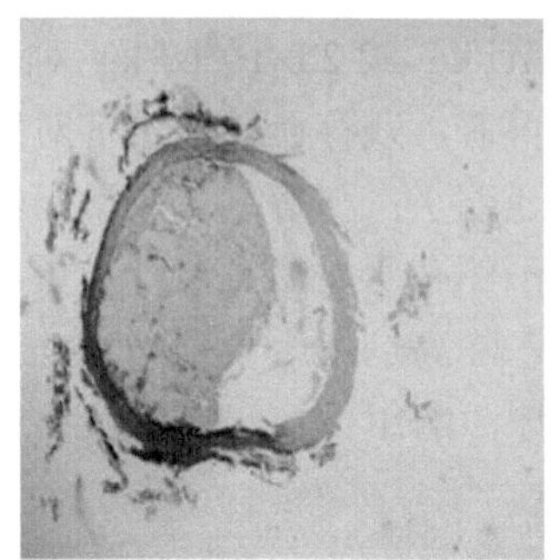

Pro-UK（4 万 IU/kg）

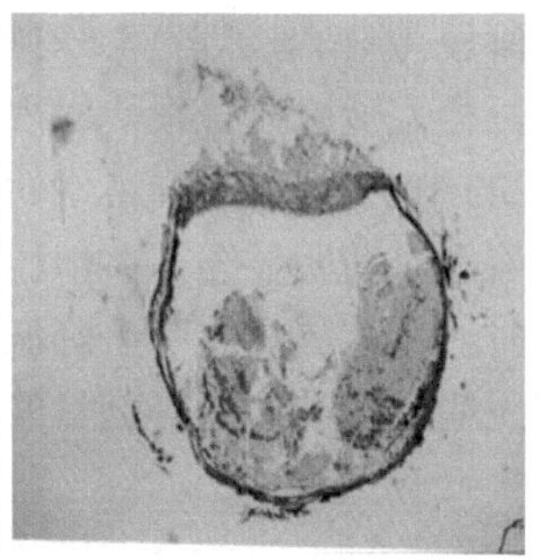

Pro-UK（8 万 IU/kg）

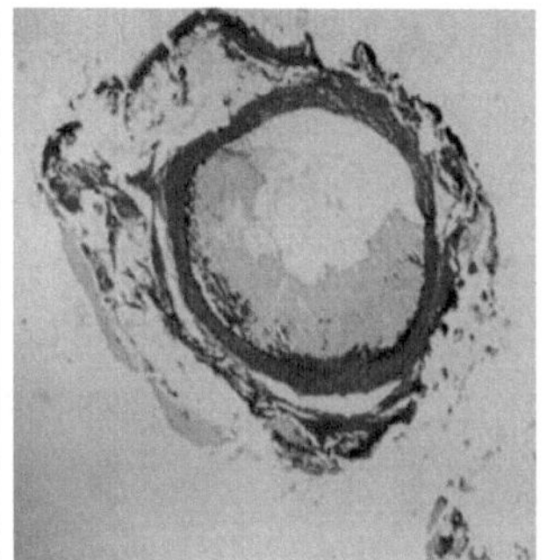

Pro-UK（16 万 IU/kg）

图 7-1　UK 和 rhPro-UK 对冠脉血栓的溶解作用（冠脉血管溶栓切片电镜照片）（彩图请扫封底二维码）

表 7-3　各给药组冠脉血栓的比较

组别	剂量/（IU/kg）	动物数	血栓面积/管腔面积	血栓溶解率/%
对照液组	同体积	6	93.29±5.44	6.71±5.44
UK 组	80 000	6	59.88±14.33**	40.12±14.33**
rhPro-UK 组	40 000	6	65.57±12.14**	34.43±12.14**
rhPro-UK 组	80 000	6	54.44±5.59**	45.56±5.59**
rhPro-UK 组	160 000	6	52.73±12.26**	47.27±12.26**

**表示与对照组比较，$P<0.01$

试验结果揭示，rhPro-UK 和 UK 对猪冠脉血栓均有明显溶解作用，而 rhPro-UK 对全身纤溶系统没有影响，其副作用明显低于 UK。

赵专友、刘蓓钫、刘厚孝等报道了重组人尿激酶原（非糖基化 rhPro-UK）的药效学研究结果。作者利用人血浆及其产生的血栓凝块，在试管中模拟纤溶酶原激活剂在体内引起血栓溶解的过程，以及通过麻醉开胸犬电刺激冠脉左旋支引起的冠脉血栓形成模型评价重组人尿激酶原的溶栓活性，并与尿激酶进行比较。体外试验结果表明：240IU/ml 是 rhPro-UK 血纤维蛋白专一的最大浓度，低浓度的重组 rhPro-UK 比天然 rhPro-UK 具有更高的溶栓能力，这可能与其非糖基化结构有关。他们所用的尿激酶原是大肠杆菌表达的，分子质量只有 46kDa，小于天然尿激酶原分子质量 54kDa。天然尿激酶原与重组非糖基化尿激酶原溶血栓性质几乎没有差别，但是非糖基化尿激酶原比活性高于天然尿激酶原，因为每毫克非糖基化尿激酶原所包含的分子数比每毫克天然尿激酶原的分子数多一些（大约 1.17 倍），所以表面上看起来似乎非糖基化尿激酶原溶栓活性比天然的尿激酶原要高一些。

犬静脉给予重组人尿激酶原 9×10^4IU/kg、4.5×10^4IU/kg、2.25×10^4IU/kg 对冠脉血栓产生显著的溶栓效果，栓塞冠脉血管很快出现再通，残存血栓较溶剂对照分别减少了 69.2%、57.0%、43.1%；心肌梗死范围明显缩小；与等剂量尿激酶溶栓作用相似。血浆优球蛋白溶解时间明显缩短；溶栓不伴有明显的血浆纤维蛋白原降解，而尿激酶溶栓的同时，纤维蛋白原明显降低。除高剂量组个别动物外，对伤口出血量增加出血时间无明显影响。而等剂量的尿激酶组伤口出血量及出血时间明显延长。

第八章　基因重组药物的临床前安全评价

药物的临床前安全评价包括急性毒性研究、慢性毒理学试验、特殊毒性试验、药理学研究和药物动力学试验等一系列试验，需要专门的实验室分别承担这些比较复杂的专业试验。

第一节　基因重组药物急性毒性试验

急性毒性试验是在24h内给药1次或2次（间隔6～8h），观察动物接受过量的受试药物所产生的急性中毒反应，为多次反复给药的毒性试验设计剂量、分析毒性作用的主要靶器官、分析人体过量时可能出现的毒性反应、为Ⅰ期临床的剂量选择和观察指标的设计提供参考信息等。药物半数致死量LD_{50}是指药物急性毒性试验中，当动物死亡率为50%时的单次给药剂量，单位符号通常为mg/kg。例如，当某药物给予400mg剂量时，可致使一半家兔（体重约为4kg）死亡，则其LD_{50}值为100mg/kg。LD_{50}值通常反映药物急性毒性的大小。各种属动物均可用于药物LD_{50}值的测定，通常使用啮齿类动物（大鼠和小鼠），有时使用家兔和犬。

一、啮齿类动物单次给药的急性毒性试验

（一）试验条件

1. 动物品系

常用的健康小鼠、大鼠。选用其他动物应说明原因。年龄一般为7～9周龄。同批试验中，小鼠或大鼠的初始体重不应超过或低于所用动物平均体重的20%。试验前至少驯养观察1周，记录动物的行为活动、饮食、体重及精神状况。

2. 饲养管理

动物饲料应符合动物的营养标准。若用自己配制的饲料，应提供配方及营养成分含量的检测报告；若是购买的饲料，应注明生产单位。应写明动物饲养室内环境因素的控制情况。

3. 受试药物

应注明受试药物的名称、批号、来源、纯度、保存条件及配制方法。

（二）试验方法

由于受试药物的化学结构、活性成分的含量、药理、毒理学特点各异，毒性也不同，有的很难观察到毒性反应，试验者可根据受试药物的特点，由下列几种实验方法中选择一种进行急性毒性试验。

（1）伴随测定半数致死量（LD_{50}）的急性毒性试验方法。

（2）最大耐受剂量（MTD）试验方法：最大耐受剂量是指引起动物出现明显的中毒反应而不产生死亡的剂量。

（3）最大受试药物量试验方法：在合理的浓度及合理的容量条件下，用最大的剂量给予实验动物，观察动物的反应。

（4）单次口服固定剂量方法（fixed-dose procedure）：选择 5mg/kg、50mg/kg、500mg/kg 和 2000mg/kg 4 个固定剂量。

实验动物首选大鼠，给药前禁食 6～12h，给受试药物后再禁食 3～4h。如无资料证明雄性动物对受试药物更敏感，首先用雌性动物进行预试。根据受试药物的有关资料，由上述 4 个剂量中选择一个作初始剂量，若无有关资料作参考，可用 500mg/kg 作初始剂量进行预试，如无毒性反应，则用 2000mg/kg 进行预试，此剂量如无死亡发生即可结束预试。如初始剂量出现严重的毒性反应，那就用下一个档次的剂量进行预试，如该动物存活，就在这两个固定剂量之间选择一个中间剂量试验。每个剂量给一只动物，预试一般不超过 5 只动物。每个剂量试验之间至少应间隔 24h。给受试药物后的观察期至少 7d，如动物的毒性反应到第 7 天仍然存在，尚应继续再观察 7d。

在上述预试的基础上进行正式试验。每个剂量最少用 10 只动物，雌雄各半。根据预试的结果，由前面所述的 4 种剂量中选择出可能产生明显毒性但又不引起死亡的剂量；例如，预试结果表明，50mg/kg 引起死亡，则降低一个剂量档次试验。

试验观察：给受试药物后至少应观察 2 周，根据毒性反应的具体特点可适当延长。对每只动物均应仔细观察和详细记录各种毒性反应出现和消失的时间。给受试药物当天至少应观察记录两次，以后可每天一次。观察记录的内容包括皮肤、黏膜、毛色、眼睛、呼吸、循环、自主及中枢神经系统行为表现等。动物死亡时间的记录要准确。给受试药物前、给受试药物后 1 周、动物死亡及试验结束时应称取动物的体重。所有动物包括死亡或处死的动物均应进行尸检，尸检异常的器官应作病理组织学检查。固定剂量试验法所获得的结果，参考表 8-1 的标准进行评价。

表 8-1　单次口服固定剂量试验法结果的评价

剂量/（mg/kg）	试验结果		
	存活数＜100%	100%存活 毒性表现明显	100%存活 无明显中毒表现
5.0	高毒（very toxic） （LD_{50}≤25mg/kg）	有毒（toxic） （LD_{50}＝25～200mg/kg）	用 50mg/kg 试验
50.0	有毒或高毒 用 5mg/kg 进行试验	有害（harmful） （LD_{50}＝200～2000mg/kg）	用 500mg/kg 试验
500.0	有毒或有害 用 50mg/kg 试验	LD_{50}＞2000mg/kg	用 2000mg/kg 试验
2000.0	用 500mg/kg 试验	该化合物无严重急性中毒的危险性	

二、非啮齿类动物的急性毒性试验（近似致死剂量试验）

（一）试验条件

1. 动物品系

一般用 6 只健康的 Beagle 狗或猴。选用其他种属的动物时应说明原因。年龄一般为 6～8 月龄。同批试验中，试验初始动物的体重应不超过或者低于所用动物平均体重的 20%。试验前至少驯养观察 2 周，观察记录动物的行为活动、饮食、体重、心电图及精神状况，择其正常、健康、雌性无孕者作为受试动物。

2. 饲养管理

动物饲料应符合动物的营养标准。若用自己配制的饲料，应提供配方及营养成分含量的检测报告；若是购买的饲料，应注明生产单位。注明动物饲养室内环境因素的控制情况。

3. 受试药物

应注明受试药物的名称、批号、来源、纯度、保存条件及配制方法。

（二）近似致死剂量试验方法

（1）估计可能的毒性范围：根据小动物的毒性试验结果、受试药物的化学结构和其他有关资料，估计可能引起毒性和死亡的剂量范围。

（2）按 50%递增法，设计出含 10～20 个的剂量序列表。

（3）根据估计，由剂量序列表中找出可能的致死剂量范围，在此范围内，每间隔一个剂量给一只动物，测出最低致死剂量和最高非致死剂量，然后用二者之间的剂量给一只动物，此剂量即为所要求的近似致死剂量。

（4）给药途径：原则上应与临床用药途径相同，如有不同，应说明理由。

（5）观察记录：给受试药物后观察 14d，当天给受试药物后持续观察 30min，第 1～4h 再观察一次，以后每天观察一次。仔细观察记录各动物的中毒表现及其出现和消失时间、毒性反应的特点和死亡时间。中毒死亡或中毒表现明显者，需作大体解剖检查。尸检异常的组织器官应作组织病理学检查。

三、说明

（1）创新药物应提供两种动物的急性毒性试验资料，一种为啮齿类动物，另一种为非啮齿类动物。

（2）溶于水的药物，啮齿类动物应提供两种给药途径的毒性试验资料，一种静脉注射途径，一种临床途径，若临床用静脉注射途径时，可只做静脉注射的急性毒性试验。

四、LD_{50}的测定

（一）实验动物和材料

小鼠 50 只（体重 17～25g，雌雄各半），注射器及针头，鼠笼，普鲁卡因溶液（本试验以普鲁卡因为试验药物），苦味酸溶液。

（二）探索剂量范围

取小鼠 8～10 只，以 2 只为一组，分成 4～5 组，选择组距较大的一系列剂量，分别按组腹腔注射和灌胃普鲁卡因溶液，观察出现的症状并记录死亡数，找出引起 0%及 100%死亡率（至少应找出引起 20%～80%死亡率）剂量的所在范围。

（三）进行正式试验

在预试验所获得的 0 和 100%致死量范围内，选用几个剂量（一般用 5 个剂量按等比级数增减）；尽可能使半数组的死亡率都在 50%以上，另半数组的死亡率都在 50%以下。各组动物的只数应相等或相差无几，每组 10 只左右，动物的体重和性别要均匀分配。完成动物分组和剂量计算后按组腹腔注射给药。最好先从中剂量组开始，以使能从最初几组动物接受药物后的反应来判断两端的剂量是否合适，否则可随时进行调整。

（四）LD_{50}测定中应观察记录的项目

1. 实验各要素

实验题目，实验日期，室温，检品的批号、规格、来源、理化性状、配制方法及所用浓度等；动物品系、来源、性别、体重、给药方式及剂量（药物的绝对量与溶液的容量）和给药时间等。给药后各种反应；潜伏期（从给药到开始出现毒性反应的时间）；中毒现象及出现的先后顺序，开始出现死亡的时间；死亡集中时间；末只死亡时间；死前现象。逐日记录各组死亡只数。

2. 尸解及病理切片

从给药时开始计时，凡 2h 以后死亡的动物，均及时尸解以观察内脏的病变，记录病交情况。若有肉眼可见变化的则需进行病理检查。整个实验一般要观察 7～14d，观察结束时，对全部存活动物称重，尸解，同样观察内脏病变并与中毒死亡鼠尸解情况相比较。当发现有病变时，也同样做病理检查，以比较中毒后病理改变及恢复情况。

（五）结果处理

对以下项目和试验数据列表：受试剂量（mg/kg），对数剂量（X），动物数（只），死亡动物数（只），死亡率（%），概率单位（Y），LD_{50}及置信限（95%）。

（六）结果计算

1. 改良寇氏（Kärber）法

实验设计要求：①各组剂量按等比级数（常按 1.2～1.5 设计）；②各组实验动物数必须相等；③实验动物对受试物的反应情况大致符合正态分布（剂量对数浓度对死亡频率），即要求大致有一半的组所产生的反应率在 10%～50%，另一半的组所产生的反应在 50%～90%，最好还含有反应率为 0%及 100%的组，所以应有预试。

2. 试验步骤

（1）预试确定 D_n（LD_0，0%死亡）及 D_m（LD_{100}，100%死亡）。

（2）确定剂量公比。

（3）根据 r 确定各组染毒剂量。

（4）记录统计死亡率，代入公式计算，当不含 0%、100%死亡率时用校正公式。

$$LD_{50}=\log^{-1}[X_m-i\ (\sum p-0.5)\ ] \tag{8-1}$$

（5）校正公式：

$$LD_{50}=\log^{-1}[X_m-i\ (\sum p-\frac{3-p_m-p_n}{4})\ ] \tag{8-2}$$

$$S_{X50}=i\sqrt{\frac{pq}{n}} \tag{8-3}$$

$$S_{X50}=i\sqrt{\frac{\sum p-\sum p^2}{n-1}} \tag{8-4}$$

式中，i 为组距，即相邻两组对数剂量之差；X_m 为最大剂量对数；p 为各剂量组死亡率（死亡率均用小数表示）；p_m 为最高死亡率；q 为各组剂量存活率 $q=1-p$；p_n 为最低死亡率；$\sum p$ 为各剂量组死亡率之和；n 为各组动物数；S_{X50} 为 $\log LD_{50}$ 的标准误。

（6）LD_{50} 的 95%可信限计算公式：

$$LD_{50}\text{的 95\%可信限}=\log^{-1}(\log LD_{50}\pm 1.96\times S_{X50}) \tag{8-5}$$

以九灵胃康用小鼠所做的急性毒性试验为例，试验记录数据，如表 8-2 所示。

表 8-2　九灵胃康在小鼠的经口急性毒性试验结果

组别	剂量/（g/kg）	死亡数（n）	动物数（n）
1	2.07	0	10
2	2.69	2	10
3	3.50	3	10
4	4.55	5	10
5	5.92	8	10
6	7.69	10	10

（7）小鼠口服九灵胃康的急性毒性计算结果：九灵胃康在小鼠的经口急性毒性试验结果 LD_{50} 为 4.19g/kg，95%可信范围为 3.59～4.94g/kg。

重组基因工程蛋白质类药品的急性毒性试验原理及操作步骤和数据处理方式是相同的，给药剂量要经过预试验确定。

第二节　重组蛋白药品的长期毒性试验

药物长期毒性试验是药物非临床安全评价的核心内容，是药物从药学研究进入临床试验的重要环节。对受试动物的组织器官进行组织病理学检查，判断药物毒性靶器官或靶组织，从而表征药物的毒性作用，并可预测其对人体可能产生的不良反应，对降低受试者和药物上市后用药人群的用药风险具有重要意义。从事长期毒性试验观察受试动物反复给予受试药物后，对机体产生的毒性反应及其严重程度，主要的毒性靶器官及其损害的可逆性，提供无毒性反应剂量及临床上主要的监测指标，为制定人用剂量提供参考。

一、实验动物

（1）动物品系：一般用两种动物，一种为啮齿类动物，另一种为非啮齿类动物。常用 SD 或 Wister 大鼠和 Beagle 狗或者猴。选用其他动物，应说明原因。

（2）动物年龄：根据试验期限的长短而定。大鼠一般 6～9 周龄。Beagle 狗一般 6～12 月龄。试验开始时体重差异不应超过或者低于该次实验动物平均体重的 20%。

（3）实验前至少驯养观察 2 周。观察记录动物的行为活动、饮食、体重、精神状况、心电图、有关血液学及血液生化学等功能指标。选择正常、健康、雌性无孕动物作为受试动物。

二、实验动物饲养管理

1. 饲料

所用饲料应符合动物的营养标准。若用自己配制的饲料，应提供配方及营养成分含量的检测报告；若是购买的饲料，应提供生产单位。

2. 实验的环境条件

应写明动物饲养室内环境因素的控制情况。

3. 受试药物

应写明受试物的名称、批号、来源、纯度、保存条件及配制方法。

三、试验方法

（一）试验分组

我国《新药临床前毒理学研究指导原则》规定，一般设 3 个剂量组和一个对照组。必要时尚需设溶媒对照组。低剂量组原则上应高于同种动物药效有效剂量，在此剂量下，动物不出现毒性反应；高剂量组原则上应使动物产生明显的或严重的毒性反应，甚至引起少数动物死亡；为观察毒性反应的剂量关系，在高、低剂量组之间应再设 1 个中剂量组。最大剂量要根据预试验确定。预试验时啮齿动物设 3 个组，每组 5 只动物；狗或猴设 3 个组，每组 3 只。给药剂量根据药物急性毒性的半数致死量（LD_{50}）值决定 3 个剂量。一般大鼠 3 个月长期毒性实验高、中、低 3 个剂量可分别采用 LD_{50} 的 1/10、1/50 和 1/100；狗可用大鼠一半左右的剂量。此法比较粗略，差异较大，一般只作预试验时的参考。

也可以根据拟用临床剂量法：根据同类型药物或国外资料或拟推荐临床剂量，一般 3 个月长期毒性试验时，大鼠可用 50～100 倍、25～50 倍和 10～20 倍临床剂量，狗可分别用 30～50 倍、15～25 倍和 5～10 倍，猴也可用略低于狗的剂量进行。

（二）动物数

每组动物的数量应根据给药周期的长短决定。大鼠一般为雌、雄各 10～30 只；Beagle 狗或者猴，一般雌、雄各 3～4 只。

（三）给药途径

原则上应与临床用药途径相同。若用其他途径应说明原因。口服给药一般采用灌胃给予受试药物。如采用将受试药物混入饲料中服用，应提供受试药物与饲料混合的均匀性、受试物的稳定性、有关受试物质量检查及说明动物食入规定受试药物的量等方面的资料，以确保获得准确可靠的试验结果。

临床用药途径为静脉注射时，由于给药周期长，大鼠静脉注射有困难时，可用其他适宜的途径代替。

原则上应每天给药。周期长的试验，也可采取每周给药 6d。每天给药时间应相同。应根据体重增长情况适时调整给药量。

（四）观测项目

原则上应根据受试物的特点选择其相应的观测指标。一般共性的观测指标最少应包括以下内容。

1. 一般观察

外观体征、行为活动、腺体分泌、呼吸、粪便性状、食量、体重、给药局部反应、狗的心电图变化等。大鼠群养时，应将出现中毒反应的动物取出单笼饲养。发现死亡或濒死动物，应及时尸检。试验期间如动物发生非药物性的疾病反应时，应及时进行隔离处理。

2. 血液学指标

红细胞、网织红细胞计数、血红蛋白、白细胞总数及其分类、血小板。

3. 血液生化指标

天冬氨酸氨基转换酶（AST）、丙氨酸氨基转换酶（ALT）、碱性磷酸酶（ALP）、尿素氮（BUN）、总蛋白（TP）、白蛋白（Alb）、血糖（GLU）、总胆红素（T-BIL）、肌酐（Crea）、总胆固醇（T-CHO）。

4. 系统尸解和病理组织学检查

系统尸解：应全面细致，为组织病理学检查提供参考。

脏器质量：一般应称取下列脏器和组织的质量并计算脏器系数如心、肝、脾、肺、肾、肾上腺、甲状腺、睾丸、子宫、脑、前列腺。

病理组织学检查：对照组和高剂量组动物及尸检异常者应详细检查，其他剂量组在高剂量组有异常时才进行检查。内容包括：肾上腺、胰腺、胃、十二指肠、回肠、结肠、脑垂体、前列腺、脑、脊髓、心、脾、胸骨（骨和骨髓）、肾、肝脏、肺、淋巴结、膀胱、子宫、卵巢、甲状腺、胸腺、睾丸（连同附睾）、视神经。

（五）恢复性观察

最后一次给受试药物后24h，每组活杀部分动物检测各指标，留下部分动物，根据受试物的特点，继续观察一定时间再活杀检查，以了解毒性反应的可逆程度和可能出现的延迟性毒性反应。在此期间除了不给受试物外，其他观察内容与给受试物期间相同。

（六）观测指标的时间和次数

应根据试验期限的长短和受试物的特点而定。原则上应尽量发现最早出现的毒性反应。

四、说明

（一）关于反复给药毒性试验的期限

原则上根据临床用药的疗程而定。一般药物的给药期限，可参考表8-3设计。

表 8-3　一般药物反复给药的毒性试验期限

临床疗程	毒性试验期限	
	啮齿动物	非啮齿动物
5 天以内	2 周	2 周
2 周以内	1 个月	1 个月
2～4 周	3 个月	3 个月
4～12 周	6 个月	6 个月
超过 12 周	6 个月	9 个月

(二)美国毒理病理学会关于长期毒性试验及致癌试验病理学检查项目的建议

陈珂、杜艳春、邱爽等报道，1999 年美国毒理病理学会（STP）推荐美国食品药品监督管理局药品评价与研究中心建议制药行业制定一项长期毒性试验及致癌试验病理学检查的标准组织目录。要求在新药注册时，对长期毒性试验和致癌试验必须根据受检组织目录对所列组织和器官进行病理学检查。该目录参考了药品专利委员会欧洲指导原则、日本卫生福利部、国家癌症协会/国家毒理计划的指导原则，以及国际协调会制定的“共同技术文件的指导原则”，制定了表 8-4 所列的检查项目。

表 8-4　STP 建议长期毒性试验和致癌试验中应进行组织病理学检查的最基本的受检目录[a]

肾上腺	哈氏腺	甲状旁腺	睾丸
主动脉	心脏	外周神经	胸腺
骨及骨髓[b]	回肠	垂体	甲状腺
脑	空肠	前列腺	气管
盲肠	肾脏	唾液腺	膀胱
结肠	肝脏	精囊腺	子宫
十二指肠	肺脏	骨骼肌	阴道
附睾	淋巴结	皮肤	其他肉眼病变的组织和器官
食管	乳腺[c]	脊髓	组织包块
眼球	卵巢	脾脏	
胆囊	胰腺	胃	

a 该受检组织目录适用于所有类型的长期毒性试验和致癌试验，并不受给药途径、实验动物的种类和种属、试验周期的长短或受试药物种类的限制。建议在试验设计时应考虑给药途径并将与给药途径相关的组织添加在此目录中。例如，在鼻腔吸入剂研究试验中，应增加鼻腔、鼻甲、喉头、气管支气管淋巴结。同样，根据实验动物的特点，可以适当选择增加某些种属和品系动物所特有的组织和器官。如果已知该受试药物的靶器官，同样建议将其添加到基本的受检组织目录中

b 非啮齿类动物：肋骨和胸骨。啮齿类动物：含关节软骨的股骨

c 仅限雌性

第三节　基因重组药物的特殊毒性试验

药物不仅可以治病，也会因它的毒副反应导致某些药源性的疾病。因此正确评价药物的毒性，合理地用药是保障人民健康的一项重要工作。药物的毒性不仅表现在对肝、肾、心、造血系统等的一般损伤，而且也会损伤细胞的遗传物质。药物对遗传物质的损伤，被称为“药物的遗传毒性”。若药物影响生殖细胞使形成的配子（精子和卵）的遗传物质发生突变，可能致使发育期间的胎儿发生先天性畸形。突变如发生在体细胞，在个体中可导致肿瘤的形成。药物的致癌性（carcinogenicity）、致畸性（teratogenicity）、致突变性（mutagenicity）都是属于药物特殊毒性的研究范围。三者之间关系交错癌变与突变，致癌物与致突变物有着密切的关系。按已有的实验资料，约 90%所测试的致癌物质有致突变作用。突变是在分裂过程中细胞的遗传发生变化而产生的，这是通过 DNA 结构共价键改变的。DNA 上单个碱基的改变，对细胞的影响是多样的，可以从一点没有影响，直至死亡。即取决于受到影响的基因程序（gene sequence）是否参与翻译和转录。某些类型的突变会引起肿瘤，因为这些突变的基因（致癌基因）涉及细胞生长的调节。

特殊毒性包括致畸致癌和致突变作用及生殖毒性。致突变性、致癌性、致畸性、依赖性和生殖系统毒性不易察觉，需要经过较长潜伏期或在特殊条件下才会暴露出来，虽发生率较低，但造成后果较严重而且难以弥补。这几种毒性试验常统称为特殊毒性试验。

致突变试验是微生物回复突变试验、哺乳动物培养细胞染色体畸变试验和整体试验（常选用微核试验）。作用于生殖系统的药物，需进行动物显性致死试验。致癌试验分为短期致癌试验和长期致癌试验。致畸胎试验是孕鼠或孕兔胚胎的器官形成期给药，观察对子代的影响。

一、微核试验

（一）微核试验的目的与意义

有些药物（包括基因重组药物）可能引起染色体的异常。染色体是遗传物质的载体并含有生物体全部的遗传信息，染色体遗传信息的异常可不同程度地影响生物机体的生存。轻者突变，重者死亡。同样，对人类就会引起各种疾病和损害。对肿瘤细胞的详细研究表明，大多数肿瘤细胞都存在染色体异常。此外，先天性染色体异常可引起多种遗传性疾病。例如，21 号染色体三体就可引起唐氏综合征（先天愚型），而 5 号染色体短臂部分缺失（$5P^{-}$）引起猫叫综合征。因此，染色体仅出现微小的异常变化，都可能对人体健康产生非常严重的影响。

微核试验是检测染色体或有丝分裂器损伤的一种遗传毒性试验方法。无着丝粒的染色体片段或因纺锤体受损而丢失的整个染色体，在细胞分裂后期仍留在子细胞的胞质内成为微核。

（二）微核试验的应用

用微核试验来评价药物、放射线、有毒物质等对人体细胞或体外培养细胞遗传学损伤仍是一个直观有效可行的方法，在遗传毒理、医学、食品、药物、环境等诸多方面得到了广泛的应用。微核计数经济、迅速、简便、不需要特殊技能，可以统计更多的细胞并实现计算机自动计数。若采用核型稳定的细胞，确立统一的操作协议，进行实验室间的合作建立数据库，应用探针技术的微核试验很可能被纳入遗传毒理学试验。微核试验技术的种类很多，包括常规微核试验、细胞分裂阻滞微核分析法、荧光原位杂交试验与DNA探针与抗着丝粒抗体染色等方法。

（三）微核试验的方法

（1）最常用的是啮齿类动物骨髓嗜多染红细胞（PCE）微核试验。以受试物处理啮齿类动物，然后处死，取骨髓，制片、固定、染色，于高倍显微镜下计数PCE中的微核。如果与对照组比较，处理组PCE微核率有统计学意义的增加，并有剂量-反应关系，则可认为该受试物是哺乳动物体细胞的致突变物。

（2）动物体内细胞微核：主要有骨髓嗜多染红细胞微核试验，外周血淋巴细胞微核试验。对骨髓嗜多染红细胞和外周淋巴细胞涂片、固定、染色，在高倍显微镜下检查，用细胞计数器对细胞计数，计算细胞总数和微核细胞数量，并计算微核率。

（3）细胞培养微核试验：用培养细胞液图片、固定、染色，在高倍显微镜检查计数，计算微核率。

（四）实验操作步骤

1. 供试品

（1）名称、缩写、代号、批号：重组人尿型糖基化纤溶酶原激活剂，缩写u-PA（也称重组人尿激酶原，rhPro-UK）。批号：981119。纯度：＞98%。

（2）实验动物：种昆明种小鼠。性别和数量：雄性，每组6只。动物年龄：60～80d。体重：24.5～28.5g。

（3）动物来源：军事医学科学院实验动物中心，合格证号为9205M03。

2. 操作方法

（1）试验分组：rhPro-UK 设 90g/kg、30g/kg 和 10mg/kg 给药剂量组，同时设 6%甘露醇生理盐水溶剂对照及环磷酰胺 20mg/kg 阳性对照各一组，溶剂对照组及 CP 阳性对照组给药途径及容量同 rhPro-UK 给药组。每组各取样时间点用 6 只动物。

（2）给药剂量：拟用临床剂量为 0.5～1.0mg/kg。供试品、溶剂对照及阳性对照组给药容量为 0.1ml/10g 体重。

（3）试验观察：rhPro-UK 90mg/kg 给药后，分别于 12h、24h、36h、48h、72h 取材，观察不同时间点小鼠骨髓嗜多染红细胞微核率有否变化，以确定取材时间。90mg/kg、30mg/kg 和 10mg/kg 给药组，6%甘露醇生理盐水溶剂对照及环磷酰胺 20mg/kg 阳性对照组，均于静脉注射给药后 24h 取材观察不同剂量对骨髓多染红细胞微核率的影响。其中 90mg/kg 组取材观察结果共用。

（4）标本的制作：颈椎脱臼法处死小白鼠，取一侧股骨，剔净肌肉，用湿纱布擦净附在股骨上的血污和零星的肌肉，剪去股骨头，暴露骨髓腔。用止血钳夹紧另一端将骨髓挤出，均匀涂抹在滴有一滴小牛血清的载玻片上，用细胞计数板推片，推片时计数板与载玻片成 45° 角，匀速推向片尾，涂片形状应以舌状为最佳，推片后在空气中晾干。

（5）固定及染色：将玻片标本放在 95%甲醇中固定 5～10min，晾干。将固定好的新鲜涂片用 10% Giemsa 液染色 20min，染色液以 pH 6.8 的磷酸缓冲液稀释。

（6）记数与统计分析：按 Schmid 法每只动物每片计数 1000 个染红细胞并记录所含微核数，每组（即各剂量组，每个取样点）共计数 6000 个多染红细胞，所含微核率以百分号（%）表示，计数 200 个多染红细胞，并计算多染红细胞与正常红细胞的比例（PCE/NCE）。各剂量组的微核率及 PCE/NCE 比率以 $X \pm SD$ 表示，并与阴性对照组进行比较，用双侧 t 检验进行统计处理。

（五）实验结果

（1）小鼠 rhPro-UK 10mg/kg、30mg/kg 和 90mg/kg 3 个剂量组，给药后 24h 取材观察，对骨髓多染红细胞微核率无明显影响，各剂量组多染红细胞微核率分别为（0.18±0.12）%、（0.12±0.08）%和（0.25±0.08）%，与溶剂对照组（0.20±0.13）%相比较，无显著差异（$P>0.05$）。环磷酰胺阳性对照组微核率高达（2.77±0.53）%，与溶剂对照组相比较，差别非常显著（$P<0.01$）。

（2）rhPro-UK 3 个给药剂量组对骨髓红系细胞造血功能未见影响，PCE/NCE 值分别为 1.33±0.25、1.40±0.21 和 1.39±0.16，与溶剂对照组 1.28±0.14 相比较，

$P>0.05$，无显著性差别。环磷酰胺 20mg/kg 静脉注射对骨髓红系细胞造血抑制不明显，PCE/NCE 值虽有下降趋势，但与溶剂对照组相比较，$P>0.05$，无显著性差别。

二、致突变试验

致突变试验即药物致突变物的检测试验，是指对致癌物质进行初筛，是人类预防癌症的重要手段，其中以细菌致突变试验应用最为广泛。

（一）基因突变试验

1. 鼠伤寒沙门氏菌 Ames 试验

鼠伤寒沙门氏菌（*Salmonella typhimurium*）回复突变试验又称 Ames 试验，检测受试药物诱发鼠伤寒沙门氏菌组氨酸营养缺陷型突变株（His^-）回复突变成野生型（His^+）的能力。试验菌株都有组氨酸突变（His^-），不能自行合成组氨酸，在不含组氨酸的最低营养平皿上不能生长，回复突变成野生型后能自行合成组氨酸，可在最低营养平皿上生长成可见菌落。计数最低营养平皿上的回变菌落数来判定受试物是否有致突变性。标准试验菌株有 4 种：TA97 和 TA98 检测移码突变，TA100 检测碱基置换突变，TA102 对醛、过氧化物及 DNA 交联剂较敏感。这 4 个试验菌株除了含有 His^-突变，还有一些附加突变，以提高敏感性。

试验方法有点试验（预试验）和掺入试验（标准试验）两种。在掺入试验中，受试物最高剂量为 5mg/皿或出现毒性及沉降的剂量，至少有 5 个剂量点，并有阴性（溶剂）对照和阳性对照。将受试物、试验菌株培养物和 S_9 混合液加到顶层培养基中，混匀后铺在最低营养平皿上，37℃培养 48h，计数可见菌落数。判断阳性结果的标准是，如每皿回变菌落数为阴性对照的每皿回变菌落数的两倍以上，并有剂量-反应关系，即认为此受试物为鼠伤寒沙门氏菌的致突变物。

S_9 混合液是用多氯联苯诱导的大鼠肝匀浆 9000×g 上清液（S_9）加上 NADP 及葡萄糖-6-磷酸等辅助因子，作为代谢活化系统。如不加 S_9 混合液得到阳性结果，说明受试物是直接致突变物；加 S_9 混合液才得到阳性结果，说明该受试物是间接致突变物。只要在一种试验菌株得到阳性结果，即认为受试物是致突变物；仅当 4 种试验菌株均得到阴性结果，才认为受试物是非致突变物。

2. 哺乳动物细胞基因突变试验：野生型与突变型果蝇的体色

哺乳动物体外培养细胞的基因正向突变试验常用的测试系统有小鼠淋巴瘤 L5178Y 细胞，中国仓鼠肺 V79 细胞和卵巢 CHO 细胞的 3 个基因位点的突变，即次黄嘌呤磷酸核糖转移酶（HGPRT）、胸苷激酶（TK）及 Na^+/K^+-ATP 酶（OUA）

位点。HGRPT 和 Na^+/K^+-ATP 酶位点突变可用于上述 3 种细胞，OUA 位点突变仅适用于 CHO 细胞，HGRPT 和 TK 可分别使 6-硫代鸟嘌呤（6-TG）转移上磷酸核糖及使 5-溴脱氧尿苷磷酰化，它们的代谢产物可掺入 DNA 引起细胞死亡，因此正常细胞在含有这些碱基类似物的培养基中不能生长，在致突变物作用下此两个位点发生突变的细胞对这些碱基类似物具有抗药性，可以增殖成为克隆（细胞集落）。Na^+/K^+-ATP 酶是细胞膜上的 Na^+/K^+泵，鸟本苷可抑制此酶活性引起细胞死亡，当致突变物引起该位点突变后，Na^+/K^+-ATP 酶对鸟本苷的亲和力下降，而酶活性不变，故对培养基中的鸟本苷产生抗药性，并可增殖为克隆。

（二）染色体畸变试验

1. 染色体分析

观察染色体形态结构和数目改变称为染色体分析。在国外常称为细胞遗传学检验，但这一名称有时广义地包括微核试验和 SCE 试验，因为这两个试验同样也是在显微镜下观察细胞染色体的改变。

对于结构畸变，一般只观察到裂隙、断裂、断片、微小体、染色体环、粉碎、双或多着丝粒染色体和射体（辐射引起的一类染色体畸变）。对于缺失，除染色单体缺失外，需作核型分析。即染色体摄影拍片后，再排列进行细微观察或用电子计算机进行图像分析。对于相互易位，除生殖细胞非同源性染色体相互易位外，倒位、插入、重复等均需显带染色才能发现。

对于数目畸变，需在染毒后经过一次有丝分裂才能发现。但是经过一次有丝分裂后，一些结构畸变可能因遗传物质的丢失而致细胞死亡，故而不能发现。所以应安排多次收获时间，以便分别检查断裂剂的作用。收获时间的安排还应考虑外来化合物可能在细胞周期的不同时期产生作用，以及延长细胞周期的作用。

体细胞的染色体分析可作体内或体外试验，体内试验多观察骨髓细胞，体外试验常用中国仓鼠肺细胞（CHL），以及中国仓鼠卵细胞（CHO）和 V_{79} 等细胞系，但任何细胞系的染色体皆不稳定，不能准确地观察非整倍体，故在体外试验中，如考虑进行染色体数目观察，应当使用原代或早代细胞，如人外周淋巴细胞。体内试验与人体实际接触情况相似，但应注意受试物或其活性代谢产物有可能不易在骨髓中达到足够的浓度。体外试验由于受试物与细胞直接接触，故往往比体内试验灵敏。

2. DNA 损伤试验

1）姐妹染色单体交换（SCE）试验

SCE 是染色体同源座位上 DNA 复制产物的相互交换，SCE 可能与 DNA 的断裂和重接有关，提示 DNA 损伤。SCE 试验可分为体外试验、体内试验和体内与体外结合试验。体外 SCE 试验可采用贴壁生长的细胞，如 CHO、V_{79}、CHL 等，也可用悬浮生长的细胞，如人外周血淋巴细胞。细胞在含 5-溴脱氧尿苷（BrdU）的培养液中生长两个周期。由于 Brdu 是嘧啶类似物，可于合成期中掺入 DNA 互补链，因此在下一个中期所见染色体姐妹染色单体之间各有一条互补链掺入了 Brdu，于是 Brdu 对姐妹染色单体造成同等的干扰，其染色并无区别。但到了第 2 个周期中期相，每个染色体中只有一条染色单体保留了原来不带 Brdu 的模板链，而另一条染色单体则是上一周期带 Brdu 的互补链并成为模板链。于是经两个周期的 Brdu 掺入互补链可使两姐妹染色单体所含 Brdu 量不相等，从而出现染色差别。如果 Brdu 仅在第 1 周期掺入，第 2 周期不掺入，则第 2 周期可见姐妹染色单体染色有差别。如果 DNA 单链发生了断裂，而且在修复过程中发生重排，就在第 2 周期可见姐妹染色单体同位节段的相互交换。经差别染色后，可观察到两条明暗不同的染色单体。若两条染色单体间发生等位交换，可根据每条染色单体内出现深浅不同的染色片段进行识别和计数。

2）程序外 DNA 合成试验

A. 程序外 DNA 合成的意义

在正常的细胞有丝分裂过程中，仅 S 期是 DNA 合成期。当 DNA 受到损伤时，损伤修复的 DNA 合成主要发生在其他细胞周期，称非程序性 DNA 合成，又称程序外 DNA 合成（unschedaled DNA synthesis，UDS）。因此发现 UDS 增高，即表明 DNA 发生过损伤。本实验可用于检测评价药品及保健品的诱变性和（或）致癌性。用这种筛选方法可以检测出一些短期体外试验法所不能检出的诱变剂和（或）致癌剂。

在体外培养细胞中，UDS 水平较低（充其量只有半保留复制 DNA 的 5%）。可通过同步化培养将细胞阻断于 G_1 期并用药物（常用羟基脲）抑制残留的半保留 DNA 复制后检测 UDS。同步化培养可用缺乏必需氨基酸精氨酸的同步化培养基 ADM 使 DNA 合成的开始启动期受阻，而使细胞同步于 G_1 期。在这些半保留 DNA 合成明显抑制和阻断了细胞中的 UDS，即可用 ^{3}H-胸腺嘧啶核苷的掺入增加，通过放射自显影或液体闪烁计数法进行测量。

B. 试验方法

基本方法是测定 S 期以外 ^{3}H-胸苷掺入胞核的量，这一掺入量可反映 DNA 损伤后修复合成的量。由于此种合成发生在 DNA 正常复制合成主要时期以外，故称为程序外 DNA 合成试验或 DNA 修复合成试验。一般使用人淋巴细胞或啮齿动物肝细胞等不处于正在增殖的细胞较为方便，否则就需要人为地将细胞阻断于 G_1 期，使增殖同步化。然后在药物的抑制下使残存的半保留 DNA 复制降低到最低限度，才能避免掺入水平很高的半保留复制对掺入水平很低的程序外 DNA 合成的观察。

C. 试验结果的评定

（A）阳性结果

各种致突变试验都有其特定的观察终点，但试验结束后都面临一个共同的问题，即所取得的数据表示阳性结果或表示阴性结果。

在评定阳性或阴性之前，应首先检查试验的质量控制情况。致突变试验的质量控制是通过盲法观察和阴性对照及阳性对照的设立。盲法观察是观察人员不了解所观察的标本的染毒剂量或组别，可免除观察人员对试验数据产生主观影响。阴性对照是指不加受试物的空白对照，有时则是加入为了溶解受试物所用溶剂的溶剂对照。阳性对照是加入已知突变物的对照，对于体外试验应包括需活化的和不需活化的两种已知致突变物。空白对照应和溶剂对照的结果一致，如有显著差异则可能表明有试验误差，如溶剂对照结果显著高于空白对照则溶剂可能具有致突变性。阴性对照和阳性对照结果都应与文献报道或本实验室的历史资料一致。如差异较大也说明可能有试验误差。发现这些质量控制指标存在任何疑问时，均应查清存在的问题，并加以解决后，重新进行试验。

阳性结果应当具有剂量反应关系，即剂量越高，致突变效果越大，并在一组或多组的观察值与阴性对照之间有显著差异。如果低剂量组或低、中两剂量组与对照组之间的差异有显著性，而高剂量组差异无显著性，则阳性结果不可信或无意义。此时应检查影响试验的因素，在排除影响因素后，应考虑是否为剂量反应关系曲线的特殊形式所致，即曲线上升至一定程度后下降。如怀疑试验结果，应当在零剂量与最高观察值的剂量之间重新设计染毒剂量。

（B）阴性结果

阴性结果的判定条件是：①最高剂量应包括受试物溶解度许可或灌胃量许可的最大剂量。如该剂量毒性很大，则体内试验和细菌试验应为最大耐受量，使用哺乳动物细胞进行体外试验，常选 LD_{50} 或 LD_{80} 为最大剂量。溶解度大，毒性低的化学物，在细菌试验中往往以 5mg/皿作为最高剂量。②各剂量的组间差距不应过大，以防漏检仅在非常狭窄范围内才有突变能力的某些外来化合物。

无论阳性还是阴性结果都要求有重现性，即重复试验能得到相同结果。

三、致癌试验

致癌试验是检验药物及其代谢物是否具有诱发癌或肿瘤的作用。致癌试验检验的对象包括恶性肿瘤（癌）和良性肿瘤。能诱发恶性或良性肿瘤的物质，称为致癌物。致癌实验的工作，目前还是通过整体动物试验来完成的。致癌试验一般可分为长期致癌试验和短期快速筛检法。

（一）长期致癌试验

多于哺乳动物中进行，一般多用大鼠、小鼠等啮齿动物，如条件许可，尚可于狗和猴等一种非啮齿动物中进行。用完整哺乳动物进行的长期致癌试验结果可靠，但试验过程较长，不能在较短时间内得出结论，费用也较高，故近年来有许多短期快速方法正在发展。

（二）短期快速筛检法——较常用方法

（1）致突变试验法：在许多致突变试验方法中艾姆斯法（Ames 试验）最为常用，其理论根据为体细胞突变是致癌作用的基础。根据艾姆斯法试验结果，证实至少有 80%的已知致癌物具有致突变作用，但也有不致突变的致癌物（如石棉纤维）和不致癌的致突变物。由于本法简便、灵敏，结果较为可靠，是目前最普遍使用的一种致癌物快速筛检法。

（2）哺乳动物细胞体外转化试验：将哺乳动物细胞株于体外与受试物接触，如受试物有致癌作用，可使正常细胞在形态与生理特性方面发生变化并与癌细胞相似。此种过程称为转化，已发生转化的细胞称为转化细胞。细胞转化并非形成肿瘤，但表示受试物可能具有致癌作用，并可用于致癌物的筛检。根据目前经验将艾姆斯试验与细胞体外转化试验结合使用，可筛检出 98%以上的致癌物。

（3）DNA 修复合成试验：常用方法有程序外 DNA 合成试验。

程序外 DNA 合成试验也称非程序性 DNA 合成试验，2008 年已经纳入食品安全国家标准，列出了《化学品体外哺乳动物细胞损伤与修复/非程序 DNA 合成试验》的国家标准，而且规定了非常详细的具体操作方法。2013 年 8 月 1 日，国家卫生计生委就《特殊膳食类食品标准的清理建议》和《食品毒理学评价程序及方法标准清理建议》公开征求意见。其中提出，建议新制定致癌试验食品安全国家标准。

四、致畸试验

根据国外食品毒理学评价程序和中国食品安全工作需要，专家组建议新制定 5 项食品安全国家标准，分别是《体外哺乳类细胞染色体畸变试验》《28 天经口喂养试验》《慢性毒性试验》《致癌试验》《生殖发育毒性试验》。

致畸试验（teratogenic test）：是鉴定动物致畸物的标准试验法，下述的致畸试验方案用以检测药物的致畸性，也能得到有关药物致胚胎死亡及生长迟缓的资料。

（一）实验动物

理想的致畸实验动物对药物的代谢过程应与人相近，胎盘结构亦相似，产仔多、孕期短、价廉、来源容易及操作方便。在代谢功能与解剖结构方面，比较符合要求的动物是狗和猴；符合经济实用要求的是兔、大鼠、小鼠及豚鼠。但小动物有不足之外，如兔自发畸形率较高，有时孕期长短不定（32～36d），大鼠对致畸作用有较大耐受性；小鼠对致畸反应介于兔与大鼠之间，自发畸形略高于大鼠；豚鼠胎盘结构与人相近，但孕周期长（60d 左右）、产仔少（4 只）。

常用大鼠、小鼠和兔。特别是大鼠，因为大鼠自发畸形率低，胎鼠大小也适于检查。雌性动物宜用成年未怀过孕的动物。

动物选择要求对药物敏感性高，而自发畸变形率低，至少采用两种动物，一种啮齿类，另一种要求非啮齿类。

（二）动物受孕及检查方法

以大鼠为例，选用鼠龄 3 个月以上，体重 200～250g 雌鼠，饲养数天后作阴道分泌物涂片检查，以判断是否处于动情期。如涂片见有较多白色分泌物，镜检发现有较多核上皮细胞，提示雌鼠处于动情前期。大鼠性周期一般为 4～5d，动情前期向动情期移行多在夜间。处于动情前期的鼠按 2∶1 或 3∶2 比例与同龄雄鼠同笼过夜，次日检查是否受孕。

检查受孕方法有两种。一是检查阴栓，阴栓是雄鼠精囊与凝固腺分泌液在雌鼠阴道凝结而成的白色块状物，形似米粒，大鼠的阴栓很易脱落，次日可于鼠笼下的搪瓷盘内发现，小鼠的阴栓不易脱落，位置较深时用镊子撑开阴道口方能看清。二是阴道涂片检查精子，可用棉签插入阴道转动数次后拔出，涂抹在滴有生理盐水的玻片上，在低倍镜下查找精子。

查到阴栓或精子即提示怀孕，检出日为孕期的“0d”，次为第 1 天，以此推算孕龄。受孕率在春、秋季较高（可达 70%以上），夏、冬季较低（50%），所以也可采用人工控制温度（23℃左右）及光线，让雌雄动物每天同笼 6h 后作阴道涂片，以提高受孕率并便于白天工作。

（三）剂量分组、给药方式及时间

受试动物分为 4～5 组，其中 3 个剂量组（高、中、低），其余 2 组为阳性对照和阴性对照组。高剂量组应有母体毒性反应，或为最大给药量。摄食量的减少，体重增长缓慢或下降，阴道出血、流血等均是毒性反应的表现；低剂量组应为母体和胚胎毒性反应剂量。一般为临床拟用剂量的某些倍量。中间剂量应在高、低剂量组之间，剂量组间距应为几何级数，并能显示微小的毒性差别。也可用 LD_{50}

的 1/5～1/3 为高剂量组，低剂量组用 LD_{50} 的 1/100～1/30 剂量，按等比差在高、低剂量组间插进中间剂量，以期得出最小致畸剂量或最大无作用剂量。如已掌握或能估计人类实际接触量，也可以人实际接触量（或估计量）为低剂量组，并以其数倍（如 10 倍）为高剂量组。

阴性对照组为溶剂（赋形剂）对照。阳性对照可用乙酰水杨酸（大鼠 250mg/kg，小鼠 150mg/kg），维生素 A（浓鱼肝油 5ml/kg）。家兔可用 6-氨基烟酰胺（2.5mg/kg）。已经进行过致畸试验，并确知所用的实验动物对致畸物有阳性结果的实验室可略去阳性对照，每组受孕动物数：大鼠和小鼠 15～20 只，兔 8～10 只，狗和猴 3～4 只。

染毒途径应根据受试物的性质及人类可能的接触方式而定，一般多用灌胃和腹腔注射。染毒时间应选择胚胎对致畸物的易感期（器官形成期）。

每只实验动物在试验期间都应有准确记录受精日期，给予受试物日期和剂量，给药后动物的体重应每隔 3～4d 称一次（0d，3d，7d，10d，13d、16d，20d），并根据体重调整给药剂量，另外一方面也可对受试物动物受精后怀孕与否及受试物对胚胎发育有无影响作出初步估计，如怀孕胚胎发育正常，则受试动物的体重可明显地持续增长；若胚胎中毒死亡或流产，母体体重则停止增长以致下降。

（四）观察

1. 对母体的观察

每天检查有无中毒症状，对有流产或早产征兆者（如见阴道出血）及时处死并检查。

2. 对胎仔的观察

于分娩前 1～2d 处死受孕动物，以防止自然分娩后母鼠吞食畸形仔鼠。剖腹取出子宫和卵巢，称重辨认子宫内的活胎、死胎及吸收数，并从左侧子宫角顶端开始直到右侧子宫顶端，按顺序编号记录，然后检查和记录黄体数。

活胎：完整成形，肉红色，有自然运动，对机械刺激有运动反应；胎盘红色，较大。

晚死胎：完整成形，灰红色，无自然运动，对机械刺激无反应；胎盘灰红色，较小。

早死胎：紫褐色，未完整成形，无自然运动，胎盘暗紫。

吸收胎：暗紫或浅色点块，不能辨认胚胎和胎盘。

黄体：在卵巢表面呈黄色鱼子状突起，提示孕鼠的排卵数。

活胎的外观畸形并记录的类型、部位及程度。将每只母鼠的 2/3 活胎剥去皮肤和内脏，经茜素红染色及脱水透明后，检查骨骼畸形；余 1/3 活胎浸入鲍音氏（Bouin）固定液，供检查内脏畸形。王取南、魏凌珍、孙美芳等报道的《重组葡激酶对 ICR 小鼠的致畸作用研究》中常见的外观、骨骼和内脏见列入表 8-5、表 8-6。

表 8-5　重组葡激酶对胎鼠外观、内脏及骨骼畸形的影响

组别	活胎数	外观畸形率（畸形数/检查数）/%	内脏畸形率（畸形数/检查数）/%	骨骼畸形率（畸形数/检查数）/%
高剂量组	129	0（0/129）	0（0/61）	0（0/68）
中剂量组	138	0（0/138）	0（0/69）	0（0/69）
低剂量组	148	0（0/148）	0（0/74）	0（0/74）
阴性组	165	0（0/165）	0（0/82）	0（0/83）
阳性组	28	85.71**（24/28）	100**（14/14）	78.57**（11/14）

**与阴性组比较，$P<0.01$

表 8-6　重组葡激酶对胎鼠枕骨骨化程度的影响

组别	检查数	枕骨骨化程度				
		0 级	Ⅰ级	Ⅱ级	Ⅲ级	Ⅳ级
高剂量组	68	58	10	0	0	0
中剂量组	69	60	5	4	0	0
低剂量组	74	67	6	1	0	0
阴性组	83	59	13	10	1	0
阳性组	14	0	0	2	5	7

由于目前没有充分证据表明骨骼对致畸物比内脏更敏感，因此，有人主张将来自两个子宫角的胎鼠随机分配到骨骼畸形检查中。现将胎仔的外部检查及骨骼和内脏畸形检查的具体方法叙述如下。

（1）胎仔外部检查：将处死（或深度麻醉）的实验动物剖腹暴露子宫，进行下列的检查和记录。

（a）确定怀孕情况、顺序编号依次鉴别检查活胎数，早期死胎数，晚期死胎数和吸收胎数。

（b）剪开子宫，按编号顺序，对胎仔逐一检查记录性别、体重、身长、尾长和全窝胎盘总量。

（c）对活胎仔由头部、躯干、四肢、尾部进行外观检查，各部位常见的畸形见表 8-5。

（2）胎仔的骨骼检查：胎仔的骨骼检查是致畸试验一项重要观察内容，一般是将每窝胎仔的 1/2 或 2/3 数量留作此项检查。其具体方法如下。

（a）将留作骨骼检查的胎仔放入 75%～90%的乙醛溶液中进行固定，时间 2～5d。

（b）固定好的胎仔置于 1%的氢氧化钾溶液中 3～10d，直至肌肉透明可见骨骼为止。在此期间依据情况可更换 1%氢氧化钾溶液数次，每次更换溶液时将胎仔脱落的皮肤洗去。

（c）经 1%氢氧化钾溶液处理后的胎仔，用茜素红进行染色直至骨骼染成桃红色或紫色为止，一般需 2～5d，必要时中间需更换新染色液数次。茜素红染色液的配制：将茜素红加入下面混合液中至饱和为止。冰醋酸 5ml，纯甘油 10ml，1%水合氯醛 60ml，使用时取上述茜素红饱和溶液 1ml，加 1%氢氧化钾溶液至 1000ml 混合配成应用液。

（d）经染色后的胎仔置于以下透明液中 1～2d。若透明不够满意时，可适当延长在透明液中的时间。

透明液Ⅰ：甘油 20 份，2%氢氧化钾溶液 3 份，蒸馏水 77 份。

透明液Ⅱ：甘油 50 份，2%氢氧化钾溶液 3 份，蒸馏水 47 份。

透明液Ⅲ：甘油 75 份，蒸馏水 25 份。

经上述处理的胎仔骨骼标本，可在肉眼或放大镜、解剖显微镜下观察检查。注意检查各骨骼的状态、大小、数量有无异常及骨化程度。

（3）胎仔的内脏检查：经外观检查后的胎仔随机将胎仔数的 1/2 或 1/3 置于鲍音氏液中固定 1～2 周后，即可用徒手切片观察方法进行检查，其具体方法如下。

头部器官的检查：通过以下切面来进行观察检查。

（a）戴橡皮手套取出固定好的胎仔标本，在自来水下洗去固定液，用单面刀徒手沿口经耳作一水平切面，这一切面将口腔上下颚分开，主要检查有无腭裂、舌缺或分叉。

（b）把上述切面切下的颅顶部，沿眼球前沿垂直作额状切面，这一切面着重检查鼻道有无畸形，如鼻道扩大、单鼻道等。

（c）沿着眼球正中垂直作第二额状切面，检查眼球有无畸形，如少眼、小眼、无眼。检查有无脑积水，有无脑室扩大。

（d）沿眼球后缘垂直作第三个额切面，检查有无脑水肿积水，有无脑室扩大。胸腔、腹腔和盆腔检查沿胸、腹壁中线和肋下缘水平线作“十”字切开胸腹，暴露胸腔、腹腔及盆腔内的器官，然后逐一检查各主要脏器的位置、数目、大小匀称性及形状等有无异常。

（五）结果评定

主要计算畸胎总数和畸形总数。在计算畸胎总数时，每一活胎仔出现一种或一种以上畸形，均作为一个畸胎。计算畸形总数时，在同一活胎仔出现一种畸形，作为一个畸形计算，如出现两种或两个畸形，即作为两个畸形计算，并依此类推。计算畸胎总数和畸形总数的同时，必须考虑其有无剂量-效应关系，更重要的是按下列指标与对照组进行比较。

1. 对各组雌性动物需统计如下指标

（1）交配成功动物及交配率。

$$\text{交配率}(\%)=\frac{\text{已交配动物数}}{\text{实验动物数}}\times 100 \qquad (8\text{-}6)$$

（2）死亡动物数及死亡率。

$$\text{死亡率}(\%)=\frac{\text{死亡动物数}}{\text{实验动物数}}\times 100 \qquad (8\text{-}7)$$

（3）剖检雌性动物的平均体重及孕期体重增长值或母体增重。

母体增重（g）＝处死时母体体重–妊娠第 6 天体重–处死时子宫连胎重（8-8）

2. 母体畸胎出现率

母体畸胎率出现主要根据出现畸胎的母体在妊娠母体总数中所占的百分率。计算出现畸形母体数时，同一母体不论出现多少畸形胎仔或多种畸形，一律按一个出现畸形胎仔的母体计算。

$$\text{畸胎率（\%）}=\frac{\text{有畸胎动物数}}{\text{妊娠动物数}}\times 100 \qquad (8\text{-}9)$$

3. 对各组胎仔需统计如下指标

（1）平均活胎数及活胎率

$$\text{活胎率（\%）}=\frac{\text{活胎仔数}}{\text{胎仔总数}}\times 100 \qquad (8\text{-}10)$$

（2）吸收胎数和吸收胎率

$$\text{吸收胎率（\%）}=\frac{\text{早期吸收数}+\text{中期吸收数}+\text{晚期吸收数}}{\text{胎仔总数}}\times 100 \qquad (8\text{-}11)$$

（3）死胎数和死胎率。

$$死胎率（\%）=\frac{死胎数}{胎仔总数}\times 100 \quad (8\text{-}12)$$

（4）外观畸形率、骨骼畸形率、内脏畸形率

$$外观畸形率（\%）=\frac{外观畸形数}{检查胎仔数}\times 100 \quad (8\text{-}13)$$

$$骨骼畸形率（\%）=\frac{骨骼畸形数}{检查骨骼标本数}\times 100 \quad (8\text{-}14)$$

$$内脏畸形率（\%）=\frac{内脏畸形数}{检查胎仔数}\times 100 \quad (8\text{-}15)$$

（六）实验组及对照组数据的统计学分析

不同指标用不同的显著性检验方法处理。平均体重、平均黄体数、平均着床数、平均活胎数、平均活胎体重用 t 检验；妊娠率、交配率、受孕率、活胎率、用χ^2检验；胎吸收率、死胎率、畸胎率用非参数统计。可能时计算剂量-效应关系。根据上述指标计算后，最后评定结果，确定此种受试物是否具有致畸作用，但还要注意下列问题。

（1）致畸作用具有剂量与效应关系，所以，对任何畸形的出现是否具有剂量-效应关系应该充分考虑，更重要的是必须经过统计学处理，肯定试验组出现致畸胎的母体显著高于对照组，并且试验组动物活胎仔出现的畸形率应显著高于对照组，才可考虑其致畸作用。

（2）每个实验室应掌握所用实验动物长期以来的自然畸形发生情况，包括自然出现的畸形类型和频率。实验组动物出现的畸形，如长期以来在对照组动物未曾出现过，则受试物有致畸作用，应认真对待；反之，则应慎重作出结论。

（3）生物体常有变异现象，变异是群体中个体间的差异。特别是同一物种内一个体与另一些个体的差异。变异为基因所控制，具有适应和进化的意义，与外来化合物干扰胚胎正常生长发育所引起的畸形完全不同，有人认为肋骨椎骨数目比正常多一个或少一个等现象皆属于变异，不能作为致畸。但变异出现率一般较低，也不呈现剂量与效应关系，借此可将两者加以区别。

（4）致畸作用中存在种属差异，而且同种动物的品系间亦有差异。因此，在一种动物出现致畸作用后，最好对另一种动物再进行试验或至少对同种动物再重复进行试验。如结果一致，才可以认为对动物确有致畸作用。

（5）由于致畸作用存在种属差异，因此任何外来化合物对动物具有的致畸作用，不一定对人类致畸。一方面应进一步进行人群流行病学调查，以确定其在人体的致畸作用；另一方面应认识致畸作用是外来化合物的毒性表现的一种。凡是

对动物具有致畸作用的化合物，也应看作对人体有致畸的可能，故应采取各种措施，使人类尽量减少与其接触，这一问题涉及动物致畸试验结果推论到人的问题。动物试验结果推论到人的问题，目前在毒理学中极为重视且研究也极为活跃。虽然有人提出许多方法或途径，但迄今为止，还没有建立一个简单的方法，将动物试验结果推算到人。致畸作用也是如此，绝对不能简单地将小鼠、大鼠或其他动物的试验结果直接应用于人。现参考欧洲经济共同体和经济合作开发组织所建议的致畸物分级标准，且加以综合。注意其在实际工作中仅能作为参考，必须结合实际情况，分析思考，灵活运用。

（6）将一种外来化合物对人类的致畸作用进行最后评定，决定取舍时，应该特别注意人类实际接触剂量的问题。有许多药物达到一定剂量，都可以呈现致畸作用，例如，作为药物的水杨酸制剂，可引起畸胎，反应停能使很多动物致畸。

甚至有些人体需要的营养素，如维生素 A，在一定剂量上，也具有致畸作用，并常常作为致畸试验中的阳性对照物。所以，任何外来化合物以一定剂量，在一定的胚胎发育阶段，与一定的动物种属接触，都可干扰胚胎的发育，并可能造成畸形。对一种外来化合物是否具有致畸作用，进行最后评定，并据此而考虑是否允许使用，应该充分考虑可能与人体接触的实际剂量和接触的方式与途径，尤以剂量最为重要。

第四节　基因重组蛋白的一般药理学研究

药理学是药物临床前安全评价的重要内容之一。根据化学药物一般药理学研究技术指导原则：广义的一般药理学（general pharmacology）是指药物对药效学作用以外进行的广泛的药理学研究，包括安全药理学（safety pharmacology）和次要药效学（secondary pharcodynamics）研究。安全药理学主要是研究药物在治疗范围内或治疗范围以上剂量时，潜在的不期望出现的对生理功能的不良影响，即观察药物对中枢神经系统、心血管系统和呼吸系统的影响。根据需要可能进行追加和/或补充的安全药理学研究。

追加的安全药理学研究（follow up safety pharmacology study）是根据药物的药理作用和化学类型，估计可能出现的不良反应。如果对已有的动物和临床试验结果产生怀疑，可能影响人的安全性时，应进行追加的安全药理学研究，即对中枢神经系统、心血管系统和呼吸系统的影响进行深入研究。

补充的安全药理学研究（supplemental safety pharmacology study）是评价受试药物对中枢神经系统、心血管系统和呼吸系统以外的器官功能的影响，包括对泌尿系统、自主神经系统、胃肠道系统和其他器官组织的研究。以上的指导原则也适用于基因重组药物的药理学研究。

一、药理学所用的生物材料

生物材料有以下几种：整体动物、离体器官及组织、体外培养的细胞、细胞片段、细胞器、受体、离子通道和酶等。整体动物常用小鼠、大鼠、豚鼠、家兔、犬等。动物选择应与试验方法匹配，同时还应注意品系、性别及年龄等因素。生物材料选择应注意敏感性、重现性和可行性，以及与人的相关性等因素。体内研究应尽量采用清醒动物。如果使用麻醉动物，应注意麻醉药物的选择和麻醉深度的控制。

二、受试药物

如果是外用药或注射剂一般以最终制剂作为受试药物。受试药物要尽量与药理学和毒理学研究的保持一致。并附研制单位的自检报告。

三、受试动物数

试验的组数及每组动物数的设定，应以能够科学合理地解释所获得的试验结果，恰当地反映有生物学意义的作用，并符合统计学要求为原则。小动物每组一般不少于 10 只，大动物每组一般不少于 6 只，同时要求雌雄各半。

四、给药剂量

给药剂量一般按半数致死量（LD_{50}）的 1/20～1/10 作为最低剂量，然后按最低剂量的 2 倍、4 倍剂量 3 个剂量组和一个对照组，共计 4 个试验组。

五、重组人尿激酶原的一般药理学研究

（一）实验药品

重组人糖基化尿激酶型纤溶酶原激活剂（recombinant human glycosylated urokinase-type plasminogen activator，简称 u-PA），也称重组人尿激酶原（recombinant human prourokinase，简称 rhPro-UK），由军事医学科学院生物工程研究所提供，以单链为主的冻干制剂，批号 981014，标示量 2mg/支，纯度≥98%，单链 82%（电泳法），＞99%（S444 酰胺溶解法），生物活性 11 万单位/mg，4℃冰箱保存。

（二）实验仪器

日本光电 RM-6000 型多导生理记录仪；MF-27 血流量仪；中国医学科学院药物毒物研究所研制的 GJ-9306 型光电活动自动记录仪；军事医学科学院实验仪器

厂研制的 GD-1 协调平衡仪和自动控温热板仪；美国 CHRONOLOG 500-2D 全血血小板聚集仪；日本东亚 F-800 血球自动计数仪。

（三）实验动物

小鼠：KM 种，雌雄兼用，体重 20～24g。大鼠：Wistar，雄性，体重 200～280g。豚鼠：雌雄兼用，体重 350～400g。草狗（普通犬）：雄性，体重 10～13kg。以上动物均由军事医学科学院实验动物中心提供或采购。

（四）给药剂量

给药剂量的选择是根据药效学动物实验的有效剂量，按照体表面积折算的等效剂量计算，并参考拟推荐临床试验的人用剂量，以及新药一般药理研究指导原则中的有关要求，得出本实验各种动物的给药剂量。

（1）小鼠：选用 3 种给药剂量，小剂量 5.2mg/kg（大约是 LD_{50} 的 1/20），该给药剂量是由动物药效实验的最佳剂量推算而来，中剂量 10.4mg/kg，大剂量 20.8mg/kg。

（2）大鼠：选用 3 种给药剂量，小剂量 3.0mg/kg，中剂量 6.0mg/kg，大剂量 12.0mg/kg。

（3）犬：选用 3 种给药剂量，小剂量 0.6mg/kg，中剂量 1.2mg/kg，大剂量 2.4mg/kg。

（五）给药途径

大、小鼠为静脉及皮下注射给药，犬为静脉注射（与临床给药途径一致）。

（六）实验分组

（1）小鼠：共分 8 个组，即生理盐水对照组，简称对照组（以下相同），rhPro-UK 小剂量 5.2mg/kg，中剂量 10.4mg/kg，大剂量 20.8mg/kg，静脉注射及皮下注射两种。每组动物数 10～25 只。

（2）大鼠：共分 8 个组，对照组，rhPro-UK 3.0mg/kg、6.0mg/kg 及 12.0mg/kg，静脉注射及皮下注射两种。每组动物数 10 只。

（3）犬：分 4 个组。对照组，rhPro-UK 0.6mg/kg、1.2mg/kg 及 2.4mg/kg，静脉给药，rhPro-UK 采用由小剂量到大剂量的累积给药方法，每个组观察 5 只动物。

（4）离体豚鼠回肠实验：rhPro-UK 的实验浓度为 1×10^{-6}g/ml 及 1×10^{-5}g/ml。

（七）实验内容及操作方法

1. 动物一般状态及行为观察

采用 Bastian 分级法对动物一般行为观察，每组动物 10 只，于静脉及皮下注射 rhPro-UK 后即刻开始观察，观察内容包括精神、步态、眼睛、尾巴、皮毛及粪便等，连续观察 60min，24h 后再观察一次。

2. 中枢神经系统

（1）自发活动实验：采用光电管法（三道光）。仪器型号 GJ-9306，共有 4 个活动室，每室内一次放 5 只动物，计数 15min 内自发活动数。该实验每组 25 只动物，分 5 批进行。最后将 5 批动物自发活动数相加求平均值。记录药前及药后 15～30min、45～60min 活动计数。

（2）协调平衡运动实验：采用滚筒法，用军事医学科学院实验仪器厂研制的 GD-1 协调平衡仪记录。实验时每次放入 10 只动物，转动 5min，记录药前及药后 15min 和 30min 自转筒上跌落的动物数。

（3）睡眠作用实验：给小鼠用戊巴比妥钠阈下睡眠剂量 30mg/kg 和受试药物 rhPro-UK 合用，以翻正反射消失为指标，观察有无催眠作用。每组动物 10 只，以静脉及皮下注射 rhPro-UK 15min 后，再由腹腔注射戊巴比妥钠，观察 15min 内动物翻正反射消失达 1min 以上者，超过 1min 即为睡眠动物。比较对照组和给药组之间有无差异。

（4）戊四唑诱发小鼠惊厥实验：rhPro-UK 给药后 15min，腹腔注射戊四唑 100mg/kg，观察记录动物 15min 内发生阵发性抽搐的例数及动物死亡数。

（5）电惊厥实验：小鼠静脉及皮下注射 rhPro-UK 后 15min，采用电惊厥仪，将两个齿状正负电极分别夹于两耳中间皮肤和下唇，然后通电。刺激条件为 150V，30mA，时间 0.5s。电刺激后动物发生强直性惊厥，部分动物因窒息死亡，大部分动物持续一定时间后可以恢复，记录惊厥发生率、持续时间及动物死亡率。

（6）体温测定：大鼠于给药前、给药后 30min 和 60min 测定体温。方法是将温度传感器插入肛门内 3cm 左右，用多道生理记录仪的 AW-6000 温度传感器显示大鼠直肠温度。

3. 植物神经系统及平滑肌

游离豚鼠回肠实验：7 只豚鼠，分别用于 rhPro-UK 及各种激动剂实验。豚鼠用钝器击头致昏，取回肠每段约 3cm，固定在 L 型管上，置于 Tyrode’s 液中，溶液体积 15ml，温度 32℃，通入含有 95% O_2 和 5% CO_2 的混合气体，预定张力为

1g 重，平衡 1h，通过张力传感器用平衡记录仪记录肌肉收缩。加入实验溶液（rhPro-UK）后 3min，加入另一种激动剂 Ach 1×10^{-8}g/ml 或 Hist 1×10^{-6}g/ml，观察记录 rhPro-UK 的实验浓度为 1×10^{-6}g/ml 及 1×10^{-5}g/ml 时，单独及其对激动剂诱导收缩的影响。

4. 心血管系统

观察麻醉状态下 rhPro-UK 对心率、血压、心电图、血流量及外周血管容积的影响。操作方法：用杂种犬，体重 10～13kg，戊巴比妥钠 30mg/kg 静脉麻醉，分离左侧颈总动脉和股动脉并放入 FR 2～4mm 血流量探头，用 MF-27 血流仪测定颈总动脉和股动脉血流量。分离右侧股动脉并行动脉插管，连接 MPU-0.5A 动脉压力探头。在舌下动脉放置 MPP-3C 脉搏容积测量器。四肢皮下插入针状电极。记录Ⅱ导联心电图。用 RM-6000 型多导生理记录仪记录或显示麻醉犬在静脉给予 rhPro-UK 前或后 10min、20min、30min（大剂量组 60min）的血压、心电图、心率、外周舌动脉血管容积变化。给药间隔为 30min，给药容积 20ml，在 10～15min 静脉给入。

5. 呼吸系统

在上述麻醉犬上，于鼻部安放 TR-612R 呼吸流量传感器，在 RM-6000 型多导生理记录仪上描记呼吸波形，记录呼吸频率（次/分）、测量波形的峰值为呼吸深度（mm）。

6. 消化系统

小鼠于静脉及皮下注射 rhPro-UK 后 15min，每只动物灌胃炭末悬液 0.2ml（5%炭末悬于 10%阿拉伯胶溶液中），其后 20min 取出全部胃肠，测量炭末推进距离，计算其与胃肠全长的百分比。

7. 对出血时间、血小板数量及血小板聚集的影响

大鼠于静脉及皮下注射 rhPro-UK 后 30min，尾静脉取血测定血小板、出血时间。用于测定血小板聚集的大鼠于药后 30min，从腹腔动脉取血，放入含有 3.8%枸橼酸钠试管内，以 1000r/min，离心 5min，吸上层液为富血小板血浆（PRP）。余下血浆再以 4000r/min，离心 10min，上清液为贫血小板血浆（PPP），计数 PRP 血小板数，以 PPP 稀释 PRP 使血小板数在一定范围（3×10^6 个/mm^3）。然后取 200μl 稀释液，在 37℃时搅拌 3min，加入 ADP 10μl，用 CHRONOLOG 500-2D 全血小板聚集仪，以光电比浊法观察对照组和 rhPro-UK 不同剂量组在 5min 之内最大聚集程度，计算各组动物血小板聚集百分率。

8. 基因重组药物的过敏性实验

（1）实验动物：家兔 12 只，分成 4 组，3 个实验组，一个对照组，每组 3 只。将动物背部剃光兔毛。

（2）给药途径：将药物用该药制剂的缓冲液按不同计量分别配成溶液，3 个实验组动物分为低、中、高 3 个剂量组。给每只涂抹一定量不同剂量的药液，对照组涂抹缓冲液，观察动物皮肤是否红肿、起泡、溃烂等指标并与对照组比较。

9. 统计方法

实验数据以均数±标准差表示，给药前、后及组间比较，用 t 检验或 χ^2 进行显著性检验。

10. 实验结果（结论）

小白鼠、大鼠及犬的整体实验及离体豚鼠回肠的一般药理学实验的结果表明，rhPro-UK 对动物一般行为、状态、中枢神经系统、植物神经系统及平滑肌、心血管系统、呼吸系统、消化系统及出血时间、血小板数量及血小板聚集功能无明显的影响。但是，在麻醉犬的实验中发现，手术创面有渗血现象。实验结束后，全身血液类似肝素化状态。

过敏实验结果显示，低、中、高 3 个剂量组均未引起兔皮肤红肿，更未见起泡和溃烂发生。

第九章　基因重组蛋白的药物动力学研究

药物动力学（pharmacokinetics）亦称药动学，系应用动力学（kinetics）原理与数学模式，定量地描述与概括药物通过各种途径（如静脉注射、静脉滴注、口服给药等）进入体内的吸收（absorption）、分布（distribution）、代谢（metabolism）和排泄（elimination），即吸收、分布、代谢、排泄（ADME）过程的“量-时”变化或“血药浓度-时间”变化的动态规律的一门科学。药物动力学研究各种体液、组织和排泄物中药物的代谢产物水平与时间关系的过程，并研究解释这些数据模型所需要的数学关系式。药物动力学已成为生物药剂学、药理学、毒理学等学科最主要和最密切的基础，推动着这些学科的蓬勃发展。它还与基础学科如数学、化学动力学、分析化学有着紧密的联系。近 20 年来，发展较快，其研究成果已经对指导新药设计，优选给药方案，改进药物剂型，提供高效、速效、长效、低毒、低副作用的药剂，发挥了重要作用。

第一节　药物动力学指导作用

在药物作用的研究中，广泛开展了药物动力学的研究，即利用数学模型和公式，对于药物的吸收、分布、转化与消除等过程进行了定量研究。在药物的临床前期药理研究中也越来越多地采用药物动力学原理，为给药方案的制订和合理应用提供参考数据，使药物的应用提高到新水平。因此，药物动力学已成为临床工作者日益关心的课题。

根据药物动力学的原则，可以用数学公式来描述药物的体内过程。从血药-浓度数据通过计算可得到更多信息，使我们对药物的药理特性有更详尽的了解，并可以进行定量比较，这有助于制订合理的给药方案，根据机体情况调整给药方案，预测毒性的发生等。但也应看到，由于人体的复杂性，无论通过怎样细致复杂的计算方法，药物动力学研究也只能得出一个大致的估计；在此基础上如能辅以细致的临床观察和其他测试方法，则可使这项研究更好地为临床服务，最大限度地发挥药物治疗效果，并促进合理用药。

基因重组生物技术药物的药物动力学研究与化学药物的不同之处是检测方法与化学药物不同。生物技术药物大多是蛋白质或多肽，其检测方法可能要用同位素标记药物检测，或用药物制备抗体用的酶联免疫吸附法（ELISA）检测，或者用检测生物活性方法定量检测血液样品或组织匀浆样品中药物的含量。如果药物代谢涉及生物酶参与，那么以非线性动力学形式存在的可能性较大。

一、药物动力学隔室模型

药物的体内过程一般包括吸收、分布、代谢（生物转化）和排泄过程。为了定量地研究药物在上述过程中的变化情况，用数学方法模拟药物体内过程而建立起来的数学模型，称为药物动力学模型。

药物在体内的转运可看作药物在隔室间的转运，这种理论称为隔室模型理论。

隔室的概念比较抽象，无生理学和解剖学的意义。但隔室的划分也不是随意的，而是根据组织、器官、血液供应等来划分隔室，多数是由药物分布转运速度的快慢而确定的。

（一）单隔室模型

单隔室模型即药物进入体循环后，迅速地分布于各个组织、器官和体液中，并立即达到分布上的动态平衡，成为动力学上所谓的“均一”状态，因而称为单隔室模型或单室模型。

（二）二隔室模型

二隔室模型是把机体看作药物分布速度不同的两个单元组成的体系，一个单元称为中央室，另一个单元称为周边室。中央室是由血液和血流非常丰富的组织、器官等组成，药物在血液与这些组织间的分布迅速达到分布上的平衡；周边室（外室）是由血液供应不丰富的组织、器官等组成，体内药物向这些组织的分布较慢，需要较长时间才能达到分布上的平衡。

（三）多隔室模型

二隔室以上的模型称多隔室模型，是把机体看作药物分布速度不同的多个单元组成的体系。

二、药物动力学参数

要提出描述血药-时程的数学表达式，并确定其参数，对线性房室模型，一般提供如下参数：静脉注射，$t_{1/2}\alpha$、$t_{1/2}\beta$、K_{12}、K_{21}、K_{10}、V_d、CL、AUC。血管外给药：Ka、$t_{1/2}\alpha$、CL、V_d、AUC、t_{max}、C_{max}。如以上数据无法提供，应说明原因。在做了静脉及口服给药后，可计算原料药的生物利用度。如用电子计算机处理数据，应指出所用程序名称。非线性过程常以米氏（Michaelis-Menten）表达式描述，要提供 V_m 及 K_m 值。

（一）药物动力学消除速度常数（K_{10}）

消除是指体内药物不可逆失去的过程，它主要包括代谢和排泄。其速度与药量之间的比例常数 K 称为表观一级消除速度常数，简称消除速度常数，其单位为时间的倒数，K 值大小可衡量药物从体内消除的快与慢。

药物从体内消除的途径有：肝脏代谢、肾脏排泄、胆汁排泄及肺部呼吸排泄等，所以药物消除速度常数 K 等于各代谢和排泄过程的速度常数之和，即

$$K=K_{b}+K_{e}+K_{bi}+K_{lu}+\cdots \tag{9-1}$$

消除速度常数具有加和性，所以可根据各个途径的速度常数与 K 的比值，求得各个途径消除药物的分数。

（二）药物动力学生物半衰期

生物半衰期（half-life time）简称半衰期，即体内药量或血药浓度下降一半所需要的时间，以 $t_{1/2}$ 表示，单位为时间。药物的生物半衰期与消除速度常数之间的关系为（以单室模型为例）

$$C_{t}=C_{0}\,e^{-kt} \tag{9-2}$$

式中，C_t 为瞬时浓度，C_0 为起始浓度，k 为消除速率常数，t 为给药后时间。

$$t_{1/2}=0.693/k \tag{9-3}$$

因此，$t_{1/2}$ 也是衡量药物消除速度快慢的重要参数之一。药物的生物半衰期长，表示它在体内消除慢、滞留时间长。

一般地说，正常人的药物半衰期基本上相似，如果药物的生物半衰期有改变，表明该个体的消除器官功能有变化。例如，肾功能、肝功能低下的患者，其药物的生物半衰期会明显延长。测定药物的生物半衰期，特别是确定多剂量给药间隔及肝肾器官病变时给药方案调整都有较高的应用价值。

根据半衰期的长短，一般可将药物分为：$t_{1/2}<1$h，称为极短半衰期药物；$t_{1/2}$ 在 1～4h，称为短半衰期药物；$t_{1/2}$ 在 4～8h，称为中等半衰期药物；$t_{1/2}$ 在 8～24h，称为长半衰期药物；$t_{1/2}>24$h，称为极长半衰期药物。

（三）药物动力学清除率

整个机体（或机体内某些消除器官、组织）的药物消除率，是指机体（或机体内某些消除器官、组织）在单位时间内消除掉相当于多少体积的流经血液中的药物。

$$CI=(dX/dt)/C=KV \tag{9-4}$$

式中，CI 为清除率，X 为给药剂量，C 为药物浓度，K 为消除速率常数，V 为表

观分布容积。

从式（9-4）可知，机体（或消除器官）药物的清除率是消除速度常数与分布容积的乘积，所以清除率 Cl 这个参数综合包括了速度与容积两种要素。同时它又具有明确的生理学意义。

（四）药物动力学首剂量与维持剂量

在多剂量给药时，到达稳态血药浓度需要一段较长的时间，因此希望第一次给予一个较大的剂量，使血药浓度达到有效治疗浓度而后用维持剂量来维持有效治疗药物浓度。

三、药物动力学方程

静脉注射给药后，由于药物的体内过程只有消除，而消除过程是按一级速度过程进行的，因此，药物消除速度与体内药量的一次方成正比。

$$\mathrm{d}X/\mathrm{d}t=-KX \tag{9-5}$$

将式（9-4）积分得

$$X=X_0\mathrm{e}^{(-Kt)} \tag{9-6}$$

$$\log X=(-K/2.303)\,t+\log X_0 \tag{9-7}$$

单室单剂量静脉注射给药后体内药量随时间变化的关系式：

$$\log C_\mathrm{t}=(-K/2.303)\,t+\log C_0 \tag{9-8}$$

式中，C_t 为给药后瞬时药物浓度，C_0 为起始药物浓度。

由此可求得 K 值，再由式（9-7）求得药物的生物半衰期（亦称为消除半衰期）$t_{1/2}=0.693/K$。

四、药物动力学尿药数据法进行药物动力学分析

用尿药数据法求算动力学参数，条件是大部分药物以原形药物从肾排出，而且药物的肾排泄过程符合一级速度过程。

（一）尿药排泄速度法

$$\mathrm{Log}(\mathrm{d}X_\mathrm{u}/\mathrm{d}t)=(-K/2.303)t+\log K_\mathrm{e}X_0 \tag{9-9}$$

K 值既可从血药浓度也可以从尿药排泄数据求得。从直线的截距可求得肾排泄速度常数 K。

（二）总量减量法又称亏量法

$$X_\mathrm{u}=K_\mathrm{e}X_0(1-\mathrm{e}^{-Kt})/K \tag{9-10}$$

$$\mathrm{Log}(X_{\infty u}-X_u)=(-K/2.303)t+\log X_{\infty u} \quad (9\text{-}11)$$

总量减量法与尿药速度法均可用来求算动力学参数 K 和 K_e。速度法的优点是集尿时间不必像总量减量法那样长，并且丢失一两份尿样也无影响，缺点是对误差因素比较敏感，实验数据波动大，有时难以估算参数。总量减量法正好相反，要求得到总尿药量，因此实验时间长，最好 7 个生物半衰期，至少为 5 个生物半衰期，总量减量法比尿药速度法估算的动力学参数准确。

五、药物动力学以血药浓度法建立的药物动力学方程

（一）药物恒速静脉滴注时体内药量的变化速度公式

$$\mathrm{d}X/\mathrm{d}t=K_0-KX \quad (9\text{-}12)$$

$$X=K_0(1-\mathrm{e}^{-Kt})/K \quad (9\text{-}13)$$

单室模型恒速静脉滴注体内药量与时间的关系式，用血药浓度表示则为

$$C=K_0(1-\mathrm{e}^{-Kt})/(VK) \quad (9\text{-}14)$$

二室模型一级动力学过程的数学公式

$$C=A\mathrm{e}^{-\alpha t}+B\mathrm{e}^{-\beta t} \quad (9\text{-}15)$$

式中，A 和 B 为经验常数，可用血-药浓度的对数（$\lg C$）对时间（t）作图，图中两条斜线在纵坐标上的 2 个截距（单位：浓度）。α为分布速率常数、β为消除速率常数，分别为两条斜线的斜率。

$$A=\frac{X_0(\alpha-K_{21})}{V_c(\alpha-\beta)} \quad (9\text{-}16)$$

$$B=\frac{X_0(K_{21}-\beta)}{V_c(\alpha-\beta)} \quad (9\text{-}17)$$

$$K_{12}=\alpha+\beta-K_{21}-K_{10} \quad (9\text{-}18)$$

$$K_{21}=\frac{A\beta+B\alpha}{A+B} \quad (9\text{-}19)$$

$$K_{10}=\frac{\alpha\beta}{K_{21}} \quad (9\text{-}20)$$

$$\alpha+\beta=K_{21}+K_{12}+K_{10} \quad (9\text{-}21)$$

$$\alpha\beta=K_{21}K_{10} \quad (9\text{-}22)$$

式中，K_{12} 为药物从中心室向周边室转运的速率常数；K_{21} 为药物从周边室向中央室转运的速率常数；K_{10} 为药物从中央室向体外排泄的速率常数。

血管外给药二室模型的数学公式

$$C=A_0\mathrm{e}^{-K_a t}+A_1\mathrm{e}^{-\alpha t}+A_2\mathrm{e}^{-\beta t} \quad (9\text{-}23)$$

式中，A_0、A_1、A_2 为经验常数，可用血-药浓度的对数（$\lg C$）对时间（t）作图，

图中 3 条斜线在纵坐标上的 3 个截距。K_a 为吸收速率常数，α为分布速率常数、β为消除速率常数，分别为 3 条斜线的斜率。

（二）稳态血药浓度

即滴注速度等于消除速度，这时的血药浓度称稳态血药浓度或坪浓度。

$$C_{ss}=K_0/VK \tag{9-24}$$

随着滴注速度的增大，稳态血药浓度也增大，因而在临床上要获得理想的稳态血药浓度，就必须控制滴注速度，即控制给药剂量和滴注时间。

从静滴开始至达稳态血药浓度所需的时间长短决定于药物消除速度 K 值的大小（或生物半衰期的长短）。

$$X_{ss}=K_0/K \tag{9-25}$$

稳态时的血药浓度和体内药量皆保持恒定不变。

（三）到达稳态血药浓度的分数

t 时间体内血药浓度与稳态血药浓度之比值称为达稳态血药浓度的分数 f_{ss}，即

$$f_{ss}=C/C_{ss} \tag{9-26}$$

$$n=-3.323\log（1-f_{ss}） \tag{9-27}$$

血药浓度相当于稳态的分数，或欲达稳态血药浓度某一分数所需滴注的时间。但不论何种药物，达稳态相同分数所需的半衰期个数 n 相同。

六、静脉滴注和静脉注射联合用药

许多药物有效血药浓度为稳态水平，故一般半衰期期大于 1h 的药物单独静滴给药时起效可能过慢、意义不大。为了克服这一缺点，通常是先静脉注射一个较大的剂量，使血药浓度 C 立即达到稳态血药浓度 C_{ss}，然后再恒速静脉滴注，维持稳态浓度。这个较大的剂量一般称为首剂量或者负荷剂量。

$$X=K_0/K \tag{9-28}$$

静脉滴注前静脉注射负荷剂量使达稳态，则体内药量在整个过程中是恒定的。

药物动力学是以血药浓度法建立的药物动力学方法。

单室模型血管外给药的微分方法是

$$dX/dt=K_aX_a-KX \tag{9-29}$$

$$C=K_a\times F\times X_0\times(e^{-Kt}-e^{-Kat})/[V(K_a-K)] \tag{9-30}$$

（1）消除速度常数 K 的求算。

（2）残数法求算吸收速度常数。

（3）达峰时间和最大血药浓度的求算。

血管外给药后，血药浓度时间曲线为一单峰曲线（图 9-1），在峰的左侧为吸收相（即以吸收为主），其吸收速度大于消除速度；在峰的右侧为吸收后相（亦称为消除相，即以消除为主），其消除速度大于吸收速度。在峰顶的一瞬间，其吸收速度恰好等于消除速度。

（4）曲线下面积的求算：

$$\mathrm{AUC}=\frac{A}{\alpha}+\frac{B}{\beta}+\frac{A+B}{k_a} \tag{9-31}$$

式中，AUC 为药-时曲线下的面积，A、B 分别为分布项和消除项在纵坐标轴上的截距（单位：浓度），α为分布速度常数，β为消除速度常数，k_a 为吸收速度常数。

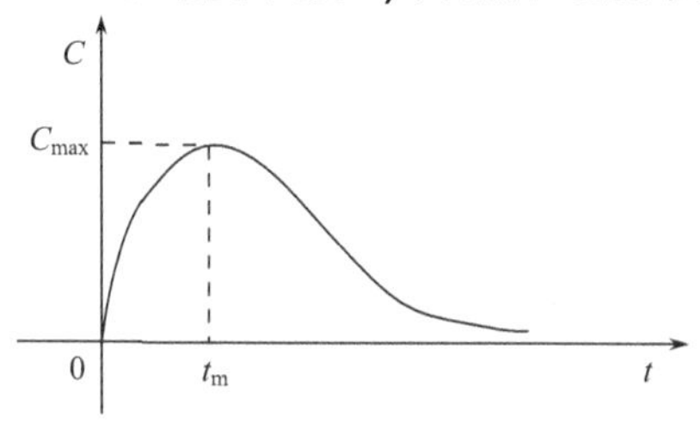

图 9-1　血管外给药的药-时曲线

七、药物动力学统计矩法

（一）药物动力学与非线性药物动力学

线性微分方程组来描述这些体内过程的规律性，无论是具备单室或双室模型特征的药物，当剂量改变时，其相应的血药浓度均随剂量的改变而成比例的改变，药物的生物半衰期与剂量无关，血药浓度-时间曲线下总面积与剂量成正比等。

统计矩法把血药浓度的经时过程视作一种随机分布曲线，不管给药途径如何，定义如下 3 个矩。

$$\mathrm{AUC}=\int_0^{\infty} C\mathrm{d}t \tag{9-32}$$

$$\mathrm{MRT}=\frac{\int_0^{\infty} tC\mathrm{d}t}{C\mathrm{d}t}=\frac{\mathrm{AUMC}}{\mathrm{AUC}} \tag{9-33}$$

$$\mathrm{VRT}=\frac{\int_0^{\infty} t^2C\mathrm{d}t}{C\mathrm{d}t}=\frac{(t-\mathrm{MRT})^2C\mathrm{d}t}{\mathrm{AUC}} \tag{9-34}$$

式（9-32）～式（9-34）中，MRT 是体内药物的平均驻留时间（简称平均留时），

VRT 为平均留时的方差；AUC、MRT 与 VRT 分别称为药物浓度-时间曲线的零阶矩、一阶矩与二阶矩。将浓度乘时间对时间作图可得到一条曲线，取 0～m 时间该曲线下的面积，称作一阶矩曲线下的面积，用 AUMC 代表，以上定义的各种矩可用给药后的浓度、时间数据用梯形法进行数值积分算出来。由于高阶矩在计算误差上趋于不能接受的水平，因此在药物动力学解析中仅用零阶与一阶矩。

该方程式基于物质在酶或载体参与下形成另一化学物质。由于该过程需在某一特定酶或载体参与下进行，因此这些过程具有专属性强的特点。药物的生物转化、肾小管的分泌及某些药物的胆汁分泌过程都有酶的参与，所以具有非线性动力学特征。

非线性动力学是在药物浓度超过某一界限时，参与药物代谢的酶发生了饱和现象所引起的。可以用描述酶的动力学方程式即著名的米氏方程（Michaelis-Menten）来进行研究。

基因重组生物药物在体内大多数都可能会有蛋白酶参与药物的转化过程，都可能有非线性动力学过程，都要米氏方程来进行研究。

（二）米氏方程的非线性药物消除动力学特征

米氏方程为

$$-\frac{\mathrm{d}t}{\mathrm{d}c}=\frac{V_{\mathrm{m}}C}{K_{\mathrm{m}}+C} \tag{9-35}$$

式中，C 为血药浓度，K_{m} 为米氏常数，V_{m} 为表观分布容积。

（1）当 $C \ll K_{\mathrm{m}}$，$-\frac{\mathrm{d}t}{\mathrm{d}c}=\frac{V_{\mathrm{m}}C}{K_{\mathrm{m}}+C}=k'c$，相当于一级过程，低浓度时 lg$C$-$t$ 为一直线。

（2）当 $C \gg K_{\mathrm{m}}$，$-\frac{\mathrm{d}c}{\mathrm{d}t}=V_{\mathrm{m}}$，相当于零级过程，高浓度时 lg$C$ 几乎不随 t 变化，原因是酶的作用出现饱和，此时 $t_{1/2}=\frac{C_0}{2V_{\mathrm{m}}}$，$C_0$ 为时间 t 为 0 时的血药浓度。

（3）当剂量或浓度适中时，则米氏方程不变，此时药物在体内的消除呈混合型，lg$C$-t 为一曲线。

（三）非线性药物动力学的特征

（1）高浓度时为零级过程。

（2）低浓度时为近似的一级过程。

（3）消除速率和半衰期不再为常数，而与初浓度 C_0 有关。

（4）AUC（药-时曲线下的面积）与剂量不成比例。

（四）非房室模型的统计矩方法

（1）平均驻留时间：对于线性药物动力学过程，符合指数函数衰减，其停留时间遵从“对数正态分布”。理论上，正态分布的累积曲线，平均值在样本总体的 50%处，对数正态分布的累积曲线则在 63.2%。静脉注射后 MRT 就表示消除给药量的 63.2%所需要的时间，但输入存在吸收项，MRT 大于消除给药量的 63.2%所需要的时间。

（2）平均驻留时间和半衰期的关系：MRT 为所有分子在体内停留的平均时间、全局参数、半衰期为药物消除一般所需的时间，为局部参数。

（a）一般情况下，$t_{1/2}$＜MRT。

（b）对于二房室以上的模型，末端相的 $t_{1/2}\beta$ 的增加可以大于 MRT 的增加，所以有可能有 MRT＜二房室以上模型的末端相的 $t_{1/2}\beta$。目前有人认为可用 MRT 代替半衰期，但是作者认为不可行。因为 MRT 是总体的参数，末端相半衰期是局部参数，不能替换。

（3）稳态浓度的计算：当药物以某一剂量、用相等的间隔时间作多剂量给药后，在稳态时一个剂量间期内 AUC 等于单剂量给药时 AUC。

稳态坪浓度：对稳态各个时间点浓度的时间长度权重平均。

$$\overline{C}=\frac{\mathrm{AUC}}{\tau} \tag{9-36}$$

式中，τ为给药的时间间隔。

（4）生物利用度（bioavailability）：通常是指非静脉给药剂量实际达到血液循环的分数 F，用于描述药物经血管外给药后，药物被吸收进入血液循环的速度和程度的一种量度，是评价制剂吸收程度的重要指标。分为绝对生物利用度（absolute bioavailability）和相对生物利用度（relative bioavailability）。

绝对生物利用度，用于评价两种给药途径的吸收差异，如式（9-37）所示：

$$F=\frac{\mathrm{AUC_{ext}}}{\mathrm{AUC_{iv}}}\times\frac{D_{\mathrm{iv}}}{D_{\mathrm{ext}}}\times 100\% \tag{9-37}$$

相对生物利用度，用于评价两种制剂的吸收差异，如式（9-38）所示：

$$F=\frac{\mathrm{AUC_T}}{\mathrm{AUC_R}}\times\frac{D_{\mathrm{R}}}{D_{\mathrm{T}}}\times 100\% \tag{9-38}$$

（5）清除率：指单位时间内多少表观分布容积内的药物被清除掉。

$$\mathrm{CL}=\frac{\mathrm{d}x/\mathrm{d}t}{C}-\frac{\int_0^{\infty}(\mathrm{d}x/\mathrm{d}t)\mathrm{d}t}{c\mathrm{d}t}-\frac{\text{最终消除的药物总量}}{\mathrm{AUC}} \tag{9-39}$$

对于非静脉给药，则 $\mathrm{CL}=\frac{FD}{\mathrm{AUC}}$

对于静脉给药，则 $CL=\frac{D_{iv}}{AUC}$

对于静脉滴注，则 $CL=\frac{k_0}{C_{ss}}$

（6）AUC：血药浓度-时间曲线下面积，常用于评价药物的吸收程度。

$$AUC=\int_0^{\infty} C(t)dt \tag{9-40}$$

（7）$t_{1/2}$（消除半衰期）：指血药浓度下降到一半所需要的时间；k 是药物从体内消除的一级速率常数，两者都是反映药物从体内消除的速率常数。

$$MRT=t_{0.632}，MRT_{iv}=\frac{2.303}{k}\times \lg\frac{100}{36.8}\approx\frac{1}{k}，t_{1/2}=0.693/k \tag{9-41}$$

因此 $t_{1/2}$=0.693MRT。

（8）稳态表观分布容积：

$$V_{ss}=MRT\cdot CL=\frac{MRT\cdot X_0}{AUC} \tag{9-42}$$

$$V_{ss}=\frac{X_0\cdot AUMC}{AUC^2} \tag{9-43}$$

式中，MRT 为平均储留时间，X_0 为药物总剂量，AUC 是零阶矩曲线下面积，AUMC 是一阶矩曲线下的面积。

第二节　药物的吸收、分布、排泄

一、药物的吸收

药物吸收入体循环的速率和量被称为生物利用度。它与许多因素有关，包括药物自身剂型和工艺、理化性质及用药个体的生理状态。

药厂生产出具有准确剂量的剂型，如片剂、胶囊剂、栓剂、透皮敷料或溶剂，这些制剂中，药物常常与其他成分共存。例如，片剂中，药物常常和稀释剂、稳定剂、崩解剂和润滑剂等附加成分组成混合物。这些混合物被碾碎并压制成片。附加成分的种类、数量及压制的程度均影响片剂溶解速度。要调整好各成分比例以优化药物吸收速率和吸收程度。

如果片剂溶解和释放药物太快，就可能造成瞬时的药物浓度过高而诱发药物过量反应。另外，如果片剂不溶解且释放药物不够迅速，多数药物可能随粪便排出体外而影响机体吸收。腹泻使药物快速通过胃肠道，吸收减少。因此，食物、其他药物及胃肠道病变都可影响药物的生物利用度。

同一药品应该具有相同生物利用度。但由于厂家不同，虽然药物所含活性成分一样，可因含非活性成分的差异而影响药物的吸收。因此不同厂家生产的同一药物，即便使用同一剂量，药效也可能并不相同。当药物制剂含有相同的活性成分，而且实际用药后在相同时间有相同的血药浓度时称这些药品生物等效。生物等效性保证了治疗的等效性，而且生物等效的药品可互换。

一些药物制剂采用特殊工艺使活性成分缓慢释放，通常达12h或更长。这些缓释剂减慢或延迟了药物溶解的速率。例如，以聚合物覆盖药物颗粒并装入胶囊，用于覆盖的聚合物是一种化学物质，它可有不同的厚度使得药物颗粒在胃肠道内有不同的溶解时间。

一些片剂和胶囊有保护性（肠溶）膜，可避免消化道的刺激，如有保护膜的阿司匹林可防止损伤胃黏膜或防止该药在胃酸中被分解。这种具被膜形式的药物到达低酸或低消化酶环境即小肠方可被溶解。并不是所有人都能溶解这种保护膜，许多人，特别是老人，可把这类药物完整地排入粪便。

许多以固体形式存在的药物（片剂或胶囊剂）影响口服后的吸收。胶囊剂由药物和其他物质组成并装入明胶胶囊。当明胶胶囊变湿时便膨胀并释放其内容物。这种胶囊通常很快被破坏。药物颗粒的大小和其他成分影响药物溶解及吸收速度，填充液体的胶囊剂吸收速度快于填充固体颗粒的胶囊剂。

二、药物动力学生物利用度和药物动力学模型判别方法

（一）药物的生物利用度

药物制剂的生物利用度是评价药物制剂质量的重要指标之一，也是新药研究的一项重要内容。通常以下药物应进行生物利用度研究：用于预防、治疗严重疾病的药物，特别是治疗剂量与中毒剂量很接近的药物；剂量-反应曲线陡峭或具不良反应的药物；溶解速度缓慢的药物；某些药物相对为不溶解，或在胃肠道中成为不溶性的药物；溶解速度受粒子大小、多晶型等影响的药物制剂；制剂中的辅料能改变主药特性的药物制剂。

（二）药物吸收速度

（1）可用血药浓度-时间曲线上到达峰浓度的时间（t_{max}）来表示吸收速度的快慢。

（2）可用残数法求得 K_a。

（3）Wagner-Nelson 法（待吸收的百分数对时间作图法），本法适用于单室模型。

（4）Loo-Reigeiman 法（待吸收的百分数对数-时间作图法），本法适用于双室模型。

（5）吸收程度的测定可用试验制剂和参比制剂的血药浓度-时间曲线下总面

积（AUC）来衡量。

（a）绝对生物利用度：AUC_{iv} 为静脉注射给药血药浓度-时间曲线下面积。

（b）相对生物利用度：AUC 试验为试验样品血药浓度-时间曲线下面积，AUC 参比为标准制剂血药浓度-时间曲线下面积。

AUC 的求法：

$$AUC=X_0e^{-Kt}\times dt \tag{9-44}$$

（三）药物动力学生物利用度和生物等效性试验设计与原则

1. 生物药物样品分析方法的基本要求

生物药物样品分析方法的基本要求：①特异性强；②灵敏度高；③精密度好；④准确度高；⑤标准曲线应覆盖整个待测的浓度范围，不得外推。

2. 普通制剂

（1）研究对象：生物利用度和生物等效性一般在人体内进行，应选择正常、健康的自愿受试者。其选择条件为：年龄一般为 16～40 周岁，男性，体重为标准体重±10%。受试者应经肝、肾功能及心电图检查，试验前两周至试验期间停用一切药物，试验期间禁烟、酒及含咖啡因的饮料。受试者必须有足够的例数，要求至少 18～24 例。

（2）参比制剂：研究必须有参比制剂作对照。其安全性和有效性应合格。研究时应考虑选择国内外已上市相同剂型的市场主导制剂作为标准参比制剂。只在国内外没有相应的制剂时，才考虑选用其他类型相似的制剂为参比制剂。

（3）试验制剂：试验制剂的安全性应符合要求，应提供溶出度、稳定性、含量或效价等数据。测试的样品应为中试放大样品。

（4）试验设计对于一个受试制剂，一个标准参比制剂的两个制剂试验，通常采用双周期交叉随机试验设计，两个试验周期至少要间隔活性物的 7～10 个半衰期，通常为 1 周。

一个完整的血药浓度-时间曲线，应包括吸收相、平衡相和消除相。每个时相内应有足够的取样点，总采样点不少于 11 个点，一般吸收相及平衡相应各有 2～3 个点，消除相内应取 6～8 个点，如缓、控释制剂，取样点应相应增加。整个采样期时间至少应为 3～5 个半衰期或采样持续到血药浓度为 C_{max} 的 1/20～1/10。

（5）服药剂量的确定：在进行生物利用度研究时，药物剂量一般应与临床用药一致。若因血药浓度测定方法灵敏度有限，可适当增加剂量，但应以安全为前提，所用剂量不得超过临床最大用药剂量。受试制剂的标准参与制剂最好为等剂量。

（6）研究过程：受试者禁食过夜受试制剂或标准参比制剂，用 200～250ml 温开水送服，2～4h 后进统一饮食。

（7）药物动力学分析主要的药物动力学参数为生物半衰期（$t_{1/2}$）、峰浓度（C_{max}）、达峰时间（t_{max}）和血药浓度-时间曲线下面积 AUC。C_{max}、t_{max} 应采用实测值，不得内推。

（8）生物利用度的计算：生物利用度 F 应用各受试者的 $AUC_{0\sim\infty}$分别计算，并求出其均值±SD。

（9）生物利用度与生物等效性评价：受试制剂的参数 AUC 的 95%可信限落于标准参比制剂的 80%～125%，对 C_{max} 可接受范围在 70%～145%，而且受试制剂相对生物利用度应在 80%～120%，则可认为受试制剂与参比制剂生物等效。

三、药物的组织分布

药物吸收入血液循环后，当血液平均循环时间为 1min 时，即可迅速分布于全身。但药物从血液转移到机体组织的过程较慢。

药物渗入不同组织的速度不同，速度大小由它们穿透细胞膜的能力决定。如麻醉剂硫喷妥钠可迅速进入脑组织，但抗生素——青霉素则不行。一般而言，脂溶性药物比水溶性药物透过细胞膜的能力强，分布速度亦更快。

药物吸收时，多数药物并不能均匀分布于全身，一些药物集中在含血液和肌肉较多的含水组织，而另一些集中在甲状腺、肝和肾。一些药物与血浆蛋白结合，以至于离开血液非常缓慢，而另一些药物则很快离开血液循环进入其他组织，一些组织药物浓度很高，可作为该药储存库，因而延长了药物的分布时间。事实上，一些药物，如可积聚于脂肪组织的药物，离开这些高浓度组织的速度很慢并于停药后数天仍出现在血液循环里。

药物的分布有很大的个体差异。例如，身材高大之人比常人有更多的组织和血容量，应给予较大剂量的药物。肥胖者可储存大量易积聚在脂肪组织中的药物，而很瘦的人仅能储存相对少量的该类药物。这种分布现象也见于老年人，因随年龄增长，机体脂肪比例增加。

四、药物的排泄

（1）进行尿和粪的药物排泄试验，要将动物放入代谢笼内，给药后不同时间间隔收集尿或粪全部样品。记录尿体积，取一部分样品、测定药物浓度。粪样品可先制成匀浆，记录总体积，取出一部分进行药物含量测定；也可先称重，后研磨均匀，取出一定量进行药物测定。尿、粪应每隔一定时间收集一次，以测定药物经此途径排泄的速度。直至收集到药物已排尽为止。

（2）胆汁排泄：一般用大鼠在乙醚麻醉下作胆管插管引流途径给药，并以合适的时间间隔分段收集胆汁，进行药物测定。

（3）要记录药物自粪、尿、胆汁排出的速度及总排出量。

五、药物与血浆蛋白的结合

研究药物与血浆蛋白结合的方法很多，如平衡透析法、超过滤法、分配平衡法、凝胶过滤法、光谱法等，其中以平衡透析法最简单、经济，但较费时，一般约需 24h 方达平衡，最好置冷室进行，以免药物或蛋白质破坏。其他方法各有优缺点，根据所研究药物的理化性质及实验室条件，均可供选择使用。

（1）如按各种透析法进行实验，应按式（9-45）计算药物与血浆蛋白结合的百分数。

药物与血浆蛋白结合率=[（药物总浓度–透析液中的药物浓度）/药物总浓度]×100%

$$f_{\mathrm{b}}=\frac{D_{\mathrm{t}}-D_{\mathrm{f}}}{D_{\mathrm{t}}}\times 100\% \tag{9-45}$$

式中，f_{b} 为血浆蛋白结合率；D_{t} 为血药总浓度（透析袋内加到血浆中的药物浓度）；D_{f} 为游离药物浓度（透析袋外缓冲液中的药物浓度）。

（2）注意事项如下。

（a）药物与血浆蛋白结合程度受很多因素影响，如血浆 pH、血浆浓度、药物浓度等。血浆 pH 应固定为 7.4，至少选择 3 个血药浓度（包括有效浓度在内）进行实验。

（b）必须证明药物与半透膜本身有无结合，应做对照予以校正。如结合严重，必须改用其他方法。

（c）有时从半透膜上溶解下来的成分会影响药物测定，应特别注意。要分析引起空白读数高的原因，设法除去。

（d）可放血浆转化的药物，要加少量酶抑制剂，如氟化钠等，以终止其转化。

（3）蛋白质、多肽类药物的血浆蛋白结合研究不能用平衡透析方法。需要采用同位素标记蛋白质或多肽，然后将标记的蛋白质或多肽加到血浆里面混匀，测定该血浆溶液的放射性。然后用离心超滤（滤膜孔径能透过蛋白质或多肽）分离该血浆溶液，血浆蛋白集合的复合物分子质量大于蛋白质或多肽，不能透过滤膜，最后测定滤过液中的放射性。未离心超滤血浆的总放射性减去透过液的放射性即为血浆蛋白结合蛋白质或多肽的量。用式（9-46）计算蛋白质或多肽与血浆蛋白的结合率 f_{b}：

$$f_{\mathrm{b}}=\frac{\text{血浆蛋白-蛋白质}/(\text{多肽溶液总放射性}-\text{滤过液放射性})}{\text{血浆蛋白-蛋白质}/\text{多肽溶液总放射性}}\times 100\% \tag{9-46}$$

六、重组人尿激酶原（rhPro-UK）的药物动力学研究

重组人尿激酶原（rhPro-UK）是军事医学科学院生物工程研究所提供的，以重组糖基化单链尿激酶为主[rhPro-UK 含量>99%，此外含约 0.05%双链尿激酶（tc-UK）]。资料第一部分已采用 ^{125}I-标记结合生化反应和 RHPLC 研究了静脉注射后 rhPro-UK 和 tc-UK 的药物动力学。根据 ICH 指南，在动物药物动力学研究中最好能用人临床药物动力学的测定方法，为此本实验：①采用平板纤溶法从功能上测定溶纤活性当量浓度的变化，使动物实验与人临床研究更好地衔接；②研究剂量对药物动力学的影响；③比较 rhPro-UK 在体外需经纤溶酶激活才能转化为纤溶活性的 tc-UK，在体内药物动力学行为与直接注射 tc-UK（广东天普生化医药股份有限公司尿激酶 UK）是否相同。

（一）材料和方法

（1）受试品：rhPro-UK 为军事医学科学院生物工程研究所生产的含保护剂的人用冻干针剂，批号：980925，纯度>98%，每支含量 2mg，按平板法测活性为 10 万 U/mg。按说明书保存在 4℃备用。

（2）尿激酶对照品：广东天普生化医药股份有限公司生产的注射用尿激酶，批号为 980406-3。

（3）动物：猕猴，军事医学科学院实验动物中心提供，共 10 只，雌雄各半，体重（3.5±0.2）kg。分笼用军事医学科学院实验动物中心生产的猴标准饲料喂养，自由饮水，每日给新鲜水果两次。

实验设 3 个静脉推注（iv）剂量组（分别为 7.5 万 U/kg、15 万 U/kg 和 30 万 U/kg）和一个广东天普生化医药股份有限公司生产的注射用尿激酶 iv 对照组（15 万 U/kg）。采用 15 万 U/kg rhPro-UK 与相同剂量的注射用尿激酶组交叉实验设计，比较计算两者的药物动力学参数；交叉组 4 只猕猴，其中 2 只（雌雄各 1 只）先接受 15 万 U/kg rhPro-UK iv 剂量，另外 2 只（雌雄各 1 只）先接受相同剂量的注射用尿激酶，在间隔 16～18d 药物清除期后，接受第二次交叉用药的剂量。7.5 万 U/kg 剂量组与 30 万 U/kg 进行交叉，使用 5 只猕猴。经后肢 iv 注药，于注药后 1min、5min、10min、20min、30min、40min、60min、90min、120min、180min、240min 从对侧后肢静脉取血，硅化的注射器（1ml）预先吸取 0.13mol/ml 枸橼酸钠 0.1ml，抽血 0.9ml。分离血清，并与 0.5ml 4℃酸化液（pH 3.9 乙酸）在 1.5ml 硅化管中混匀，置 4℃保存待测。

（4）血清尿激酶活性当量浓度的测定如下。

测试原理：rhPro-UK 含 90%无活性单链 rhPro-UK，它是活性 tc-UK 的前体，可被纤溶酶或激肽释放酶激活转化为活性 tc-rhPro-UK。当单链 rhPro-UK 用缓冲

液稀释时不能完全显示溶解纤维蛋白作用，在纤维蛋白平板上与 tc-UK 的纤维蛋白溶解圈有较大的差别，但当样品稀释液加入新鲜猴血浆时（因其中纤溶酶或激肽释放酶），单链 rhPro-UK 全部被转化为 tc-UK，此时 rhPro-UK 和 tc-UK 的溶栓活性是平行的。如与相同纤维蛋白平板上已知浓度单位（U）的国家标准尿激酶（UK）纤维蛋白溶解圈比较时，可标定未知浓度血浆样品中 rhPro-UK（含单链 rhPro-UK 和双链 UK 混合物）相当国家标准尿激酶的活性当量的单位（U）浓度。但本法不能分辨或分别测定各组分的物理量。

（二）测定步骤

1. 配制溶液

10mg/ml 牛血纤维蛋白原（中国药品生物制品检定所产）溶液，–20℃保存。人凝血酶溶液（中国药品生物制品检定所产）：4.2BP/ml，–20℃保存。1%琼脂糖储备液：1.4g 琼脂糖（promega）加入 150ml，0.1mol/L，pH 7.4 磷酸缓冲液（PBS）加热溶解成溶液，放冷备用。

2. 制备纤维蛋白平板、溶圈测量和计算样品的 UK 当量浓度

取 1%琼脂糖液 20ml，加入 10ml PBS；取 2ml 纤维蛋白原溶液，加入 4ml PBS 稀释混匀；1ml 人凝血酶加入 2ml PBS 稀释混匀。将上述三液混匀后，倾入至水平仪校正水平面的玻璃板上的有机玻璃长方形槽内，冷却凝固成 12.5×8.5（cm^2）、厚度约 3.7mm 的纤维蛋白琼脂平板；随后用直径 3mm 打孔器按照孔间距 2.0mm 的样品打孔 16 个。每块板上同时设置 100U/ml、33.3U/ml、11.1U/ml、3.4U/ml 和 1.25U/ml 中 3～5 个浓度的国家 UK 标准品（中国药品生物制品检定所产），以及经适当稀释的未知样品若干孔，标准和未知样品均设重复孔。在 37℃孵育 14～18h，用卡尺测量溶圈直径，各板建立标准 UK 浓度和溶圈直径的标准曲线，通过同一块板的标准曲线回归方程和校正稀释倍数计算血浆未知样品的浓度，以国家标准 UK 当量（单位/ml）表示。测定中对超出标准曲线范围的未知样品均经适当稀释后重新测定。

3. rhPro-UK 药物动力学参数估算和统计

用 3p97 实用药物动力学计算程序估算药动学参数，主要用梯形法计算非房室模型参数。用 t、χ^2 或 F 检验进行统计学判断。实验结果的直线（$Y=A+BX$）采用 Microcal Origin 软件拟合。

4. 结果

1）猕猴静脉注射不同剂量 rhPro-UK 和 UK 后的血药浓度-时间曲线

每只猕猴静脉注射 7.5 万 U/kg、15 万 U/kg 和 30 万 U/kg 的 rhPro-UK 和 15 万 U/kg UK 后各血药浓度变化见表 9-1 和图 9-2。其结果表明不同剂量 rhPro-UK 血浆 UK 当量药浓度随给药剂量而明显增高，而检测到的血浓度时间随剂量增高而延长。在对数浓度-时间曲线上表现为依赖于剂量的衰减陡度减慢，提示可能存在着非线性药物动力学过程。此外，静脉注射相同剂量的 rhPro-UK 和 UK 后，UK 组血浆 UK 当量药浓度也高于 rhPro-UK，其中 20min 和 40min 的浓度有统计意义的差别，而 3 号猴和 4 号猴血浆浓度自身比较也有统计意义的差别，提示用体外平板纤溶法所显示的功能，含单链 rhPro-UK 99%以上的制剂，血浆 UK 当量较低。

表 9-1　猕猴静脉推注不同剂量 rhPro-UK 后血浆浓度（U/ml）变化并与推注 UK 比较

（表内数值为均数±标准差）

注药后时间	rhPro-UK/（UK 当量 U/ml）			UK/（UK 当量 U/ml）
/min	7.5 万 U/kg（7）	15 万 U/kg（4）	30 万 U/kg（5）	15 万 U/kg（4）
1	184±66	425±174	961±351*	676±85
5	103±31**	421±120	940±139***	467±52
10	58±32*	254±106	763±175***	391±102
20	33±19**	142±39	443±76***	290±39*
30	10±4.8**	74±23	215±101*	155±52
40	4.0±3.9**	43±14	83±32*	94±20*
60	ND	12±6	42±36	26±13
90	ND	3±0.3	10±15	10±7
120	ND	ND	4±4	ND
150	ND	ND	2±0	ND

*，**，***：与静脉注射 15 万 U/kg rhPro-UK 组比较时，Student's t 检验 $P<0.05$、$P<0.01$ 和 $P<0.001$。括弧内为检查的猕猴数量。其中 15 万 U/kg rhPro-UK 和 UK 组为交叉设计自身对照，药物清除期 1 周，配对 t 检验

注：ND 表示浓度低于检测低限

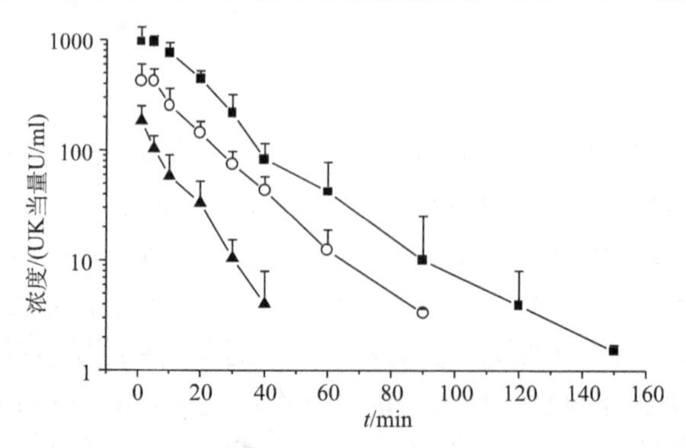

图 9-2　猕猴静脉推注不同剂量后血浆浓度变化

各时间点图标为均数±标准差。rhPro-UK（■：1 200 000U/猴，n=5；○：600 000U/猴，n=4；▲：300 000U/猴，n=7）

表 9-1 是猕猴静脉注射 7.5 万 U/kg、15 万 U/kg、30 万 U/kg 的 rhPro-UK 和 15 万 U/kg UK 后不同时间的血药浓度。

2）猕猴静脉注射不同剂量 rhPro-UK 和 UK 后药物动力学

猕猴静脉注射不同剂量 rhPro-UK 和 UK 后药物动力学参数列于表 9-2。主要结论如下。

表 9-2　猕猴静脉推注不同剂量重组尿激酶原（rhPro-UK）和天然尿激酶（UK）后的药物动力学参数

参数	单位	rhPro-UK			UK
		7.5 万 U/kg（7）	15 万 U/kg（4）	30 万 U/kg（5）	15 万 U/kg（4）
V_C	L/猴	1.80±0.60**	1.38±0.05	1.10±0.29@	0.91±0.15*
$t_{1/2}K_e$	min	6.3±1.8**	11.5±2.1	12.3±2.9@@	13.7±2.7
$AUC_{0-\infty}$	U/（ml.min）	1995±719**	8251±2395	22156±3784*@@@	13828±1089*
MRT	min	10.6±2.8**	16.1±3.1	17.0±4.4@	19.6±3.8
CL_S	ml/（min·猴）	180±104*	77.7±23.1	55.5±9.9*@	43.6±3.6
V_{SS}	L 猴	1.86±1.11*	1.26±0.48	0.92±0.15	0.85±0.17

*，**：与静脉注射 15 万 U/kg rhPro-UK 组比较时，Student's t 检验 $P<0.05$、$P<0.01$

@，@@，@@@：与静脉注射 7.5 万 U/kg rhPro-UK 组比较时，Student's t 检验 $P<0.05$、$P<0.01$ 和 $P<0.001$

注：括弧内为检查的猕猴数量。15 万 U/kg rhPro-UK 和 UK 组为交叉设计自身对照，药物清除期 1 周，配对 t 检验

（1）生物活性依赖于剂量的快速消除：一次静脉注射 7.5 万 U/kg、15 万 U/kg 和 30 万 U/kg 的 rhPro-UK 后的消除半衰期，分别为（6.3±1.8）min、（11.5±2.1）min、（12.3±2.9）min。随剂量延长，低剂量组明显短于中及高剂量组（$P<0.01$）。MRT 也有相同变化（$P<0.05$）。

（2）存在非线性药物动力学的过程：药物动力学参数分析进一步确证了浓度曲线的结论，静脉注射 rhPro-UK 后 $AUC_{0-\infty}$与静脉注射剂量不成正比，静脉注射剂量比为 1∶2∶4，AUC 比为 1.0∶4.1∶11.1，AUC 的增长明显大于剂量，全身清除率 CL_S 随剂量增加而减慢剂量组间比值为 1.0∶1.04∶0.31，也随剂量剂量减慢，差别有统计意义（$P<0.05$）。故在所研究剂量范围内存在非线性过程。

（3）相同剂量的单、双链尿激酶的半衰期相近，分别为（11.5±2.1）min 和（13.7±2.7）min，差别无统计意义。但单链尿激酶的 $AUC_{0-\infty}$明显小于双链尿激酶。

七、重组人尿激酶原的组织分布

（一）实验动物

选用大鼠或小鼠做分布试验较为方便。选择一个剂量（一般以治疗剂量为宜）给药后，至少测定药物在心、肝、脾、肺、肾、胃肠道、生殖腺、脑、脂肪、骨骼肌等组织的分布。特别注意药物在靶器官（包括药效学与毒理学）的分布。以药-时曲线作参考，选 2～3 个时间点分别代表分布相（或吸收相）、平衡相和消除相的药物分布（消除相的组织分布必须包括在内）。每个时间点的组织，必须有至少 5 只动物的数据。

（二）组织取样

做分布实验，必须注意取样的代表性。如取 1/2 或 1/4 个肾脏应注意对称取样。

（三）材料和方法

（1）动物：大耳白兔（军事医学科学院实验动物中心生产），体重（2.24±0.05）kg（均数±标准差），随机分为 4 组，每组 5 只，雌 2 只，雄 3 只。

（2）给药剂量和分组：兔静脉推注 ^{125}I-rhPro-UK 4mg/kg［573kBq/kg（千贝柯勒尔/千克）］，于注射后 5min、30min、2h、6h 从股动脉放血杀死 1 组兔。

（3）分布实验：取血、心、肝、脾、肺、肾、骨骼肌、胸骨骨髓、胸腺、脂肪、性腺、肾上腺、肠系膜淋巴结、小肠、肠内容、肠内粪、脑组织、甲状腺、膀胱、胆汁和尿等组织或体液。液体用微量吸管计量，组织放在塑料小杯内用感量 0.1mg 的分析天平称湿重，制成匀浆，加入等量 20% TCA 沉淀蛋白质，测定组织总放射性；离心后去上清，用 10% TCA 洗涤一次，然后测定酸可沉淀部分γ放射性。以湿重（Bq/g）表示放射性浓度。

（四）实验结果

兔静脉推注 ^{125}I-rhPro-UK 4mg/kg（573kBq/kg），于注射后 5min、30min、2h、6h 各组织的分布列于表 9-3。rhPro-UK 在兔各组织中分部依次为肾、尿、血清、肝、脾、肾上腺、骨髓、心、肺、生殖腺、小肠壁、膀胱、脂肪、淋巴结、胸腺、肠内容、肌肉、脑、胆囊、肠内粪。结果表明 rhPro-UK 主要分布于血流丰富的组织，不易进入血脑屏障，也不易进入胆囊经粪便排出，如图 9-3 所示。

表 9-3　兔静脉推注 ^{125}I-rhPro-UK 4mg/kg（573kBq/kg）后

不同时间各组织总放射性和 TCA 可沉淀γ放射性比值的分布	5min	30min	2h	6h
血清	0.99±0.01	0.58±0.15	0.67±0.28	0.26±0.10
尿	0.79±0.37	0.44±0.25	0.26±0.07*	0.13±0.03*
脂肪	0.87±0.09*	0.72±0.12	0.59±0.30	0.50±0.15*
脑	0.88±0.06*	0.70±0.04	0.71±0.16	0.62±0.15**
生殖腺	0.93±0.15	0.77±0.12	0.62±0.27	0.59±0.22*
肾	0.96±0.02	0.91±0.03**	0.76±0.13	0.75±0.07***
肾上腺	0.97±0.12	0.66±0.07***	0.45±0.12**	0.36±0.11***
肺	0.89±0.13	0.83±0.08*	0.74±0.12	0.73±0.07***
肝	0.99±0.01	0.88±0.09**	0.76±0.17	0.79±0.12***
脾	0.93±0.04*	0.76±0.18	0.69±0.13	0.75±0.04***
淋巴结	0.82±0.12*	0.68±0.07	0.55±0.17	0.44±0.12*
肠内容	0.71±0.11*	0.46±0.09	0.31±0.09*	0.36±0.19
肠内粪	0.93±0.17	0.55±0.41	0.66±0.23	0.56±0.16*
小肠壁	0.94±0.03*	0.67±0.11	0.62±0.18	0.68±0.10***
胆囊	0.40±0.15***	0.32±0.06*	0.35±0.11	0.44±0.12*
膀胱	0.96±0.05	0.73±0.17	0.69±0.20	0.73±0.10
心	0.95±0.03*	0.77±0.11	0.73±0.18	0.57±0.25*
胸腺	0.95±0.02*	0.74±0.06	0.69±0.12	0.65±0.09
骨髓	0.81±0.36	0.73±0.05	0.38±0.28	0.19±0.18
肌肉	0.92±0.03*	0.74±0.20	0.70±0.15	0.72±0.07

*，**，***：双侧 Student's t 检验明显低于血清浓度，$P<0.05$，$P<0.01$ 和 $P<0.001$

注：表内数值为均数±标准差，n=5，雄性 3 只，雌性 2 只

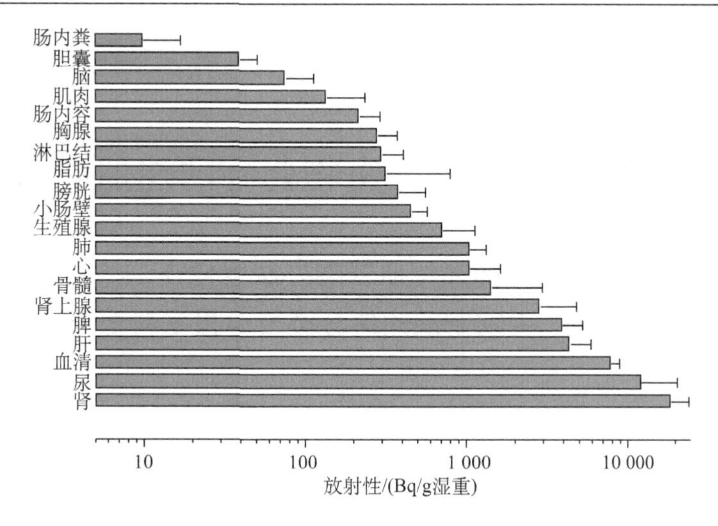

图 9-3 rhPro-UK 在兔体内各组织中的分布

第十章　基因重组生物药物的注册申报

药品注册管理办法附件 3
——生物制品注册分类及申报资料要求

第一部分　治疗用生物制品

一、注册分类

1. 未在国内外上市销售的生物制品。
2. 单克隆抗体。
3. 基因治疗、体细胞治疗及其制品。
4. 变态反应原制品。
5. 由人的、动物的组织或者体液提取的，或者通过发酵制备的具有生物活性的多组分制品。
6. 由已上市销售生物制品组成新的复方制品。
7. 已在国外上市销售但尚未在国内上市销售的生物制品。
8. 含未经批准菌种制备的微生态制品。
9. 与已上市销售制品结构不完全相同且国内外均未上市销售的制品（包括氨基酸位点突变、缺失，因表达系统不同而产生、消除或者改变翻译后修饰，对产物进行化学修饰等）。
10. 与已上市销售制品制备方法不同的制品（如采用不同表达体系、宿主细胞等）。
11. 首次采用 DNA 重组技术制备的制品（如以重组技术替代合成技术、生物组织提取或者发酵技术等）。
12. 国内外尚未上市销售的由非注射途径改为注射途径给药，或者由局部用药改为全身给药的制品。
13. 改变已上市销售制品的剂型但不改变给药途径的生物制品。
14. 改变给药途径的生物制品（不包括上述 13 项）。
15. 已有国家药品标准的生物制品。

二、申报资料项目

（一）综述资料

1. 药品名称。
2. 证明性文件。
3. 立题目的与依据。
4. 研究结果总结及评价。
5. 药品说明书样稿、起草说明及参考文献。
6. 包装、标签设计样稿。

（二）药学研究资料

7. 药学研究资料综述。
8. 生产用原材料研究资料：

（1）生产用动物、生物组织或细胞、原料血浆的来源、收集及质量控制等研究资料；

（2）生产用细胞的来源、构建（或筛选）过程及鉴定等研究资料；

（3）种子库的建立、检定、保存及传代稳定性资料；

（4）生产用其他原材料的来源及质量标准。

9. 原液或原料生产工艺的研究资料，确定的理论和实验依据及验证资料。
10. 制剂处方及工艺的研究资料，辅料的来源和质量标准及有关文献资料。
11. 质量研究资料及有关文献，包括参考品或者对照品的制备及标定，以及与国内外已上市销售的同类产品比较的资料。
12. 临床试验申请用样品的制造和检定记录。
13. 制造和检定规程草案，附起草说明及检定方法验证资料。
14. 初步稳定性研究资料。
15. 直接接触制品的包装材料和容器的选择依据及质量标准。

（三）药理毒理研究资料

16. 药理毒理研究资料综述。
17. 主要药效学试验资料及文献资料。
18. 一般药理研究的试验资料及文献资料。
19. 急性毒性试验资料及文献资料。
20. 长期毒性试验资料及文献资料。
21. 动物药代动力学试验资料及文献资料。

22. 遗传毒性试验资料及文献资料。

23. 生殖毒性试验资料及文献资料。

24. 致癌试验资料及文献资料。

25. 免疫毒性和/或免疫原性研究资料及文献资料。

26. 溶血性和局部刺激性研究资料及文献资料。

27. 复方制剂中多种组分药效、毒性、药代动力学相互影响的试验资料及文献资料。

28. 依赖性试验资料及文献资料。

（四）临床试验资料

29. 国内外相关的临床试验资料综述。

30. 临床试验计划及研究方案草案。

31. 临床研究者手册。

32. 知情同意书样稿及伦理委员会批准件。

33. 临床试验报告。

（五）其他

34. 临床前研究工作简要总结。

35. 临床试验期间进行的有关改进工艺、完善质量标准和药理毒理研究等方面的工作总结及试验研究资料。

36. 对审定的制造和检定规程的修改内容及修改依据，以及修改后的制造及检定规程。

37. 稳定性试验研究资料。

38. 连续 3 批试产品制造及检定记录。

三、申报资料要求

（一）治疗用生物制品申报资料项目 1～15，29～38。

（二）治疗用生物制品药理毒理研究资料项目 16～28。

四、申报资料说明

（一）申请临床试验报送资料项目 1～31；完成临床试验后报送资料项目 1～6、15 和 29～38。所有这些资料都要印几十到 100 份并装订成册送药品评审办公室评审用。

（二）对综述资料的说明

1. 资料项目1

药品名称，包括：通用名、英文名、汉语拼音、分子质量等。新制定的名称，应说明依据。

2. 资料项目2

证明性文件包括：

（1）申请人机构合法登记证明文件（营业执照等）、《药品生产许可证》及变更记录页、《药品生产质量管理规范》认证证书复印件；

（2）申请的生物制品或者使用的处方、工艺等专利情况及其权属状态说明，以及对他人的专利不构成侵权的声明；

（3）申请新生物制品生产和/或新药证书时应当提供《药物临床研究批件》复印件及临床试验用药的质量标准；

（4）直接接触制品的包装材料和容器的《药品包装材料和容器注册证》或者《进口包装材料和容器注册证》复印件。

3. 资料项目3

立题目的与依据，包括：国内外有关该制品研究、上市销售现状及相关文献资料或者生产、使用情况的综述；对该品种的创新性、可行性等的分析资料。

4. 资料项目4

研究结果总结及评价，包括：研究结果总结，安全、有效、质量可控及风险/效益等方面的综合评价。

5. 资料项目5

药品说明书样稿、起草说明及参考文献，包括：按照有关规定起草的药品说明书样稿、说明书各项内容的起草说明，相关文献或者原发厂最新版的说明书原文及译文。

（三）对药学研究资料的说明

1. 生产用原材料涉及牛源性物质的，需按国家食品药品监督管理总局的有关规定提供相应的资料。

2. 由人的、动物的组织或者体液提取的制品、单克隆抗体及真核细胞表达的重组制品，其生产工艺中应包含有效的病毒去除/灭活工艺步骤，并应提供病毒去除/灭活效果验证资料。

3. 生产过程中加入对人有潜在毒性的物质，应提供生产工艺去除效果的验证资料，制定产品中的限量标准并提供依据。

4. 资料项目11 质量研究资料中包括：制品的理化特性分析、结构确证、鉴别试验、纯度测定、含量测定和活性测定等资料，对纯化制品还应提供杂质分析的研究资料。生产工艺确定以后，应根据测定方法验证结果及对多批试制产品的检定数据，用统计学方法分析确定质量标准，并结合制品安全有效性研究结果及稳定性考察数据等分析评价拟定标准的合理性。

5. 按注册分类 15，申报的生物制品，原则上其质量标准不得低于已上市同品种。

6. 申报生产时连续三批试产品的生产规模应与其设计生产能力相符，上市前后的生产规模应保持相对的一致性；如上市后的生产规模有较大幅度变化，则需按照补充申请重新申报。

（四）对药理毒理研究资料的说明

1. 鉴于生物制品的多样性和复杂性，药理毒理方面的资料项目要求可能并不适用于所有的治疗用生物制品。注册申请人应基于制品的作用机制和自身特点，参照相关技术指导原则，科学、合理地进行药理毒理研究。如果上述要求不适用于申报制品，注册申请人应在申报资料中予以说明，必要时应提供其他相关的研究资料。

2. 原则上，应采用相关动物进行生物制品的药理毒理研究；研究过程中应关注生物制品的免疫原性对动物试验的设计、结果和评价的影响；某些常规的研究方法如果不适用于申报制品，注册申请人应在申报资料中予以说明，必要时应提供其他相关的研究资料。

3. 常规的遗传毒性试验方法一般不适用于生物制品，因此通常不需要进行此项试验；但如果制品存在特殊的安全性担忧，则应报送相关的研究资料。

4. 对用于育龄人群的生物制品，注册申请人应结合其制品特点、临床适应证等因素对制品的生殖毒性风险进行评价，必要时应报送生殖毒性研究资料。

5. 常规的致癌试验方法不适用于大部分生物制品，但注册申请人应结合制品的生物活性、临床用药时间、用药人群等因素对制品的致癌风险进行评价。如果制品可能存在致癌可能，应报送相关的研究资料。

6. 注射剂、栓剂、眼用制剂、喷雾剂及外用的溶液剂、软膏剂、乳膏剂和凝胶剂应报送局部刺激性研究资料。注射剂和可能引起溶血反应的生物制品应进行溶血性试验。

7. 对于存在药物依赖性担忧（如需反复使用、可作用于中枢神经系统）的制品，注册申请人应根据制品的作用机制评价其产生依赖性的可能，必要时应报送依赖性研究资料。

8. 注册分类 2 的制品（单克隆抗体）：

（1）当抗原结合资料表明，灵长类为最相关种属时，应考虑采用此类动物进行单克隆抗体的主要药效学和药代动力学研究。

（2）涉及毒理和药代动力学试验时，应当选择与人有相同靶抗原的动物模型进行试验。无合适的动物模型或无携带相关抗原的动物，且与人组织交叉反应性试验呈明显阴性，可免报毒理研究资料，并需提供相关依据。

（3）免疫毒性研究应考察单克隆抗体与非靶组织结合的潜在毒性反应，如与人组织或者细胞的交叉反应性等。如有合适的模型，交叉反应试验除了体外试验，还应在动物体内进行。对具有溶细胞性的免疫结合物或者具有抗体依赖细胞介导的细胞毒性作用（ADCC）的抗体，还应考虑进行一种以上动物重复剂量的动物毒性试验，在毒性试验设计和结果评价中尤其应关注其与非靶组织结合的潜在毒性反应。

9. 注册分类 3 的制品（基因治疗制品）的药理毒理研究应关注以下内容：

（1）研究应采用相关动物进行。原则上，基因治疗制品的相关动物对基因表达产物的生物反应应与人体相关；如果制品采用病毒载体，动物还应对野生型病毒易感。

（2）常规的药代动力学研究方法并不适用于基因治疗制品。此类制品的药动学研究应重点考察导入基因的分布、消除，基因是否整合于宿主体细胞和生殖细胞基因组；基因表达产物的药代动力学行为；载体物质的分布和消除等。

（3）应根据导入基因和基因表达产物的分布和消除数据，同时结合临床用药人群和用药时间等因素评价制品产生遗传毒性、致癌性和生殖毒性的可能，必要时应提供相关研究资料。

10. 注册分类 5 中的人血液制品，如使用剂量不超过生理允许剂量范围，且未进行特殊工艺的处理，未使用特殊溶剂，在提出相关资料或证明后，可免报安全性研究资料（资料项目 19～28）。

11. 对注册分类 7、10 和 15 的生物制品，应首先从比较研究角度分析评价其制备工艺、质量标准和生物学活性（必要时包括药代动力学特征）与已上市销售制品的一致性。在上述方面与已上市制品基本相同，且已上市制品在具有确切的临床安全性和有效性的前提下，毒理方面一般仅需采用一种相关动物进行试验研究，长期毒性试验的期限可仅为一个月；主要药效学方面可仅提供 1～2 项主要动物药效学试验，也可结合质量标准中的活性检测来综合考虑。注册申请人若能充分确证其与已上市制品的一致性，也可提出理由申请减免相应的药理毒理研究。

12. 对于注册分类 8 的制品，应考虑进行对正常菌群影响的研究。

13. 对于注册分类 13 的制品，应当根据剂型改变的特点及可能涉及的有关药学和临床等方面的情况综合考虑，选择相应的试验项目。

（1）对于不改变原剂型的临床使用方法和剂量的粉针剂、小水针剂之间的相互改变，一般仅需提供溶血性和局部刺激性试验；根据处方变化情况，必要时需提供其他相关毒性研究资料；

（2）脂质体等可能改变原制品药代动力学行为的特殊制剂，应在新旧剂型动物药代动力学比较研究数据的基础上，结合制品的性质、安全范围、临床适应证和用药人群等因素设计药理毒理研究，并提交相关研究资料。

14. 对于注册分类14的制品，如果有充分的试验和/或文献依据证实其与改变给药途径前的生物制品在体内代谢特征和安全性方面相似，则可提出减免该类制品的某些研究项目。

（五）其他

1. 体内诊断用生物制品按治疗用生物制品相应类别要求申报并提供相关技术资料。

2. 生物制品增加新适应证的，按照该药品相应的新药注册分类申报并提供相关资料。如药学方面无改变且临床用药剂量和周期未增加，可免报相应的药学、毒理和药代动力学研究资料。

五、关于临床试验的说明

1. 申请新药应当进行临床试验。

2. 临床试验的病例数应当符合统计学要求和最低病例数要求。

3. 临床试验的最低病例数（试验组）要求为：Ⅰ期，20例；Ⅱ期，100例；Ⅲ期，300例。

4. 注册分类1～12的制品应当按新药要求进行临床试验。

5. 注册分类13～15的制品一般仅需进行Ⅲ期临床试验。

6. 对创新的缓控释制剂，应进行人体药代动力学的对比研究和临床试验。

六、进行Ⅱ、Ⅲ期临床试验的程序

Ⅰ期临床试验与临床药代动力学研究完成后，总结临床试验资料和详尽的Ⅱ、Ⅲ期临床试验方案装订成册，上报国家食药监局新药评审办公室，经有关专家评审通过后，发给新药Ⅱ、Ⅲ期临床试验批件，药品申报单位要遴选8～10家有资质的临床药理基地医院进行Ⅱ期临床试验，实验开始前，Ⅱ期临床试验牵头医院（组长医院），要将药品的药学研究资料、临床前研究资料（包括药效学、药理学、毒理学、三致实验、动物体内药代动力学研究资料）和连续生产三批药品的检定报告、Ⅰ期临床试验资料，以及详尽的Ⅱ、Ⅲ期临床试验方案和知情同意书报送该医院的伦理委员会讨论通过并签名后，才能开始Ⅱ期临床试验。

在Ⅱ期临床试验开始前，申报单位与临床试验组长单位要派药学研究专家和临床治疗专家为每一个参加临床试验医院的医生、护士隐形培训，给他们讲解药品的药学研究资料、临床前研究资料（包括药效学、药理学、毒理学、三致实验、动物体内药代动力学研究资料）和连续生产三批药品的检定报告和Ⅰ期临床试验的结果，详尽的Ⅱ、Ⅲ期临床试验方案和知情同意书及伦理委员会的批件复印件。

Ⅱ期临床试验必须在临床药理基地医院进行，参加Ⅲ期临床试验的医院一半以上也必须是临床药理基地医院。临床药理基地医院要由有资质的医院向国家食品药品监督管理总局提出申请，经审核通过并发给证书才能成为临床药理基地医院。

申报单位还要组织临床试验观察员，定期不定期对临床试验医院进行检查，检查参加临床试验的医护人员执行临床治疗方案的情况，以及患者入选情况，参加临床试验的患者是否都签署了知情同意书等。

七、进口治疗用生物制品申报资料和要求

（一）申报资料项目要求

申报资料按照《注册申报资料项目》要求报送。申请未在国内外上市销售的制品，按照注册分类 1 的规定报送资料；申请已在国外上市销售但尚未在中国上市销售的生物制品，按照注册分类 7 的规定报送资料；申请已在国内上市销售的生物制品，按照注册分类 15 的规定报送资料。

（二）资料项目 2 证明性文件的要求和说明

1. 资料项目 2 证明性文件包括以下资料：

（1）生产国家或者地区药品管理机构出具的允许制品上市销售及该药品生产企业符合药品生产质量管理规范的证明文件、公证文书及其中文译本。

申请未在国内外获准上市销售的制品，本证明文件可于完成在中国进行的临床试验后，与临床试验报告一并报送。

（2）由境外制药厂商常驻中国代表机构办理注册事务的，应当提供《外国企业常驻中国代表机构登记证》复印件。

境外制药厂商委托中国代理机构代理申报的，应当提供委托文书、公证文书及其中文译本，以及中国代理机构的《营业执照》复印件。

（3）申请的制品或者使用的处方、工艺等专利情况及其权属状态说明，以及对他人的专利不构成侵权的保证书。

2. 说明

（1）生产国家或者地区药品管理机构出具的允许制品上市销售及该药品生产企业符合药品生产质量管理规范的证明文件，须经所在国公证机关公证及驻所在国中国使领馆认证；

（2）在一地完成制剂生产由另一地完成包装的，应当提供制剂厂和包装厂所在国家或者地区药品管理机构出具的该药品生产企业符合药品生产质量管理规范的证明文件；

（3）未在生产国家或者地区获准上市销售的制品，可以提供在其他国家或者地区上市销售的证明文件，并须经国家食品药品监督管理总局认可。但该药品生产企业符合药品生产质量管理规范的证明文件须由生产国家或者地区药品主管机构出具。

（三）其他资料项目的要求

1. 资料项目 29 应当报送该制品在生产国家或者地区为申请上市销售而进行的全部临床试验的资料。

2. 全部申报资料应当使用中文并附原文，且中文译文应当与原文内容一致。

3. 生物制品标准的中文本，必须符合中国国家药品标准的格式。

（四）在中国进行临床试验的要求

1. 申请未在国内外上市销售的生物制品，应当按照注册分类 1 的规定申请临床试验。

2. 申请已在国外上市销售但尚未在中国上市销售的生物制品，应当按照注册分类 7 的规定申请临床试验。

3. 申请已有国家药品标准的生物制品，应当按照注册分类 15 的规定申请临床试验。

第二部分　预防用生物制品

一、注册分类

1. 未在国内外上市销售的疫苗。

2. DNA 疫苗。

3. 已上市销售疫苗变更新的佐剂，偶合疫苗变更新的载体。

4. 由非纯化或全细胞（细菌、病毒等）疫苗改为纯化或者组分疫苗。

5. 采用未经国内批准的菌毒种生产的疫苗（流感疫苗、钩端螺旋体疫苗等除外）。

6. 已在国外上市销售但未在国内上市销售的疫苗。

7. 采用国内已上市销售的疫苗制备的结合疫苗或者联合疫苗。

8. 与已上市销售疫苗保护性抗原谱不同的重组疫苗。

9. 更换其他已批准表达体系或者已批准细胞基质生产的疫苗；采用新工艺制备并且实验室研究资料证明产品安全性和有效性明显提高的疫苗。

10. 改变灭活剂（方法）或者脱毒剂（方法）的疫苗。

11. 改变给药途径的疫苗。

12. 改变国内已上市销售疫苗的剂型，但不改变给药途径的疫苗。

13. 改变免疫剂量或者免疫程序的疫苗。

14. 扩大使用人群（增加年龄组）的疫苗。

15. 已有国家药品标准的疫苗。

二、申报资料项目

1. 综述资料：

（1）新制品名称；

（2）证明性文件；

（3）选题目的和依据；

（4）药品说明书样稿、起草说明及参考文献；

（5）包装、标签设计样稿。

2. 研究结果总结及评价资料。

3. 生产用菌（毒）种研究资料：

（1）菌（毒）种的来源、特性和鉴定资料；

（2）种子批的建立和检定资料；

（3）菌（毒）种传代稳定性研究资料；

（4）中国药品生物制品检定所对生产用工作种子批的检定报告。

4. 生产用细胞基质研究资料：

（1）细胞基质的来源、特性和鉴定资料；

（2）细胞库的建立和检定资料；

（3）细胞的传代稳定性研究资料；

（4）中国药品生物制品检定所对生产用细胞基质工作细胞库的检定报告；

（5）培养液及添加成分的来源、质量标准等。

5. 生产工艺研究资料：

（1）疫苗原液生产工艺的研究资料，确定的理论和实验依据及验证资料；

（2）制剂的处方和工艺及其确定依据，辅料的来源及质量标准。

6. 质量研究资料，临床前有效性及安全性研究资料：

（1）质量研究及注册标准研究资料；

（2）检定方法的研究及验证资料；

（3）与同类制品比较研究资料；

（4）产品抗原性、免疫原性和动物试验保护性的分析资料；

（5）动物过敏试验研究资料；

（6）动物安全性评价资料。

7. 制造及检定规程草案，附起草说明和相关文献。

8. 临床试验申请用样品的制造检定记录。

9. 初步稳定性试验资料。

10. 生产、研究和检定用实验动物合格证明。

11. 临床试验计划、研究方案及知情同意书草案。

12. 临床前研究工作总结。

13. 国内外相关的临床试验综述资料。

14. 临床试验总结报告，包括临床试验方案、知情同意书样稿、伦理委员会批准件等。

15. 临床试验期间进行的有关改进工艺、完善质量标准等方面的工作总结及试验研究资料。

16. 确定疫苗保存条件和有效期的稳定性研究资料。

17. 对审定的制造和检定规程的修改内容及其修改依据，以及修改后的制造及检定规程。

18. 连续三批试产品的制造及检定记录。

三、申报资料的说明

1. 申请临床试验报送资料项目 1～11；完成临床试验后报送资料项目 1、2 和 12～18。

2. 资料项目 1

（1）新制品名称：包括通用名、英文名、汉语拼音、命名依据等，新制定的名称应说明依据。

（2）证明性文件包括：

① 申请人机构合法登记证明文件（营业执照等）、《药品生产许可证》及变更记录页、《药品生产质量管理规范》认证证书复印件；

② 申请的生物制品或者使用的处方、工艺等专利情况及其权属状态的说明，以及对他人的专利不构成侵权的声明；

③ 申请新生物制品生产时应当提供《药物临床研究批件》复印件及临床试验用药的质量标准；

④ 直接接触制品的包装材料和容器的《药品包装材料和容器注册证》或者《进口包装材料和容器注册证》复印件。

（3）立题目的与依据：包括国内外有关该制品研究、上市销售现状及相关文献资料或者生产、接种使用情况的综述；对该品种的创新性、可行性等的分析资料。

（4）药品说明书样稿、起草说明及参考文献，包括：按照有关规定起草的药品说明书样稿、说明书各项内容的起草说明，相关文献或者原研发厂最新版的说明书原文及译文。

3. 资料项目 3

（1）菌（毒）种的来源、特性和鉴定资料包括：生产用菌（毒）种的来源，可用于生产的研究资料或者证明文件、历史（包括分离、鉴定和减毒等），特性和型别，对细胞基质的适应性、感染性滴度、抗原性、免疫原性、毒力（或者毒性）及保护力试验等研究。

（2）种子批的建立和检定资料包括：生产用菌（毒）种原始种子批、主代种子批、工作种子批建库的有关资料，包括各种子批的代次、制备、保存，对种子库进行全面检定，检定项目包括外源因子检测、鉴别试验、特性和型别、感染性滴度、抗原性、免疫原性等；主代种子批菌毒种还须进行基因序列测定。

（3）菌（毒）种传代稳定性研究资料包括：确定限定代次的研究资料，检定项目参见种子批的检定项目。

4. 资料项目 4

（1）细胞基质的来源、特性和鉴定资料包括：生产用细胞基质的来源，可用于生产的研究资料或者证明文件、历史（包括建立细胞系、鉴定和传代等），生物学特性、核型分析、外源因子检查及致肿瘤试验等研究；对于更换细胞基质生产的疫苗，原则上所用细胞基质的安全性风险不可高于已上市疫苗。

（2）细胞库的建立和检定资料包括：生产用细胞基质原始细胞库、主代细胞库、工作细胞库建库的有关资料，包括各细胞库的代次、制备、保存，对细胞库进行全面检定，检定项目包括生物学特性、核型分析及外源因子检查等。

（3）细胞的传代稳定性研究资料包括：确定使用的限定代次，检定项目参照细胞库的检定项目，并增加致肿瘤试验。

（4）培养液及添加成分中涉及牛源性物质的，需按国家食品药品监督管理总局的有关规定提供相应的资料。

（5）细菌疫苗一般可免报本项资料。

5. 资料项目 5

（1）疫苗原液生产工艺的研究资料包括：优化生产工艺的主要技术参数，细菌（或者病毒）的接种量、培养条件、发酵条件、灭活或者裂解工艺的条件、活性物质的提取和纯化、对人体有潜在毒性物质的去除及去除效果验证、偶合疫苗中抗原与载体的活化、偶合和纯化工艺、联合疫苗中各活性成分的配比和抗原相容性研究资料等，提供投料量、各中间体，以及终产品的收获量与质量等相关的研究资料；检验分析和验证在该生产工艺条件下产品的质量情况。

（2）生产过程中加入对人有潜在毒性的物质，应提供生产工艺去除效果的验证资料，制定产品中的限量标准并提供依据。

6. 资料项目 6（1）

（1）对于纯化疫苗等，质量研究一般包括抗原组分、含量、分子质量、纯度、特异性鉴别等的检测，同时应进行非有效成分含量（或者有害杂质残留量）分析并制定相应的限量标准。

（2）联合疫苗、偶合疫苗和多价疫苗中各单组分的质量研究和检定结果。

（3）生产工艺确定以后，应根据多批试制产品的检定结果，用统计学方法分析确定产品的注册标准。

（4）按注册分类 15 申报的疫苗，原则上其质量标准不得低于已上市同品种。

（5）采用 DNA 重组技术生产的疫苗，应参照治疗用生物制品要求提供相应资料。

7. 资料项目 6（3）

如已有同类疫苗上市，需与已上市疫苗进行比较研究；如在已上市疫苗的基础上进行相应变更，需与原疫苗进行质量比较研究；对于联合疫苗，需与各单独疫苗进行质量比较研究。

8 .资料项目 6（6）

（1）对类毒素疫苗或者类毒素作为载体的疫苗应提供毒性逆转试验研究资料。

（2）根据疫苗的使用人群、疫苗特点、免疫剂量、免疫程序等，提供有关的毒性试验研究资料。

9. 资料项目 9 和 16

疫苗的稳定性试验一般需将三批以上样品放置拟定储存条件下，每隔一定时间检测效力/活性等指标，分析变化情况，在重要时间点需进行全面检测。此外，尚需进行加速稳定性研究。

10. 资料项目 18

申报生产时连续三批试产品的生产规模应与其设计生产能力相符，上市前后的生产规模应保持相对的一致性；如上市后的生产规模有较大幅度变化，则需按照补充申请重新申报。

四、关于临床试验的说明

1. 临床试验的受试者（病例）数应符合统计学要求和最低受试者（病例）数的要求。

2. 临床试验的最低受试者（病例）数（试验组）要求：Ⅰ期，20 例；Ⅱ期，

300 例；Ⅲ期，500 例。

3. 注册分类 1～9 和 14 的疫苗按新药要求进行临床试验。

4. 注册分类 10 的疫苗，提供证明其灭活或者脱毒后的安全性和有效性未发生变化的研究资料，可免做临床试验。

5. 注册分类 11 的疫苗，一般应按新药要求进行临床试验，但由注射途径给药改为非注射途径的疫苗可免做Ⅰ期临床试验。

6. 注册分类 12 和 15 的疫苗，一般仅需进行Ⅲ期临床试验。

7. 注册分类 13 中改变免疫程序的疫苗，可免做Ⅰ期临床试验。

8. 应用于婴幼儿的预防类制品，其Ⅰ期临床试验应当按照先成人、后儿童、最后婴幼儿的原则进行。

9. 每期的临床试验应当在设定的免疫程序完成后进行下一期的临床试验。

10. 对于首次申请在中国上市的疫苗，应进行流行病学的保护力试验。

五、进口预防用生物制品申报资料和要求

（一）申报资料项目要求

申报资料按照《注册申报资料项目》要求报送。申请未在国内外上市销售的疫苗，按照注册分类 1 的规定报送资料；申请已在国外上市销售但尚未在中国上市销售的疫苗，按照注册分类 6 规定报送资料；申请已在国内上市销售的疫苗，按照注册分类 15 的规定报送资料。

（二）资料项目 1.（2）证明性文件的要求和说明

1. 资料项目 1.（2）证明性文件包括以下资料。

（1）生产国家或者地区药品管理机构出具的允许疫苗上市销售及该药品生产企业符合药品生产质量管理规范的证明文件、公证文书及其中文译本。

申请未在国内外上市销售的疫苗，本证明文件可于完成在中国进行的临床试验后，与临床试验报告一并报送。

（2）由境外制药厂商常驻中国代表机构办理注册事务的，应当提供《外国企业常驻中国代表机构登记证》复印件。

境外制药厂商委托中国代理机构代理申报的，应当提供委托文书、公证文书及其中文译本，以及中国代理机构的《营业执照》复印件。

（3）申请的生物制品或者使用的处方、工艺等专利情况及其权属状态说明，以及对他人的专利不构成侵权的保证书。

2. 说明

（1）生产国家或者地区药品管理机构出具的允许疫苗上市销售及该药品生产

企业符合药品生产质量管理规范的证明文件，须经所在国公证机关公证及驻所在国中国使领馆认证。

（2）在一地完成制剂生产由另一地完成包装的，应当提供制剂厂和包装厂所在国家或者地区药品管理机构出具的该药品生产企业符合药品生产质量管理规范的证明文件。

（3）未在生产国家或者地区获准上市销售的，可以提供在其他国家或者地区上市销售的证明文件，并须经国家食品药品监督管理总局认可。该药品生产企业符合药品生产质量管理规范的证明文件，须由生产国或者地区药品主管机构出具。

（三）其他资料项目的要求

1. 资料项目 13 应当报送该制品在生产国家或者地区为申请上市销售而进行的全部临床试验的资料。

2. 全部申报资料应当译成中文并附原文，其中文译文应当与原文内容一致。

3. 疫苗标准的中文本，必须符合中国国家药品标准的格式。

（四）在中国进行临床试验的要求

1. 申请未在国内外上市销售的疫苗，应当按照注册分类 1 的规定申请临床试验。

2. 申请已在国外上市销售但尚未在中国上市销售的疫苗，应当按照注册分类 6 的规定申请临床试验。对于首次申请在中国上市的疫苗，应进行流行病学的保护力试验。

3. 申请已有国家药品标准的疫苗，应当按照注册分类 15 的规定申请临床试验。

参 考 文 献

陈珂, 杜艳春, 邱爽, 等. 2009. 长期毒性和致癌试验病理学检查内容推荐目录——美国毒性病理学会(STP)的建议. 现代预防医学, 36(6): 1136-1137

陈于红, 张菁, 朱镇华, 等. 2001. 重组人尿激酶原基因的克隆及工程菌的构建与鉴定. 南京大学学报(自然科学), 37(4): 401-406

程晓玲, 柴红. 2005. 人工分子伴侣复性体系辅助溶菌酶复性的研究. 现代化工, 25: 237-240

方继明, 李秀珍, 李凤知, 等. 1990. 人尿激酶原全长 cDNA 基因的克隆. 解放军医学杂志, 15(1): 10

高文, 高向东, 陆小冬. 2015. 蛋白质层析柱复性及工艺评价. 中国生物工程杂志, 35(3): 84-91

郭靖, 王涛, 李齐宏, 等. 2015. 人表皮生长因子受体结构域蛋白的原核表达、纯化及活性检测. 生物技术通讯, 26(5): 615-618

韩成龙, 欧阳学, 李良寿, 等. 1992. 人全血短期培养淋巴细胞程序外 DNA 合成的实验研究. 中国公共卫生学报, 11(6): 358-360

侯威. 2008. 生物学中非线性数学模型的构建与应用. 数理医药学杂志, 2(21): 247-248

胡晋红. 2012. 基因药物研究进展. 中国医院用药评价与分析, 12(8): 676-677

胡显文, 陈会鹏, 汤仲明, 等. 2004. 生物制药的现状与未来(一): 历史与现实市场. 生物工程杂志, 24(4): 95-101

胡显文, 陈会鹏, 汤仲明, 等. 2005. 生物制药的现状与未来(一): 发展趋势与希望. 生物工程杂志, 25(1): 86-93

胡显文, 肖成祖, 李文青. 1998. 用多孔微载体大规模培养 rCHO 细胞. 生物工程学报, 14(3): 348-351

胡显文, 肖成祖, 李佐虎. 2000. 多孔微载体无血清培养 rCHO 细胞生产 rhPro-UK. 生物工程学报, 16(3): 387-391

黄翠翠, 吕静, 吴梧桐. 2011. 大肠杆菌分泌表达重组水蛭素III的新方法研究. 东南大学学报(医学版), 30(6): 877-882

黄容珍. 2010. 基因工程制药应用及研究进展. 海峡药学, 22(12): 5-8

慧聪. 2007. 生物制药产业发展现状. 动态与信息, 4(3): 307-311

贾长虹, 卢育红. 2007. 人工伴侣条件下谷胱甘肽浓度对溶菌酶复性的影响. 青岛大学学报(工程技术版), 22(2): 78-83

贾志杰. 2010. 我国基因工程药物研究与应用新进展. 长春中医药大学学报, 26(2): 290-291

靳挺, 关怡新, 姚善泾. 2006. 离子交换层析复性重组人 γ-干扰素折叠二聚体的形成. 浙江大学学报(农业与生命科学版), 32(1): 101-105

井明艳, 孙建义. 2004. 分子伴侣与蛋白质折叠. 科技通报, 20(5): 407-411

李长贵, 周铁群, 王剑锋. 2002. 应用 ELISA 竞争法检测疫苗制品中残余的牛血清白蛋白. 中国生物制品学杂志, 15(2): 109-110

李春明, 杨春艳, 刘宝林, 等. 2005. 人碱性成纤维细胞生长因子真核表达载体的构建及表达. 第四军医大学学报, 26(10): 957-959
李方廷, 欧阳颀. 2007. 生物系统中的非线性现象. 物理, (2): 131-135
李风知, 李秀珍, 唐宏娣, 等. 1991. 人尿激酶原全长 cDNA 在中国仓鼠卵巢细胞中的稳定表达. 生物工程学报, 7(2): 114-119
李峻城, 姜述德. 1989. 中空纤维细胞培养技术. 国外医学·预防·诊断: 治疗用生物制品分册, (1): 1-4
李琳, 邓继先, 卢建申, 等. 1997. 用三步法纯化重组人促红细胞生成素. 军事医学科学院院刊, 21(1): 43-46
李柳萍, 杨胥微, 黄志斌. 2013. 重组人干扰素 β_{1a} 的纯化及其理化性质. 中国生物制品学杂志, 26(6): 834-839
李世崇, 叶华虎, 赵国焓, 等. 2011. 重组人尿激酶原纯化工艺病毒去除效果验证. 中国生物制品学杂志, 24(6): 695-698
李世崇, 叶玲玲, 刘红, 等. 2012. 重组人尿激酶原在 CHO 细胞中的高效表达及其纯化. 生物加工过程, 10(5): 50-54
李玉斌, 钱晓璐. 2010. 生物制药产业发展现状与趋势. 现代农业科技, 15: 387, 393
李志强, 官桂范, 王妍. 1993. 应用生物反应器连续培养基因重组CHO细胞的研究. 生物工程学报, 9(2): 263-265
梁立娜, 史亚利, 蔡亚岐, 等. 2009. 高效阴离子交换色谱积分脉冲安培检测法分析注射液中的氨基酸. 分析试验室, 28(9): 24-27
林福玉, 陈昭烈, 黄培堂. 2002. 哺乳动物细胞培养生产药用蛋白的关键环节. 生物技术通讯, 13(1): 62-65
刘利军. 2005. 生物体中非平衡态不可逆过程的热力学. 牡丹江师范学院学报(自然科学版), (3): 14-15
刘莎, 杜贵友, 李丽, 等. 2006. 马兜铃酸在大鼠体内的毒代动力学及组织分布研究. 药物不良反应杂志, 8(3): 169-174
卢继传. 1991. 生命科学将是 21 世纪的带头学科. 中国科技论坛, (6): 29-31
卢丽丽, 肖敏, 赵晗, 等. 2008. 药物分子伴侣: 蛋白质折叠运输缺陷的新疗法. 生物化学与生物物理进展, 35(8): 875-885
卢觅佳, 杨红忠, 卢祺炯, 等. 1995. 人源重组蛋白药物安全性评价的主要问题. Drug Metab Dispos, 23: 904-909
马岳, 阎哲, 黄骏雄. 2001. 浊点萃取在生物大分子分离及分析中的应用. 化学进展, 13(1): 25-32
梅建国, 庄金秋, 王金良, 等. 2012. 动物细胞大规模培养技术. 中国生物工程杂志, 32(7): 127-132
孟祥海, 高山行, 舒成利. 2014. 生物技术药物发展现状及我国的对策研究. 中国软科学, 4: 14-24
莫永炎, 曹永宽, 刘亚伟, 等. 2003. 人 His-AWP1 融合蛋白表达载体的构建及其在原核生物的表达. 中华神经医学杂志, 2(2): 123-125, 144

秦彦波. 2005. 21 世纪——人类生命科学大发展的世纪. 未来与发展, (3): 57-59
饶春明, 陶磊, 史新昌, 等. 2007. 重组人干扰素α_{1b}质量肽图分析及二硫键定位. 药物分析杂志, 27(10): 1505-1510
谭志坚, 李芬芳, 邢健敏. 2010. 双水相萃取技术在分离、纯化中的应用. 化工技术与开发, 39(8): 29-35
王丹, 童师雯, 张红敏, 等. 2012. 乙型肝炎病毒外膜蛋白真核表达质粒的构建和表达. 西南大学学报(自然科学版), 34(6): 41-44
王淑菁, 付瑞, 巩薇, 等. 2014. 重组融合蛋白柱层析病毒去除工艺的验证. 中国生物制品学杂志, 27(2): 241-244
王威, 杨华. 2009. 大肠杆菌感受态制备与转化实验. 毕节学院学报, 27(4): 83-87
王文艳, 沈子龙, 汪师兵. 2006. PMEA-Na 在 beagle 犬血浆中的液相色谱/质谱/质谱联用法测定及其药物动力学. 中国临床药理学与治疗学, 11(4): 406-409
王友同, 吴梧桐, 吴文俊. 2010. 我国生物制药产业的过去、现在和将来. 药物生技术, 17(1): 1-14
魏敬双, 程立均, 贾茜. 2008. 重组抗体的 N-端氨基酸序列测定. 中国生物制品学杂志, 21(12): 1118-1120
吴本传, 陈昭烈, 李世崇, 等. 2000. 重组组织型纤溶酶原激活剂大规模纯化及部分性质的研究. 生物技术通讯, 11(3): 199-201
吴梧桐, 王友同, 吴文俊. 2000a. 21 世纪生物工程药物的发展与展望. 药物生物技术, 7(2): 65-70
吴梧桐, 王友同, 吴文俊. 2001b. 21 世纪生物技术和生物制药二、生物技术药物的研究开发. 药物生物技术, 8(2): 61-66
吴梧桐, 王友同, 吴文俊. 2001c. 21 世纪生物技术和生物制药一、生物技术药物发展现状. 药物生物技术, 8(1): 1-3
夏传波, 杨延钊. 2009. 反胶团萃取蛋白质技术的反萃过程研究进展. 中国生物工程杂志, 29(1): 134-138
徐桂云, 陈阳, 林於菟, 等. 2007. 重组人糖基化尿型纤溶酶原尿激活剂中糖链的组成研究. 分析化学, 35(7): 1029-1031
薛京伦. 2001. 生命科学伴你迈进 21 世纪. 群言, (5): 21-22
杨焕明. 2007. 生命科学与社会进步. 决策与信息, 6: 8-12
杨坤, 巩振辉, 李大伟. 2010. 大肠杆菌高效感受态细胞的制备及快捷转化体系的建立. 北方园艺, (14): 127-130
杨胜利. 2004. 21 世纪的生物学——系统生物学. 生命科学仪器, (2): 5-6
杨英, 饶春明, 王威, 等. 2006. 液质联用分析重组人白细胞介素-11 的肽图. 药学学报, 41(8): 756-760
袁时芳, 师长宏, 晏伟, 等. 2007. 人 MUC1 与 GM-CSF 基因融合真核表达质粒的构建与表达. 细胞与分子免疫学杂志, 23(1): 18-24
詹正嵩, 羡秋盛, 朴淳一, 等. 2011. 生物技术药物发展与展望. 实用医药杂志, 28(2): 168-170
张博雅. 2007. 21 世纪生物化工的发展及对策. 生化与医药化工之友, (1): 50-52
张钫, 郑丽舒, 袁武梅. 2010. 重组人干扰素λ_1 的表达、纯化及生物活性研究. 生物技术通讯,

21(3): 310-314

张秀婷, 王英姿, 断飞鹏, 等. 2013. 生物技术在制药行业的应用概况. “好医生杯”中药制剂创新与发展论坛: 96-99

赵峰, 张宜俊, 冉艳红. 2014. rhIL-12 二硫键、N-糖基化位点及 C-端氨基酸序列分析. 中国生物工程杂志, 34(5): 39-53

赵喜红, 何小维, 杨连生, 等. 2009. 反胶团萃取蛋白质研究进展. 食品工业科技, 30(02): 235-239

赵专友, 刘蓓钫, 刘厚孝. 2001. 重组人尿激酶原药效学研究. 南京大学学报(自然科学), 37(4): 420-434

郑长青, 王斌, 冯国基, 等. 2005. 基因变构人白细胞介素-2 克隆构建和原核表达. 实用医药杂志, 22(1): 32-34

郑楠, 刘杰. 2006. 双水相萃取技术分离纯化蛋白质的研究. 化学与生物工程, 23(10): 7-9

郅文波, 邓秋云, 宋江楠, 等. 2005. 高速逆流双水相色谱法纯化卵白蛋白. 生物工程学报, 21(1): 129-134

周斌. 2004. 21 世纪中国医药的发展. 中国药业, 13(6): 3-4

朱丽兰. 1997. 21 世纪的主导科学——生命科学. 今日科苑, (2): 20-21

邹承鲁. 2000. 21 世纪的生命科学. 生物化学与生物物理进展, 27(1): 3-5

Antov M G, Peričin D M, Dašić M G. 2006. Aqueous two-phase partitioning of xylanase produced by solid-state cultivation of *Polyporus squamosus*. Process Biochemistry, (41): 232-235

Bär F W, Meyer J, Vermeer F, et al. 1997. Comparison of saruplase and alteplase in acute myocardial infarction. AM J Cardiol, 79: 727-732

Cameron R, Davies J, Adcock W, et al. 1997. The removal of model viruses, poliovirus type 1 andcanine parvovirus, during the purification of humanalbumin using ion-exchange chromatographic procedures. Biologicals, 25: 391-401

Capezio L, Romanini D, Picó G A, et al. 2005. Partition of whey milk teins in aqueous two-phase systems of polyethylene glycol-phosphate as a prostar-ting point to isolate proteins expressed in transgenic milk. Journal of Chromato-Graphy B, (819): 25-31

Dallora N L P, Klemz J G D, Filho P D A P. 2007. Partitioning of model proteins in aqueous two-phase systems containing polyethylene glycol and ammonium carbamate. Biochemical Engineering Journal, (34): 92-97

Dichtelmüller H O, Flechsig E, Sananes F, et al. 2012. Effective virus inactivation and removal by steps of Biotest Pharmaceuticals IGIV production process. Results in Immunology, 2: 19-24

Einarsson M, Kaplan L, Nordenfelt E, et al. 1981. Removal of hepatitis B virus from a concentrate of coagulation factors Ⅱ, Ⅶ, Ⅸ and X by hydrophobic interaction chromatography. Journal of Virological Methods, 3(4): 213-228

Einarsson M, Prince A M, Brotman B, et al. 1985. Removal of non-A, non-B hepatitis virus from a concentrate of the coagulation factors Ⅱ, Ⅶ, Ⅸ and Ⅹ by hydrophobic interaction chromatography. Infectious Diseases, 17(2): 141-146

Goklen K E, Hatton T A. 1985. Protein extraction using reverse micelles. J Biotechno Prog, (1):

69-74

Hui M Z. 2010. Method to increase dissolved oxygen in a culture vessel: (美国专利)专利号, WO2007/142664

Koenderman A H, ter Hart H G, Prins-de Nijs I M, et al. 2012. Virus safety of plasma products using 20 nm instead of 15 nm filtration as virus removing step. Biologicals, 40: 473-481

Listed N. 1989. Randomized double-blind trial of recombinant pro-urokinase against streptokinase in acute myocardial infarction. PRIMI Trial Study Group. Lancet, 1: 863-867

Liu J G, Xing J M, Shen R, et al. 2004. Reverse micelles extraction of nattokinase from fermentation broth. Biochemical Engineering Journal, 21: 273-278

Lutea S, Norling L, Hanson M, et al. 2008. Robustness of virus removal by protein A chromatography is independent of media lifetime. Journal of Chromatography A, 1205: 17-25

Mathew D S, Juang R S. 2005. Improved backward extraction of papain from AOT reverse micelles using a lcohols and counter-ionic surfactant. Biochem Eng J, 25: 219-225

Minuth T, Thommes J, Kula M R. 1996. Biotechnol. Appl Biochem, 23: 107-116

Mpandi M, Schmutz P, Legrand E. 2007. Partitioning and inactivation of viruses by the caprylic acid precipitation followed by a terminal pasteurization in the manufacturing process of horse immunoglobulins. Biologicals, 35: 335-341

Naoea K, Murata M, Ono C, et al. 2002. Efficacy of guanidium salts in protein recovery from reverse micellar organic media. Biochemical Engineering Journal, 10: 137-142

Nitsawang S, Hatti-Kaul R, Kanasawud P. 2006. Purification of papain from *Carica papaya* latex: aqueoustwo-phase extraction versus two-step salt precipitation. Enzyme and Microbial Technology, (39): 1103-1107

Pérez M, Rodríguez E, Rodríguez M, et al. 2011. Validation of model virus removal and inactivation capacity of an erythropoietin purification process. Biologicals, 39: 430-437

Roberts P L, Feldman P, Crombie D, et al. 2010. Virus removal from factor Ⅸ by filtration: validation of the integrity test and effect of manufacturing process conditions. Biologicals, 38: 303-310

Roberts P L. 2008. Virus inactivation by solvent/detergent treatment using Triton X-100 in a high purity factor Ⅷ. Biologicals, 36: 330-335

Roberts P L. 2014. Virus elimination during the recycling of chromato-graphic columns used during the manufacture of coagulation factors. Biologicals, (42): 184-190

Roberts P, Sims G. 1999. Use of vegetable-derived Tween 80 for virus inactivation by Solvent/Detergent treatment. Biologicals, 27: 263-264

Troccoli N M, McIver J, Losikoff A, et al. 1998. Removal of viruses from human intravenous immune globulin by 35 nm nanofiltration. Biologicals, 26: 321-329

Tubio G, Picó G A, Nerli B B. 2009. Extraction of trypsin from bovine pancreas by applying polyethyleneglycol/sodium citrate aqueous two-phase systems. Journal of Chromatography B, (877): 115-120

Ufuk G, Konca K. 2000. Bovine serum albumin partitioning in an aqueous two-phase system: effect of pH and sodium chloride concentration. Journal of Chromatography B: Biomed Sci Appl, 743(1+2): 255-258

Vermeer F, Bar F W, Windeler J, et al. 1994. Saruplase: efficacy and safety data of 2570 patients. JACC, 345A: 788-796

Weaver J, Husson S M, Murphy L, et al. 2013. Anion exchange membrane adsorbers for flow-through polishing steps: Part Ⅰ. Clearance of minute virus of mice. Biotechnology and Bioergineering, 110(2): 491-499

Yang B, Wang H, Ho C, et al. 2013. Porcine circovirus(PCV)removal by Q sepharose fast flow chromatography. Biotechnol Prog, 29(6): 1464-1471

附录 1　研究者手册（以重组人尿激酶原为范本）

重组人尿激酶原（**rhPro-UK**）
临床试验研究者手册

内容

军事医学科学院生物工程研究所

2000 年 10 月

一、新生物制品临床研究申请表

名称
类别
研究单位
国家药品监督管理局制
研制单位填报项目

<table>
<tr><td rowspan="3">品名</td><td>中文名</td><td colspan="3"></td></tr>
<tr><td>英文名</td><td colspan="3"></td></tr>
<tr><td>汉语拼音</td><td colspan="3"></td></tr>
<tr><td>剂型</td><td colspan="2">冻干粉</td><td>规格</td><td></td></tr>
<tr><td>组成成分及含量</td><td colspan="4"></td></tr>
<tr><td>制
备
工
艺</td><td colspan="4"></td></tr>
<tr><td>适应证
与用法</td><td colspan="4"></td></tr>
<tr><td>活性
测定
方法
和
结论</td><td colspan="4"></td></tr>
<tr><td>申请单位</td><td colspan="4"></td></tr>
<tr><td rowspan="2">地址</td><td rowspan="2" colspan="2"></td><td>邮政编码</td><td></td></tr>
<tr><td>电话</td><td></td></tr>
<tr><td>研制负责人</td><td colspan="2">签字</td><td>日期</td><td>年月日</td></tr>
</table>

二、中国食品药品检定研究院

药品注册检验报告表

中检生[　　　]　　　号

<table>
<tr><td>原始编号</td><td></td><td>申请编号</td><td></td></tr>
<tr><td>药物名称</td><td colspan="3">注射用重组人尿激酶原（半成品）</td></tr>
<tr><td>申请分类</td><td>新药</td><td>申报阶段</td><td>生产</td></tr>
<tr><td>注册分类</td><td colspan="3">治疗用生物制品</td></tr>
<tr><td>剂型</td><td>原液</td><td>规格</td><td>液体</td></tr>
<tr><td>申请人</td><td colspan="3">军事医学科学院生物工程研究所</td></tr>
</table>

续表

原始编号		申请编号		
样品来源	研制单位送检	通知检验日期	年月日	
检验用标准物质来源	国家标准品			
审核范围	样品检验			
检验结论	本品按《核定标准》检验，结果符合规定。			
有关情况说明	军事医学科学院生物工程研究所申报注册的注射用重组人尿激酶原的制造和检定规程及其他相关资料已经我所审核完毕。现呈上，请审定。 根据《药品注册管理办法》对药品注册检验的规定，特此报告。			
附件	药品检定报告书			
主送	国家食品药品监督管理局			
抄送	国家食品药品监督管理总局药品审评办公室军事医学科学院生物工程研究所			
院联系人	沈琦	电话		鉴定所盖章
签发	王军志	日期	年月日	

中国食品药品检定研究院鉴定报告

报告编号共1页第1页

检品名称	（半成品）				
送检单位					
生产单位					
批号					
规格	/	/	/		
失效日期	/	/	/		
签封量	/	/	/		
送检量	20支	20支	20支		
检定目的	新生物制品审评			剂型	液体
检定依据	《厂家自报规程》			送检日期	30/12/98
结论					
备注					
报告日期　年　月　日				单位盖章	
检定结果：					
项目/批号			980925	981014	981027

续表

分子质量（kDa）	48.1	48.7	48.4
纯度（SDS-PAGE，%）	＞98	＞98	＞98
单链纯度（SDS-PAGE，%）	93.7	95.1	93.1
纯度（HPLC，%）	＞98	＞98	＞98
生物学活性（IU/ml/支）	2.24E5	2.01E5	1.98E5
蛋白含量（mg/ml/支）	1.68	1.81	1.73
比活性（IU/mg）	1.33	1.11	1.14
紫外最大吸收波长（nm）	278.2	277.9	277.9
免疫印迹	阳性	阳性	阳性
等电点（主区带）	9.0	9.0	9.0
外源 DNA 残留量（pg/剂量）	<100	<100	<100
肽图	合格	合格	合格
牛血清蛋白残留量（μg/ml/支）	< 1	< 1	< 1
宿主细胞蛋白残留量（%）	0.070	0.056	0.038
N 端氨基酸序列	S N E L H Q V P S N C D C L N		

注：E5 是$\times 10^5$

中国食品药品检定研究院检定报告

报告编号共 1 页第 1 页

检品名称				
送检单位				
生产单位				
批号				
规格				
失效日期				
签封量	/	/	/		
送检量	60 支	60 支	60 支		
检定目的	新生物制品审评		剂型	冻干
检定依据	《厂家自报规程》		送检日期	30/12/98
结论				
符合自报规程				
备注				
报告日期　1999　年　05　月　06　日			单位盖章	

检定结果：

续表

项目/批号			
外观	合格	合格	合格
pH	7.31	7.23	6.75
水分含量（%）	2.98	2.10	1.31
无菌试验	阴性	阴性	阴性
热源质试验	合格	合格	合格
豚鼠安全试验	合格	合格	合格
小白鼠安全试验	合格合格合格		
效价测定（IU/支）	2.63E5	2.06E5	1.66E5

注：E5 是 $\times 10^5$

三、重组人尿型纤溶酶原激活剂（rhPro-UK）的药学、药理学、毒理学、药代动力学和药效学的临床前研究工作总结

前　言

尿型纤溶酶原激活剂，或称尿激酶型纤溶酶原激活剂是目前所发现的最好的血栓病治疗剂之一，其中尿激酶原（prourokinase，Pro-UK）或单链尿激酶型纤溶酶原激活剂（single-chain urokinase-type plasminogen activator，scu-PA）是特异性的纤溶酶原激活剂，它主要作用于血栓部位的纤维蛋白，一方面靠血栓表面的纤溶酶将其激活变成尿激酶，使血栓溶解。另一方面它可与纤维蛋白溶解后的 E-片段结合进一步增大溶栓效果。

由于尿激酶原具有溶栓的特异性，引起了人们广泛的兴趣。20 世纪 80 年代人们先后从人尿、血浆、人胚肾细胞培养液等纯化制备，并于 80 年代中期开始进行临床试验。由于上述材料中尿激酶原含量甚微，难以大量制备，不能满足临床需要。自 80 年代中期开始，欧、美、日等许多发达国家和地区开始研究用基因工程方法生产尿激酶原。1986 年德国 Grunenthal 公司开始生产非糖基化的尿激酶原，称为“Saruplase”，已进行了大量临床试验。之后美国 Abbott 公司用鼠骨髓瘤细胞生产的糖基化尿激酶原也做了一些临床试验。我们自 1986 年开始在国家“863”计划支持下，先后克隆成功人全长 cDNA，构建并筛选出高表达 CHO 工程细胞 CL-11G 细胞株。紧接着又进行了尿激酶原的中试工艺研究，我们采用微载体无血清灌流培养新工艺，高密度培养工程细胞，并用 SP-Streamline 阳离子交换色谱、Sephacryl S-200HR 高效凝胶色谱、苯甲脒-亲和色谱和 QAE-Sepharose-FF 阴离子

交换色谱四步纯化法，制备出高质量的产品。我们生产的重组人尿型纤溶酶原激活剂（简称 rhPro-UK）是以尿激酶原为主的尿型纤溶酶原激活剂，其中单链尿激酶原控制在（88±8）%。文献报道，无论是体内或体外试验都证明，当单链尿激酶原与小量双链尿激酶合用时，不仅可以消除单链作用的滞后时间，而且有协同作用。其治疗效果比单用尿激酶原的效果更好。我们的试验也证明，含小量双链的产品不仅具有良好的溶栓效果，而且可降低临床用量，还简化了生产工艺，降低了生产成本。为了便于临床试验时参考，现将该药的药学研究及临床前的药效学试验、毒理学试验、药代动力学试验及药理学试验资料归纳总结如下。

（一）人尿激酶原全长 cDNA 克隆和工程细胞株构建

将分泌尿激酶的 Detroit 562 细胞（人咽癌传代细胞）经放线菌酮和肉豆蔻酯处理后，用酸性硫氰胍酚氯仿法提取总 RNA，用 olig（dt）-cellulose 亲和层析柱分离 poly（A）+RNA，用与尿激酶 mRNA 3'端非翻译区互补的人工合成的 18 寡聚核苷酸作引物，以 Detroit 562 细胞 poly（A）+RNA 作模板进行反转录，通过 dG:dC 接尾重组，构建了 Detroit 562 细胞 cDNA 文库。用 DNA 探针菌落原位杂交，筛选到编码 Pro-UK 88～218 位氨基酸的阳性重组子。将 pHUK-8 重组质粒酶切，回收含有编码 Pro-UK 219～411 位氨基酸和部分 3'端非翻译区 DNA 片段。人工合成一段寡核苷酸 DNA，编码 ATG 起始密码和部分信号肽序列。再从已有的质粒酶切消化，获得含 Pro-UK 部分信号肽系列及 Pro-UK 1～101 位氨基酸 DNA 片段。最后，通过多次酶切重组，将上述 4 种 DNA 片段连接，获得了人尿激酶原全长 cDNA。序列测定结果表明，该序列与文献报道的来自人肝的 Pro-UK genomic DNA 序列一致。

将人尿激酶原 cDNA 克隆在含金属硫蛋白（MT）和 SV40 双重启动子的 pMTSVT-dhfr 载体上，构建成含人尿激酶原全长 cDNA 的重组表达质粒 pMTSVT-du。经酶切鉴定正确后，采用磷酸钙法将质粒 pMTSVT-du 转染 CHO 细胞。10d 后用含 2×10fmol MTX 的选择培养基进行 dhfr 和 MTX 双重筛选，两周后可观察到细胞克隆，4 周后共挑选出 220 个 dhfr 阳性的克隆株，其中有 33 个克隆表达 Pro-UK 水平较高。经不断提高 MTX 浓度加压后，最终挑选到了表达水平最高的 CL-11G 工程细胞株。对该工程细胞株进行了一系列鉴定的结果（附表 1）表明，它符合生物制品生产细胞的要求。

附表 1　CL-11G 细胞株鉴定结果

检查项目	CHO-dhfr	CL-11G
细胞形态	多角形，类似上皮细胞	多角形，类似上皮细胞
染色体畸变率/%	2	18
生长均一性	一致	一致

续表

检查项目	CHO-dhfr	CL-11G
生长特征	$dhfr^-$，不能在无次黄嘌呤和胸苷的培养基中生长	$dhfr^+$，能在无次黄嘌呤和胸苷的培养基中生长
每天的表达水平/（IU/10^6）	—	500～700
104 代稳定性	—	良好
支原体检查	阴性	阴性
致瘤试验	阳性	阴性
病毒检查	阴性	阴性

（二）中试工艺

1. 细胞的微载体灌流培养

在该研究中，我们主要解决了如下几个关键技术：①研制了灌流控制系统，可控制双向蠕动泵的转向和时间，达到了长时间灌流的目的；②通过多种微载体的研制和比较，在国内首次采用多孔微载体 Cytopore 于中试生产中，由于解决了载体的再生使用，大大降低了生产成本；③研制成多种适于微载体细胞培养的低/无血清培养基添加剂，包括 BIGBEF-3 号和-5 号，使血清用量分别下降至 1%和 0%。由于其组分立足于国内，价廉，较国外的更适于大规模工业化生产使用；④配制成能有效抑制细菌污染的“三合一”抗生素，它既是 FDA 允许的，又不影响细胞的增殖和产品的产量，它的使用大大提高了上罐的成功率，延长了培养周期；⑤利用在研究中观察到的细胞可在株间自动转移的现象，不用胰酶消化，直接采用细胞株间转移新工艺，极大地方便了生产规模的扩大。并采用间隙更换部分载体的新工艺，大大延长了生产周期，提高了生产效率，保证了产品的质量。

最后确定的培养工艺为：将生产细胞 CL-11G 从生产种子库取出，复苏后先在方瓶内培养，基础培养基为 DMEM/F12，补充 5%小牛血清。待扩增至 3 方瓶后转入转瓶培养，转速为 0.25r/min，血清量减至 1%，补加 BIGBEF-3 号添加剂，待细胞培养成片后，再消化转入搅拌瓶培养。此时培养基改用 0.1%，补加 BIGBEF-5 号添加剂。培养时加入多孔微载体 Cytopore，终浓度为 2.5mg/ml，搅拌速度为 40～60r/min。根据培基的酸化情况每天换液 1～2 次，换液时改用无血清培养基，补加 BIGBEF-5 号添加剂。待细胞长到一定密度时转入 5L 反应罐培养。5L 罐的培养采用多孔微载体无血清灌流培养，灌流速度视细胞密度和葡萄糖浓度而定，从 0.2 逐渐增大到 2 个工作体积以上。待细胞密度增至 1×10^7 个细胞/ml 左右时，再转入 20L 罐培养。20L 罐的培养仍采用多孔微载体无血清灌流培养，为了延长培养周期，待细胞密度达到 1×10^7 个细胞/ml 左右时，采用间隙更换部分微载体的工艺，即每隔 10～15d 更换约 1/4 微载体。一般情况下，一个培养周期可维持 90d 左右。

利用该工艺，我们用 CL-11G 细胞获得了较高的生产水平。用 20L 罐连续培养 91d，细胞密度最高达 2.6×10^7 个细胞/ml，共获培养上清 1800L，平均产量为 6280IU/ml，最高达 11 200IU/ml，总产量 113g。

2. rhPro-UK 的大规模纯化

在纯化工作中，我们曾先后摸索过 4 种工艺：①CM-径向阳离子交换色谱、MPG 微孔玻璃珠吸附色谱、Sephacryl S-200HR 凝胶色谱、对氨基苯甲醚亲和色谱。用该纯化路线，总回收率约 42%，纯度大于 95%，单链含量约 90%。其优点是材料价格比较便宜，缺点是 MPG 上样速度比较慢，放大比较困难。②CM-径向阳离子交换色谱、羟基磷灰石离子交换色谱、Sephacryl S-200HR 凝胶色谱、对氨基苯甲醚亲和色谱。在该纯化路线中，用羟基磷灰石取代 MPG，解决了流速慢、不易放大的缺点。总回收率约 50%，纯度大于 95%，单链约 90%。之后由于大连化学物理所的径向色谱柱已停止生产，想放大已无货源，为此又不得不改用第 3 种工艺。③HS-阳离子交换灌注色谱、Sephacryl S-200HR 凝胶色谱、对氨基苯甲醚亲和色谱。灌注色谱采用的是具有贯穿孔和双扩散功能的分离介质，它具有线性流速快、分辨率好、分离效率高等优点。总回收率近 60%，纯度大于 95%。但随着中试产量的扩大，灌注色谱又显出了它的不足。由于采用灌注色谱，培养上清需经微孔滤膜过滤，还需用高压泵上样，不利于扩大生产。为此我们又改用了第 4 种工艺。④Streamline SP-阳离子交换色谱、Sephacryl S-200HR 凝胶色谱、对氨基苯甲醚亲和色谱、QAE-Sepharose 阴离子交换色谱。这是第 4 种，也是我们最终确定的工艺。采用该工艺，连续 5 批，共纯化了 1800 多升的培养上清，获半成品 78.4g，回收率在 60%以上，纯度大于 98%，单链含量＞99%。半成品加入保护剂人血清白蛋白和赋形剂甘露醇后，经无菌过滤、分装、冻干，即成产品。其中 3 批样品送国家卫生部生物制品检定所检定，各项指标均合格。

3. rhPro-UK 的质量检验

三批 rhPro-UK 产品送国家卫生部药品生物制品检定所检验，23 项指标全部合格（详见中检所检定报告）。

（三）稳定性观察

无论是尿激酶或尿激酶原，它们在液体状态下都是不稳定的。尤其是尿激酶原，不仅活性会下降，单链的比例也会减少。因此必须加入一定量的保护剂，冻干，并在低温下保存。我们的实验表明，当加有人血清白蛋白和甘露醇的冻干产品，在4℃和–20℃下保存15个月，其活性和单链比例均无影响。25℃活性损失27%，37℃活性损失81%。通过高温（80℃、70℃和60℃）的加速储存试验，表明该产品在37℃、25℃、4℃和0℃储存时，推算活性单位损失10%所需时间分别为20d、100d、7.6年和11年。另外，我们将u-PA成品和半成品分别放于37℃、25℃、4℃和–20℃保存，每季度测一次活性，半成品加做电泳分析，经过近20个月观察，产品在4℃以下保存是稳定的，为此，我们暂定在4℃以下保存时间为3年。

（四）重组人尿型纤溶酶原激活剂的药效学试验结果

1. 不同单链含量rhPro-UK对家兔纤溶功能影响的比较

通过比较双链尿激酶（UK）与含不同单链rhPro-UK（单链含量：28%、70%、82%和94%）在相同剂量时对家兔纤溶功能的影响，结果发现：①UK和不同单链含量的rhPro-UK都有明显增加纤维蛋白（原）降解产物和缩短优球蛋白溶解时间的作用。②UK和28%单链rhPro-UK对正常家兔a_2-抗纤溶酶（a_2-AP）及纤维蛋白原（Fg）有明显降解作用，含70%、82%和94%单链rhPro-UK则对a_2-AP和Fg无明显影响。表明单链含量达到70%以上的rhPro-UK表现出很高的特异性，对全身纤溶系统的影响明显减小。③本试验未观察到UK及rhPro-UK对兔体内纤溶酶原（PLG）活性的明显作用。

比较了UK和单链含量为82%和94%的rhPro-UK在相同剂量时对兔肺血栓的溶栓作用，结果证明：①相同剂量UK和rhPro-UK的溶栓作用相似；②rhPro-UK单链含量94%的溶栓作用有所增加，但与单链含量82% rhPro-UK比较，无统计学差异；③单链含量为82% rhPro-UK的溶栓效果随剂量增加，溶栓作用有所增强。

2. 不同剂量rhPro-UK对家兔纤溶功能的影响

通过对单链含量为82% rhPro-UK不同剂量（80 000IU/kg和160 000IU/kg）对家兔纤溶功能的影响并与UK（80 000IU/kg）比较试验，结果表明：两个剂量rhPro-UK和UK均能明显缩短优球蛋白溶解时间（ELT）和增加纤维蛋白（原）降解产物（FDP）。

相同剂量（80 000IU/kg）rhPro-UK对兔体内a_2-AP和Fg的影响明显低于UK，而且rhPro-UK剂量增至160 000IU/kg时，对a_2-AP和Fg的影响仍明显低于UK，统计学有显著性差异。提示rhPro-UK有较大安全范围。

3. rhPro-UK 对家兔外源性血栓的溶栓作用

用血栓形成仪制备血栓，染色后经颈静脉注入家兔体内，观察不同剂量 rhPro-UK 的溶栓作用，并与 UK 进行比较。结果表明，rhPro-UK 与 UK 同等剂量的溶栓作用相似，rhPro-UK 的溶血栓功能随剂量增加而增强，其溶栓率与对照组比较差异非常明显（$P<0.001$），正常家兔对注入的血栓有一定生理性溶解作用。揭示 rhPro-UK 对家兔试验性血栓有明显的溶解作用。实验结果列于附表 2。

附表 2　rhPro-UK 对实验兔肺血栓的溶解作用

药物分组	剂量/（IU/kg）	动物数/只	注入前栓重/mg	24h 后栓重/mg	溶栓率/%
对照组	0	8	32.25±2.05	23.88±2.30	25.95±5.42
UK	10 000	8	31.75±1.58	15.38±4.96	52.47±14.58
	20 000	8	30.25±1.49	13.38±4.72	56.27±14.90
	40 000	7	30.43±1.62	9.71±3.25	68.30±9.70
	80 000	7	31.43±1.99	11.71±6.29	63.12±18.82
rhPro-UK	10 000	5	32.00±2.35	15.40±5.13	52.48±14.47
	20 000	8	30.25±1.28	15.88±3.18	51.54±9.75
	40 000	8	32.38±1.77	12.88±3.94	59.72±14.19
	80 000	8	31.25±1.49	9.50±3.63	69.69±11.25
	160 000	8	32.38±1.85	8.25±3.33	74.44±10.25

4. rhPro-UK 对猪冠状动脉血栓的溶栓作用及相关指标的影响

中国试验小型猪直接用电刺激冠状动脉造成动脉内膜损伤，逐渐形成冠脉内血栓。用不同剂量 rhPro-UK 进行溶栓治疗，用冠状动脉病理切片，显微电视成像印象技术、多媒体图像分析溶栓效果，测定心外膜电图、心肌组织化学染色、血清生化学肌酸激酶（CK）及同工酶 CK-MB）和乳酸脱氢酶（LDH）、优球蛋白溶解时间（ELT）、出血和凝血时间（BT、CT）、纤溶酶原（PLG）、a_2-抗纤溶酶（a_2-AP）、纤维蛋白原（Fg）等指标，观察 rhPro-UK 对上述指标的影响。结果表明，UK 和 rhPro-UK 对猪冠脉血栓有显著的溶栓作用，rhPro-UK 40 000IU/kg、80 000IU/kg、160 000IU/kg 3 个剂量组与对照组相比均能明显缩小冠脉血栓横切面积，减轻心肌缺血程度和范围，缩小梗死区。UK（80 000 IU/kg）溶栓率为 40.12%，rhPro-UK 3 个剂量组的溶栓率依次为 34.43%、45.56%、47.27%；对照组自溶率为 6.71%。UK 和 rhPro-UK 在给药期间及给药后 180min 均能使 CK、

CK-MB、LDH 活性基本维持在给药前的水平，对照组则逐渐升高，到 180min 比给药前升高近 1 倍；rhPro-UK 能缩短优球蛋白溶解时间，明显延长出血时间和凝血时间；对猪 Fg、PLG 和 a_2-AP 含量均无明显影响。

同时与尿激酶（UK）进行了比较，结果显示：①相同剂量 rhPro-UK 与 UK 对冠脉血栓的溶解作用、对心肌缺血和心肌梗死及相关生化指标的改善效果相似。rhPro-UK 的作用随剂量增加而增强。②rhPro-UK 与 UK 同等剂量（80 000IU/kg）或高于 UK 剂量（160 000IU/kg）时，出血时间、凝血时间、单位时间内出血量均明显低于 UK。③UK 可明显降低 a_2-AP 含量，rhPro-UK 的两个剂量组均无明显变化。试验结果揭示，rhPro-UK 和 UK 对猪冠脉血栓均有明显溶解作用，rhPro-UK 对全身纤溶系统没有影响，其副作用明显低于 UK。

检测表明，28mg/kg 组动物的 Tchol、TP 和 Alb 含量有升高趋势，但在恢复期均恢复到正常水平。rhPro-UK 28mg/kg 和 8mg/kg 剂量组动物 PT、TT 和 APTT 3 项凝血指标测定显示，凝血时间明显延长，但 24h 均恢复正常，2mg/kg 剂量组 3 项凝血指标无变化。病理学检查未观察到药物造成直接的脏器损伤。

（五）重组人尿型纤溶酶原激活剂（rhPro-UK）的毒理学试验结果

1. rhPro-UK 急性毒性试验结果

重组人尿型纤溶酶原激活剂（rhPro-UK）半成品经小鼠尾静脉注射进行急性研究。毒性结果表明，rhPro-UK 的小鼠 $LD_{50}>97.5mg/kg$；在 14d 观察期内，小鼠体重增加正常，未见任何异常，死亡率为 0。

2. rhPro-UK 的长期毒性试验

1）Beagle 狗的长期毒性研究结果

本试验设 3 个 rhPro-UK 实验组，一个对照组，每组 4 只，雌雄各半。3 个实验组的给药剂量为 28mg/kg、8mg/kg 和 2mg/kg，分别相当于人用剂量的 28 倍、8 倍和 2 倍；相当于家兔血栓治疗剂量的 56 倍、16 倍和 4 倍。对照组给 6%甘露醇。每天静脉滴注给药一次，连续 7d。结果表明，rhPro-UK 28mg/kg 和 8mg/kg 组每次静脉滴注后可见牙龈不同程度充血，给药后半小时明显减轻，4h 内恢复正常。用药后注射部位容易出血，需要适当延长局部压迫止血时间。2mg/kg 组未观察到上述症状。实验各组动物 13 项血液学指标检测，未见到与药物有关的改变。血液生化指标：实验用二级 Wistar 大鼠，设 3 个剂量组，即静脉注射 rhPro-UK 3mg/kg、10mg/kg 和 30mg/kg，一个对照组（注射 6%甘露醇生理盐水溶液），连续注射 7d。每天给药后观察记录动物的一般表现，每周测定一次食量和体重，最后一次给药后 4h 取眼眶血测定 3 项凝血指标，24h 后取心脏血测定 13 项血液学指标和

15 项血液生化指标。然后处死动物，进行尸检，并取脏器测定脏器系数及进行组织学病理检查。结果表明，3 个剂量组受试动物均未出现毒性反应症状，食量、体重增长正常。13 项血液学检查结果显示，RBC、Hgb、Reti、HCT、MCHC、MCH 与对照组比较有显著差别或非常显著差别（$P<0.05$，$P<0.01$），但都在正常范围波动，没有明显的时效关系和量效关系。15 项血液生化指标检查结果显示，TP、Alb 与对照组比较有升高趋势，可能与该药物的免疫刺激有关，其他指标未见明显变化。3 项凝血指标检查结果显示，PT 和 TT 未见明显变化，APTT 时间明显延长，与对照组比较有显著差别或极显著差别（$P<0.05$，$P<0.01$），这可能与该药物的药理作用有关。因此，以上某些指标与对照组的差别可视为无明显毒理学意义。组织病理学检查及脏器系数测定均未发现与供试品有关的具有毒理学意义的改变。

基于以上研究结果，供试品（rhPro-UK）在本文研究条件下，其无毒性反应剂量大于 30mg/kg。

2）家兔 rhPro-UK 注射部位出血时间和局部刺激作用研究

家兔 rhPro-UK 注射部位出血时间研究结果表明，在注射剂量 0.8mg/kg、3.2mg/kg 时，可引起家兔出血时间延长。出血时间延长的程度与给药剂量、给药次数有关。给药剂量越大，给药次数越多，出血时间和恢复时间越长。家兔 rhPro-UK 注射部位局部刺激研究实验结果表明，在注射 0.8mg/kg、3.2mg/kg rhPro-UK 后，在注射部位光镜检查可见，该药可引起注射部位静脉局部的炎性损伤，表现为静脉结构的轻度破坏和周围组织的炎性肿胀。这些改变与给药剂量、给药次数和局部渗漏有关。

从以上结果初步认为，rhPro-UK 在临床上一般为一次给药，并采用静脉滴注方式给药，人拟用剂量为 0.5mg/kg 左右，在此剂量下不会对人体造成与出血时间有关的明显副作用和明显的局部刺激作用。

3）rhPro-UK 的特殊毒性试验研究结果

A. 小鼠骨髓细胞微核试验

昆明小鼠静脉注射 rhPro-UK 90mg/kg 后，12h、24h、36h、48h 及 72h 取材检查，对多染红细胞微核率及红系细胞造血均无明显影响。各取样点的微核率及 PCE/NCE 值均在正常范围之内。

B. rhPro-UK 的遗传毒性研究

用沙门氏菌诱变性实验平皿掺入法检测 rhPro-UK 对测试菌株 TA97、TA98、TA100 和 TA102 的致突变作用。结果表明，rhPro-UK 在 0.1～2000μg 浓度范围内，在活化和非活化条件下，诱发 4 菌株产生的回变菌落数与相应的自发突变率。对照组相比无明显增加，表明 rhPro-UK 对沙门氏菌无致基因突变作用。阳性对照药，直接诱变剂 Dexon（50μg/ml）和间接诱变剂 2-氨基蒽（20μg/ml）在相同实验条件下，诱发4个菌株产生的回变菌落数均超过阴性对照两倍以上。

C. rhPro-UK的CHL细胞染色体畸变试验

rhPro-UK 100pg/ml、200pg/ml、400pg/ml分别与CHL细胞接触培养24h、48h后收获细胞，rhPro-UK 3个剂量对CHL细胞染色体畸变率均无明显影响，也未见诱发CHL细胞染色体畸变及数目改变。

D. rhPro-UK的生殖毒性研究

小鼠致畸胎试验结果表明，小鼠妊娠后第6～15天，每天静注rhPro-UK 1mg/kg、5mg/kg、15mg/kg、45mg/kg，连续10d，5mg/kg、15mg/kg、45mg/kg各剂量组均有流产和母鼠死亡，1mg/kg和15mg/kg组存活的胎鼠各发现一个足外翻畸形，畸形率为0.9%和0.7%，均在正常范围。5mg/kg和45mg/kg组及溶剂对照组存活胎鼠发现畸胎率为0.7%，均在正常范围。1mg/kg剂量组未见母鼠流产、死亡，但个别母鼠仍见宫内轻度出血。15mg/kg和45mg/kg组腭裂畸形率明显增高，5mg/kg及1mg/kg组的腭裂畸率与溶剂对照组相当。实验结果提示，该药与其他溶栓药一样，孕妇患者要慎用。

（六）重组人尿激酶原（rhPro-UK）的一般药理学试验

通过小鼠（剂量：5.2mg/kg、10.4mg/kg、20.8mg/kg），大鼠（剂量：3.6mg/kg、6.0mg/Kg、12.0mg/Kg），犬（剂量：0.6mg/kg、1.2mg/kg、2.4mg/Kg）和豚鼠（剂量：1×10^6g/ml和1×10^5g/ml）回肠的一般药理学试验的结果表明，rhPro-UK对受试动物的一般行为、状态及中枢神经系统、心血管系统、呼吸系统、消化系统等均无明显影响。对出血时间、血小板数量及血小板聚集功能也无明显影响。仅发现犬实验中手术创面有渗血现象，实验结束后全身血液有类似肝素化状态。

血小板凝结实验结果表明，分别给家兔4次注射rhPro-UK 0.8mg/kg和3.2mg/kg，0.8mg/kg组血小板最大聚集率有所降低，但统计学差异不明显。3.2mg/kg组有明显降低血小板最大聚集率的作用，对血小板聚集抑制率为35%，与对照组相比差异显著。

（七）重组人尿激酶原（rhPro-UK）的药代动力学试验

（1）用HPLC法研究家兔rhPro-UK和UK的药代动力学，结果表明，单链rhPro-UK和双链UK分别按双指数函数和单指数函数衰减。单链rhPro-UK的初相半衰期[$t_{1/2}$（α）=（7±2）min]与双链UK的初相半衰期[$t_{1/2}$（α）=（9±3）min]比较接近；单链rhPro-UK的末相半衰期为$t_{1/2}(\beta)$=(43±10)min，提示单链rhPro-UK在体内的作用机制与双链UK不同。单链rhPro-UK和双链UK的药时曲线下的面积（AUC）分别为（8251±2395）U/（ml·min）和（13 828±1089）U/（ml·min），表明单双链在体内呈平衡状态。该结果为rhPro-UK的药效学特点提供了单、双链存在同作用机制的分子基础。

（2）rhPro-UK 的排泄实验结果表明，rhPro-UK 主要经尿排泄，其次少量经粪便排泄。48h 经尿和粪便排泄 86.2%，经尿排出的大部分是 rhPro-UK 的降解产物碎片。组织分布实验结果表明，rhPro-UK 进入体内主要分布于尿、肾、肝脏、胆汁、心脏、血液、肺等血流丰富的组织，大脑、脂肪等组织含量很低。

（3）用测定酶活力方法研究 rhPro-UK 在猕猴体内的药代动力学结果表明，当分别静注 75 000IU/kg、150 000IU/kg 和 300 000IU/kg rhPro-UK 后，其消除半衰期分别为（6.3±1.8）min、（11.5±2.1）min 和（12.3±2.9）min，半衰期随时间延长，提示该药在体内存在非线性过程。静脉注射 UK 150 000IU/kg 后，其消除半衰期为（13.7±2.7）min。

四、有关尿激酶原（Pro-UK）的国内外研究综述

——尿激酶原（Pro-UK）的性质、结构、功能及其药代动力学和临床应用效果

心肌梗死、脑栓塞及其他血栓病是严重危害人类健康的常见病，我国每年至少有 500 万人需要使用溶栓制剂治疗，因此研制高效、特异、副作用小的新型溶栓制剂十分必要。

自从 1951 年 Williams 从尿中发现尿激酶以来，它已被广泛用于各种血栓病的治疗中。尽管它具有较好的溶栓效果，但它和链激酶一样，溶纤作用都是非特异性的，因此常常伴有全身性的，包括一些重要脏器如颅脑的出血。

1973 年，Bernik 首先在组织培养液中发现了尿激酶原，接着 1979 年，Husain 等从尿中纯化出一种新的高分子的单链尿激酶，由于他采用纤维蛋白/celite（一种硅藻土）柱层析，因此，他认为它与纤维蛋白有高度亲和力。1981 年，Wun 等证明它是尿激酶的前体，所以称它为尿激酶原（prourokinase）。1985 年，国际血栓形成和止血委员会正式称该酶为单链尿激酶型纤溶酶原激活剂（single-chain urokinase-type plasminogen activator，SCUKTPA）。由于它具有选择性地溶血栓作用，因此引起了人们很大的兴趣。继 Husain 自尿中纯化出 Pro-UK 以来，人们又先后从人胎肾细胞、恶性胶质瘤细胞、肾腺癌细胞培养液和人血浆中纯化获得了 Pro-UK，并在早期被用于动物和临床的效果观察。但由于天然材料是人们开始采用基因工程的手段，让细菌或哺乳动物细胞等来大量生产有治疗价值的 Pro-UK 含量甚微，难以大量制备。于是科学家就开始研究重组 Pro-UK。1985 年，Homes 等首先在大肠杆菌中获得了表达和纯化。1986 年开始由德国的 Grunenthal 公司生产，称为 Saruplase，并在一些国家进行临床观察，证明它对心肌梗死等确有良好的疗效（后述）。而且在采用工程菌生产中，由于产品呈不溶性的包含体，需要烦琐的变性和复性，从而导致产品的不均一性和产量较低，于是人们开始用动物

细胞来表达糖基化，有的已进入了中试生产，有的已在临床进行效果观察，并获得了相当满意的效果。近年甚至有报告用转基因小鼠获得了表达。

（一）Pro-UK的性质和结构

Pro-UK由411个氨基酸组成，是一种分子质量为50～54kDa的糖蛋白（它们的差异可能与生产的细胞和纯化的方法不同，从而导致糖基化水平的差异）。它是一种碱性蛋白，等电点为8.9～9.05。比活性各专家的报告不一，这与纯化的方法和测定的方法不一有关（目前测定的方法主要有溶解圈法和S2444底物比色法），较可靠的为（1～1.3）$\times 10^5$IU/mg。它与尿激酶有同样的抗原决定簇，可与尿激酶抗体起反应。但二异丙基氟磷酸（DFP）和Glu-Gly-Arg-CH_2Cl_2不能使它失活，但可使双链的尿激酶失活。它在液体条件下很不稳定，与UK一样会自动分解，因此必须及时冻干，目前各国制备的都是加有人白蛋白的冻干产品。它的分子内有12对二硫键（附图1），其前体分子含有由20个氨基酸残基组成的疏水信号肽。Pro-UK具有3个蛋白结构域：①表皮生长因子类（EGF-like）结构域，由第5～49位氨基酸残基组成，与表皮生长因子高度同源，富含半胱氨酸，在氨基酸残基11和19、13和31、33和42间各有1对二硫键，该结构域功能尚不清楚。②kringle结构域。由第50～136位氨基酸组成，呈指形环状，有3对二硫键，其位置分别在第50～130、71和113、102和126残基间。纤溶酶原（PLG）、t-PA、凝血酶原和脂蛋白α中也存有kringle区。在PLG及t-PA中，该区的功能与它们同纤维蛋白结合有关，通过分析凝血系统组分中kringle结构与功能，推测该区可能参与蛋白质与蛋白质之间的相互作用，与受体结合有关。③丝氨酸蛋白酶结构域：位于Pro-UK羧基端，其中His204、Asp255与Ser356弱构成该酶活性中心，Asn302为糖基化位点，该区内共有5对二硫键，突变实验结果表明，Ile159的存在不仅决定双链UK衍生物的活性，而且也决定单链Pro-UK的活性。Lys300的存在对Pro-UK具有高催化活性。Pro-UK分子中存在着4个酶切位点，第一位点在Lys158～Ile159，该肽链可被纤溶酶、胰蛋白酶、激肽释放酶及因子ⅫCc水解，水解后接着将A链羧基端lysine残基除去，Pro-UK就被转变成为具有高催化活性的高分子质量双链UK，尿激酶A链由第157位氨基酸残基组成，B链由第159～411残基组成。A、B两条链间由Cys148和Cys279之间的二硫键相连。第二个酶切位点在Lys135～Lys136。高分子质量双链UK Lys135～Lys136肽键可被plasmin继续水解，脱去NH_2一端135个氨基酸成为双链低分子UK，其分子质量为33kDa。活性同高分子质量双链UK。第三个酶切位点在Glu143～Leu144，该肽键可被蛋白酶裂解产生分子质量为32kDa的单链UK，低分子质量单链UK在人体液中不存在，主要在分离和纯化尿酶酶原过程中获得，其生化特性、溶栓活性与Pro-UK相似，具有选择性地溶解纤维蛋白的特性。这也说明Pro-UK其N端和K区的存在与否与其特异的溶血栓作用无关。第四个酶切位点在 Arg156～Phe157，该肽键可被凝血酶水解，产生分子质量为 54kDa、由二硫键相连的双链分子，但其活性只有双链尿激酶活性的 1/500，对人工合成的底物及 PLG 几乎没有酶学活性。由凝血酶裂解的 54kDa 的双链分子经 plasmin 作用后产生的双链 UK 与 plasmin 裂解 Pro-UK 产生的尿激酶具有相似的酶学活性，表明 B 链氨基端残基在决定酶学活性方面十分重要，而 A 链的羧基端却并不重要。

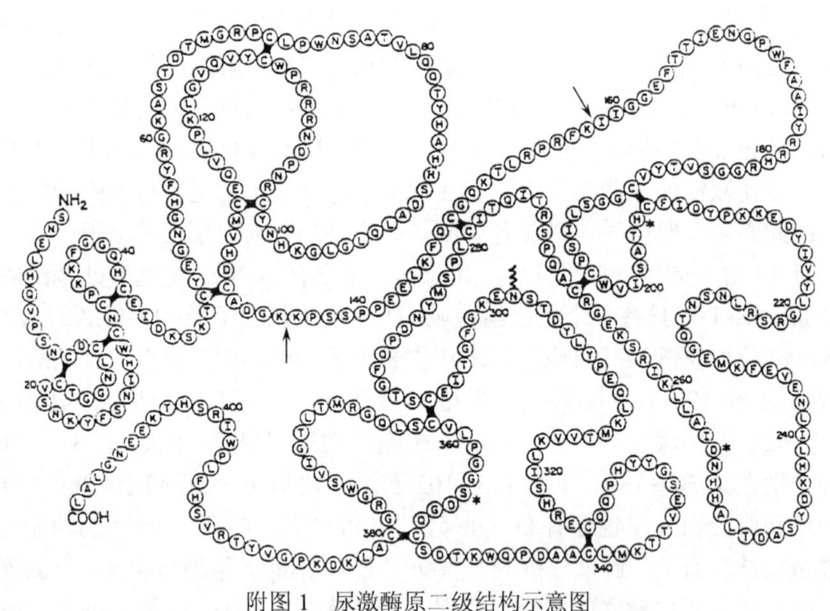

附图 1　尿激酶原二级结构示意图

→酶作用位点：Lys 158，形成双链 UK，Lys 135，形成低分子 u-PA

*活性位点氨基酸；■二硫键；ξ 糖基侧链

（二）Pro-UK 的基因结构及表达调控

Pro-UK 基因全长为 6387 核苷酸，位于第 10 号染色体上。将 Pro-UK cDNA 和基因组序列进行比较，表明 Pro-UK 基因含有 10 个内含子，11 个外显子，外显子Ⅱ主要编码 Pro-UK 信号肽序列，外显子Ⅳ编码表皮生长因子一类结构域，外显子Ⅴ和Ⅵ编码 kringle 区，外显子Ⅶ～Ⅺ编码丝氨酸蛋白酶功能区。Pro-UK 基因可转录成 2.4kb 的成熟 mRNA，初始翻译产物为前 Pro-UK，含有由 20 个氨基酸组成的信号肽序列，细胞分泌时将信号肽除去即产生 Pro-UK。

Pro-UK 基因的 5'侧翼区大约 800bp 片段含有启动子功能，–24 处为 TATA box，–82 处为 CAAT box，两者之间有 3 个重复的 6GGC66 序列，分别位于基因的–63、–48 和–37 处。在其他病毒和真核基因的启动子中也发现与其相同的 6 核苷酸或其互补序列CCGCCC，该序列与转录因子SP-1结合，其作用不依赖序列的方向性。Pro-UK基因的启动子也含有其他短的直接重复序列，为其他调节分子的靶位点。Pro-UK基因上游1824～2350处存在增强子，它的存在可促进异源启动子的转录活性，在1572～1824处存在着负性调控元件，将其删除可增加Pro-UK基因的转录活性。

调节Pro-UK转录的机制是其激活cAMP的蛋白激酶（PKA），PKA使核内蛋白质磷酸化，从而促进CRE与CREB的亲和力，导致Pro-UK转录活性增加。激素、降钙素、加压素、霍乱毒素和cAMP类似物，都能增加cAMP水平，是UK基因表达的诱导剂。另外肿瘤促进剂如TPA和Mezerein能下调钙和磷脂依赖的蛋白激酶PKC，也可增加Pro-UK基因的转录。

Pro-UK基因受多种细胞外信号调节，Medcal等在人纤维肉瘤细胞系HT-1080上证实Pro-UK基因上存在着顺式糖皮质激素反应元件（GRE），起负调控作用，加入合成的糖皮质激素——地塞米松，可降低Pro-UK的表达。在Pro-UK基因中也存在着cAMP反应元件（CRE），cAMP诱导UK表达的增强子是细胞特异的，它存在于转录起始点上游3.4kb处，长度为73bp，有3个蛋白结合域（FPA、FPB和FPC），FPA和FPB含有CRE序列（TGACG），FPC不与已知的蛋白识别序列同源，但可促进CRE结合蛋白（CREB）对CRE的亲和力，对于cAMP反应，所有3个功能结合域都是必需的。cAMP调节Pro-UK转录的机制是其激活cAMP的蛋白激酶（PKA），PKA使核内蛋白质磷酸化，从而CRE与CREB的亲和力，导致Pro-UK转录活性增加。激素、降钙素、加压素、霍乱毒素和cAMP类似物，都能增加cAMP水平，是UK基因表达的诱导剂。另外肿瘤促进剂如TPA和Mezerein能下调钙和磷脂依赖的蛋白激酶PKC，也可增加Pro-UK基因的转录。

除上述因素外，癌基因的转化、紫外照射、佛波脂（phorbol esters）、肿瘤坏死因子（TNF）等也可促进UK基因的转录和表达。如佛波脂中的PMA可使人肿瘤细胞（A1251）中UK mRNA水平增加20～40倍，来自血小板的生长因子可使mRNA水平增加2～4倍。

（三）Pro-UK的功能及作用机制

Pro-UK属丝氨酸蛋白酶家属，与t-PA、链激酶（SK）一样均属纤溶酶原激活剂，其溶栓机制都是将没有活性的纤溶酶原裂解，转变成有活性的纤溶酶（plasmin），纤溶酶具有降解血块中交联纤维蛋白的能力，从而达到溶解血栓的效果。

Pro-UK为尿激酶的前体，以前曾一度认为Pro-UK本身没有酶学催化活性。但一些学者发现，Pro-UK本身也有微量催化活性，也具有将PLG转变为plasmin的能力，但Pro-UK若要真正发挥溶栓作用，还需在plasmin或kallikren等蛋白酶作用下，将其Lys158～Ile159链裂解，成为双链尿激酶方可实现。尿激酶中A链的羧基端为lysine，C端lysine对PLG有强亲和结合能力，能显著地促进PLG的活化。

Pro-UK在血浆中37℃保温数天仍是稳定的，其半衰期长，对PA抑制剂PAI的不可逆抑制具有抗性，它的主要生理功能可能是与t-PA和UK一起，相互协同，使体内凝血系统和溶血系统保持平衡。它和t-PA一样，具有特异的溶血栓作用。它只作用于已被纤维蛋白吸附的PLG而不作用于血液循环中游离的PLG。因此Pro-UK溶栓时不易造成全身PLG和纤维蛋白原降解和耗竭，避免系统性出血等副作用发生。Pro-UK和t-PA都被看做第二代新型溶栓制剂，都具有选择性地溶解纤维蛋白的特性，溶栓效果比较好，但两者在选择性地溶解纤维蛋白和溶栓机制方面是不同的。

t-PA的选择性溶纤作用机制主要决定于t-PA对纤维蛋白具有强亲和性，在纤维蛋白不存在时，t-PA只是很弱的激活剂，但纤维蛋白能显著地增加t-PA对PLG的活化速率，增加t-PA和PLG复合物的稳定性，使plasmin只在纤维蛋白表面产生，从而导致特异的溶解血栓中的纤维蛋白。而Pro-UK本身对纤维蛋白的亲和性很弱，关于其选择性地溶解纤维蛋白的机制主要有两种解释，一种解释是血浆中存在着一种Pro-UK竞争性抑制因子，当纤维蛋白不存在时，Pro-UK与其抑制因子结合，Pro-UK没有活性；当纤维蛋白或纤维蛋白片段与Pro-UK结合时，与Pro-UK结合的抑制因子被除去，Pro-UK活性恢复，导致与纤维蛋白结合的PLG得到活化，产生特异的溶血栓作用。第二种解释是血浆中存在的PLG主要是以氨基末端为Glu的Glu-PLG形式存在的，Glu-PLG经plasmin降解后变为氨基末端为Met、Lys或Val的Lys-PLG。Pro-UK对Glu-PLG的活化作用很弱，而对Lys-PLG的活化却强得多。当Glu-PLG与纤维蛋白羧基末端的某些lysine结合后，PLG的构型发生改变。构型发生变化的Glu-PLG或经纤维蛋白表面plasmin降解后的Lys-PLG才能被Pro-UK活化，转变成有活性的plasmin，降解血栓中的纤维蛋白。

在溶纤机制上，Pro-UK和t-PA也是不同的。t-PA可与纤维蛋白紧密结合，与已和纤维蛋白结合的PLG一起形成三元复合物，人们发现，只有与纤维蛋白内部lysine残基结合的PLG，才能参与三元复合物的形成，才能被t-PA所活化。

完整的未降解的纤维蛋白只含有与纤维蛋白内部某些lysine残基结合的PLG。这些PLG才能被t-PA所活化。纤维蛋白部分降解后，纤维蛋白α、β和γ链上位于羧基端的lysine残基才能暴露，与C端lysine残基结合的PLG，构型发生改变，才可成为Pro-UK活化的对象。因此t-PA和Pro-UK所活化的PLG是与纤维蛋白不同结合位点结合的PLG。只有t-PA和Pro-UK联合使用，结合到纤维蛋白上的所有PLG才能被活化，才能获得最大的溶纤活性。t-PA和Pro-UK虽然都是纤溶酶原激活剂，但作用机制不同，并且相互互补，这就是t-PA和Pro-UK

联合使用具有协同作用的原因所在。

Pro-UK 和 UK 联合使用也同样存在着协同作用。动物和临床试验都表明，联合使用较 Pro-UK 单独使用可以缩短溶栓时间，提高栓塞再通率，其协同作用机制可能与 Pro-UK 和 t-PA 联合使用产生协同效应机制相似。在最初形成的未降解的血块纤维蛋白上，只存在少量的 PLG，这些 PLG 不能被 Pro-UK 所活化，但 UK 可产生与 t-PA 相类似的作用，使部分纤维蛋白降解，暴露出新的 PLG 结合位点，结合在新的结合位点上的 PLG 的构型与最初血块上的 PLG 不同，可被 Pro-UK 所活化并产生 plasmin，使血块得到进一步的降解。

Pro-UK 对溶解富含血小板的动脉内血栓是十分有效的。血小板具有尿激酶原受体，能与 Pro-UK 结合，血小板上的激肽释放酶可将 Pro-UK 转变成高活性的 UK，Pro-UK 溶解富含血小板血块的速度是溶解缺乏血小板血块的 2 倍。t-PA 溶解这两种类型血栓的效果则相反。

尿激酶原除上述溶纤作用外，还有哪些生理作用，目前还无报道。而尿激酶则在细胞迁移、组织修复、炎症反应、卵子受精过程及肿瘤转移等方面都起着重要作用。

（四）糖基化 Pro-UK 与非糖基化 Pro-UK 的差别

Pro-UK 分子糖基化位点 Asn302 上的寡糖链可影响 Pro-UK 在血液中的半衰期和活性。Pro-UK 在体内主要受肝细胞膜上的特异性受体所介导，并在肝细胞溶酶体中被降解，血中半衰期约为 8min。人们将天然的或由哺乳动物细胞表达的 Pro-UK、Pro-UK 突变体和大肠杆菌表达的 Pro-UK 进行比较，发现糖基化的和非糖基化的 Pro-UK 对纤维蛋白的溶解都是有选择性的，是血栓特异性的。非糖基化的 Pro-UK 被 plasmin 活化的能力比糖基化 Pro-UK 强，其催化活性也比糖基化 Pro-UK 强，但非糖基化的 Pro-UK 对 plasmin 活化敏感，也导致了非糖基化 Pro-UK 比糖基化 Pro-UK 在血浆中更不稳定。Weaver 等用重组糖基化 Pro-UK（A-74187）进行临床溶血栓试验时获得了高再通率、低再栓率的好结果，同时也证实糖基化 Pro-UK 比非糖基化 Pro-UK 具有更好的特异性和稳定性。糖基化影响酶活性的原因可能是 Asn302 所处位置与 Pro-UK 被活化的位点（Lys158～Ile159）和酶活性中心比较接近。通过分析经 X 射线晶体衍射测定的尿激酶丝蛋白酶功能区的三级结构也可证实这一点。

（五）Pro-UK 的药物动力学

国外对天然的和重组的尿激酶原的药代动力学都曾进行过研究。1987 年 Stump 等观察了天然尿激酶原在兔体内的药代动力学变化，表明它按二项指数函数衰减（符合二室开放模型），其初相半衰期 $t_{1/2}$（α）为 3.15～3.47min，末相半

衰期 $t_{1/2}(\beta)$ 为 15.4～16.1min，表观分布容积为 600～910ml，血浆清除率为 18～22ml/min。实验还表明，尿激酶原的清除主要在肝脏，当肝动脉和门静脉结扎时能延长初相半衰期，而肾血管结扎对初相半衰期无影响。1990 年，Collen 等研究了大肠杆菌表达的 Pro-UK 在狒狒体内的药代动力学。当给药剂量为 0.5mg/kg 和 1.0mg/kg 时，其初相半衰期分别为 2.5min 和 2.9min，末相半衰期分别为 14min 和 17min，血浆清除率分别为 330ml/min 和 340ml/min，中央室表观分布容积分别为 1.4L 和 1.9L。1993 年，de Boer 等在 6 名志愿者体内对 Saruplase 的药代动力学进行了观察。结果表明 Saruplase 在人体也按二室模型衰减，但消除速度比动物体内慢，初相半衰期为 7.2～10min，末相半衰期 4 人为 88～104min，2 人为 131min 和 220min，中央室表观分布容积为 4.4～11.6L。这种差别可能是由于 Mezerein 能下调钙和磷脂依赖的蛋白激酶 PKC，也可增加 Pro-UK 基因的转录。这是由个体差异造成的，与给药剂量无关。但清除率（CL）和曲线下面积（AUC）与剂量有一定关系，20mg 组的 CL 为 587～862ml/min，AUC 为 387～568ng/（ml·h）；而 40mg 组 CL 为 387～518ml/min，AUC 为 1286～2151ng/（ml·h）。此外在给药期间可见纤维蛋白原和 α_2-抗纤溶酶有所下降，停药后逐渐回升。1994 年，Koster 等在 12 名急性心肌梗死患者身上观察了 Saruplase 的药代动力学变化及其副作用。给药方式为开始 1min 内静脉注射 20mg，接着在 60min 内静脉滴注 60mg。经不同时间取样测定表明，血中药物浓度按双指数函数衰减，初相半衰期平均为 9.1min，末相半衰期为 1.2h，血浆清除率为 393min，中央室表观分布容积为 5.5L，AUC 为 3670ng/（ml·h）。这些结果除 AUC 外基本与正常人相同。给药期间纤维蛋白原和 α_2-抗纤溶酶下降，纤维蛋白降解产物上升，表明它对全身纤溶系统仍有一定溶纤副作用。较早时，Kohler 等曾在两组患者身上比较了尿激酶和尿激酶原的半衰期。他们用血液中的抗原测定数据来计算药代动力学参数，用三室模型来拟合药物时程曲线。结果是尿激酶在血液中的峰浓度为 1050ng/ml，3 个时相的半衰期分别为 12.1min、60.8min 和 399.9min，曲线下面积的百分数分别为 1.1%、98.8%和 0.01%；尿激酶原在血液中的峰浓度为 7420ng/ml，3 个时相的半衰期分别为 6.9min、26.5min 和 392.7min，曲线下面积百分数分别为 74.8%、23.6%和 2.2%。这表明尿激酶原进入人体后，在 12min 内仅有 1.1%的抗原被处置，98.8%的抗原在 2～60.8min 被处置；而尿激酶原则有 74.8%的抗原在 6.9min 内被处置，23.6%的抗原在 6.9～23.6min 被处置。

这些研究表明，天然的和重组的尿激酶原的药代动力学变化无显著差别。尽管在人体内的清除比动物体内慢，但总的来说它与 t-PA 相似，体内半衰期较短，其初相半衰期为 7～10min，末相半衰期为 1～2h。这就需要采用较大药量和较长时期的静脉滴注以维持其必要的治疗浓度。

（六）Pro-UK 临床应用效果

自从 1986 年 Vandewarf 首次采用 Pro-UK 治疗 6 名心肌梗死患者以来，它已在临床被广泛试用，从可获得的资料看，用于心肌梗死患者的治疗人数已超过 4000 人。尽管其病例数还不够多，其治疗方案也还在摸索过程中，但从这些临床实践中大致可以看出如下几点。

（1）Pro-UK 治疗心肌梗死患者的疗效是肯定的，特别是 PRIMI（1989），Vermeer（1994）和 Bär（1997）三篇报告，对较大数量患者的治疗效果分析，90min 时的血管再通率为 71.2%～79.9%，该疗效在当前所有的溶栓药中可以说是最好的了，至少说与 t-PA 相当，而优于 SK。

（2）Pro-UK 对全身纤溶系统的影响较小，表现在对血内纤维蛋白原、α_2-抗纤溶酶、纤溶酶原和纤维蛋白降解产物的测定结果远较 UK 和 SK 的影响小。在临床上尽管在注射局部常有出血，但严重的出血并发症较其他溶栓药少。这是因为 Pro-UK 将被凝血酶中和而 t-PA 等不被中和。

（3）采用 Pro-UK 治疗后血管再被阻塞的概率较 t-PA 和 SK 小，一般为 1.4%～4.7%，而据 t-PA 和 SK 的临床报告一般在 10%左右。这是由于它们常会反过来激活凝血酶和血小板，而 Pro-UK 则不会。

（4）当 Pro-UK 与 UK 或 t-PA 合用时，可见有协同作用，可减少用药量，提高疗效。这和 Gurewich 在体外试验所得的结果是一致的。他比较了 20IU/ml UK 和 80IU/ml Pro-UK 单独和联合使用的溶纤作用，以及 3IU/ml t-PA 和 40IU/ml Pro-UK 单独和联合使用的溶纤作用，结果都证明联合使用的效果都大大超过单独使用之和，表明它们存在着协同作用。这就提出了一个问题，在我们生产中是否有必要将产物中的部分双链即 UK 全部清除掉？这不仅增加了纯化的难度，降低了回收，提高了成本，而且也影响了疗效。从 t-PA 的实践看，它也是一个单、双链的混合体，而其比例各厂的产品不一，但它仍被批准使用。因此在产品中有意识地保留部分 UK 可能是更好的工艺，当然，这还有待今后的实验和临床的实践加以证实。

Pro-UK 除已被广泛用于心肌梗死患者的治疗外，近年已有报告用于肢体血管栓塞和脑血管的栓塞中，如 Moia 等用以治疗下肢深部静脉栓塞，11 条腿的血液循环都有不同程度的改善。del Zoppo 等直接对 20 名脑血栓患者的脑血管输入 6mg Pro-UK（prlyseo），并静脉输入肝素（分高低两组），结果高肝素组血管再通率高达 81.8%，低肝素组为 40.0%，而 20 名仅用肝素的患者的再通率仅为 15.4%，表明 Pro-UK 确有比较满意的结果。相信随着药物产量的增加，它的使用范围必将进一步扩大。

尽管 Pro-UK 具有较好的疗效，但它与 t-PA 一样，相对来说，治疗剂量仍较大，对全身纤溶系统仍有一定的影响，大量使用时有时也可能出现出并发症，在临床实践中可见，多数患者在注射局部有出血现象，极少数也会出现颅脑出血等较严重的并发症，这也是该药的主要副作用。因此目前国内外有不少实验室正在构建大量 Pro-UK 突变体，Pro-UK-tPA 杂合体和 Pro-UK 一抗纤维蛋白（或抗活化血小板）抗体杂合体等，以寻求治疗剂量小、半衰期长、疗效更好、副作用更小的第三代新型溶栓药。

附录2　知情同意书新生物药品临床试验知情同意书的设计规范及范例

临床试验知情同意书（informed consent form）分“知情告知”与“同意签字”两部分，其设计应符合完全告知、充分理解、自主选择的原则，必要时还应设计帮助受试者理解研究目的、程序、风险与受益的视听资料。临床试验前需作筛选检查，收集生物标本，必须得到两种知情同意，一种用于生物标本的收集和分析，另一种用于得出满意实验室结果并符合纳入标准后参加试验。

临床试验中保证受试者权益的主要措施之一就是知情同意。知情同意书是每位受试者表示自愿参加某一试验的文件证明。

1. 设计依据

根据《赫尔辛基宣言》、国际医学科学组织委员会（CIOMS）的《人体生物医学研究国际伦理指南》，国家食品药品监督管理总局（CFDA）《药物临床试验质量管理规范》及临床试验方案进行设计。

2. 设计原则

符合“完全告知”的原则。采用受试者能够理解的文字和语言，使受试者能够“充分理解”，“自主选择”。知情同意书不应包含要求或暗示受试者放弃他们获得赔偿权利的文字，或必须举证研究者的疏忽或技术缺陷才能索取免费医疗或赔偿的说明。

3. 知情同意书格式

页眉和页脚：页眉左侧为试验项目名称，右侧为知情同意书版本日期；页脚为当前页码和总页码。知情同意书分“知情”与“同意”两部分，前者为“知情告知”（必要时还应设计帮助受试者理解研究目的、程序、风险与受益的视听资料），后者为“同意签字”。

临床试验前需作筛选检查，收集生物标本，必须得到两种知情同意，一种用于生物标本的收集和分析，另一种用于得出满意实验室结果并符合纳入标准后参加试验。筛选时发现不合格（医学方面的原因）的研究对象，应给予有帮助的参考意见、任何必要的和有用的治疗或推荐到其他部门就诊。

知情同意书一式两份，受试者保存其副本。

4.“知情告知”的内容

研究背景（包括研究方案已得到伦理委员会的批准等）与研究目的；哪些人不宜参加研究；可替代的治疗措施；如果参加研究将需要做什么（包括研究过程，预期参加研究持续时间，给予的治疗方案，告知受试者可能被分配到试验的不同组别，检查操作，需要受试者配合的事项）；根据已有的经验和试验结果推测受试者预期可能的受益，可能发生的风险与不便，以及出现与研究相关损害的医疗与补偿等费用；个人资料有限保密问题；怎样获得更多的信息；自愿参与研究的原则，在试验的任何阶段有随时退出研究并且不会遭到歧视或报复，其医疗待遇与权益不受影响的权力。

5.“同意签字”的内容

声明已经阅读了有关研究资料，所有的疑问都得到满意的答复，完全理解有关医学研究的资料，以及该研究可能产生的风险和受益；确认已有充足的时间进行考虑；知晓参加研究是自愿的，有权在任何时间退出本研究，而不会受到歧视或报复，医疗待遇与权益不会受到影响；同意药品监督管理部门、伦理委员会或申办者查阅研究资料，表示自愿参加研究。签字项：执行知情同意的研究者、受试者必须亲自签署知情同意书并注明日期。对无能力表达同意的受试者（如儿童、阿尔茨海默病患者等），应取得其法定监护人同意及签名并注明日期。

执行知情同意过程的医师或研究小组指定的医师必须将自己的联系电话及手机号码留给受试者，以保证随时回答受试者提出的疑问或响应受试者的要求。

6. 知情同意书的印刷

知情同意书的“知情告知页”与“同意签字页”分别装订。“知情同意书•知情告知页”采用对开活页式对开印刷，“知情同意书•同意签字页”采用无碳复写纸印刷，一式两份（研究者、受试者各一份）。

7. 知情同意书范例

知情同意书•知情告知页

亲爱的患者：

您的医生已经确诊您患有××疾病。

我们将邀请您参加一项××药物的试验性治疗研究，并将与××药物进行比较，以观察它们对于××病的疗效和安全性。这两种药物是通过××途径给药。

在您决定是否参加这项研究之前，请尽可能仔细阅读以下内容，它可以帮助您了解该项研究及为何要进行这项研究，研究的程序和期限，参加研究后可能给您带来的益处、风险和不适。如果您愿意，您也可以和您的亲属、朋友一起讨论，或者请您的医生给予解释，帮助您作出决定。

（1）研究背景和研究目的

目标疾病的常规治疗方法介绍。

试验药物的介绍：适应证，治疗特点（包括文献、传统经验、临床前药效、毒理研究结果的概述），以说明这是邀请受试者参加研究的理由。

对照药物的介绍：治疗特点，包括文献、传统经验、临床疗效和副作用。本研究的目的是为了评价××药治疗××病××证的有效性和安全性，其研究结果将用于申请新药生产注册。

本研究将在××、××研究中心进行，预计有××名受试者自愿参加。本项研究已经得到国家药品监督管理局批准。××伦理委员会已经审议此项研究是遵从《赫尔辛基宣言》原则，符合医疗道德。

（2）哪些人不宜参加研究

（3）如果参加研究将需要做以下工作

①在您入选研究前，您将接受以下检查以确定您是否可以参加研究。医生将询问、记录您的病史，对您进行体格检查。您需要做××等理化检查。

②若您以上检查合格，将按以下步骤进行研究（按随访时间点详细陈述治疗过程及各检查项目）。

研究开始将根据计算机提供的随机数字，决定您接受××或××治疗。参加这项研究的患者分别有××%的可能性被分入这两个不同的治疗组。您和您的医生都无法事先知道和选择任何一种治疗方法。治疗观察将持续××天。

治疗后第×天：您应到医院就诊，并如实向医生反映病情变化，医生将收集您的病史及体检结果。

治疗后第× 天：这时候研究结束了。您应到医院就诊，医生将询问记录您病情的变化，给您做体格检查，还将做××等理化检查。

③需要您配合的其他事项：您必须按医生和您约定的随访时间来医院就诊。您的随访非常重要，因医生将判断您接受的治疗是否真正起作用。

您必须按医生指导用药，并请您在每次服药后及时、客观地在“服药记录卡”中记录。您在每次随访时都必须归还未用完的药物和包装，并将正在服用的其他药物带来，包括您有其他合并疾病须继续服用的药物。

在研究期间您不能使用治疗××病的其他××药物。如您需要进行其他治疗，请事先与您的医生取得联系。

关于饮食、生活起居的规定。参加临床试验期间饮食由医院统一配送，早、中、晚餐一律免费。受试者必须按时起床、按时睡觉，不得离开病房。

（4）参加研究可能的受益

您和社会将可能从本项研究中受益。此种受益包括您的病情有可能获得改善，以及本项研究可能帮助开发出一种新治疗方法，以用于患有相似病情的其他患者。

您将在研究期间获得良好的医疗服务。

Ⅰ期、Ⅱa 期临床试验，一般认为受试者不能从研究获得直接的受益。对此，申办者将给予受试者报酬和补偿。

（5）参加研究可能的不良反应、风险和不适、不方便

所有治疗药物都有可能产生副作用。详细描述试验药物、对照药物的副作用，包括临床前毒理试验提示可能的副作用。

如果在研究中您出现任何不适，或病情发生新的变化，或任何意外情况，不管是否与药物有关，均应及时通知您的医生，他/她将对此作出判断和医疗处理。

医生和申办者××药厂将尽全力预防和治疗由于本研究可能带来的伤害。如果在临床试验中出现不良事件，医学专家委员会将会鉴定其是否与试验药物有关。申办者将对与试验相关的损害提供治疗的费用及相应的经济补偿，这一点已经在我国《药物临床试验质量管理规范》中作出了规定。

您在研究期间需要按时到医院随访，做一些理化检查，这些都可能给您造成麻烦或带来不方便。

（6）有关费用

××药厂将支付您参加本项研究期间所做的与研究有关的检查费用，随访时的挂号费，并免费提供研究用药，研究结束后您将得到因参加临床试验的交通补偿费××元。外地患者的往返交通费将实报实销。

Ⅰ期、Ⅱa 期临床试验将给予受试者报酬和补偿费××元。

如果发生与试验相关的损害，申办者将支付您医疗费用，并提供适当的营养费、就诊的交通费、误工的工资和奖金的补偿费。

如果您同时合并其他疾病所需的治疗和检查，将不在免费的范围之内。

（7）个人信息是保密的吗？

您的医疗记录（研究病历/CRF、理化检查报告等）将完整地保存在医院，医生会将化验检查结果记录在您的门诊病历上。研究者、申办者代表、伦理委员会和药品监督管理部门将被允许查阅您的医疗记录。任何有关本项研究结果的公开报告将不会披露您的个人身份。我们将在法律允许的范围内，尽一切努力保护您个人医疗资料的隐私。

您的病理检查标本将按规定保存在医院病理科。除本研究以外，有可能在今后的其他研究中再次利用您的医疗记录和病理检查标本。您现在也可以声明拒绝除本研究外的其他研究利用您的医疗记录和病理标本。

（8）怎样获得更多的信息？

您可以在任何时间提出有关本项研究的任何问题。您的医生将给您留下他/她的电话号码以便能回答您的问题。

如果在研究过程中有任何重要的新信息，可能影响您继续参加研究的意愿时，您的医生将会及时通知您。

（9）可以自愿选择参加研究和中途退出研究

是否参加研究完全取决于您的自愿。您可以拒绝参加此项研究，或在研究过程中的任何时间退出本研究，这都不会影响您和医生间的关系，都不会影响对您的医疗或有其他方面利益的损失。

您的医生或研究者出于对您的最大利益考虑，可能会随时中止您参加本项研究。

如果您因为任何原因从研究中退出，您可能被询问有关您使用试验药物的情况。如果医生认为需要，您也可能被要求进行实验室检查和体格检查。

如果您不参加本项研究，或中途退出研究，还有很多其他可替代的治疗药物，如××。您不必为了治疗您的疾病而必须选择参加本项研究。

如果您选择参加本项研究，我们希望您能够坚持完成全部研究过程。

（10）现在该做什么？

是否参加本项研究由您自己决定。您可以和您的家人或者朋友讨论后再作出决定。

在您作出参加研究的决定前，请尽可能向你的医生询问有关问题，直至您对本项研究完全理解。

感谢您阅读以上材料。如果您决定参加本项研究，请告诉您的医生，他/她会为您安排一切有关研究的事务。

请您保留这份资料。知情同意书·同意签字页

临床研究项目名称：

申办者：

国家食品药品监督管理总局临床研究批件号：

伦理审查批件号：

同意声明

我已经阅读了上述有关本研究的介绍，而且有机会就此项研究与医生讨论并提出问题。我提出的所有问题都得到了满意的答复。

我知道参加本研究可能产生的风险和受益。我知晓参加研究是自愿的，我确认已有充足时间对此进行考虑，而且明白：

我可以随时向医生咨询更多的信息。

我可以随时退出本研究，而不会受到歧视或报复，医疗待遇与权益不会受到影响。

我同样清楚，如果我中途退出研究，特别是由于药物的原因使我退出研究时，我若将病情变化告诉医生，完成相应的体格检查和理化检查，这将对我本人和整个研究十分有利。

如果因病情变化我需要采取任何其他的药物治疗，我会在事先征求医生的意见，或在事后如实告诉医生。

我同意药品监督管理部门、伦理委员会或申办者代表查阅我的研究资料。

我同意或拒绝除本研究以外的其他研究利用我的医疗记录和病理检查标本。

我将获得一份经过签名并注明日期的知情同意书副本。

最后，我决定同意参加本项研究，并尽量遵从医嘱。

受试者签名：

日期：　　年　　月　　日

受试者联系电话：

医生声明

我确认已向患者解释了本试验的详细情况，包括其权力及可能的受益和风险，并给其一份签署过的知情同意书副本。

研究者签名：

日期：　　年　　月　　日

研究者工作电话：

手机号码：